西安交通大学本科“十三五”规划教材

普通高等教育理学类“十三五”规划教材

概率统计与随机过程

主　编　王　宁　副主编　王　峰　施　雨

内容提要

本书共分为12章,第1—4章介绍了概率论的基础知识,包括随机事件及其概率、随机变量及其分布、随机变量的数字特征以及大数定律与中心极限定理等.第5—9章介绍了数理统计的基本内容,主要包括:数理统计学的基本概念、参数估计、假设检验、回归分析和方差分析等.第10、11章是随机过程的基本内容,主要包括随机过程基本概念、平稳过程、平稳过程谱分析及各态历经性等.第12章介绍了Matlab在概率统计中的应用.

本书可作为高等院校非数学专业概率论与数理统计课程的教材,也可供工程技术人员参考.

图书在版编目(CIP)数据

概率统计与随机过程/王宁主编.—西安:西安交通大学出版社,2018.2(2023.8重印)

ISBN 978-7-5693-0411-4

Ⅰ.①概… Ⅱ.①王… Ⅲ.①概率论-高等学校-教材 ②随机过程-高等学校-教材 Ⅳ.①O21

中国版本图书馆CIP数据核字(2018)第024220号

书　　名 概率统计与随机过程
主　　编 王　宁
副 主 编 王　峰　施　雨
责任编辑 王　欣

出版发行 西安交通大学出版社
(西安市兴庆南路1号　邮政编码710048)
网　　址 http://www.xjtupress.com
电　　话 (029)82668357　82667874(市场营销中心)
(029)82668315(总编办)
传　　真 (029)82668280
印　　刷 西安日报社印务中心

开　　本 787mm×1092mm　1/16　**印张** 16.5　**字数** 399字
版次印次 2018年2月第1版　2023年8月第7次印刷
书　　号 ISBN 978-7-5693-0411-4
定　　价 37.00元

如发现印装质量问题,请与本社市场营销中心联系。
订购热线:(029)82665248　(029)82665249
投稿热线:(029)82664954
读者信箱:1410465857@qq.com

前　言

概率论与数理统计是研究随机现象内在规律的一门学科，随着科学技术的发展，它在工程技术、科学研究、经济管理、企业管理、人文社科等众多领域都有广泛应用. 它的理论与方法向各个学科渗透，是近代科学技术发展的特征之一，并由此产生了许多新的交叉学科，如生物统计、医学统计、计量经济学、商业统计，等等. 它又是许多新兴的重要学科的基础，如信息论、控制论、可靠性理论、人工智能、信息编码理论、数据挖掘和大数据研究等. 为此，高等院校各专业对概率论与数理统计课程的要求也在不断提高，将其作为理工类专业的一门重要的必修基础课. 通过本课程的学习，学生将初步掌握研究随机现象的基本思想与基本方法，具备一定的分析问题和解决问题的能力.

随着社会的发展及科学技术的进步，概率统计这门课程在学生后续课程的学习及工作生活中发挥着越来越重要的作用. 但由于这门课程自身理论及其方法的特殊性，使许多学生学习起来困难重重. 为了调动学生学习这门课程的兴趣，提高学习效率，本教材具有以下特色：

(1)将用具有启发性的例子引入概念与基础理论，注意阐明其概率和统计意义. 强调对概念的深刻理解，注重对概念之间内在联系的阐述.

(2)强化对基本概型、基本规律及重要分布律的产生背景的介绍，逐步提高学生模型辨识能力以及准确使用分布律解决实际问题的能力.

(3)在例题及习题的选配方面，力图使学生了解概率统计在众多领域的应用. 适当选择一些概率统计在数学建模方面的案例，使学生切实感受该门课程对后续学习及工作的帮助.

(4)介绍和本书内容相关的 Matlab 调用命令，帮助学生处理和本书内容相关的实际数据，提高学生学习概率统计的兴趣.

全书由 12 章组成：第 1—4 章是概率论的基础知识，内容包括：随机事件及其概率、随机变量及其分布、随机变量的数字特征以及大数定律与中心极限定理等；第 5—9 章是数理统计的基本内容，主要包括数理统计学的基本概念、参数估计、假设检验、回归分析和方差分析等；第 10、11 章是随机过程的基本内容，主要包括随机过程基本概念、平稳过程、平稳过程谱分析及各态历经性等；第 12 章介绍了 Matlab 在概率统计中的应用.

本书的编写者均多次讲授概率统计课程，具有丰富的教学经验. 在教学中，我们一直以国内外教材作为参考，积累了丰富的素材. 全书由王宁主编，参与编写的还有王峰、施雨老师．其中，施雨编写了第1—3章，王峰编写了第5、6章，王宁编写了第4、7—12章，全书由王宁负责统稿．

本书是西安交通大学本科“十三五”规划教材．

很多教师对本书的编写给予了大力支持，提出了许多宝贵意见．此外，本书在编写过程中也得到了西安交通大学教务处及数学与统计学院领导和教务员的大力支持，在此一并表示衷心感谢．

限于编者的经验和水平，书中难免有不妥之处，恳请读者批评指正．

编　者

2017.12

目 录

第1章　随机事件与概率

本章介绍概率论中两个最重要、最基本的概念——随机事件与概率. 首先，引入随机事件的概念并讨论事件之间的各种关系与运算律. 其次，对随机事件赋予概率以作为其发生可能性的度量，并在概率公理化框架内引出概率的各种性质. 接着，介绍条件概率概念以及三个与之相关并在概率计算中起重要作用的公式——乘法公式、全概率公式和贝叶斯公式. 最后，讨论事件之间的相互独立性及其判别方法与应用.

1.1　随机事件

1.1.1　随机现象与随机试验

在客观世界中，尽管人们在生产实践和科学研究中所观察到的现象形形色色，千变万化，但是大致可以分成两类，一类是在一定条件下必然出现的现象，如每天早晨太阳从东方升起；用手将一物体抛至空中，最终这物体必然落回到地面；在自然状态下，水从高处流向低处，等等，这类现象称为**必然现象**. 另一类是在一定条件下可能发生，也可能不发生，具有不确定性的事件. 例如，掷一枚硬币，其结果可能是有国徽的一面（以下称为正面）朝上，也可能是有数字的那一面（以下称为反面）朝上，在每次投掷之前，无法确定会出现何种结果. 又如，从一批产品中任意抽出一件来检验，其结果可能是合格品，也可能是不合格的产品，事先不能肯定. 在现实生活中，类似的例子还可以举出许多，如养鱼场的一万尾鱼苗能成活几许？明年的中秋节能观赏到月亮吗？下一届世界杯赛的冠军得主为谁？等等，这类现象称为**随机现象**. 一般而言，随机现象具有以下特征：在一定的试验条件下，其试验结果不止一个；对于一次试验，可能出现这种结果，也可能出现那种结果，事先无法确定会出现何种结果.

尽管就一次试验而言，随机现象的发生与否表现出不确定性，似乎捉摸不定，然而人们经过长期的实践并深入研究之后，发现在大量重复试验或观察下，随机现象呈现出某种规律性，这就是以后要讲的**统计规律性**. 概率论与数理统计是研究和揭示随机现象的统计规律性的学科.

为了研究随机现象的统计规律，需要对随机现象进行重复观察. 我们将对随机现象的观察称为试验，这种试验不同于其他学科的试验，应该具备以下特征：

（1）可以在相同条件下重复进行；

（2）每次试验的可能结果不止一个，但事先能明确全部可能的结果；

（3）进行一次试验之前不能肯定哪一个结果会出现.

我们称具有上述特征的试验为**随机试验**，简称为**试验**. 常用 E 或 $E_1, E_2, \cdots$ 来表示. 例如：

E_1：抛掷一枚硬币，观察正面、反面的出现情况.

E_2：投掷一颗骰子，观察出现的点数.

E_3：记录某超市一天的顾客数.

E_4：观测某种品牌手机的寿命.

上述这些试验都是随机试验.

人们正是借助随机试验观察和研究随机现象，进而希望找出其内在规律性.

1.1.2　样本空间与随机事件

对于一个试验 E，虽然在试验之前不能肯定哪个结果会发生，但试验的一切可能结果是已知的. 称随机试验 E 的所有可能的试验结果组成的集合为该试验的**样本空间**，称样本空间的元素(即 E 的每个可能结果)为**基本结果**或**样本点**. 以后用 Ω 或 $\Omega_1,\Omega_2,\cdots$ 表示样本空间，用 ω 表示样本点. 例如，试验 $E_1\sim E_4$ 的样本空间分别是：

$\Omega_1=\{\omega_0,\omega_1\}$，其中 ω_0 表示“正面朝上”，ω_1 表示“反面朝上”；

$\Omega_2=\{1,2,3,4,5,6\}$，其中数 i 表示“出现 i 点”，$i=1,2,3,4,5,6$；

$\Omega_3=\{0,1,2,\cdots\}$，这里由于不知道最大的顾客数，因此用无穷大代替；

$\Omega_4=\{\omega,\omega\geqslant 0\}=[0,+\infty)$.

在试验中，可能发生、也可能不发生的事情叫做**随机事件**，简称为**事件**. 以后常用 A,B,C 等表示随机事件.

在试验 E_2 中，若用 A 表示“掷出奇点数”，则 A 便是一个随机事件. 因为在一次投掷中，当且仅当掷出的点数是 1,3,5 中的任何一个时，称事件 A 发生，所以将事件 A 表示为 $A=\{1,3,5\}$. 同样地，若 B 表示“掷出偶点数”，则 $B=\{2,4,6\}$是另一个随机事件. 若 C 表示“掷出的点数为素数”，则 $C=\{2,3,5\}$是又一个随机事件.

对于一个试验 E，它的样本空间 Ω 是由 E 的全部可能结果组成的集合，而它的一个随机事件 A 只是由 E 的一部分可能结果组成的集合，因而事件 A 是样本空间 Ω 的子集，记作 $A\subset\Omega$. 因此样本空间的某些子集合称为**随机事件**. 称事件 A 发生，当且仅当属于事件 A 的某个样本点在试验中出现.

对于一个试验 E，在每次试验中必然发生的事情，称为 E 的**必然事件**；在每次试验中都不发生的事情，称为 E 的**不可能事件**. 例如，在 E_2 中，“掷出的点数不超过 6 点”是必然事件，若用样本点的集合来表示，则这一事件就是 E_2 的样本空间 $\Omega_2=\{1,2,3,4,5,6\}$. 而“掷出的点数小于 1”为不可能事件，因为这一事件不含 E_2 的任何一个样本点，所以用空集记号 $\varnothing$ 表示不可能事件.

一般地，对于试验 E，包含它的所有样本点的样本空间 Ω 是必然事件；不含任何一个样本点的事件 $\varnothing$ 是不可能事件. 今后就用 Ω 表示必然事件，用 $\varnothing$ 表示不可能事件. 为了运算方便，把必然事件 Ω 和不可能事件 $\varnothing$ 当作随机事件的两个特殊情况.

1.1.3　事件的关系与运算

既然事件是集合，因此有关事件间的关系、运算及运算规则就可以用集合论的知识来讨论. 下面要讨论的事件均假定它们是在同一个试验下的事件.

1. 事件的包含与相等

设有两个事件 A,B，若 A 发生必然导致 B 发生，则称 B 包含 A，或者 A 含于 B，记作

$B \supset A$，或者 $A \subset B$. 用集合论的术语来表述，即，$\omega \in A \Rightarrow \omega \in B$.

例如，在试验 E_2 中，记 A={掷出不超过 4 的偶点数}，则 $A=\{2,4\}$. 记 B={掷出的点数不超过 5}，则 $B=\{1,2,3,4,5\}$，显然，如果 A 发生，那么 B 必发生. 图 1.1 直观地描绘了事件 B 包含事件 A.

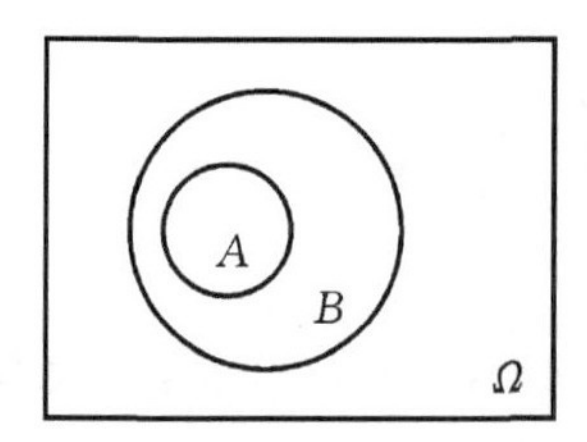

图 1.1　$A \subset B$

若 A 与 B 相互包含，即 $A \subset B$ 且 $B \subset A$，则称 A 与 B **相等**，记作 $A=B$.

例如，在试验 E_2 中，记 A={掷出偶数点}，B={掷出 2 的倍数点}，这两个事件表面上看起来是不同的两种说法，其实表示了同一事件，因而 $A=B$.

2. 事件的和

设有两事件 A,B，事件 A,B 中至少有一个发生的事件称为 A 与 B 的**和事件**或**并事件**，记为 $A \cup B$. 事件 $A \cup B$ 发生意味着或者仅 A 发生，或者仅 B 发生，或者两者都发生. 借用集合论的术语，$A \cup B=\{\omega \mid \omega \in A$ 或 $\omega \in B\}$.

例如，在试验 E_2 中，记 A={掷出偶数点}$=\{2,4,6\}$，B={掷出 3 的倍数点}$=\{3,6\}$，则 A 与 B 的和事件 $A \cup B=\{2,3,4,6\}$. 图 1.2 给予和事件 $A \cup B$ 以直观表示.

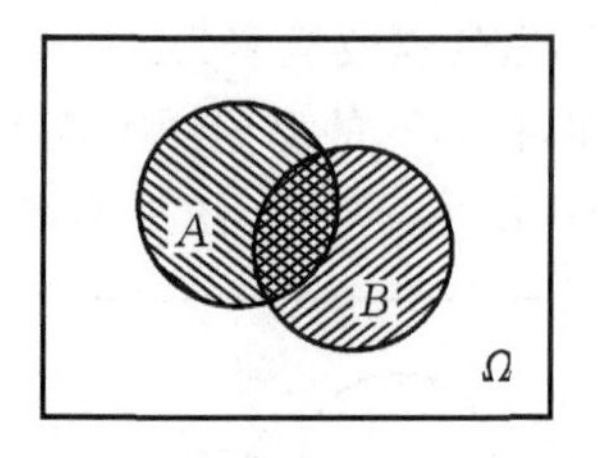

图 1.2　$A \cup B$

事件的和可以推广到多个事件的情形. 设有 n 个事件 $A_1, A_2, \cdots, A_n$，定义它们的和事件为 $A_1, A_2, \cdots, A_n$ 中至少有一个发生，记为 $\bigcup_{k=1}^{n} A_k$，亦即 $\bigcup_{k=1}^{n} A_k=\{A_1, A_2, \cdots, A_n$ 中至少有一个发生$\}$. 类似地，可定义无限多个事件的和：设有无限多个事件 $A_1, A_2, \cdots, A_n, \cdots$，定义它们的和事件 $\bigcup_{k=1}^{\infty} A_k$ 为

$$\bigcup_{k=1}^{\infty} A_k=\{A_1, A_2, \cdots, A_n, \cdots \text{中至少有一个发生}\}.$$

3. 事件的积

设有两事件 A,B，事件 A,B 都发生的事件称为 A 与 B 的**积事件**或**交事件**，记为 $A \cap B$

或 AB. 用集合论的术语为 $AB=\{\omega|\omega\in A$ 且 $\omega\in B\}$.

例如,在试验 E_2 中,记 $A=\{$掷出偶数点$\}=\{2,4,6\}$,$B=\{$掷出素数点$\}=\{2,3,5\}$,则 $AB=\{2\}$.

积事件 AB 可以用图 1.3 来直观表示. 类似地,可以定义多个事件 $A_1,A_2,\cdots,A_n,\cdots$(有限多个或可列无限多个)的积事件:

$$\bigcap_{k=1}^{n} A_k=\{A_1,A_2,\cdots,A_n\text{ 都发生}\}$$

及

$$\bigcap_{k=1}^{\infty} A_k=\{A_1,A_2,\cdots,A_n,\cdots\text{ 都发生}\}.$$

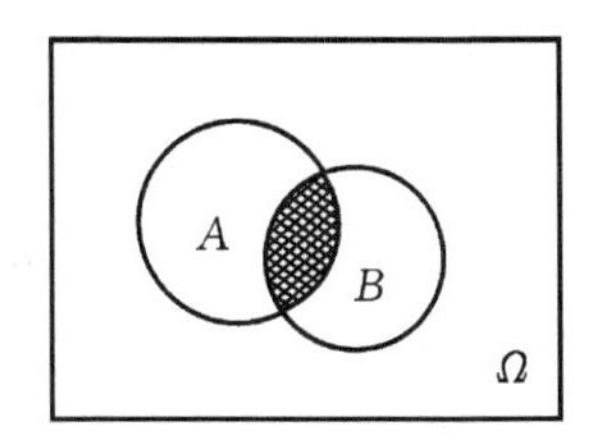

图 1.3　AB

4. 事件的互斥和对立

设有两事件 A,B,若 A,B 不能同时发生,即 $AB=\varnothing$,则称 A,B 是**互斥**的,或称它们是**互不相容**的. 若事件 $A_1,A_2,\cdots,A_n$ 中的任意两个都互斥,则称这些事件是**两两互斥**的,或称它们是**互斥事件组**.

例如,在试验 E_2 中,令 $A=\{$掷出的点数至多为 4$\}$,$B=\{$掷出的点数大于 4$\}$,由于 $A=\{1,2,3,4\}$,而 $B=\{5,6\}$,在组成事件 A,B 的那些样本点中并无公共元素,故 $AB=\varnothing$,这表明事件 A,B 不会同时发生,所以 A,B 是互斥的. 图 1.4 直观地表示了两事件互斥的含义.

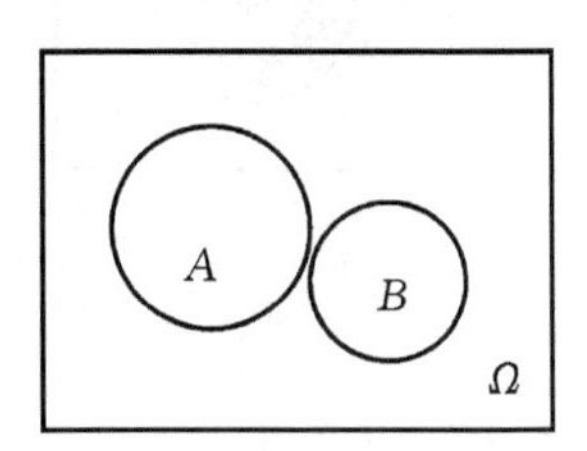

图 1.4　$AB=\varnothing$

互斥事件的一个特殊情况是对立事件.

设有事件 A,称 A 不发生的事件为 A 的**对立事件**,记为 $\overline{A}$,即,$\overline{A}=\{\omega|\omega\in\Omega,\omega\notin A\}$.

例如,在试验 E_2,令 $A=\{$掷出奇数点$\}$,$B=\{$掷出偶数点$\}$,因 $A=\{1,3,5\}$,而 $B=\{2,4,6\}$,故 $B=\overline{A}$. 另外,不难看出 $A=\overline{B}$,这说明对立事件是一个相对概念,若 B 是 A 的对立事件,则 A 也是 B 的对立事件. 由上例还发现,一方面有 $AB=\varnothing$,另一方面有 $A\cup B=\{1,2,3,4,5,6\}=\Omega$,即 B 包含的样本点加上 A 包含的样本点便补全了试验的所有可能结果,故

A 的对立事件 B 又叫做 A 的“补事件”.

显然，$\overline{\overline{A}}=A$. 一般地，事件 A,B 互为对立事件，当且仅当

$$AB=\varnothing, A\cup B=\Omega.$$

这便是对立事件的另一种定义方式. 对立事件 $\overline{A}$ 的几何表示是图 1.5 中的阴影部分.

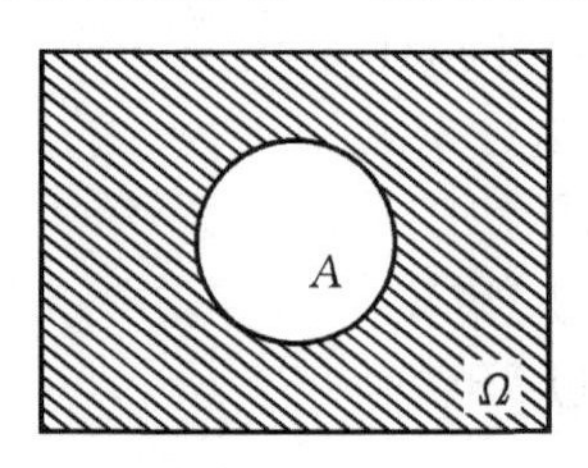

图 1.5　$\overline{A}$

5. 事件的差

设有两事件 A,B，事件 A 发生而事件 B 不发生的事件称为 A 与 B 的**差事件**，记为 $A-B$. 用集合论的术语表达为 $A-B=\{\omega|\omega\in A \text{ 且 } \omega\notin B\}$.

例如，在试验 E_2 中，$A=\{$掷出偶点数$\}$，$B=\{$掷出的点数为素数$\}$，即 $A=\{2,4,6\}$，$B=\{2,3,5\}$，于是 $A-B=\{4,6\}$.

由差事件的定义可知

$$A-B=A\overline{B}. \tag{1.1.1}$$

图 1.6、图 1.7 中的阴影部分即表示 $A-B$. 显然，由差事件的定义，可得 $A-B=A-AB$.

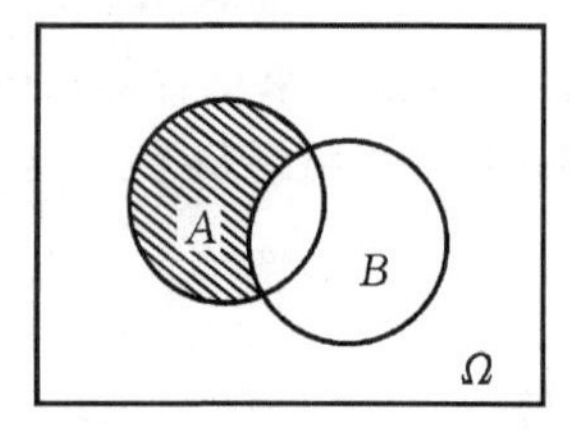

图 1.6　$A-B$

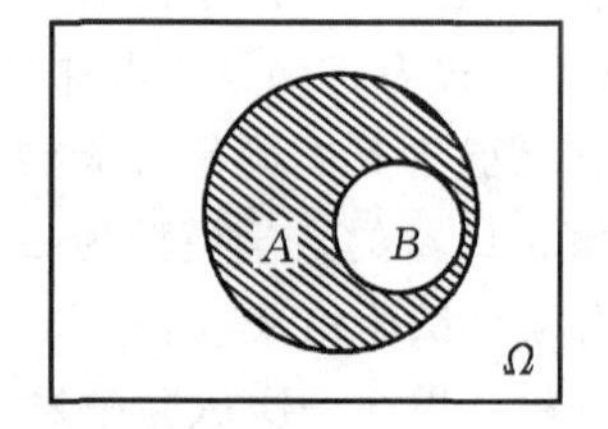

图 1.7　$A-B$

在进行事件的运算时，经常要用到下述定律：

设有事件 A,B,C，则有

交换律　$A\cup B=B\cup A, AB=BA$；

结合律　$(A\cup B)\cup C=A\cup(B\cup C), (AB)C=A(BC)$；

分配律　$(A\cup B)C=AC\cup BC, (AB)\cup C=(A\cup C)(B\cup C)$；

对偶律　$\overline{A\cup B}=\overline{A}\,\overline{B}, \overline{AB}=\overline{A}\cup\overline{B}$；

对任意事件 A,B，若 $A\subset B$，则

$$A\cup B=B, AB=A.$$

因此，对任意事件 A 有

$$A\cup\Omega=\Omega, A\Omega=A, A\cup\varnothing=A, A\varnothing=\varnothing.$$

在进行事件运算时，运算的优先顺序是：补运算为先，积运算其次，和、差运算最后，若有括号，则括号内的运算优先.

例 1.1.1 设 A,B,C 为三个事件，试用 A,B,C 表示下列事件：

(1) $D_1=\{$三个事件中恰有一个出现$\}$；

(2) $D_2=\{$三个事件中至多有一个出现$\}$；

(3) $D_3=\{$至少有两个事件出现$\}$.

解 (1) $D_1=A\overline{B}\overline{C}\cup\overline{A}B\overline{C}\cup\overline{A}\overline{B}C$；

(2) $D_2=A\overline{B}\overline{C}\cup\overline{A}B\overline{C}\cup\overline{A}\overline{B}C\cup\overline{A}\overline{B}\overline{C}$；

(3) $D_3=\overline{A}BC\cup A\overline{B}C\cup AB\overline{C}\cup ABC$.

1.2 概率

在实际生活中我们常常需要了解某些随机事件发生的可能性大小，揭示出这些事件内在的统计规律性，以使我们能更好地认识客观事物. 所谓随机事件的概率，概括地说就是描述随机事件出现（或发生）的可能性大小的数量指标. 随机事件在一次试验中可能发生，也可能不发生，这似乎没有什么规律，但是在相同的条件下，如果把一个试验重复地做许多次，我们会发现某些事件的发生表现出一定的规律性. 为了合理地刻画事件的概率，在本节中，我们先介绍一类简单的概率模型，然后引出概率的一般定义.

1.2.1 概率的古典定义

如果某随机试验只有有限个试验结果 $\{\omega_1\},\{\omega_2\},\cdots,\{\omega_n\}$，而且从该试验的条件及实施方法分析，我们又没有理由认为其中的某个结果比任一其他结果更容易发生，那只能认为每个试验结果在试验中具有同等可能的出现机会，也即 $1/n$ 的出现机会. 一般地，称具有以下两个特征的随机试验的数学模型为**古典概型**，若

(1) 只有有限个试验结果 $\{\omega_1\},\{\omega_2\},\cdots,\{\omega_n\}$；

(2) 每个试验结果在一次试验中发生的可能性相等.

古典概型又叫做**等可能概型**. 由于它是概率论发展初期的主要研究对象，因而称之为“古典”概型. 概率的古典定义便是在古典概型中引入的.

定义 1.2.1 设古典概型试验 E 的所有结果为 $\{\omega_1\},\{\omega_2\},\cdots,\{\omega_n\}$. 若事件 A 恰包含其中的 m 个结果，则事件 A 的概率 $P(A)$ 定义为

$$P(A)=\frac{m}{n}. \tag{1.2.1}$$

由古典概型的两个特征：“有限性”及“等可能性”，我们不难看出式(1.2.1)的合理性. 在一次试验中，每个结果的出现机会同为 $1/n$，现在事件 A 包含了 m 个结果，则在一次试验中，事件 A 发生的概率应为 $m\cdot\frac{1}{n}=\frac{m}{n}$. 注意到式(1.2.1)中的分子是 A 所包含的试验结果的个数 m，而分母是所有试验结果的总数，故式(1.2.1)又可以写成

$$P(A)=\frac{A\text{所包含的试验结果的个数}}{\text{试验结果的总数}}.$$

由式(1.2.1)算得的事件 A 的概率称为**古典概率**.

例 1.2.1　袋中有 8 个大小形状相同的球,其中 5 个为黑色球,3 个为白色球.现从袋中随机地取出两个球,求取出的两球是白色球的概率.

解　从 8 个球中取出 2 个,不同的取法有 C_8^2 种,所谓"随机"或"任意"地取,是指这 C_8^2 种取法有等可能性.若以 A 表示事件={取出的两球是白色球},那么使事件 A 发生的取法,或者说有利于事件 A 的取法为 C_3^2 种,从而

$$P(A)=\frac{C_3^2}{C_8^2}=\frac{3}{28}.$$

例 1.2.2　设袋中有 a 件正品 b 件次品,从袋中按有放回和无放回两种方式逐一随机抽取 n 次,求恰好抽出 k 件正品(记此事件为 A)的概率 p_k.

解　有放回:由于每次抽完后放回,所以每次抽取都是在 $a+b$ 件产品中任意抽取,并且这 $a+b$ 件产品都是等可能地被抽到,因此有放回抽取 n 次时,试验结果的总数为 $(a+b)^n$.为了求出事件 A 所包含结果的个数,先假定前 k 次都抽到正品,则后 $n-k$ 次就只能抽取次品了.而 k 件正品的抽取应有 a^k 种等可能的情况,$n-k$ 件次品的抽取应有 b^{n-k} 种等可能的情况,由于要抽取 n 次,从而符合事件 A 要求的试验结果数应该为 a^kb^{n-k}.由于 n 次抽取中究竟哪 k 次抽取到正品(另外 $n-k$ 次应该抽出次品)是没有限制的,因此事件 A 所包含结果的数应是 $C_n^ka^kb^{n-k}$,于是

$$p_k=P(A)=\frac{C_n^ka^kb^{n-k}}{(a+b)^n}. \tag{1.2.2}$$

不放回:由于抽取不放回,此时虽然每次抽取仍是一个古典概型,但下次抽取时产品数已经比上次少了一个.既然每次抽取不放回,因此逐一抽取 n 次也可以看成是从 $a+b$ 件产品中一次抽走了 n 件产品,因此试验结果的总数为 C_{a+b}^n.而 k 件正品取自 a 件正品的可能的取法有 C_a^k 种,同理 $n-k$ 件次品取自 b 件次品的可能的取法有 C_b^{n-k} 种,从而符合事件 A 的可能结果数为 $C_a^kC_b^{n-k}$ 种,故

$$p_k=P(A)=\frac{C_a^kC_b^{n-k}}{C_{a+b}^n}. \tag{1.2.3}$$

此时还应有 $k\leqslant a, n-k\leqslant b$.由式(1.2.3)确定的这一类概率模型称为**超几何概型**.

不难验证,由式(1.2.1)所定义的古典概率具有以下性质:

(1) $P(A)\geqslant 0$;

(2) $P(\Omega)=1$;

(3) 若 $A_1,A_2,\cdots,A_k$ 两两互斥,则

$$P(A_1\cup A_2\cup\cdots\cup A_k)=P(A_1)+P(A_2)+\cdots+P(A_k).$$

在实际应用中,如果试验的结果有无限多个,各个基本结果发生的可能性相同,那就不能按照古典概型来计算概率了.然而,在有些场合可用几何的方法来解决概率的计算问题.下面是一个典型的例子.

例 1.2.3　在区间(0,1)中随机地取两个数,求事件 A={两个数之和小于 7/5}的概率.

解　这个概率可以用几何的方法确定.在区间(0,1)中随机地取两个数分别记为 x,y,则 (x,y) 等可能取值形成如下的正方形 $\Omega=\{(x,y)\mid 0<x<1,0<y<1\}$,其面积为 $S_\Omega=1$.

而事件 $A=\{$两个数之和小于 7/5$\}$可表示为 $A=\left\{(x,y)\mid 0<x<1,0<y<1,x+y<\frac{7}{5}\right\}$，其表示的区域为图 1.8 中阴影部分.

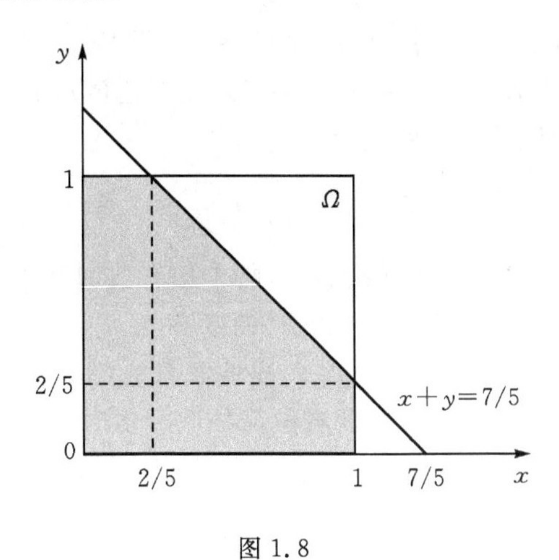

图 1.8

所以由几何分布得

$$P(A)=\frac{S_A}{S_\Omega}=1-\frac{1}{2}\left(\frac{3}{5}\right)^2=\frac{41}{50}.$$

用上述方法计算的概率称为**几何概率**. 虽然在计算几何概率时取消了试验的所有可能结果的总数为有限的这一限制条件，但它们仍要求某种意义上的“等可能性”. 当所遇到的问题不具备等可能性时，我们既不能用计算古典概率的方法也不能用计算几何概率的方法来确定某事件的概率. 为了解决这类问题，人们从另一种角度来刻画事件的概率. 这就引出了下面的定义.

1.2.2　概率的统计定义

设有随机试验 E，在相同的条件下，重复进行了 n 次试验. 在这 n 次试验中，事件 A 发生的次数 n_A 称为 A 发生的**频数**，比值 n_A/n 称为 A 发生的**频率**，记为 $f_n(A)$，即 $f_n(A)=n_A/n$.

事件的发生频率有以下简单性质：

(1) $f_n(A)\geqslant 0$；

(2) $f_n(\Omega)=1$；

(3) 若 $A_1,A_2,\cdots,A_k$ 两两互斥，则

$$f_n(A_1\cup A_2\cup\cdots\cup A_k)=f_n(A_1)+f_n(A_2)+\cdots+f_n(A_k).$$

由于事件 A 发生的频率 $f_n(A)$ 刻画了 A 发生的频繁程度，因而 $f_n(A)$ 愈大，事件 A 发生愈频繁，这就意味着 A 在一次试验中发生的可能性也愈大. 这似乎在提示我们可用频率来表示事件 A 在一次试验中发生的可能性的大小. 是否可以这样做呢？让我们先来考察下面的例子.

例 1.2.4　掷一枚均匀对称的硬币，以 A 表示事件$\{$出现正面朝上$\}$，记录事件 A 发生的频数及频率，得数据如表 1.1 所示.

表 1.1

实验序号	$n=5$		$n=50$		$n=500$	
	n_A	$f_n(A)$	n_A	$f_n(A)$	n_A	$f_n(A)$
1	2	0.4	22	0.44	251	0.502
2	3	0.6	25	0.50	249	0.498
3	1	0.2	21	0.42	256	0.512
4	5	1.0	25	0.50	253	0.506
5	1	0.2	24	0.48	251	0.502
6	2	0.4	21	0.42	246	0.492
7	4	0.8	18	0.36	244	0.488
8	2	0.4	24	0.48	258	0.516
9	3	0.6	27	0.54	262	0.524
10	3	0.6	31	0.62	247	0.494

从表 1.1 可以看出，当试验次数较少时，出现正面朝上的频率波动比较大，但是当试验次数增多时，正面朝上的发生频率明显地在数 0.5 附近波动. 历史上也曾有人做过类似的试验，所得数据见表 1.2.

表 1.2

实验者	n	n_A	$f_n(A)$
德 · 摩根	2 048	1 061	0.518 1
蒲　丰	4 040	2 048	0.506 9
K. 皮尔逊	12 000	6 019	0.501 6
K. 皮尔逊	24 000	12 012	0.500 5

从表 1.2 可以看出，不管什么人掷一枚匀称硬币，当试验次数逐渐增多时，频率 $f_n(A)$ 总是在 $0.5=1/2$ 附近波动，并呈现出稳定于 0.5 的倾向. 频率的这种"稳定性"就是通常所说的统计规律性，它揭示了隐藏在随机现象中的必然规律性，我们用频率的稳定值来刻画事件 A 发生的可能性大小是合适的.

定义 1.2.2　设有随机试验 E，当试验的重复次数 n 充分大时，若事件 A 的发生频率 $f_n(A)$ 稳定地在某数 p 附近摆动，则称 p 为事件 A 的**概率**，把这样定义的概率称为**统计概率（经验概率）**，记为

$$P(A)=p. \tag{1.2.4}$$

首先，概率的统计定义不要求随机试验必须具备"有限性"及"等可能性"，因而它的适用范围更广. 其次，它提供了估算概率的方法，即在试验的重复次数很大时，可以用事件 A 发生的频率 $f_n(A)$ 近似代替事件 A 的概率 $P(A)$. 最后，它提供了一种检验理论或假说正确与否的准则. 具体来说，如果我们依据某种理论或假说定出某事件 A 的概率为 p，但不知其是

否与实际相符，为此，可做大量重复试验并算出 A 发生的频率 $f_n(A)$. 若 $f_n(A)$ 与 p 相差很大，则认为该理论或假说可能不正确；若 $f_n(A)$ 与 p 很接近，则认为试验的结果支持了该理论或假说. 我们将在第 7 章（假设检验）中专门来讨论这一类问题.

在概率的统计定义中，事件 A 的概率被解释为在大量重复试验中事件 A 发生的频率的稳定值，因而由频率的三条基本性质可推测，作为频率稳定值的概率亦有相应的三条基本性质

(1) $P(A)\geqslant 0$；

(2) $P(\Omega)=1$；

(3) 若 $A_1,A_2,\cdots,A_k$ 两两互斥，则

$$P(A_1\cup A_2\cup\cdots\cup A_k)=P(A_1)+P(A_2)+\cdots+P(A_k).$$

尽管概率的统计定义有上述种种优点，然而，它的不足之处也是显而易见的：首先，依据定义 1.2.2 要确定某事件的概率，就必须进行大量重复试验，这在实际中往往难以办到；其次，即便有条件进行大量重复试验，你也无法按本定义确切地指出何数为频率的稳定值. 就例 1.2.4 来说，如果不是基于对匀称硬币的直观认识，我们如何能认定频率是稳定在 0.5 而不是 0.502 或别的什么数呢？

概率的古典定义和统计定义存在着这样或那样的不足，这些不足不仅妨碍了概率论自身的发展，也使人们对概率论的科学性产生了怀疑. 1933 年，苏联数学家柯尔莫哥洛夫首先提出了概率的公理化定义，从此，概率论有了坚实的理论基础并得到迅速发展. 限于本课程的大纲要求，在此，我们只能简单介绍概率公理化定义的一部分内容.

*1.2.3 概率的公理化定义

设 E 是随机试验，Ω 是它的样本空间，考虑由 Ω 的子集（包括 Ω 本身和空集 $\varnothing$）所构成的某种集类 $\mathscr{F}$，这里的 $\mathscr{F}$ 不必包括 Ω 的所有子集，但它必须满足一定的条件. $\mathscr{F}$ 中的每一元素称为"事件"，因而集类 $\mathscr{F}$ 称为"事件域". 对于 $\mathscr{F}$ 中的每个事件 A 赋予一个实数，记为 $P(A)$，称为**事件 A 的概率**，若集合函数 $P(\cdot)$ 满足下列三条公理：

公理 1（非负性） 对于每个 $A\in\mathscr{F}$，$P(A)\geqslant 0$；

公理 2（规范性） $P(\Omega)=1$；

公理 3（可列可加性） 设 $A_i\in\mathscr{F}$，$i=1,2,\cdots$，且 $A_iA_j=\varnothing\,(i\neq j;i,j=1,2,\cdots)$，有

$$P(A_1\cup A_2\cup\cdots)=P(A_1)+P(A_2)+\cdots. \tag{1.2.5}$$

以掷骰子试验为例，其样本空间 $\Omega=\{1,2,3,4,5,6\}$，其中元素 i 代表"掷出 i 点"，它表示掷骰子试验的 6 个基本结果. 取 $\mathscr{F}=\{\{1\},\cdots,\{6\},\{1,2\},\cdots,\{5,6\},\{1,2,3\},\cdots,\{4,5,6\},\cdots,\{1,2,3,4,5,6\},\varnothing\}$，$\mathscr{F}$ 中包括了 Ω 的所有子集，故 $\mathscr{F}$ 一共有 $C_6^0+C_6^1+\cdots+C_6^6=2^6=64$ 个事件，我们可根据骰子的具体情况给出概率 $P(\cdot)$.

如果骰子是匀称的正六面体，那么定义 $P(\cdot)$ 为

$$P(A)=A\text{ 中所含试验结果的个数}/6,$$

其中 $A\in\mathscr{F}$.

于是，令 $A_i=\{\text{掷出 } i \text{ 点}\}$，$i=1,2,\cdots,6$，$A=\{\text{掷出奇数点}\}=\{1,3,5\}$. 由上述定义，$P(A_i)=1/6$，$i=1,2,\cdots,6$，而 $P(A)=3/6=1/2$.

如果骰子不匀称，那么 A_i 发生的可能性 $p_i=P(A_i)$ 各不相同，此时，先确定 $p_1,p_2,\cdots,p_6$，再对每个事件 A，把其中所含基本结果相对应的 p_i 值加起来作为 $P(A)$，比如，若 $A=\{1,3,5\}$，则规定 $P(A)=p_1+p_2+p_3$.

1.2.4　概率的性质

概率有三条基本性质：

(1) 对任何事件 A，$P(A)\geqslant 0$；

(2) 对必然事件 Ω，$P(\Omega)=1$；

(3) 对于两两互斥的事件 $A_1,A_2,\cdots$，有

$$P(A_1\cup A_2\cup\cdots)=P(A_1)+P(A_2)+\cdots.$$

由这三条基本性质出发，可推出概率的下述重要性质：

性质 1

$$P(\varnothing)=0. \tag{1.2.6}$$

证　因为 $\Omega=\Omega\cup\varnothing\cup\varnothing\cup\cdots$，而 $\Omega,\varnothing,\varnothing,\cdots$ 为两两互斥事件，由概率的基本性质(3)，得

$$P(\Omega)=P(\Omega)+P(\varnothing)+P(\varnothing)+\cdots,$$

由上式及 $P(\Omega)=1$ 知 $P(\varnothing)=0$.

性质 2(概率的加法定理)　若 $A_1,A_2,\cdots,A_n$ 是两两互斥的事件，则

$$P(A_1\cup A_2\cup\cdots\cup A_n)=P(A_1)+P(A_2)+\cdots+P(A_n). \tag{1.2.7}$$

证　因为

$$A_1\cup A_2\cup\cdots\cup A_n=A_1\cup A_2\cup\cdots\cup A_n\cup\varnothing\cup\cdots,$$

由概率的基本性质(3)及 $P(\varnothing)=0$ 知

$$\begin{aligned}P(A_1\cup A_2\cup\cdots\cup A_n)&=P(A_1)+P(A_2)+\cdots+P(A_n)+P(\varnothing)+\cdots\\&=P(A_1)+P(A_2)+\cdots+P(A_n).\end{aligned}$$

性质 3　设 A,B 是两个事件，若 $A\subset B$，则有

$$P(B-A)=P(B)-P(A). \tag{1.2.8}$$

$$P(B)\geqslant P(A). \tag{1.2.9}$$

证　由 $A\subset B$ 知 $B=A\cup(B-A)$，因为 $A(B-A)=\varnothing$，故由性质 2，得

$$P(B)=P(A)+P(B-A).$$

从而式(1.2.8)得证. 再由概率的非负性知 $P(B-A)\geqslant 0$，故 $P(B)\geqslant P(A)$.

性质 4　对任一事件 A，有

$$P(\overline{A})=1-P(A). \tag{1.2.10}$$

证　因 $A\cup\overline{A}=\Omega$，$A\overline{A}=\varnothing$，由概率的加法定理知

$$1=P(\Omega)=P(A\cup\overline{A})=P(A)+P(\overline{A}),$$

所以

$$P(\overline{A})=1-P(A).$$

性质 5　对任意两个事件 A,B，有

$$P(A\cup B)=P(A)+P(B)-P(AB). \tag{1.2.11}$$

证　因 $A\cup B=A\cup(B-AB)$，且 $A(B-AB)=\varnothing$，$AB\subset B$，故由式(1.2.7)及(1.2.8)得

$$P(A\cup B)=P(A)+P(B-AB)=P(A)+P(B)-P(AB).$$

式(1.2.11)可以推广到多个事件的场合. 设 $A_1,A_2,\cdots,A_n$ 是任意 n 个事件，则有

$$\begin{aligned}&P(A_1\cup A_2\cup\cdots\cup A_n)\\&=\sum_{i=1}^{n}P(A_i)-\sum_{1\leqslant i<j\leqslant n}P(A_iA_j)\\&\quad+\sum_{1\leqslant i<j<k\leqslant n}P(A_iA_jA_k)+\cdots+(-1)^{n-1}P(A_1A_2\cdots A_n)\end{aligned}$$

上式可以用归纳法证明.

性质 6　设 $\{A_n,n=1,2,\cdots\}$ 为事件列，若 $A_n\subset A_{n+1}$，$n=1,2,\cdots$，令 $A=\bigcup\limits_{n=1}^{\infty}A_n$，则

$$P(A)=\lim_{n\to\infty}P(A_n).$$

证　令 $B_1=A_1$，$B_n=A_n(\overline{\bigcup\limits_{i=0}^{n-1}A_i})$ $(n=1,2,\cdots)$. 对于事件列 $\{B_n,n=1,2,\cdots\}$，显然 $B_iB_j=\varnothing(i\neq j,i,j=1,2,\cdots)$，并且 $\bigcup\limits_{i=1}^{\infty}A_i=\bigcup\limits_{i=1}^{\infty}B_i$，故

$$\begin{aligned}P(A)&=P(\bigcup_{i=1}^{\infty}B_i)=\sum_{i=1}^{\infty}P(B_i)=\lim_{n\to\infty}\sum_{k=1}^{n}P(B_k)\\&=\lim_{n\to\infty}\sum_{k=1}^{n}(P(A_k)-P(A_{k-1}))=\lim_{n\to\infty}P(A_n).\end{aligned}$$

这里约定 $A_0=\varnothing$.

推论　设 $\{A_n,n=1,2,\cdots\}$ 为事件列，若 $A_n\supset A_{n+1}$，$n=1,2,\cdots$，令 $A=\bigcap\limits_{n=1}^{\infty}A_n$，则

$$P(A)=\lim_{n\to\infty}P(A_n).$$

推论的证明留给读者. 性质 6 及其推论刻画了**概率的连续性**.

计算复杂事件的概率或理论推导时要用到概率的性质. 下面介绍几个古典概型概率的计算问题.

例 1.2.5　在 1～1 000 的整数中随机地取一个数，问取到的整数能被 4 整除或者能被 6 整除的概率是多少？

解　设 A 为事件“取到的数能被 4 整除”，B 为事件“取到的数能被 6 整除”，则所求的概率为

$$P(A\cup B)=P(A)+P(B)-P(AB).$$

现在不同的取法总数为 $C_{1\,000}^{1}=1\,000$，有利于事件 A 的取法有[1 000/4]=250 种，有利于事件 B 的取法有[1 000/6]=166 种，又因为一个数同时能被 4 与 6 整除，就相当于它能被 4 与 6 的最小公倍数 12 整除，因此，有利于事件 AB 的取法有[1 000/12]=83，故

$$P(A)=250/1\,000,P(B)=166/1\,000,P(AB)=83/1\,000,$$

于是所求概率为

$$P(A\cup B)=\frac{250+166-83}{1\,000}=0.333.$$

例 1.2.6　设 n 个质点随机地落在 $N(\geqslant n)$ 个格子中，求下列事件的概率：

$A=\{$指定 n 个格子中各有 1 个质点$\}$；

$B=\{$任意 n 个格子中各有 1 个质点$\}$.

解　我们假定：每个格子可容纳任意个质点，而且每个质点是可辨别的.

先求 n 个质点落入 N 个格子的方法总数. 因为每个质点都可以落入 N 个格子中的任何一个，有 N 种不同的落入方法，又因为一个格子中落入的质点数无限制，所以 n 个质点落入 N 个格子共有 N^n 种落入方法. 有利于事件 A 发生的落入方法实质上就是 n 个不同质点在指定的 n 个格子中的全排列，全排列种数为 $n!$，故所求概率为

$$P(A)=\frac{n!}{N^n}.$$

有利于事件 B 的落入方法可分两步完成：第一步，从 N 个格子中任意指定 n 个格子，不同的指定方式有 C_N^n 种；第二步，在指定的 n 个格子中各有一个质点的落入方式有 $n!$ 种. 因此，"任意 n 个格子中各有一质点"的落入方式共有 $C_N^n n!$ 种，故

$$P(B)=\frac{C_N^n n!}{N^n}.$$

在例 1.2.6 中，我们假定每个质点是不同的（即可辨别的），并且每个格子可容纳任意多个质点. 有趣的是，如果假定质点是相同的（即不可辨别的）而每个格子仍可容纳任意多个质点，或者，假定质点是相同的而每个格子至多可进入一个质点，那么，我们可以得出不同假设下的各自答案，这些不同的假定以及所得的结果都有相应的实际背景.

例 1.2.7　从 5 双鞋子中任取 4 只，问这 4 只中恰有 2 只鞋子可配成一双的概率是多少？

解　令 $A=\{4$ 只鞋子中恰有 2 只可配成一双$\}$. 从 5 双鞋子中任取 4 只的取法数为 C_{10}^4. 有利于事件 A 的取法数可以分二步完成：第一步，先从 5 双鞋子中任取 1 双，共有 C_5^1 种取法，将这两只取出，一定可以配成对. 第二步，再从剩余的 4 双中任取 2 双，再从这 2 双中各任取 1 只，有 $C_4^2C_2^1C_2^1$ 种取法. 根据乘法原则，有利于 A 的取法数共有 $C_5^1C_2^2C_4^2C_2^1C_2^1$ 种，则

$$P(A)=\frac{C_5^1C_2^2C_4^2\ (C_2^1)^2}{C_{10}^4}=\frac{4}{7}.$$

1.3　条件概率 全概率公式与贝叶斯公式

1.3.1　条件概率与乘法公式

在实际问题中，除了要知道事件 A 的概率 $P(A)$ 外，有时还需"在获取一定信息的情况下"考察事件 A 发生的概率，即需要在另一个事件 B 已经发生的条件下，考察事件 A 的概率，这个概率我们记为 $P(A|B)$. 因为附加了新的条件"事件 B 已经发生"，所以 $P(A|B)$ 一般说来与 $P(A)$ 是不同的，称 $P(A|B)$ 为条件概率.

例如，一盒内装有 10 个乒乓球，分别编为 1～10 号，现从盒中随机地取一个乒乓球，考虑以下事件：

$A=\{$取到一个编号超过 5 的乒乓球$\}$,

$B=\{$取到一个偶数号码的球$\}$.

不难算出 A 的概率为 $P(A)=5/10=1/2$. 如果附加上"已知事件 B 发生",那么可能情况有五种:2,4,6,8,10,其中三种结果有利于事件 A 发生,因而在这个条件下,A 的条件概率 $P(A|B)=3/5$. 另外,$P(B)=5/10=1/2$,$P(AB)=3/10$,$P(A|B)=\frac{3}{5}=\frac{3/10}{5/10}$,故有

$$P(A|B)=\frac{P(AB)}{P(B)}.$$

由此引入条件概率的一般定义:

定义 1.3.1　设 A,B 为两个事件,且 $P(B)>0$,称

$$P(A \mid B)=\frac{P(AB)}{P(B)}. \tag{1.3.1}$$

为在事件 B 发生的条件下事件 A 发生的**条件概率**.

例 1.3.1　掷两颗均匀骰子,求在已知第一颗掷出 6 点条件下"掷出点数之和不小于 10"的概率是多少?

解　设 $A=\{$掷出点数之和不小于 10$\}$,$B=\{$第一颗掷出 6 点$\}$.

解法 1(定义)　$P(A|B)=\frac{P(AB)}{P(B)}=\frac{3/36}{6/36}=\frac{1}{2}$.

解法 2(缩小样本空间)　$P(A|B)=\frac{3}{6}=\frac{1}{2}$.

由条件概率的定义,即可得到下述定理

定理 1.3.1(乘法公式)　若 $P(B)>0$,则

$$P(AB)=P(B)P(A \mid B). \tag{1.3.2}$$

若 $P(A)>0$,则有类似的条件概率及乘法公式

$$P(B \mid A)=\frac{P(AB)}{P(A)},$$

$$P(AB)=P(A)P(B \mid A).$$

乘法公式可以推广到 $n(n>2)$个事件的情形.

(1) 若 $P(AB)>0$,则

$$P(ABC)=P(A)P(B \mid A)P(C \mid AB). \tag{1.3.3}$$

(2)对任意 n 个事件 $A_1,A_2,\cdots,A_n$,若 $P(A_1A_2\cdots A_{n-1})>0$,则

$$P(A_1A_2\cdots A_n)=P(A_1)P(A_2 \mid A_1)\cdots P(A_n \mid A_1A_2\cdots A_{n-1}). \tag{1.3.4}$$

例 1.3.2　(抽签问题)n 个人以抽签方式决定谁将得到一张奥运会开幕式的入场券,n 个人依次抽签,求第 $k(1\leqslant k\leqslant n)$个人抽中的概率.

解　令 $A_k=\{$第 k 个人抽到入场券$\}$,则 $\overline{A}_k=\{$第 k 个人没抽到入场券$\}(1\leqslant k\leqslant n)$. 显然,$P(A_1)=1/n$. 对于 $1<k\leqslant n$,因 $A_k\subset\overline{A}_1\overline{A}_2\cdots\overline{A}_{k-1}$,故 $A_k=\overline{A}_1\overline{A}_2\cdots\overline{A}_{k-1}A_k$. 由乘法定理得

$$\begin{aligned}P(A_k)&=(\overline{A}_1\overline{A}_2\cdots\overline{A}_{k-1}A_k)\\&=P(\overline{A}_1)P(\overline{A}_2 \mid \overline{A}_1)\cdots P(A_k \mid \overline{A}_1\overline{A}_2\cdots\overline{A}_{k-1})\\&=\frac{n-1}{n}\frac{n-2}{n-1}\cdots\frac{1}{n-(k-1)}=\frac{1}{n}.\end{aligned}$$

亦即 $P(A_k)=\frac{1}{n}$，$1\leqslant k\leqslant n$. 本例的计算结果告诉我们：在排队依次抽签时，中签的可能性与排位先后是没有关系的，不必争先恐后.

1.3.2　全概率公式与贝叶斯公式

设 $B_1,B_2,\cdots,B_n,\cdots$ 为有限多个或无限多个事件，若它们满足

(1) $B_iB_j=\varnothing(i\neq j;i,j=1,2,\cdots)$；

(2) $B_1\cup B_2\cup\cdots\cup B_n\cup\cdots=\Omega$；

则称这组事件为**互斥完备事件群(组)**(或称为**互不相容完备事件组**).

现在考虑任一事件 A，因为

$$A=A\Omega=AB_1\cup AB_2\cup\cdots\cup AB_n\cup\cdots$$

由 $B_1,B_2,\cdots,B_n,\cdots$ 两两互斥，可知 $AB_1,AB_2,\cdots,AB_n,\cdots$ 亦两两互斥，再设 $P(B_i)>0$ $(i=1,2,\cdots)$，结合概率的加法公理与乘法定理，可得

$$\begin{aligned}P(A)&=P(AB_1)+P(AB_2)+\cdots+P(AB_n)+\cdots\\&=P(B_1)P(A\mid B_1)+P(B_2)P(A\mid B_2)+\cdots+P(B_n)P(A\mid B_n)+\cdots\end{aligned}$$

这就是下面的定理.

定理 1.3.2(全概率公式)　若事件 $B_1,B_2,\cdots,B_n,\cdots$ 构成互斥完备事件组，且 $P(B_i)>0(i=1,2,\cdots)$，则对任一事件 A 有

$$P(A)=\sum_j P(B_j)P(A\mid B_j).\tag{1.3.5}$$

由式(1.3.5)的推导过程可以看出：事件 A 的“全部”概率 $P(A)$ 被分解成许多部分概率 $P(AB_j)$ 之和的形式. 因此，当概率 $P(B_j)$ 与 $P(A|B_j)$ 容易确定时，通过全概率公式可以求得某一复杂事件 A 的概率 $P(A)$.

运用全概率公式的关键在于恰当地找出互斥完备事件群(组) $B_1,B_2,\cdots,B_n,\cdots$.

例 1.3.3　某商店出售的某类小家电产品来自甲、乙、丙三家工厂，其中这三家工厂的产品比例为 1∶2∶1，且它们的产品合格率分别为 90%，85%，80%. 现从该类小家电产品中随机抽取一件，问恰好取到一件合格品的概率是多少？

解　令 $B_1=$｛取到一件甲厂的产品｝，$B_2=$｛取到一件乙厂的产品｝，$B_3=$｛取到一件丙厂的产品｝，显然，B_1,B_2,B_3 构成互斥完备事件组. 又设 $A=$｛取出的产品是合格品｝.

由题意知 $P(B_1):P(B_2):P(B_3)=1:2:1$，即，$P(B_1)=P(B_3)=1/4$，$P(B_2)=1/2$，而 $P(A|B_1)=0.90$，$P(A|B_2)=0.85$，$P(A|B_3)=0.80$，因此，由全概率公式可得

$$\begin{aligned}P(A)&=P(B_1)P(A\mid B_1)+P(B_2)P(A\mid B_2)+P(B_3)P(A\mid B_3)\\&=\frac{1}{4}\times0.90+\frac{1}{2}\times0.85+\frac{1}{4}\times0.80\\&=0.85.\end{aligned}$$

本例的结果直观上容易理解，三家工厂的产品汇总在一起，则总的产品合格率应是各厂产品合格率的加权平均，其权值与各厂产量成比例.

例 1.3.4　现有三个箱子，第一个箱子中有 4 个黑球，1 个白球，第二个箱子中有 3 个黑球，3 个白球，第三个箱子中有 3 个黑球，5 个白球，现随机地取一个箱子，再从这个箱子中取

出一个球，求这个球为白球的概率是多少.

解 设 A 表示事件“任取一球为白球”，B_i 表示事件“取到第 i 个箱子”，$i=1,2,3$，则根据全概率公式得

$$
\begin{aligned}
P(A) &= \sum_{i=1}^{3} P(B_i)P(A \mid B_i) \\
&= \frac{1}{3}\times\frac{C_1^1}{C_5^1}+\frac{1}{3}\times\frac{C_3^1}{C_6^1}+\frac{1}{3}\times\frac{C_5^1}{C_8^1} \\
&= \frac{53}{120}.
\end{aligned}
$$

例 1.3.5 在数字通信中，信号是由数字 0 和 1 的序列所组成，设发报台分别以概率 0.7和 0.3 发出信号 0 和 1. 由于通信系统受到随机干扰，当发出信号为 0 时，收报台未必收到信号 0，而分别以概率 0.8 与 0.2 收到信号 0 和 1；同样地，当发出信号 1 时，收报台分别以概率 0.9 和 0.1 收到信号 1 和 0. 求

(1) 收报台收到信号 1 的概率；

(2) 当收报台收到信号 1 时，发报台确是发出信号 1 的概率.

解 记 $A=\{$收到信号 1$\}$，$B=\{$发出信号 1$\}$. 由题意知，$P(B)=0.3$，$P(\bar{B})=0.7$，$P(A|B)=0.9$，$P(A|\bar{B})=0.2$，且 B 与 $\bar{B}$ 构成互斥完备事件群.

(1) 由全概率公式，得

$$P(A)=P(B)P(A|B)+P(\bar{B})P(A|\bar{B})=0.3\times0.9+0.7\times0.2=0.41.$$

(2) 由条件概率，得

$$P(B|A)=\frac{P(AB)}{P(A)}=\frac{P(B)P(A|B)}{P(B)P(A|B)+P(\bar{B})P(A|\bar{B})}=\frac{0.3\times0.9}{0.41}\approx0.66.$$

在上例的(2)中，我们用到了公式

$$P(B|A)=\frac{P(AB)}{P(A)}=\frac{P(B)P(A|B)}{P(B)P(A|B)+P(\bar{B})P(A|\bar{B})}.$$

一般地有以下公式.

定理 1.3.3(贝叶斯公式) 若事件 $B_1,B_2,\cdots,B_n,\cdots$ 构成互斥完备事件群，$P(B_i)>0$ $(i=1,2,\cdots)$，则对任一事件 $A(P(A)>0)$，有

$$P(B_i \mid A)=\frac{P(B_i)P(A \mid B_i)}{\sum_j P(B_j)P(A \mid B_j)} \quad (i=1,2,\cdots). \tag{1.3.6}$$

证 由条件概率、乘法公式和全概率公式，得

$$P(B_i \mid A)=\frac{P(B_i)P(A \mid B_i)}{\sum_j P(B_j)P(A \mid B_j)} \quad (i=1,2,\cdots).$$

若我们把事件 A 看成“结果”，把两两互斥事件 $B_1,B_2,\cdots$ 看成导致这一结果的可能的“原因”. 则可以形象地把贝叶斯公式看作“由结果推测原因”：现在“结果”A 已经发生，在众多可能的“原因”中，究竟是哪一个“原因”导致这一结果的可能性大？利用贝叶斯公式可以算出由某一个“原因”$B_i(i=1,2,\cdots)$所引起的可能性$(P(B_i|A))$有多大，如果能找到某个 B_k，使得

$$P(B_k \mid A) = \max\{P(B_1 \mid A), P(B_2 \mid A), \cdots\},$$

那么 B_k 就是导致“结果”A 的最大可能的“原因”.

例 1.3.6　对以往数据分析结果表明，当机器调整得良好时，产品的合格率为 90%，而当机器发生某一故障时，产品合格率为 30%. 每天早上机器开动时，机器调整良好的概率为 75%，试求已知某日早上第一件产品是合格品时，机器调整良好的概率.

解　设 $A=\{$产品合格$\}$，$B=\{$机器调整良好$\}$. 根据已知条件，$P(A|B)=0.9$，$P(A|\overline{B})=0.3$，$P(B)=0.75$，所求概率为 $P(B|A)$. 由贝叶斯公式

$$\begin{aligned} P(B \mid A) &= \frac{P(AB)}{P(A)} = \frac{P(B)P(A \mid B)}{P(B)P(A \mid B) + P(\overline{B})P(A \mid \overline{B})} \\ &= \frac{0.75 \times 0.9}{0.75 \times 0.9 + 0.25 \times 0.3} \\ &= 0.90. \end{aligned}$$

在贝叶斯公式中，通常称 $P(B_1)$，$P(B_2)$，…为**先验概率**，而称 $P(B_1|A)$，$P(B_2|A)$，…为**后验概率**. 因而，贝叶斯公式实际上是计算后验概率的公式，这是对贝叶斯公式另一层面上的解释.

在实践中，先验概率代表人们依据以往经验和知识对某一随机现象的一种认识. 随着时间的推移，人们获取的信息愈来愈丰富，理论知识也愈加完善，对该随机现象的认识也可能发生一些变化. 而后验概率就代表了人们对以往认识的一种修正(即新的认识). 因而在实践中，当获得后验概率之后，人们往往用后验概率取代先验概率，作为今后工作的出发点.

1.4　随机事件的独立性

1.4.1　两个事件的独立性

设 A，B 为两个事件，一般而言 $P(A)\neq P(A|B)$，这表示事件 B 的发生对事件 A 发生的概率有影响，只有当 $P(A)=P(A|B)$ 时才认为 B 的发生与否对 A 发生的可能性毫无影响. 此时在概率论中就称 A，B 两事件是独立的. 由条件概率的定义 $P(A|B)=\dfrac{P(AB)}{P(B)}$ 可知，当 $P(B)\neq 0$ 时，$P(A)=P(A|B)$ 等价于 $P(AB)=P(A)P(B)$. 由此就引出了下面的定义.

定义 1.4.1　设 A，B 为两个事件，若有

$$P(AB) = P(A)P(B), \tag{1.4.1}$$

则称 A 与 B **相互独立**，简称为 A 与 B 独立.

定理 1.4.1　若四对事件 $\{A,B\}$，$\{A,\overline{B}\}$，$\{\overline{A},B\}$，$\{\overline{A},\overline{B}\}$ 中有一对是相互独立的，则另外三对也是相互独立的.

证　这里仅证明“当 A，B 相互独立时，$\overline{A}$，$\overline{B}$ 也相互独立”，其余的请读者自行证明. 因为 A 与 B 独立，所以 $P(AB)=P(A)P(B)$，故

$$\begin{aligned} P(\overline{A}\overline{B}) &= P(\overline{A \cup B}) = 1 - P(A \cup B) \\ &= 1 - (P(A) + P(B) - P(A)P(B)) \\ &= (1 - P(A))(1 - P(B)) \end{aligned}$$

$$= P(\overline{A})P(\overline{B}),$$

即 $\overline{A},\overline{B}$ 也相互独立.

在实际问题中,并不是用式(1.4.1)来判断两事件 A,B 是否独立,而是从试验的具体条件以及对事件的本质分析判断它们不应有关联,而是独立的,然后就可以用式(1.4.1)来计算积事件的概率了.

例 1.4.1　袋中有 5 个白球、3 个红球,从中每次任取一个,有放回地连续取两次,求两次取出的球中至少有一个白球的概率.

解　令 $A_i=\{第\ i\ 次取得白球\}(i=1,2)$. 在有放回的取球方式下,$A_1$ 发生与否并不影响 A_2 发生的概率,因为袋中球的总个数以及白球、红球的比例在两次取球试验中均保持一致,故 A_1,A_2 相互独立,于是所求概率为

$$p = P(A_1 \cup A_2) = P(A_1) + P(A_2) - P(A_1A_2),$$

因为 $P(A_1)=5/8,P(A_2)=5/8$,由独立性,$P(A_1A_2)=P(A_1)P(A_2)$,所以

$$p = \frac{5}{8} + \frac{5}{8} - \frac{5}{8} \times \frac{5}{8} = \frac{55}{64}.$$

或者,由 A_1,A_2 独立,知 $\overline{A}_1,\overline{A}_2$ 独立,故

$$P(\overline{A}_1\overline{A}_2) = P(\overline{A}_1)P(\overline{A}_2) = \frac{3}{8} \times \frac{3}{8} = \frac{9}{64}.$$

因而

$$p = P(A_1 \cup A_2) = 1 - P(\overline{A_1 \cup A_2}) = 1 - P(\overline{A}_1\overline{A}_2) = 1 - \left(\frac{3}{8}\right)^2 = \frac{55}{64}.$$

例 1.4.2　甲乙两人同时向一目标射击,已知甲击中目标的概率为 0.4,乙击中目标的概率为 0.7.求目标被击中的概率.

解　令 $A_1=\{甲击中目标\},A_2=\{乙击中目标\},B=\{目标被击中\}$. 显然,$A_1,A_2$ 独立.则由加法公式得

$$\begin{aligned} P(B) &= P(A_1 \cup A_2) = P(A_1) + P(A_2) - P(A_1A_2) \\ &= P(A_1) + P(A_2) - P(A_1)P(A_2) \\ &= 0.4 + 0.7 - 0.4 \times 0.7 = 0.82. \end{aligned}$$

1.4.2　多个事件的独立性

事件的独立性概念可推广到多个事件的情形.

定义 1.4.2　设 $A_1,A_2,\cdots,A_n$ 是 n 个事件,若对任意 $k(1<k\leqslant n)$,任意 $1\leqslant i_1<i_2<\cdots<i_k\leqslant n$,都成立

$$P(A_{i_1}A_{i_2}\cdots A_{i_k}) = P(A_{i_1})P(A_{i_2})\cdots P(A_{i_k}), \tag{1.4.2}$$

则称 $A_1,A_2,\cdots,A_n$ 相互独立.

式(1.4.2)中包含的等式总数为

$$C_n^2 + C_n^3 + \cdots + C_n^n = \sum_{k=0}^{n} C_n^k - C_n^1 - C_n^0 = 2^n - n - 1.$$

由定义 1.4.2 可以看出,如果 $A_1,A_2,\cdots,A_n$ 相互独立,那么其中的任意 $k(1<k\leqslant n)$个事件也相互独立.特别,当 $k=2$ 时,它们中的任意两个事件都相互独立(称为 $A_1,A_2,\cdots,A_n$

两两独立).但是,$A_1,A_2,\cdots,A_n$ 两两独立并不能保证 $A_1,A_2,\cdots,A_n$ 相互独立,下面的例子说明了这一点.

例 1.4.3　设一袋中有四张形状相同的卡片,在这四张卡片上分别标有数字:110,101,011,000.从袋中任取一张卡片,以 A_i 表示事件{取到的卡片第 i 位上的数字为 1}($i=1,2,3$).求证:A_1,A_2,A_3 是两两独立的,但 A_1,A_2,A_3 不是相互独立事件.

证　易得 $P(A_1)=P(A_2)=P(A_3)=\frac{2}{4}=\frac{1}{2}$,$P(A_1A_2)=P(A_2A_3)=P(A_3A_1)=\frac{1}{4}$,$P(A_1A_2A_3)$,从而

$$P(A_1A_2)=P(A_1)P(A_2),\ P(A_2A_3)=P(A_2)P(A_3),\ P(A_3A_1)=P(A_3)P(A_1).$$

但是

$$P(A_1A_2A_3)=0\neq\frac{1}{8}=P(A_1)P(A_2)P(A_3).$$

由此可见,A_1,A_2,A_3 是两两独立的,但它们不是相互独立的.

对于 n 个相互独立的事件,有类似定理 1.4.1 的结论.

定理 1.4.2　若 n 个事件 $A_1,A_2,\cdots,A_n$ 相互独立,则把其中任意 $m(1\leqslant m\leqslant n)$ 个事件相应地换成它们的对立事件,所得的 n 个事件仍为相互独立.

例如,若 A_1,A_2,A_3 相互独立,则 $\overline{A}_1,A_2,A_3$ 或者 $\overline{A}_1,\overline{A}_2,A_3$ 或者 $\overline{A}_1,\overline{A}_2,\overline{A}_3$ 等都是相互独立的事件.

定理 1.4.2 的证明可用数学归纳法来完成(对所含对立事件个数进行归纳).

例 1.4.4　设一个小时内,甲、乙、丙三台机器需要维修的概率分别为 0.1,0.2 和 0.15,求一个小时内

(1) 没有一台机器需要维修的概率;

(2) 至少有一台机器不需要维修的概率.

解　令 A,B,C 分别表示事件甲、乙、丙三台机器需要维修.显然 A,B,C 相互独立.

(1) D 表示没有一台机器需要维修,则 $D=\overline{A}\overline{B}\overline{C}$,因此

$$\begin{aligned}P(D)&=P(\overline{A}\overline{B}\overline{C})=P(\overline{A})P(\overline{B})P(\overline{C})\\&=0.9\times0.8\times0.85=0.612.\end{aligned}$$

(2)令 E 表示至少有一台机器不需要维修,则 $E=\overline{A}\cup\overline{B}\cup\overline{C}$,于是

$$\begin{aligned}P(E)&=P(\overline{A}\cup\overline{B}\cup\overline{C})=1-P(ABC)\\&=1-P(A)P(B)P(C)\\&=1-0.1\times0.2\times0.15=0.997.\end{aligned}$$

应当注意,事件的相互独立与事件的互斥(互不相容)是两个不同的概念(见习题 1 的第 40 题).

若 $A_1,A_2,\cdots,A_n$ 两两互斥,则有

$$P(A_1\cup A_2\cup\cdots\cup A_n)=P(A_1)+P(A_2)+\cdots+P(A).$$

可见事件的互斥性可简化和事件的概率计算.

若 $A_1,A_2,\cdots,A_n$ 相互独立,则有

$$P(A_1A_2\cdots A_n)=P(A_1)P(A_2)\cdots P(A_n)$$

表明事件的独立性可简化积事件的概率计算.另外,当 $A_1,A_2,\cdots,A_n$ 相互独立时,根据概率性质与定理 1.4.2,有

$$P(\bigcup_{k=1}^{n} A_k)=1-P(\bigcap_{k=1}^{n} \overline{A}_k)=1-\prod_{k=1}^{n} P(\overline{A}_k)=1-\prod_{k=1}^{n}[1-P(A_k)].$$

1.4.3 随机试验的相互独立性

利用事件的独立性可以定义两个或更多个试验的独立性.设有试验 E_1,E_2,若试验 E_1 的任一结果(事件)与试验 E_2 的任一个结果(事件)都是相互独立的,则称这两个**试验相互独立**.若试验 E_1 的任一结果,试验 E_2 的任一结果,…,试验 E_n 的任一结果都是相互独立的,则称试验 $E_1,E_2,\cdots,E_n$ 相互独立.假如这 n 个试验还是相同的,则称其为 n 重独立试验.

如果在 n 重独立试验中,每次试验的结果为两个,比如成功或失败,正面或反面等,记为 A 或 $\overline{A}$,则称这种试验为 n **重伯努利试验**.

在 n 重伯努利试验中,若事件 A 在每次试验中发生的概率均为 $P(A)=p(0<p<1)$,现在来计算在 n 重伯努利试验中事件 A 发生的 k 次的概率.

记 B_{nk} 表示 n 重伯努利试验中事件 A 发生的 k 次这一事件,由于试验是相互独立的,如果事件 A 在 n 次独立试验中指定的 k 次试验(比如前 k 次试验)中发生,而在其余 $n-k$ 次试验中不发生,其概率为

$$P(A_1A_2\cdots A_k\overline{A}_{k+1}\cdots\overline{A}_n)=P(A_1)\cdots P(A_k)P(\overline{A}_{k+1})\cdots P(\overline{A}_n)=p^k(1-p)^{n-k},$$

其中,A_i 表示 A 在第 i 次试验中发生,$i=1,2,\cdots,n$.

但问题是 A 在 n 次独立试验中发生了 k 次,不论在哪 k 次发生,由组合知识可知,A 在 n 次独立试验中发生了 k 次共有 C_n^k 种不同的情况,而每种情况的概率都是 $p^k(1-p)^{n-k}$,并且这些情况是互斥的,故所求的概率为

$$P(B_{nk})=C_n^k p^k(1-p)^{n-k},\quad k=0,1,\cdots,n.$$

习题 1

1. 写出下列随机试验的样本空间.

(1) 袋中有 5 只球,其中 3 只白球 2 只黑球,从袋中任取 1 只,观察其颜色.

(2) 如果把(1)的袋中的 3 只白球分别编号为 1,2,3,两只黑球分别编号为 4 和 5,从袋中任取 1 只球,观察其号码.

(3) 生产产品直到有 10 件正品为止,记录生产产品的总件数.

(4) 对某工厂的产品进行检查,合格的记上“正品”,不合格的记上“次品”,如果连续查出 2 个次品就停止检查,或检查 4 个产品就停止检查,记录检查的结果.

(5) 射击用的靶子是半径为 R 的圆盘,已知每次射击均能中靶.现射击一次,记录弹着点的位置.

2. 设 A,B,C 表示三个随机事件,试以 A,B,C 的运算来表示下列事件:

(1) 仅 A 发生;

(2) A,B,C 中恰有一个发生；

(3) A,B,C 中至少有一个发生；

(4) A,B,C 中最多有一个发生；

(5) A,B,C 都不发生；

(6) A 不发生，B,C 中至少发生一个.

3. 从某班学生中任选一名同学，设 $A=\{$选出的人是男生$\}$，$B=\{$选出的人是数学爱好者$\}$，$C=\{$选出的人是班干部$\}$，试问下列运算结果分别表示什么事件？

(1) ABC；(2) $\overline{A}B\overline{C}$；(3) $\overline{A\cup C}$；(4) $A-(B\cup C)$.

4. 把一个均匀的骰子连续抛掷两次，求两次抛掷中至少有一次出现 6 点且两次出现的点数之和为偶数的概率.

5. 一块表面都涂成红色的正方体被锯成 1 000 个同样大小的小正方体，将这些小正方体放入袋中均匀地搅混在一起，试求从袋中任取出的一个小正方体是两面涂有红色的概率.

6. 在长度为 L 的线段 AB 上任意地指定一点 C，求线段 AC 和 CB 中较短的线段长度大于 $L/3$ 的概率.

7. 两艘船都停靠同一码头，它们可能在一昼夜的任意时刻到达. 设两船停靠的时间分别为 1 小时和 2 小时，求有一艘船要靠位必须等待一段时间的概率.

8. 已知 $A\subset B$，$P(A)=0.2$，$P(B)=0.3$，求：

(1) $P(\overline{A})$；(2) $P(A\cup B)$；(3) $P(AB)$；(4) $P(\overline{A}B)$；(5) $P(A-B)$.

9. 设 A,B,C 是三个事件，且 $P(A)=P(B)=P(C)=1/4$，$P(AB)=P(BC)=1/8$，$P(AC)=0$，求：

(1) A,B,C 都发生的概率；

(2) A,B,C 至少有一个发生的概率；

(3) A,B,C 都不发生的概率.

10. 设 A,B 是两个随机事件，且 $P(A)=0.6$，$P(B)=0.7$，问：

(1) 在什么条件下 $P(AB)$ 取最小值？最小值是多少？

(2) 在什么条件下 $P(AB)$ 取最大值？最大值是多少？

(3) 对于 $P(A\cup B)$，讨论上述两个问题如何？

11. 设 $A_1,A_2,\cdots,A_n$ 是任意 n 个事件，试用数学归纳法证明：

$$P(A_1\cup A_2\cup\cdots\cup A_n)=\sum_{i=1}^{n}P(A_i)-\sum_{1\leqslant i<j\leqslant n}P(A_iA_j)+\sum_{1\leqslant i<j<k\leqslant n}P(A_iA_jA_k)+\cdots+(-1)^{n-1}P(A_1A_2\cdots A_n).$$

12. 袋中有 4 只白球和 6 只红球，每次从袋中任取一只球，连续取两次，试按(1)第一次取后无放回；(2)第一次取后有放回，两种情况求下列事件的概率：

$A=\{$取出两只都是白球$\}$；

$B=\{$第一次取得白球，第二次取得红球$\}$；

$C=\{$两次取得球中恰有一只红球$\}$；

$D=\{$第二次取出的是白球$\}$.

13. 在分别标有号码 1 到 10 的 10 张卡片中任取 3 张，求：

(1) 取出的最大号码是 5 的概率;

(2) 取出的最小号码是 5 的概率;

(3) 取出的最大号码小于 5 的概率;

(4) 取出的最大号码大于 5 的概率.

14. 已知 100 件产品中有 5 件次品,95 件正品,从中任取 10 件,问取出的产品中正好有 3 件次品的概率是多少?

15. 已知 100 件产品中有 80 件一等品,15 件二等品,5 件三等品,现从中任取 10 件产品,求取出的产品为 7 件一等品、2 件二等品和 1 件三等品的概率.

16. 袋中有 8 只白球,5 只黑球,从中任取 2 只球,求:

(1) 取得的两球同色的概率;

(2) 取得的两球至少有 1 只白球的概率;

(3) 取得的两球最多有 1 只白球的概率.

17. 从一副共有五十二张的扑克牌中任取四张,求:

(1) 取出的四张是同花色的概率;

(2) 取出的四张不同花色的概率;

(3) 取出的四张中至少有两张是同花色的概率;

(4) 取出的四张中至少有一张 A 字牌的概率.

18. 设每个人在一年的十二个月中出生是等可能的,问四个人中至少有两个人是同月出生的概率是多少?

19. 将 3 个球随机地放入 4 个盒子中,求盒子中球的最大个数分别为 1,2,3 的概率.

20. 在电话号码簿中任取一个电话号码,求:

(1) 后四个数字全不相同的概率;

(2) 后四个数字中最大数字是 5 的概率.

21. 在数字 0,1,…,9 中随机地连续取出 4 个数字(无放回抽取),问取出的 4 个数字能排成一个 4 位偶数的概率.

22. 从 15 双不同的鞋子中任取 10 只,求:

(1) 取出的 10 只中恰好有两双配对的概率;

(2) 取出的 10 只中至少有两双配对的概率.

23. 已知 $P(A)=0.7$,$P(B)=0.4$,$P(AB)=0.2$,求 $P(\overline{B}|A\cup B)$.

24. 已知 $P(A)=1/4$,$P(B|A)=1/3$,$P(A|B)=1/2$,求 $P(A\cup B)$.

25. 设 $P(B)>0$,证明条件概率具有下列性质:

(1) 对任何事件 A,$P(A|B)\geqslant 0$;

(2) $P(\Omega|B)=1$,$P(\varnothing|B)=0$;

(3) 若 $A_1A_2=\varnothing$,则 $P(A_1\cup A_2|B)=P(A_1|B)+P(A_2|B)$;

(4) 若 $A_1\subseteq A_2$,则 $P(A_1|B)\leqslant P(A_2|B)$,且有 $P(A_2-A_1|B)=P(A_2|B)-P(A_1|B)$;

(5) 对任何事件 A,有 $P(\overline{A}|B)=1-P(A|B)$;

(6) 对任何事件 A_1,A_2,有 $P(A_1\cup A_2|B)=P(A_1|B)+P(A_2|B)-P(A_1A_2|B)$.

26. 设一批零件共有 100 件,其中有 7 件次品,93 件合格品,每次从中任取一件,取出的不再放回,求第三次才取到合格品的概率.

27. 设袋中有一白一黑两只球,每次从袋中任取一只球,观察其颜色后放回袋中,并再放进一只与所取球颜色相同的球,直到两种颜色的球都取到为止,求取了 n 次的概率.

28. 以往资料表明,某三口之家患某种传染病的概率有以下规律:$P\{孩子得病\}=0.6$,$P\{母亲得病|孩子得病\}=0.5$,$P\{父亲得病|母亲及孩子得病\}=0.4$,求母亲及孩子得病但父亲未得病的概率.

29. 某射击小组共有 20 名射手,其中一级射手 4 人,二级射手 8 人,三级射手 7 人,四级射手 1 人,一,二,三,四级射手在一次射击中能中十环的概率分别为 0.9,0.7,0.5,0.2. 现从该小组中任选一名,求他在一次射击中能中十环的概率.

30. 每箱产品有 10 件,其中次品的个数从 0 到 2 是等可能的,开箱检验时,从中任取一件,如果检验为次品,则认为该箱产品不合格. 由于检验误差,一件正品被误判为次品的概率为 2%,一件次品被误判为正品的概率为 10%,求检验一箱产品能通过验收的概率.

31. 设有甲、乙两袋,甲袋装有 n 只白球,m 只红球;乙袋装有 a 只白球,b 只红球. 从甲袋中任取一只球放入乙袋中,再从乙袋中任取一只球,问从乙袋中取出的是白球的概率是多少?

32. 一学生参加同一课程的两次考试. 第一次及格的概率为 p,若第一次及格则第二次及格的概率也是 p,若第一次不及格则第二次及格的概率是 $p/2$.

(1) 若至少有一次及格则他能取得某种资格,求他取得该资格的概率;

(2) 若已知他第二次及格了,求他第一次及格的概率.

33. 设某工厂有甲、乙、丙三个车间,它们生产同一种产品,每个车间的产量分别占该工厂总产量的 25%,35%,40%,每个车间的产品中次品率分别为 0.05,0.04,0.02. 现从该厂总产品中任取一件产品,结果是次品,求取出的这个次品是由乙车间生产的概率.

34. 已知男性中有 5%为色盲,女性中有 0.25%为色盲,今从男女人数相等的人群中随机地挑选一人,恰好是色盲,问此人是男性的概率是多少?

35. 证明:若三个事件 A,B,C 相互独立,则 $A\cup B$、AB 及 $A-B$ 都与 C 相互独立.

36. 证明:若 $P(A|B)=P(A|\bar{B})$,则 A 与 B 相互独立.

37. 有八张形状完全相同的卡片,在第 1,2,3,4 张卡片上涂有红色,第 1,2,3,5 张卡片上涂有白色,第 1,6,7,8 张卡片上涂有黑色,现从八张卡片中任取一张,以 A,B,C 分别表示取出的卡片上有红、白、黑的事件,试验证:$P(ABC)=P(A)P(B)P(C)$,但 A,B,C 不是两两独立的.

38. 三人独立射击同一目标,他们击中目标的概率分别是 4/5,2/3,3/4,试求该目标被击中的概率.

39. 事件 A 与 B 相互独立,两个事件仅发生 A 的概率和仅发生 B 的概率都是 1/4,求 $P(A)$ 及 $P(B)$.

40. 设 A,B 为两个事件,试讨论 A,B 互斥与 A,B 独立两个概念之间的关系.

第2章　随机变量及概率分布

为了更方便地研究随机事件及其概率,我们引入概率论中的另一个重要概念——随机变量,这一变量是依赖于随机试验的结果的实值函数.因为随机变量是实值函数,那么就可以借助于微积分的知识与研究方法,对随机现象的概率规律进行分门别类的研究,总结出重要的几类概率模型.本章将介绍两类随机变量及一些常用分布.

2.1　一维随机变量

2.1.1　随机变量与分布函数

我们讨论过不少随机试验,其中有些试验的结果就是数量,有些结果虽然本身不是数量,但可以用数量来表示试验的结果.

例2.1.1　从一批废品率为 p 的产品中有放回地抽取 n 次,每次取一件产品,记录取到废品的次数,这一试验的所有可能结果为 $\Omega=\{1,2,\cdots,n\}$.如果用 X 表示取到废品的次数,那么 X 的取值依赖试验结果,当试验的结果确定了,X 的取值也就随之确定.比如,进行了一次这样的随机试验,试验结果 $\omega=1$,即在 n 次抽取中只有一次取到废品,那么 $X=1$.

例2.1.2　掷一枚匀称的硬币,观察正面、反面的出现情况.这一试验的所有可能结果为 $\Omega=\{H,T\}$,其中 H 表示"正面朝上",T 表示"反面朝上".如果引入变量 X,对试验的两个结果,将 X 的值分别规定为1和0,即

$$X=\begin{cases}1, & \text{当出现 } H \text{ 时},\\ 0, & \text{当出现 } T \text{ 时}.\end{cases}$$

一旦试验的结果确定了,X 的取值也随之确定.

从上述两例中可以看出:无论随机试验的结果本身与数量有无联系,我们都能把试验的每个结果与实数对应起来,即把试验结果数量化.由于这样的数量依赖试验的结果,而对随机试验来说,在每次试验之前无法断言会出现何种结果,因而也就无法确定它会取什么值,即它的取值具有随机性,我们称这样的变量为**随机变量**.事实上,随机变量就是**随着随机试验结果的不同而变化的量**,因此可以说,随机变量是试验结果的函数.我们可以把例2.1.1中的 X 写成 $X=X(\omega)=\omega$,其中 $\omega\in\{1,2,\cdots,n\}$,把例2.1.2中的 X 写成

$$X=X(\omega)=\begin{cases}1, & \text{当 } \omega \text{ 为 } H,\\ 0, & \text{当 } \omega \text{ 为 } T.\end{cases}$$

一般地,有以下定义

定义2.1.1　设 E 为一随机试验,Ω 为其样本空间,若 $X=X(\omega),\omega\in\Omega$ 为单值实函数,且对于任意实数 x,集合 $\{\omega\mid X(\omega)\leqslant x\}$ 都是随机事件,则称 X 为**随机变量**.随机变量经常用 X、Y、Z 等表示.

随机变量与普通实函数这两个概念既有联系又有区别.它们都是从一个集合到另一个集合的映射,它们的区别主要在于:首先,普通实函数的定义域是数的集合,而随机变量的定义域 Ω 未必是数的集合.根据不同随机现象而做的随机试验,其结果千差万别,有些可能是数的集合,有些则可能是诸如颜色的集合、气味的集合,等等.其次,普通实函数无需做试验便可依据自变量的值确定函数值,而随机变量的取值在做试验之前是不确定的,只有在做了试验之后,依据所出现的结果才能确定,并且它的取值具有一定的概率,这说明随机变量与普通函数有着本质区别.定义中要求对任意实数 x,$\{\omega \mid X(\omega)\leqslant x\}$都是事件,这说明并非任何定义在 Ω 上的函数都是随机变量,而是对这函数有一定的要求.定义中的要求无非是说,当我们把随机试验的结果数量化的时候,不能随心所欲,而是应该合乎概率公理体系的规范.今后,在不必要强调 ω 时,常省去 ω,简记 $X(\omega)$为 X,而将 ω 的集合$\{\omega \mid X(\omega)\leqslant x\}$所表示的事件简记为$\{X\leqslant x\}$.

引入了随机变量之后,随机事件就可以用随机变量来描述.例如,在某城市中考察人口的年龄结构,年龄在 80 岁以上的长寿者,年龄介于 18 岁至 35 岁之间的青年人,以及不到 12 岁的儿童,他们各自的比率如何.从表面上看,这些是孤立的事件,如果引进一个随机变量 X 来表示随机抽出的一个人的年龄,那么上述几个事件可分别表示成$\{X>80\}$,$\{18\leqslant X\leqslant 35\}$以及$\{X<12\}$.由此可见,随机事件的概念是包含在随机变量这个更广的概念之内.

对于随机变量 X,我们不只是看它取哪些值,更重要的是看它以多大的概率取那些值.由随机变量的定义可知,对于每一个实数 x,$\{X\leqslant x\}$都是一个随机事件,因而有一个确定的概率 $P\{X\leqslant x\}$与 x 相对应,因此,概率 $P\{X\leqslant x\}$是 x 的函数,这个函数在理论和应用中都很重要,为此,我们引入以下定义.

定义 2.1.2　设 X 是一个随机变量,记

$$F(x) = P\{X \leqslant x\},\ x \in (-\infty, +\infty), \tag{2.1.1}$$

称 $F(x)$为随机变量 X 的**分布函数**.

有了分布函数,关于 X 的随机事件的概率都可以方便地利用分布函数 $F(x)$计算出来.如果将随机变量 X 看做数轴上的点,则当 $a<b$ 时,事件$\{a<X\leqslant b\}=\{X\leqslant b\}-\{X\leqslant a\}$,且$\{X\leqslant a\}\subset\{X\leqslant b\}$,故由概率的性质得:

$$\begin{aligned} P\{a < X \leqslant b\} &= P\{\{X \leqslant b\} - \{X \leqslant a\}\} = P\{X \leqslant b\} - P\{X \leqslant a\} \\ &= F(b) - F(a). \end{aligned} \tag{2.1.2}$$

可见,若已知随机变量 X 的分布函数,我们就能知道 X 落在任一区间$(a,b]$的概率,从这个意义上说,分布函数完整地描述了随机变量取值的概率规律.

分布函数 $F(x)$具有以下基本性质:

(1) $F(x)$是一个非降函数.

因为,当 $x_2>x_1$ 时,$F(x_2)-F(x_1)=P\{x_1<X\leqslant x_2\}\geqslant 0$;

(2) 对任意实数 x,$0\leqslant F(x)\leqslant 1$,且

$$F(-\infty) = \lim_{x\to-\infty} F(x) = 0,\ F(+\infty) = \lim_{x\to+\infty} F(x) = 1;$$

事实上,由分布函数的定义 $F(x)=P\{X\leqslant x\}$,再由概率的性质知,$0\leqslant P\{X\leqslant x\}\leqslant 1$,所以 $0\leqslant F(x)\leqslant 1$, $x\in(-\infty,+\infty)$.此外,由 $F(x)$的单调性和概率的连续性,得

$$F(-\infty) = \lim_{x \to -\infty} P\{X \leqslant x\} = \lim_{n \to -\infty} P\{X \leqslant n\} = P\{\varnothing\} = 0,$$

$$F(+\infty) = \lim_{x \to +\infty} P\{X \leqslant x\} = \lim_{n \to \infty} P\{X \leqslant n\} = P\{\Omega\} = 1.$$

(3)$F(x)$是右连续函数，即 $F(x+0)=F(x)$.

实际上，由 $F(x)$的定义、$F(x)$的单调性以及概率的连续性，得

$$\begin{aligned}\lim_{\Delta x \to 0^+} [F(x+\Delta x) - F(x)] &= \lim_{\Delta \to 0^+} P\{x < X \leqslant x + \Delta x\} \\ &= \lim_{n \to \infty} P\{x < X \leqslant x + 1/n\} \\ &= P\{\varnothing\} = 0.\end{aligned}$$

需要指出：如果一个函数满足上述三条性质，那么该函数一定是某个随机变量的分布函数. 因而可用这三条性质来判别一个函数是否为某个随机变量的分布函数.

直观上，随机变量按其可能取值的特点可以分成两类：离散型随机变量和连续型随机变量，下面将分别予以讨论.

2.1.2 离散型随机变量

若随机变量 X 的所有可能取值为有限多个或者虽有无限多个但可以一一排列，则称 X 为离散型随机变量.

定义 2.1.3 设 X 为离散型随机变量，其所有可能的取值为$\{x_1, x_2, \cdots\}$，记

$$p_i = P\{X = x_i\} \quad (i = 1, 2, \cdots), \tag{2.1.3}$$

则称 $p_i(i=1,2,\cdots)$为随机变量 X 的**分布律**，也称为**概率函数**.

随机变量 X 的分布律具有以下性质

(1) $p_i \geqslant 0 \ (i=1,2,\cdots)$；

(2) $p_1 + p_2 + \cdots = 1$.

性质(1)是显然的. 另外，由于诸事件$\{X=x_i\}(i=1,2,\cdots)$构成互斥完备事件群，因而

$$\{X = x_1\} \cup \{X = x_2\} \cup \cdots = \Omega,$$

再由概率的加法公理，得

$$p_1 + p_2 + \cdots = 1.$$

通常，也可以把随机变量的分布律写成表格的形式

X	x_1	x_2	$\cdots$	x_n	$\cdots$
p_i	p_1	p_2	$\cdots$	p_n	$\cdots$

或者矩阵的形式

$$X \sim \begin{pmatrix} x_1 & x_2 & \cdots & x_n \\ p_1 & p_2 & \cdots & p_n \end{pmatrix}$$

X 的分布律式(2.1.3)指出了全部概率 1 在其可能值的集合$\{x_1, x_2, \cdots\}$上的分布情况，因而，也把式(2.1.3)称为随机变量 X 的**概率分布**. 它可以形象地用图 2.1 表示，图中横轴上标出各个可能取值的坐标 $x_1, x_2, \cdots$，而在每一 x_i 处画一条竖线，其高度表示事件$\{X=x_i\}$的概率. 显然，在这一图像表示中，各竖线高度的总和为 1.

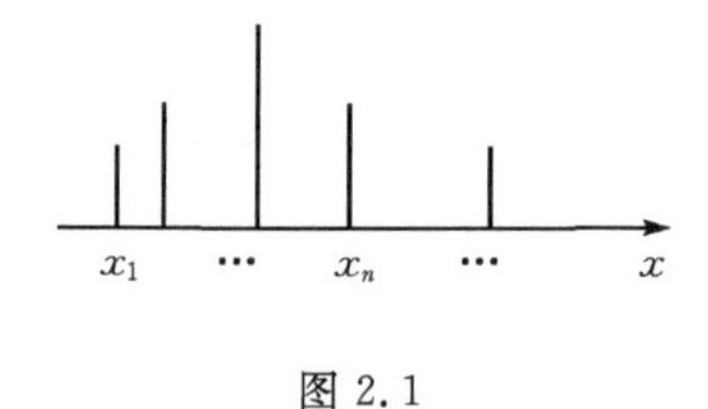

图 2.1

有了分布律,可以通过下式求得分布函数

$$F(x)=P\{X\leqslant x\}=\sum_{x_i\leqslant x}P\{X=x_i\}=\sum_{x_i\leqslant x}p_i,$$

其中和式是对所有满足 $x_i\leqslant x$ 的 i 求和.

例 2.1.3　一汽车沿一街道行驶,需要通过三个均设有红绿灯的路口,在每个路口遇到红灯的概率都为 1/2,且信号灯工作相互独立. 以 X 表示该汽车首次遇到红灯停下来时已经通过的路口数,求 X 的分布律及分布函数.

解　依题意,X 可取值 0,1,2,3. 设 A_i 表示汽车在第 i 个路口遇到红灯,$i=1,2,3$. 则

$$P\{X=0\}=P(A_1)=\frac{1}{2},$$

$$P\{X=1\}=P(\overline{A}_1A_2)=\frac{1}{2}\times\frac{1}{2}=\frac{1}{4},$$

$$P\{X=2\}=P(\overline{A}_1\overline{A}_2A_3)=\frac{1}{2}\times\frac{1}{2}\times\frac{1}{2}=\frac{1}{8},$$

$$P\{X=3\}=P(\overline{A}_1\overline{A}_2\overline{A}_3)=\frac{1}{2}\times\frac{1}{2}\times\frac{1}{2}=\frac{1}{8}$$

故离散型随机变量 X 的分布律为

X	0	1	2	3
P	1/2	1/4	1/8	1/8

由分布函数的定义,

当 $x<0$ 时,$F(x)=P\{X\leqslant x\}=P\{\varnothing\}=0$;

当 $0\leqslant x<1$ 时,$F(x)=P\{X\leqslant x\}=P\{X=0\}=1/2$;

当 $1\leqslant x<2$ 时,$F(x)=P\{X\leqslant x\}=P\{X=0\}+P\{X=1\}=1/2+1/4=3/4$;

当 $2\leqslant x<3$ 时,$F(x)=P\{X\leqslant x\}=P\{X=0\}+P\{X=1\}+P\{X=2\}=1/2+1/4+1/8=7/8$;

当 $x\geqslant 3$ 时,$F(x)=P\{X\leqslant x\}=P\{X=0\}+P\{X=1\}+P\{X=2\}+P\{X=3\}=1$.

故 X 的分布函数为

$$F(x)=\begin{cases}0, & x<0,\\ 1/2, & 0\leqslant x<1,\\ 3/4, & 1\leqslant x<2,\\ 7/8, & 2\leqslant x<3,\\ 1, & x\geqslant 3.\end{cases}$$

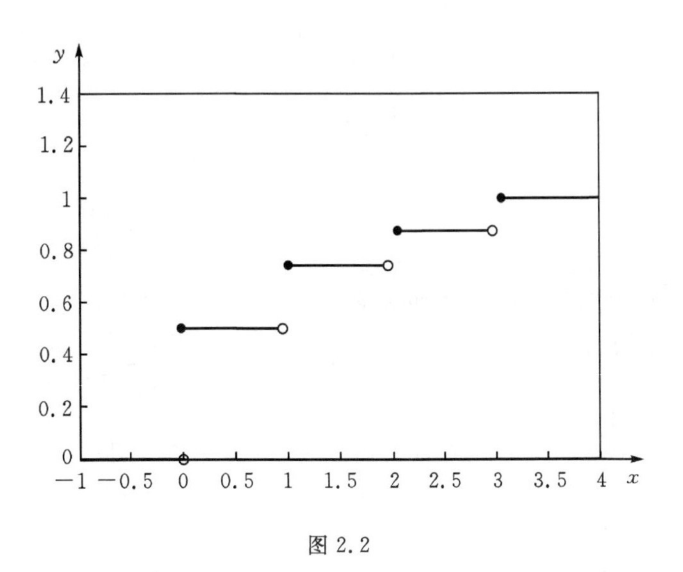

图 2.2

从图 2.2 可知，$F(x)$的图形是一非降的阶梯形曲线，它有四个跳跃间断点：0，1，2，3. 这四个值恰好是 X 的可能取值，并且，$F(x)$在每个跳跃点处的跳跃度就是 X 取该可能值的概率.

下面介绍几种重要的离散型随机变量及其概率分布.

①**单点分布**　若随机变量 X 的分布律为 $P\{X=a\}=1$，则称 X 服从**单点分布**.

②**两点分布**　若随机变量 X 的分布律为 $P\{X=a_0\}=1-p$，$P\{X=a_1\}=p$，或者统一地表示为 $P\{X=a_i\}=p^i(1-p)^{1-i}(i=0,1)$，其中 $0<p<1$，则称 X 服从**两点分布**.

特别地，当 $a_0=0$，$a_1=1$ 时，称 X 服从 **0 - 1 分布**，记为 $X\sim B(1,p)$，或

$$X \sim \begin{pmatrix} 0 & 1 \\ 1-p & p \end{pmatrix}$$

如果在一次试验中，事件 A 发生的概率为 p，不发生的概率为 $1-p$，以 X 记事件 A 在一次试验中的发生次数，那么 X 的所有可能取值为 0、1，而且 $P\{X=0\}=P(\overline{A})=1-p$，$P\{X=1\}=P(A)=p$，故 X 服从 0 - 1 分布，由此可见，0 - 1 分布正是适合描述这一类问题的概率分布.

③**二项分布**　若随机变量 X 的分布律为

$$P\{X=i\}=C_n^i p^i(1-p)^{n-i}, i=0,1,\cdots,n, \tag{2.1.5}$$

其中，$0<p<1$，则称 X **服从参数为** n、p **的二项分布**，记为 $X\sim B(n,p)$.

显然 $B(0,1)$就是 0 - 1 分布. 二项分布来源于这样一类问题，X 表示 n 重伯努利试验中事件 A 出现的次数，事件 A 在一次试验中发生的概率为 p，则

$$P\{X=i\}=C_n^i p^i(1-p)^{n-i},\ i=0,1,\cdots,n.$$

可见 X 服从二项分布 $B(n,p)$.

记 $p_i=C_n^i p^i(1-p)^{n-1}$，$i=0,1,\cdots,n$，显然 $p_i>0$，由二项式定理知

$$\sum_{i=0}^{n} p_i=\sum_{i=0}^{n} C_n^i p^i(1-p)^{n-i}=[p+(1-p)]^n=1.$$

可见由式(2.1.5)所决定的 $p_i(p_i>0;i=0,1,2,\cdots,n)$ 确实是一种概率分布. 由于式(2.1.5)右端恰好是二项式 $[px+(1-p)]^n$ 的展开式中 x^i 前的系数,故得名二项分布.

例 2.1.4　某车间有 10 台机床,每台机床由于各种原因时常需要停车,设各台机床的停工或开工是相互独立的,若每台机床在任一时刻处于停车状态的概率为 1/3,求任一时刻车间里有 3 台机床处于停车状态的概率.

解　令 $A=\{$任一时刻机床处于停车状态$\}$,以 X 表示任一时刻 10 台机床中处于停车状态的机床台数. 我们把任一时刻对一台机床的观察当作一次试验,试验结果只有 A 发生或 A 不发生两种可能,已知 $p=P(A)=1/3$. 又由题设,各机床的停车与否是相互独立的,因此,对这 10 台机床的观察相当于进行 10 次独立重复试验. 于是 $X\sim B(10,1/3)$,所求概率为

$$P\{X=3\}=\mathrm{C}_{10}^{3}\left(\frac{1}{3}\right)^{3}\left(1-\frac{1}{3}\right)^{7}\approx 0.260.$$

例 2.1.5　有一繁忙的汽车站,每天有大量汽车通过,设每辆汽车在一天的某段时间内出事故的概率为 0.001,在每天的该段时间内有 1 000 辆汽车通过,问出事故的次数不小于 2 的概率是多少?

解　设 1 000 辆车通过,出事故的次数为 X,由于每辆汽车是否发生交通事故相互独立,故 X 服从二项分布 $B(1\ 000,0.001)$,所求概率为

$$\begin{aligned}P\{X\geqslant 2\}&=1-P(X<2)=1-P\{X=0\}-P\{X=1\}\\&=1-0.999^{1000}-1000\times 0.001\times 0.999^{999}\approx 0.264.\end{aligned}$$

如果把例 2.1.5 中的问题改为“求出事故的次数不小于 20 次的概率”,那么,按上述方法计算就比较繁琐. 为此,讨论以下的近似算法.

泊松定理　设随机变量 X_n 服从二项分布 $B(n,p_n)(n=1,2,\cdots)$,其中 p_n 与 n 有关且满足 $\lim\limits_{n\to\infty}np_n=\lambda(\lambda>0)$,则

$$\lim_{n\to\infty}\mathrm{C}_n^k p_n^k(1-p_n)^{n-k}=\frac{\lambda^k \mathrm{e}^{-\lambda}}{k!},\ k=0,1,\cdots,n.$$

证　令 $np_n=\lambda_n$,则 $p_n=\lambda_n/n$,而

$$\begin{aligned}\mathrm{C}_n^k p_n^k(1-p_n)^{n-k}&=\frac{n(n-1)\cdots(n-k+1)}{k!}\left(\frac{\lambda_n}{n}\right)^k\left(1-\frac{\lambda_n}{n}\right)^{n-k}\\&=\left(1-\frac{1}{n}\right)\left(1-\frac{2}{n}\right)\cdots\left(1-\frac{k-1}{n}\right)\frac{\lambda_n^k}{k!}\left(1-\frac{\lambda_n}{n}\right)^n\left(1-\frac{\lambda_n}{n}\right)^{-k},\end{aligned}$$

对任意固定的 $k(0\leqslant k\leqslant n)$,当 $n\to\infty$ 时,因为

$$\left[1\left(1-\frac{1}{n}\right)\left(1-\frac{2}{n}\right)\cdots\left(1-\frac{k-1}{n}\right)\right]\to 1,\ \lambda_n^k\to\lambda^k,\ \left(1-\frac{\lambda_n}{n}\right)^{-k}\to 1.$$

及

$$\lim_{n\to\infty}\left(1-\frac{\lambda_n}{n}\right)^n=\lim_{n\to\infty}\left(1-\frac{\lambda_n}{n}\right)^{-\frac{n}{\lambda_n}(-\lambda_n)}=\mathrm{e}^{-\lambda}.$$

所以

$$\lim_{n\to\infty}\mathrm{C}_n^k p_n^k(1-p_n)^{n-k}=\frac{\lambda^k \mathrm{e}^{-\lambda}}{k!}.$$

在应用中，当 n 很大(指 $n\geqslant 10$)且 p 较小(指 $p\leqslant 0.1$)时，有以下的泊松近似公式

$$C_n^k p_n^k (1-p_n)^{n-k} \approx \frac{\lambda^k e^{-\lambda}}{k!},\ k=0,1,\cdots,n.$$

其中 $\lambda=np$. 而关于 $\frac{\lambda^k e^{-\lambda}}{k!}$ 的值，可以查泊松分布表(见书末附表 2).

例 2.1.6 (续例 2.1.5)本题满足 n 较大且 p 较小的条件，又 $\lambda=1\,000\times 0.001=1$，由泊松近似公式，得

$$P\{X=0\}=C_{1000}^0 p^0(1-p)^{1000}\approx e^{-1},$$
$$P\{X=1\}=C_{1000}^1 p^1(1-p)^{999}\approx e^{-1}.$$

因此，出事故的次数不小于 2 次

$$P\{X\geqslant 2\}=1-P\{X=0\}-P\{X=1\}\approx 1-2e^{-1}\approx 0.264.$$

也可用另外一种常用的方法直接查表计算

$$P\{X\geqslant 2\}=\sum_{k=2}^{1000} C_{1000}^k p^k(1-p)^{1000-k}\approx\sum_{k=2}^{1000}\frac{1^k e^{-1}}{k!}\approx\sum_{k=2}^{\infty}\frac{1^k e^{-1}}{k!}.$$

查表得

$$\sum_{k=2}^{\infty}\frac{1^k e^{-1}}{k!}=0.264.$$

故 $P\{X\geqslant 2\}\approx 0.264$.

④**泊松分布** 若随机变量 X 的分布律为

$$P\{X=k\}=\frac{\lambda^k}{k!}e^{-\lambda}\quad(k=0,1,2,\cdots),\tag{2.1.6}$$

其中 $\lambda>0$ 为常数，则称 X **服从参数为 λ 的泊松分布**，简记为 $X\sim P(\lambda)$.

由于 $p_k=\frac{\lambda^k}{k!}e^{-\lambda}>0(k=0,1,2,\cdots)$，又由麦克劳林公式有

$$\sum_{k=0}^{\infty}p_k=\sum_{k=0}^{\infty}\frac{\lambda^k}{k!}e^{-\lambda}=e^{-\lambda}\left(1+\frac{\lambda}{1!}+\frac{\lambda^2}{2!}+\cdots+\frac{\lambda^n}{n!}+\cdots\right)=e^{-\lambda}e^{\lambda}=1.$$

因而，按式(2.1.6)所决定的 $p_k(k=0,1,2\cdots)$ 确实是随机变量的分布律.

例 2.1.7 为了保证设备正常工作，需配备适量的维修工人. 现有同类型设备 300 台，各台工作是相互独立的，发生故障的概率都是 0.01，一台设备的故障由一个人处理. 问至少需配备多少工人，才能保证设备发生故障但不能及时维修的概率小于 0.01?

解 设需要配备 N 人，记同一时刻发生故障的设备数为 X，则由题意知 $X\sim B(300, 0.01)$. 所需解决的问题是确定最小的 N，使得 $P\{X\leqslant N\}\geqslant 0.99$.

由泊松定理得，$P\{X\leqslant N\}\approx\sum_{k=0}^{N}\frac{3^k e^{-3}}{k!}$，故有

$$\sum_{k=0}^{N}\frac{3^k e^{-3}}{k!}\geqslant 0.99,$$

即

$$1-\sum_{k=0}^{N}\frac{3^k e^{-3}}{k!}=\sum_{k=N+1}^{+\infty}\frac{3^k e^{-3}}{k!}\leqslant 0.01,$$

查泊松分布表，得满足上述不等式的最小值 N 为 8，故至少应配备 8 名工人才能保证设备发

生故障但不能及时维修的概率小于 0.01.

泊松分布是概率论中重要的几个分布之一.一方面,泊松分布是作为二项分布的极限分布,由法国数学家泊松(Poisson)引入的,因而,在一定条件下,可用泊松分布来做二项分布的近似计算.另一方面,有许多随机变量都服从或近似服从泊松分布.例如,稀有事件(故障、不幸事件、自然灾害等)在 n 次独立重复试验中出现的次数;在任给一段固定的时间间隔内,来到公共设施(公共汽车站、商店、电话交换台等)要求给予服务的顾客数;放射性分裂落到某区域的质点数;显微镜下落在某区域中的血球或微生物的数目,等等,都服从或近似地服从泊松分布.

2.1.3　连续型随机变量

除了离散型随机变量之外,还有一类重要的随机变量——连续型随机变量,这种随机变量 X 可以取某个区间 $[a,b]$ 或 $(-\infty,+\infty)$ 中的一切值.由于这种随机变量的所有可能取值无法像离散型随机变量那样一一排列,因而也就不能用离散型随机变量的分布律来描述它的概率分布,刻画这种随机变量的概率分布的一种方法是用式(2.1.1)定义的分布函数,但在理论上和实践中更常用的方法是用所谓的"概率密度".

定义 1.4　设随机变量 X 的分布函数为 $F(x)$,若存在非负可积函数 $f(x)$,使对于任意实数 x,有

$$F(x)=\int_{-\infty}^{x} f(t)\,\mathrm{d}t, \tag{2.1.7}$$

则称 **X 为连续型随机变量**,并称 $f(x)$ 为 **X 的概率密度函数**,简称**概率密度**.

概率密度 $f(x)$ 具有下述性质:

(1) $f(x)\geqslant 0, -\infty<x<+\infty$;

(2) $\int_{-\infty}^{+\infty} f(x)\,\mathrm{d}x=1$;

(3) 对于任意实数 a,b,且 $a\leqslant b$,有

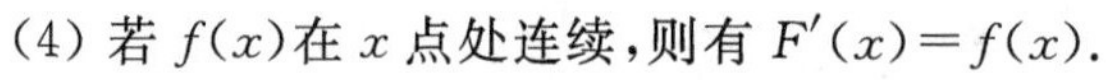

$$P\{a<X\leqslant b\}=F(b)-F(a)=\int_{a}^{b} f(x)\,\mathrm{d}x;$$

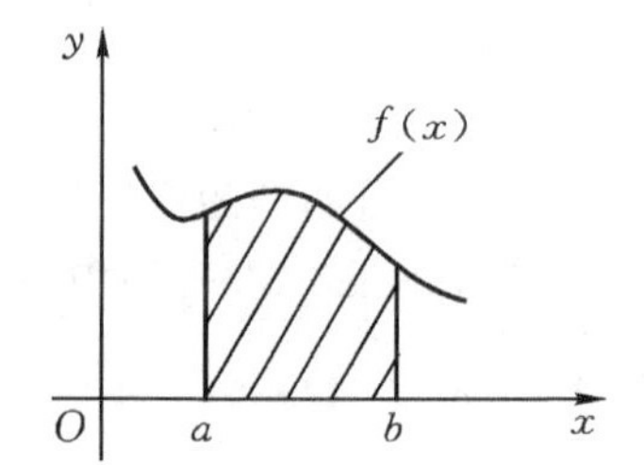

(4) 若 $f(x)$ 在 x 点处连续,则有 $F'(x)=f(x)$.

性质(2)表明,介于曲线 $y=f(x)$ 与横轴之间的全部面积为 1;性质(3)表示,事件 $\{a<X\leqslant b\}$ 的概率等于曲线 $y=f(x)$ 与横轴之间从 a 到 b 的那部分面积(见上图).由性质(4)可知,在 $f(x)$ 的连续点 x 处,有

$$f(x)=\lim_{\Delta x\to 0^+}\frac{F(x+\Delta x)-F(x)}{\Delta x}=\lim_{\Delta x\to 0^+}\frac{p\{x<X\leqslant x+\Delta x\}}{\Delta x}$$

由 $f(x)$ 的上述等式,我们看到它与物理学中的线密度的定义式相类似,这就是 $f(x)$ 被称作概率密度的来由.

这里不加证明地指出:任何一个一元函数 $f(x)$,若它满足概率密度的性质(1)、(2),则它可以成为某个随机变量的概率密度.

由式(2.1.7)及高等数学的知识可知:**连续型随机变量的分布函数 $F(x)$ 必为连续函数.**

连续型随机变量 X 有下述特性:X 取任意实数的概率等于零,即对于任意实数 x,有

$$P\{X = x\} = 0.$$

事实上,设 X 的分布函数为 $F(x)$,对任意 $\Delta x>0$,由

$$\{X = x\} \subset \{x - \Delta x < X \leqslant x\}$$

得

$$0 \leqslant P\{X = x\} \leqslant P\{x - \Delta x < X \leqslant x\} = F(x) - F(x - \Delta x)$$

因 X 为连续型随机变量,其分布函数 $F(x)$ 是连续函数,所以,在上述不等式两端令 $\Delta x \to 0^+$,即得证.

由连续型随机变量的上述特性可知

$$P\{a < X < b\} = P\{a \leqslant X < b\} = P\{a < X \leqslant b\} = P\{a \leqslant X \leqslant b\} = \int_a^b f(x)\mathrm{d}x,$$

即只要区间端点 a、b 确定,则 X 落入区间 (a,b)、$[a,b)$、$(a,b]$、$[a,b]$ 的概率是相同的,都等于 $\int_a^b f(x)\mathrm{d}x$.

当 x 为连续型随机变量 X 的某个可能值时,事件 $\{X=x\}$ 并非不可能事件,但有 $P\{X=x\}=0$. 这一事实说明:若事件 $A=\varnothing$,则 $P\{A\}=0$;反之,若事件 A 的概率 $P\{A\}=0$,A 未必是不可能事件 $\varnothing$.

下面介绍几种重要的连续型随机变量.

1. 正态分布

若随机变量 X 的概率密度为

$$f(x) = \frac{1}{\sqrt{2\pi}\sigma}\mathrm{e}^{-\frac{(x-\mu)^2}{2\sigma^2}}, -\infty < x < +\infty, \tag{2.1.8}$$

其中 $-\infty<\mu<+\infty$,$\sigma>0$,则称 X **服从参数为 μ,σ^2 的正态分布**,记为 $X \sim N(\mu,\sigma^2)$. 习惯上称服从正态分布的随机变量为**正态变量**.

可以验证式(2.1.8)中的 $f(x)$ 确实满足概率密度的两条基本性质(性质(1)和(2)). 事实上,显然 $f(x)\geqslant 0(-\infty<x<+\infty)$,为证明 $\int_{-\infty}^{+\infty} f(x)\mathrm{d}x = 1$,作变量代换 $t=\frac{x-\mu}{\sigma}$ 得到

$$\int_{-\infty}^{+\infty} \frac{1}{\sqrt{2\pi}\sigma}\mathrm{e}^{-\frac{(x-\mu)^2}{2\sigma^2}}\mathrm{d}x = \int_{-\infty}^{+\infty} \frac{1}{\sqrt{2\pi}}\mathrm{e}^{-\frac{t^2}{2}}\mathrm{d}t,$$

记 $I = \int_{-\infty}^{+\infty} \mathrm{e}^{-\frac{t^2}{2}}\mathrm{d}t$, 则有 $I^2 = \int_{-\infty}^{+\infty}\int_{-\infty}^{+\infty} \mathrm{e}^{-\frac{t^2+u^2}{2}}\mathrm{d}t\mathrm{d}u$. 利用极坐标变换并化为累次积分,得到

$$I^2 = \int_0^{2\pi}\mathrm{d}\varphi\int_0^{+\infty} \mathrm{e}^{-\frac{\rho^2}{2}}\rho\mathrm{d}\rho = 2\pi$$

因为 $I\geqslant 0$,所以 $I=\sqrt{2\pi}$,即得

$$\int_{-\infty}^{+\infty} \frac{1}{\sqrt{2\pi}\sigma}\mathrm{e}^{-\frac{(x-\mu)^2}{2\sigma^2}}\mathrm{d}x = \int_{-\infty}^{+\infty} \frac{1}{\sqrt{2\pi}}\mathrm{e}^{-\frac{t^2}{2}}\mathrm{d}t = 1. \tag{2.1.9}$$

当 $\mu=3$,σ 取不同数值时,相应的 $f(x)$ 的图形如图 2.3(a)所示.

正态分布概率密度曲线的这种“中间高,两头低”的特点反映了在正常状态下一般事物所遵循的客观规律. 例如一大群人的身高,特别高大和殊为矮小者占少数,而处中间状态者居多. 各种职业的人的合法收入、大批同类产品检验时的误差等亦如此,它们都程度不同地

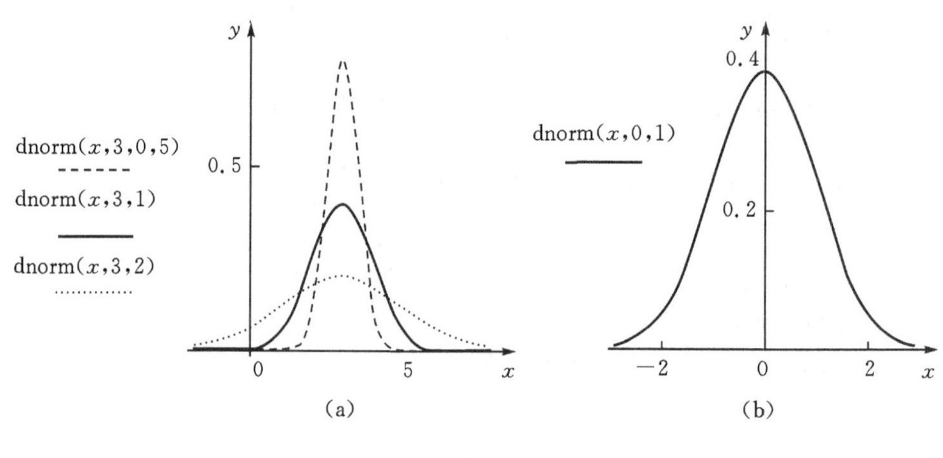

图 2.3

符合正态分布.因此,正态分布无论在理论上还是在实际应用中都占有十分重要的地位.

当 $\mu=0,\sigma=1$ 时,称 X 服从标准正态分布,其概率密度(见图 2.3(b))、分布函数分别用专门的符号 $\varphi(x)$、$\Phi(x)$ 表示,即有

$$\varphi(x)=\frac{1}{\sqrt{2\pi}}\mathrm{e}^{-\frac{x^2}{2}},\ -\infty<x<+\infty, \tag{2.1.10}$$

$$\Phi(x)=\int_{-\infty}^{x}\frac{1}{\sqrt{2\pi}}\mathrm{e}^{-\frac{t^2}{2}}\mathrm{d}t,\ -\infty<x<+\infty. \tag{2.1.11}$$

对于标准正态分布的分布函数 $\Phi(x)$,有下述恒等式

$$\Phi(-x)=1-\Phi(x). \tag{2.1.12}$$

式(2.1.12)的证明留给读者.

标准正态分布函数 $\Phi(x)$ 在正态分布的概率计算中起着重要作用,人们已编制了 $\Phi(x)$ 的函数值表,可供查用(见附表 1).利用 $\Phi(x)$ 可进行任何正态分布的概率计算.这是因为有如下结论.

引理　若 $X\sim N(\mu,\sigma^2)$,则 $Z=\dfrac{X-\mu}{\sigma}\sim N(0,1)$.

证　因为 Z 的分布函数为

$$P\{Z\leqslant x\}=P\left(\frac{X-\mu}{\sigma}\leqslant x\right)=P\{X\leqslant\mu+\sigma x\}=\frac{1}{\sqrt{2\pi}\sigma}\int_{-\infty}^{\mu+\sigma x}\mathrm{e}^{-\frac{(t-\mu)^2}{2\sigma^2}}\mathrm{d}t,$$

令 $s=\dfrac{t-\mu}{\sigma}$,则

$$P\{Z\leqslant x\}=\frac{1}{\sqrt{2\pi}}\int_{-\infty}^{x}\mathrm{e}^{-\frac{s^2}{2}}\mathrm{d}s=\Phi(x),$$

由此可见 $Z\sim N(0,1)$.

例 2.1.8　设随机变量 $X\sim N(1.8,2^2)$,求(1)$P\{X<3.5\}$;(2)$P\{X<-4\}$;(3)$P\{X>2\}$;(4)$P\{|X|<3\}$.

解　(1) $P\{X<3.5\}=P\left\{\dfrac{X-1.5}{2}<\dfrac{3.5-1.5}{2}\right\}=\Phi(1)=0.8413$;

(2) $P\{X<-4\}=P\left\{\frac{X-1.5}{2}<\frac{-4-1.5}{2}\right\}=\Phi(-2.75)=1-\Phi(2.75)=0.003$;

(3) $P\{X>2\}=1-P\{X<2\}=1-P\left\{\frac{X-1.5}{2}<\frac{2-1.5}{2}\right\}=1-\Phi(0.25)=0.4013$;

(4) $P\{|X|<3\}=P\{-3<X<3\}=P\left\{\frac{-3-1.5}{2}<\frac{X-1.5}{2}<\frac{3-1.5}{2}\right\}$

$$=\Phi(0.75)-\Phi(-2.25)=0.7734-(1-0.9878)=0.7612.$$

例 2.1.9 公共汽车门的高度是按男子与车门顶碰头的机会在 0.01 以下来设计的,设男子身高 X(单位:cm)服从正态分布 $X\sim N(170,6^2)$,试确定车门的高度.

解 设车门的高度为 h(cm),依题意应有

$$P\{X>h\}=1-P\{X\leqslant h\}<0.01,$$

即

$$P\{X\leqslant h\}>0.99.$$

因为 $X\sim N\{170,6^2\}$,所以$\frac{X-170}{6}\sim N(0,1)$从而

$$P\{X\leqslant h\}=P\left\{\frac{X-170}{6}\leqslant\frac{h-170}{6}\right\}=\Phi\left(\frac{h-170}{6}\right),$$

查标准正态分布表,得 $\Phi(2.33)=0.9901>0.99$,所以取$\frac{h-170}{6}=2.33$,即 $h\approx184$(cm),故车门的设计高度至少应为 184 cm,方可保证男子与车门碰头的概率在 0.01 以下.

2. 均匀分布

若随机变量 X 具有概率密度

$$f(x)=\begin{cases}\frac{1}{b-a}, & a\leqslant x\leqslant b\\ 0, & 其他\end{cases}, \tag{2.1.13}$$

其中 a,b 为常数,$-\infty<a<b<+\infty$,则称 X **在区间$[a,b]$上服从均匀分布**,记为 $X\sim U[a,b]$.

分布的"均匀"性是指 X 具有下述意义的等可能性,即它落在$[a,b]$内任何等长度的区间内的概率是相同的.事实上,对于任何长度为 Δl 的子区间$[c,c+\Delta l]$,$a\leqslant c<c+\Delta l\leqslant b$,

$$P\{c\leqslant X\leqslant c+\Delta l\}=\int_c^{c+\Delta l}f(x)\mathrm{d}x=\int_c^{c+\Delta l}\frac{1}{b-a}\mathrm{d}x=\frac{\Delta l}{b-a}.$$

若随机变量 $X\sim U(a,b)$,则 X 的分布函数为

$$F(x)=\begin{cases}0, & x<a,\\ \frac{x-a}{b-a}, & a\leqslant x<b,\\ 1, & x\geqslant b.\end{cases}$$

在实际问题中,如定点计算的舍入误差、计算机产生的随机数、正弦波的随机相位等通常都服从均匀分布.在理论研究中,尤其是在分布的模拟研究中也常用到均匀分布.

3. 指数分布

若随机变量 X 具有概率密度

$$f(x)=\begin{cases}\lambda e^{-\lambda x}, & x>0\\ 0, & \text{其他}\end{cases}, \tag{2.1.14}$$

其中 $\lambda>0$,则称 X **服从参数为 λ 的指数分布**,记为 $X\sim \exp(\lambda)$.

若随机变量 $X\sim\exp(\lambda)$,则 X 的分布函数为

$$F(x)=\begin{cases}1-e^{-\lambda x}, & x>0\\ 0, & \text{其他}\end{cases},$$

指数分布具有如下性质:若 $X\sim\exp(\lambda)$,则对任意的 $s,t>0$,有

$$P\{X>s+t \mid X>s\}=P\{X>t\}.$$

这是因为,

$$\begin{aligned}P\{X>s+t\mid X>s\}&=\frac{P\{X>s+t,X>s\}}{P\{X>s\}}=\frac{P\{X>s+t\}}{P\{X>s\}}\\&=\frac{\int_{s+t}^{\infty}\lambda e^{-\lambda x}dx}{\int_{s}^{\infty}\lambda e^{-\lambda x}dx}=\frac{e^{-\lambda(s+t)}}{e^{-\lambda s}}=e^{-\lambda t}=P\{X>t\}\end{aligned}$$

指数分布的这一性质称为**无记忆性**,也有人把它比喻为“永远年青”,意思是:若以 X 表示某人的寿命,则在已知其寿命超过 s 岁的条件下,还能活过 t 年的概率,与其出生时他能活过 t 年的概率是相同的.

指数分布最常见的一个场合是寿命分布,如电子元件的寿命、电话通话时间、随机服务系统的服务时间等常可看作是服从或近似服从指数分布.

2.2　二维随机变量

在许多实际问题中,只用一个随机变量描述随机现象往往是不够的,需要涉及多个随机变量.例如,要研究儿童的生长发育情况,常用身高和体重这两个随机变量来描述;研究飞机在空中的位置,需要经度、纬度、高度三个随机变量来描述.本节主要讨论二维随机变量及其分布的有关概念、理论和应用.

2.2.1　二维随机变量与联合分布函数

定义 2.2.1　设 E 是随机试验,$\Omega=\{\omega\}$ 是 E 的样本空间,而 $X_1(\omega),X_2(\omega),\cdots,X_n(\omega)$ 是定义在 Ω 上的 n 个随机变量,则 n 维向量 $(X_1(\omega),X_2(\omega),\cdots,X_n(\omega))$ 称为 ***n* 维随机变量**或 ***n* 维随机向量**.通常把 $(X_1(\omega),X_2(\omega),\cdots,X_n(\omega))$ 简记为 $(X_1,X_2,\cdots,X_n)$.

因为 $n(n\geqslant3)$ 维随机变量与二维随机变量的研究方法及所得结果无实质的差别,所以为简单起见,以下只讨论二维随机变量,有关内容可以类推到 $n(n\geqslant3)$ 维的情形.

定义 2.2.2　设 (X,Y) 是二维随机变量,对任意实数 x,y,二元函数

$$F(x,y)=P\{X\leqslant x,Y\leqslant y\}. \tag{2.2.1}$$

称为二维随机变量 (X,Y) 的**联合分布函数**.

若把二维随机变量 (X,Y) 看作是平面上的随机点的坐标,则联合分布函数 $F(x,y)$ 在 (x,y) 处的函数值,就是随机点 (X,Y) 落入以点 (x,y) 为顶点而位于该点左下方的无穷矩形

域内(如图 2.4 所示的阴影部分)的概率.

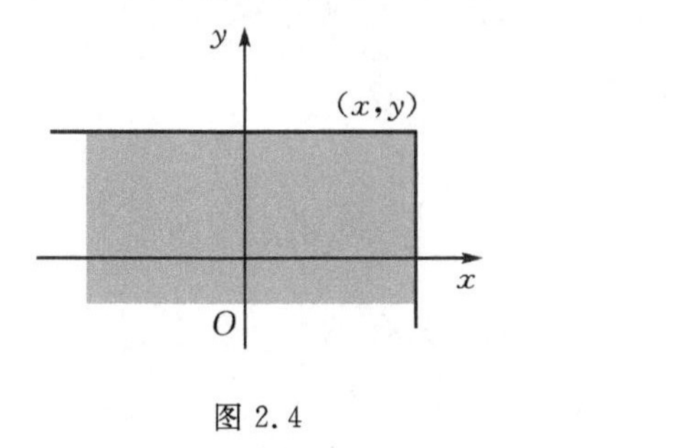

图 2.4

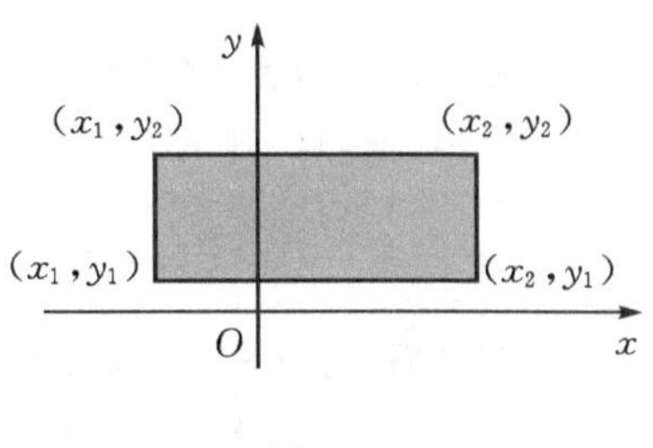

图 2.5

由上述几何解释并借助图 2.5,不难算出事件$\{x_1<X\leqslant x_2,y_1<Y\leqslant y_2\}$的概率为

$$P\{x_1 < X \leqslant x_2, y_1 < Y \leqslant y_2\} = F(x_2,y_2) - F(x_2,y_1) - F(x_1,y_2) + F(x_1,y_1). \tag{2.2.2}$$

联合分布函数 $F(x,y)$具有以下性质:

(1) $F(x,y)$对每个变元是非降函数,即

当 $x_1<x_2$ 时,$F(x_1,y)\leqslant F(x_2,y)$;

当 $y_1<y_2$ 时,$F(x,y_1)\leqslant F(x,y_2)$.

(2) $F(x,y)$对每个变元是右连续的,即

$F(x+0,y)=F(x,y)$;

$F(x,y+0)=F(x,y)$.

(3) $0\leqslant F(x,y)\leqslant 1, F(-\infty,y)=F(x,-\infty)=F(-\infty,-\infty)=0; F(+\infty,+\infty)=1$.

(4) 对任意两点(x_1,y_1),(x_2,y_2),若 $x_1\leqslant x_2,y_1\leqslant y_2$,则

$$F(x_2,y_2) - F(x_2,y_1) - F(x_1,y_2) + F(x_1,y_1) \geqslant 0.$$

性质(1)～(3)可仿照一维随机变量情形给予证明.对于性质(4),因为不等式左边就是事件 $P\{x_1<X\leqslant x_2,y_1<Y\leqslant y_2\}$的概率,所以结论显然成立.

若给定二维随机变量(X,Y)的联合分布函数 $F(x,y)$,则它的两个分量即随机变量 X、Y 的分布函数 $F_X(x)$、$F_Y(y)$也随之确定.因为

$$\begin{aligned} F_X(x) &= P\{X \leqslant x\} \\ &= P\{X \leqslant x, Y < +\infty\} \\ &= \lim_{y\to+\infty} P\{X \leqslant x, Y < y\} \quad \text{(利用概率的单调性和连续性)} \\ &= \lim_{y\to+\infty} F(x,y) \\ &= F(x,+\infty), \end{aligned}$$

即
$$F_X(x)=F(x,+\infty). \tag{2.2.3}$$
同理
$$F_Y(y)=F(+\infty,y). \tag{2.2.4}$$

$F_X(x)$、$F_Y(y)$分别称为二维随机变量(X,Y)关于 X、关于 Y 的**边缘分布函数**.

由上述讨论可知,$F_X(x)$、$F_Y(y)$可由 $F(x,y)$惟一地确定,但是,反过来并不一定成立(参见后面的例 2.2.1).

与一维随机变量一样,多维随机变量也有离散型与连续型之分.

2.2.2　二维离散型随机变量

定义 2.2.3　若二维随机变量(X,Y)的所有可能取值是有限对或者无穷可列对(x_i,y_i) $(i,j=1,2,\cdots)$，则称(X,Y)是**二维离散型随机变量**，并称 $P\{X=x_i,Y=y_i\}=p_{ij}(i,j=1,2,\cdots)$为二维离散型随机变量$(X,Y)$的**联合分布律**.

由 p_{ij} 的定义结合概率的性质可知，它应满足：

(1) $0\leqslant p_{ij}\leqslant 1(i,j=1,2,\cdots)$；　(2.2.5)

(2) $\sum\limits_{i=1}^{\infty}\sum\limits_{j=1}^{\infty}p_{ij}=1$.　(2.2.6)

二维离散型随机变量(X,Y)的联合分布律可用表 2.1 的形式给出.

表 2.1

ij	y_1	y_2	$\cdots$	y_j	$\cdots$	$p_{i\cdot}$
x_1	p_{11}	p_{12}	$\cdots$	p_{1j}	$\cdots$	$p_{1\cdot}$
x_2	p_{21}	p_{22}	$\cdots$	p_{2j}	$\cdots$	$p_{2\cdot}$
$\vdots$	$\vdots$	$\vdots$		$\vdots$		$\vdots$
x_i	P_{i1}	P_{i2}	$\cdots$	P_{ij}	$\cdots$	$p_{i\cdot}$
$\vdots$	$\vdots$	$\vdots$		$\vdots$		$\vdots$
$p_{\cdot j}$	$p_{\cdot 1}$	$p_{\cdot 2}$	$\cdots$	$p_{\cdot j}$	$\cdots$	1

若已知二维离散型随机变量(X,Y)的联合分布律 $P\{X=x_i,Y=y_i\}=p_{ij}(i,j=1,2,\cdots)$，则$(X,Y)$的联合分布函数可按下式确定

$$F(x,y)=\sum_{x_i\leqslant x}\sum_{y_j\leqslant y}p_{ij}, \tag{2.2.7}$$

其中和式是对所有满足 $x_i\leqslant x,y_i\leqslant y$ 的下标 i,j 求和.

从(X,Y)的联合分布律出发，还可以求出它的两个分量 X、Y 的分布律.

$$\begin{aligned}P\{X=x_i\}&=P\{X=x_i,Y<+\infty\}\\&=P\{X=x_i,Y=y_1\}+P\{X=x_i,Y=y_2\}+\cdots\\&=\sum_{j=1}^{\infty}P\{X=x_i,Y=y_j\}\\&=\sum_{j=1}^{\infty}p_{ij}\quad(i=1,2,\cdots).\end{aligned}$$

同理
$$P\{Y=y_j\}=\sum_{i=1}^{\infty}p_{ij}\quad(j=1,2,\cdots).$$

若记

$$p_{i\cdot}=P\{X=x_i\}=\sum_{j=1}^{\infty}p_{ij}\quad(i=1,2,\cdots), \tag{2.2.8}$$

$$p_{\cdot j} = P\{Y = y_j\} = \sum_{i=1}^{\infty} p_{ij} \quad (j = 1,2,\cdots), \tag{2.2.9}$$

则称 $p_{i\cdot}(i=1,2,\cdots)$和 $p_{\cdot j}(j=1,2,\cdots)$为$(X,Y)$关于 X 和关于 Y 的**边缘分布律**.

由(X,Y)的联合分布律可以惟一地确定 X 和 Y 的边缘分布律 $p_{i\cdot}(i=1,2,\cdots)$和 $p_{\cdot j}(j=1,2,\cdots)$. 但是,反之未必成立.

例 2.2.1 一袋中有 6 个大小形状相同的球,其中 2 个为红色,4 个为白色. 每次从袋中任取一球,共取两次. 定义随机变量 X,Y 如下:

$$X = \begin{cases} 0, & \text{若第一次取出红色球}, \\ 1, & \text{若第一次取出白色球}, \end{cases}$$

$$Y = \begin{cases} 0, & \text{若第二次取出红色球}, \\ 1, & \text{若第二次取出白色球}. \end{cases}$$

考虑两种取球方式:(1)有放回取球;(2)无放回取球. 试就以上两种取球方式分别写出二维随机变量(X,Y)的联合分布律以及关于 X、关于 Y 的边缘分布律.

解 (1) 有放回取球:由事件的独立性,可得(X,Y)的联合分布律为

$$P\{X=0,Y=0\} = P\{X=0\} \cdot P\{Y=0\} = \frac{2}{6} \times \frac{2}{6} = \frac{1}{9},$$

$$P\{X=0,Y=1\} = P\{X=0\} \cdot P\{Y=1\} = \frac{2}{6} \times \frac{4}{6} = \frac{2}{9},$$

$$P\{X=1,Y=0\} = P\{X=1\} \cdot P\{Y=0\} = \frac{4}{6} \times \frac{2}{6} = \frac{2}{9},$$

$$P\{X=1,Y=1\} = P\{X=1\} \cdot P\{Y=1\} = \frac{4}{6} \times \frac{4}{6} = \frac{4}{9}.$$

关于 X 的边缘分布律为

$$P\{X=0\} = P\{X=0,Y=0\} + P\{X=0,Y=1\} = \frac{1}{9} \times \frac{2}{9} = \frac{1}{3},$$

$$P\{X=1\} = P\{X=1,Y=0\} + P\{X=1,Y=1\} = \frac{2}{9} \times \frac{4}{9} = \frac{2}{3}.$$

类似地,关于 Y 的边缘分布律为

$$P\{Y=0\} = \frac{1}{3},\ P\{Y=1\} = \frac{2}{3}.$$

(X,Y)的联合分布律以及关于 X、关于 Y 的边缘分布律可写成表 2.2.

表 2.2

X \ Y	0	1	$p_{i\cdot}$
0	1/9	2/9	1/3
1	2/9	4/9	2/3
$p_{\cdot j}$	1/3	2/3	1

(2) 无放回取球:利用概率的乘法公式及条件概率的定义,可得(X,Y)的联合分布律

$$P\{X=0,Y=0\}=P\{X=0\}\cdot P\{Y=0\mid X=0\}=\frac{2}{6}\times\frac{1}{5}=\frac{1}{15},$$

$$P\{X=0,Y=1\}=P\{X=0\}\cdot P\{Y=1\mid X=0\}=\frac{2}{6}\times\frac{4}{5}=\frac{4}{15},$$

$$P\{X=1,Y=0\}=P\{X=1\}\cdot P\{Y=0\mid X=1\}=\frac{4}{6}\times\frac{2}{5}=\frac{4}{15},$$

$$P\{X=1,Y=1\}=P\{X=1\}\cdot P\{Y=1\mid X=1\}=\frac{4}{6}\times\frac{3}{5}=\frac{2}{5}.$$

同(1)类似，把(X,Y)的联合分布律以及关于 X、关于 Y 的分布律写成表 2.3 的形式.

表 2.3

$X \backslash Y$	0	1	$p_{i\cdot}$
0	1/15	4/15	1/3
1	4/15	2/5	2/3
$p_{\cdot j}$	1/3	2/3	1

以上两表的中央部分是(X,Y)的联合分布律；表的边缘部分是关于 X 和 Y 的边缘分布律，它们是由联合分布律的同一行或同一列相加而得. 因它们处于表的“边缘”位置，故称之为“边缘分布律”. 表 2.2、表 2.3 中的边缘分布是相同的，但它们的联合分布律是不同的. 这说明联合分布律不能由边缘分布律唯一确定.

2.2.3　二维连续型随机变量

定义 2.2.4　设 $F(x,y)$是二维随机变量(X,Y)的联合分布函数，若存在一个非负可积函数 $f(x,y)$，使对任意实数 x,y 都有

$$F(x,y)=\int_{-\infty}^{x}\int_{-\infty}^{y}f(u,v)\mathrm{d}u\mathrm{d}v, \tag{2.2.10}$$

则称(X,Y)为**二维连续型随机变量**，称 $f(x,y)$为(X,Y)的**联合概率密度函数**，简称**概率密度**.

概率密度具有以下性质：

(1) $f(x,y)\geqslant 0$；

(2) $\int_{-\infty}^{+\infty}\int_{-\infty}^{+\infty}f(x,y)\mathrm{d}x\mathrm{d}y=1$；

(3) 若 $f(x,y)$在点(x,y)处连续，则

$$\frac{\partial^2 F(x,y)}{\partial x\partial y}=f(x,y);$$

(4) $P\{X,Y\}\in G\}=\iint\limits_{G}f(x,y)\mathrm{d}x\mathrm{d}y$.

在这里，性质(1)、(2)是概率密度的基本性质. 我们不加证明地指出：任何一个二元实函数 $g(x,y)$，若它满足性质(1)～(2)，则它可以成为某二维连续随机变量的概率密度.

当给定二维连续型随机变量(X,Y)的联合概率密度 $f(x,y)$，那么两个分量 X 和 Y 的

概率密度 $f_X(x)$、$f_Y(y)$ 也就随之确定. 因为

$$F_X(x)=F(x,+\infty)=\int_{-\infty}^{x}\left[\int_{-\infty}^{+\infty}f(u,v)\mathrm{d}v\right]\mathrm{d}u,$$

所以 X 是一维连续型随机变量,且其概率密度为

$$f_X(x)=\int_{-\infty}^{+\infty}f(x,y)\mathrm{d}y,\tag{2.2.11}$$

同理,Y 也是一维连续型随机变量,其概率密度为

$$f_Y(y)=\int_{-\infty}^{+\infty}f(x,y)\mathrm{d}x.\tag{2.2.12}$$

$f_X(y)$、$f_Y(y)$ 分别称为 (X,Y) 关于 X、关于 Y 的**边缘概率密度**.

以下是几种常见的二维连续型随机变量.

1. 二维正态分布

若二维随机变量 (X,Y) 的概率密度为

$$f(x,y)=\frac{1}{2\pi\sigma_1\sigma_2\sqrt{1-\rho^2}}\exp\left\{\frac{-1}{2(1-\rho^2)}\left[\frac{(x-\mu_1)^2}{\sigma_1^2}-2\rho\frac{(x-\mu_1)(y-\mu_2)}{\sigma_1\sigma_2}+\frac{(y-\mu_2)^2}{\sigma_2^2}\right]\right\},\tag{2.2.13}$$

其中 $-\infty<\mu_1,\mu_2<+\infty,\sigma_1>0,\sigma_2>0,|\rho|<1$,则称 (X,Y) 服从**二维正态分布** $N(\mu_1,\mu_2,\sigma_1^2,\sigma_2^2,\rho)$.

正态曲面 $z=f(x,y)$ 的图形如图 2.6 所示,其特点是"中间高,四周低".

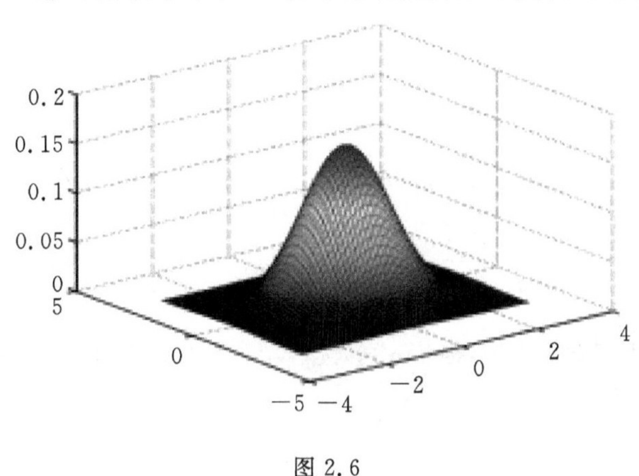

图 2.6

例 2.2.2　设二维随机变量 $(X,Y)\sim N(\mu_1,\mu_2,\sigma_1^2,\sigma_2^2,\rho)$,求 X 与 Y 的边缘概率密度.

解　因为 $(X,Y)\sim N(\mu_1,\mu_2,\sigma_1^2,\sigma_2^2,\rho)$,则由 $f_X(x)=\int_{-\infty}^{+\infty}f(x,y)\mathrm{d}y$ 知,令 $u=\frac{x-\mu_1}{\sigma_1}$, $v=\frac{x-\mu_2}{\sigma_2}$,得

$$f_X(x)=\frac{1}{2\pi\sigma_1\sqrt{1-\rho^2}}\int_{-\infty}^{+\infty}\mathrm{e}^{-\frac{1}{2(1-\rho^2)}(u^2-2\rho uv+v^2)}\mathrm{d}v$$

$$= \frac{1}{2\pi\sigma_1\sqrt{1-\rho^2}} e^{-\frac{u^2}{2}} \int_{-\infty}^{+\infty} e^{-\frac{(v-\rho u)^2}{2(1-\rho^2)}} dv$$

$$= \frac{1}{\sqrt{2\pi}\sigma_1} e^{-\frac{u^2}{2}} \int_{-\infty}^{+\infty} \frac{1}{\sqrt{2\pi}\sqrt{1-\rho^2}} e^{-\frac{(v-\rho u)^2}{2(1-\rho^2)}} dv,$$

注意到积分中被积函数为正态分布 $N(\rho u, 1-\rho^2)$ 的概率密度,积分值为 1,从而可知

$$f_X(x) = \frac{1}{\sqrt{2\pi}\sigma_1} e^{-\frac{u^2}{2}} = \frac{1}{\sqrt{2\pi}\sigma_1} e^{-\frac{(x-u_1)^2}{2\sigma_1^2}}, -\infty < x < +\infty.$$

即得到 $X \sim N(\mu_1, \sigma_1^2)$. 同理可得 $Y \sim N(\mu_2, \sigma_2^2)$.

在这里我们得到了一个非常重要的结论:**二维正态分布的边缘分布仍为正态分布**.

当 ρ 取不同数值时,(X,Y) 服从不同的二维正态分布 $N(\mu_1, \mu_2, \sigma_1^2, \sigma_2^2, \rho)$,但它的两个边缘概率密度却不变,这表明:边缘概率密度未必能唯一地确定联合概率密度.

2. 二维均匀分布

设 (X,Y) 为二维随机变量,G 是平面上的一个有界区域,其面积为 $A(A \neq 0)$,若二维随机变量 (X,Y) 的概率密度为

$$f(x,y) = \begin{cases} \frac{1}{A}, & (x,y) \in G, \\ 0, & (x,y) \notin G, \end{cases} \tag{2.2.14}$$

则称 (X,Y) 在区域 G 上服从**二维均匀分布**.

2.3　条件分布

对于二维随机变量 (X,Y),我们还需要考虑当它的一个分量的取值给定时,另一个分量的概率分布,这种分布就是所谓的条件分布. 随机变量的条件分布往往与其无条件分布不同. 例如,从某大学的二年级全体学生中随机抽取一名学生,分别以 X 与 Y 表示其身高与体重,则 X 与 Y 都是随机变量,它们都有一定的概率分布. 现在若限制 $180 < X < 190$,在这个条件下求 Y 的条件分布,显然这个分布与不加这个条件时 Y 的分布会不一样,在条件分布中体重取大值的概率会增加. 这里 Y 的条件分布随着 X 值的变化情况反映了身高对体重的影响. 因此,条件分布是研究随机变量之间相依关系的一个有力工具.

多个随机变量之间的条件分布也可以类似讨论. 我们首先讨论条件分布的一般概念.

2.3.1　二维离散型随机变量的条件分布

设二维离散型随机变量 (X,Y) 的联合分布律及边缘分布律分别为 $p_{ij}, p_{i}, p_{\cdot j}, i,j=1,2,\cdots$,当 $p_{\cdot j} = P\{Y=y_j\} > 0$ 时,由条件概率的计算公式可知

$$P\{X = x_i \mid Y = y_j\} = \frac{P\{X = x_i, Y = y_j\}}{P\{Y = y_j\}} = \frac{p_{ij}}{p_{\cdot j}}, \ i = 1,2,\cdots$$

不难验证,上述这组条件概率(注意:这里 j 是固定的,i 取遍 $1,2,\cdots$)符合分布律的两条基本性质:

(1) $P\{X=x_i \mid Y=y_j\} \geqslant 0 (i=1,2,\cdots)$;

(2) $\sum_{i=1}^{\infty} P\{X = x_i \mid Y = y_j\} = 1.$

由此引入以下定义.

定义 2.3.1 设(X,Y)为二维离散型随机变量,其联合分布律以及(X,Y)关于 X、关于 Y 的边缘分布律分别为 $p_{ij}, p_{i\cdot}, p_{\cdot j}, i,j=1,2,\cdots$,对于固定的 j,若 $P\{Y=y_i\}>0$,则称

$$P\{X = x_i \mid Y = y_j\} = \frac{p_{ij}}{p_{\cdot j}},\ i = 1,2,\cdots \tag{2.3.1}$$

为在 $Y=y_j$ 的条件下随机变量 X 的**条件分布律**.

同理,对于固定的 i,若 $p_{i\cdot}=P\{X=x_i\}>0$,则称

$$P\{Y = y_j \mid X = x_i\} = \frac{p_{ij}}{p_{i\cdot}},\ j = 1,2,\cdots \tag{2.3.2}$$

为在 $X=x_i$ 的条件下随机变量 Y 的**条件分布律**.

例 2.3.1 在 2.2 节例 2.2.1 中,求在 $X=0$ 的条件下,Y 的条件分布律.

解 (1)有放回取球方式

$$P\{Y = 0 \mid X = 0\} = \frac{P\{X = 0, Y = 0\}}{P\{X = 0\}} = \frac{1/9}{1/3} = \frac{1}{3},$$

$$P\{Y = 1 \mid X = 0\} = \frac{P\{X = 0, Y = 1\}}{P\{X = 0\}} = \frac{2/9}{1/3} = \frac{2}{3}.$$

(3) 无放回取球方式

$$P\{Y = 0 \mid X = 0\} = \frac{P\{X = 0, Y = 0\}}{P\{X = 0\}} = \frac{1/15}{1/3} = \frac{1}{5},$$

$$P\{Y = 1 \mid X = 0\} = \frac{P\{X = 0, Y = 1\}}{P\{X = 0\}} = \frac{4/15}{1/3} = \frac{4}{5}.$$

对比本例的两组答案可以发现:对于有放回取球,在 $X=0$ 的条件下,Y 的条件分布律与 Y 的无条件分布律(亦即 $P\{Y=0\}=1/3, P\{Y=1\}=2/3$)相同.但对于无放回取球方式,在同样的条件下,$Y$ 的条件分布律不同于 Y 的无条件分布律.不仅如此,在 $X=0$、$X=1$ 的条件下,相应的 Y 的条件分布律也各不相同(留给读者验证).这说明在无放回取球方式下,Y 的条件分布律与条件 $X=0$(或 $X=1$)是息息相关的.

由条件分布律就可以得到条件分布函数:给定条件 $Y=y_j$($P\{Y=y_j\}>0$)下,X 的条件分布函数为

$$F_{X|Y}(x \mid y_j) = P\{X \leqslant x \mid Y = y_j\} = \sum_{x_i \leqslant x} \frac{p_{ij}}{p_{\cdot j}}, \tag{2.3.3}$$

类似地,给定条件 $X=x_i$($P\{X=x_i\}>0$),Y 的条件分布函数为

$$F_{Y|X}(y \mid x_i) = P\{Y \leqslant y \mid X = x_i\} = \sum_{y_j \leqslant y} \frac{p_{ij}}{p_{i\cdot}}. \tag{2.3.4}$$

2.3.2 二维连续型随机变量的条件分布

设(X,Y)为二维连续型随机变量,其联合概率密度为 $f(x,y)$,(X,Y)关于 X,Y 的边缘概率密度为 $f_X(x), f_Y(y)$.

此时,由于对任意实数 y 有 $P\{Y=y\}=0$,因而直接由条件概率公式去定义条件分布函

数 $P\{X\leqslant x|Y=y\}$是行不通的. 为此,通过极限手段,把 $P\{X\leqslant x|Y=y\}$定义为(这里假定:$P\{y-\varepsilon<Y\leqslant y+\varepsilon\}>0$,对任意 $\varepsilon>0$),

$$\begin{aligned}P\{X\leqslant x\mid Y=y\}&\triangleq\lim_{\varepsilon\to0^+}P\{X\leqslant x\mid y-\varepsilon<Y\leqslant y+\varepsilon\}\\&=\lim_{\varepsilon\to0^+}\frac{P\{X\leqslant x,y-\varepsilon<Y\leqslant y+\varepsilon\}}{P\{y-\varepsilon<Y\leqslant y+\varepsilon\}}\\&=\lim_{\varepsilon\to0^+}\frac{\int_{-\infty}^{x}\int_{y-\varepsilon}^{y+\varepsilon}f(u,v)\mathrm{d}u\mathrm{d}v}{\int_{-\infty}^{+\infty}\int_{y-\varepsilon}^{y+\varepsilon}f(u,v)\mathrm{d}u\mathrm{d}v}.\end{aligned}$$

若 $f(x,y)$为连续函数,则上式的右端的极限值为

$$\int_{-\infty}^{x}f(u,y)\mathrm{d}u\Big/\int_{-\infty}^{+\infty}f(u,y)\mathrm{d}u=\int_{-\infty}^{x}\frac{f(u,y)}{f_Y(y)}\mathrm{d}u$$

即有

$$P\{X\leqslant x\mid Y=y\}=\int_{-\infty}^{x}\frac{f(u,y)}{f_Y(y)}\mathrm{d}u$$

从上式可以看出,在条件 $Y=y(f_Y(y)>0)$下,X 仍是连续型随机变量,而且$\dfrac{f(x,y)}{f_Y(y)}$是其条件概率密度,通常记为 $f_{X|Y}(x|y)$,即在条件 $Y=y(f_Y(y)>0)$下,X 的条件概率密度为

$$f_{X|Y}(x\mid y)=\frac{f(x,y)}{f_Y(y)}.\tag{2.3.5}$$

同理,可以得到在条件 $X=x(f_X(x)>0)$下 Y 的条件概率密度为

$$f_{Y|X}(y\mid x)=\frac{f(x,y)}{f_X(x)},\tag{2.3.6}$$

通过以上的讨论,我们可以给出条件分布函数的定义.

定义 2.3.2　设(X,Y)为二维连续型随机变量,其联合概率密度为 $f(x,y)$,(X,Y)关于 X,Y 的边缘概率密度为 $f_X(x)$,$f_Y(y)$. 若对于固定的 y,$f_Y(y)>0$,则在给定 $Y=y$ 时 X 的条件分布函数为

$$F_{X|Y}(x\mid y)=P\{X\leqslant x\mid Y=y\}=\int_{-\infty}^{x}f_{X|Y}(u\mid y)\mathrm{d}u,\tag{2.3.7}$$

其中 $f_{X|Y}(x|y)=f(x,y)/f_Y(y)$称为在 $Y=y$ 的条件下 X 的**条件概率密度**.

类似地,若对于固定的 x,$f_X(x)>0$,则在给定 $X=x$ 时 Y 的条件分布函数为

$$F_{Y|X}(y\mid x)=P\{Y\leqslant y\mid X=x\}=\int_{-\infty}^{y}f_{Y|X}(v\mid x)\mathrm{d}v,\tag{2.3.8}$$

其中 $f_{Y|X}(y|x)=f(x,y)/f_X(x)$称为在 $X=x$ 的条件下 Y 的**条件概率密度**.

例 2.3.2　设二维随机变量(X,Y)在单位圆上服从均匀分布,即有联合概率密度

$$f(x,y)=\begin{cases}\dfrac{1}{\pi}, & \text{当 } x^2+y^2<1,\\0, & \text{其他},\end{cases}$$

求条件概率密度 $f_{X|Y}(x|y)$.

解　由(X,Y)的联合概率密度可得 Y 的边缘概率密度

$$f_Y(y)=\int_{-\infty}^{+\infty}f(x,y)\mathrm{d}x=\begin{cases}\int_{-\sqrt{1-y^2}}^{+\sqrt{1-y^2}}\dfrac{1}{\pi}\mathrm{d}x=\dfrac{2\sqrt{1-y^2}}{\pi}, & |y|<1,\\ 0, & \text{其他}.\end{cases}$$

故当给定 $Y=y(|y|<1)$ 时，X 的条件概率密度为

$$f_{X|Y}(x\mid y)=\begin{cases}\dfrac{1/\pi}{(2/\pi)\sqrt{1-y^2}}=\dfrac{1}{2\sqrt{1-y^2}}, & |x|<\sqrt{1-y^2},\\ 0, & \text{其他}.\end{cases}$$

这表明：当已知 $Y=y(|y|<1)$ 时，X 的条件分布为区间 $(-\sqrt{1-y^2},\sqrt{1-y^2})$ 上的均匀分布.

例 2.3.3　已知数 X 在区间 $(0,1)$ 上随机地取值，当观察到 $X=x(0<x<1)$ 时，数 Y 在区间 $(x,1)$ 上随机地取值，求 Y 的概率密度 $f_Y(y)$.

解　由题意知，X 具有概率密度

$$f_X(x)=\begin{cases}1, & 0<x<1,\\ 0, & \text{其他}.\end{cases}$$

又知，当给定条件 $X=x(0<x<1)$ 时，Y 的条件分布为区间 $(x,1)$ 上的均匀分布，即

$$f_{Y|X}(y\mid x)=\begin{cases}\dfrac{1}{1-x}, & x<y<1,\\ 0, & \text{其他},\end{cases}$$

其中 $0<x<1$ 固定.

由式(2.3.6)得

$$f(x,y)=f_X(x)f_{Y|X}(y\mid x)=\begin{cases}\dfrac{1}{1-x}, & 0<x<1,\ x<y<1,\\ 0, & \text{其他}.\end{cases}$$

故

$$f_Y(y)=\int_{-\infty}^{+\infty}f(x,y)\mathrm{d}x=\begin{cases}\int_0^y\dfrac{1}{1-x}\mathrm{d}x=-\ln(1-y), & 0<y<1,\\ 0, & \text{其他}.\end{cases}$$

在本题的求解中，用到了一个重要的关系式

$$f(x,y)=f_X(x)f_{Y|X}(y\mid x)=f_Y(y)f_{X|Y}(x\mid y).$$

它与概率的乘法公式 $P(AB)=P(A)P(B|A)=P(B)P(A|B)$ 类似.

2.4　随机变量的相互独立性

随机变量的独立性是概率论与数理统计中的一个很重要的概念，它是由随机事件的相互独立性引申而来的. 本节我们将利用事件的相互独立性的概念引出随机变量相互独立性的概念.

定义 2.4.1　设二维随机变量 (X,Y) 的联合分布函数为 $F(x,y)$，X 与 Y 的边缘分布函数分别为 $F_X(x)$、$F_Y(y)$，如果对任意实数 x,y，恒有

$$P\{X\leqslant x,Y\leqslant y\}=P\{X\leqslant x\}P\{Y\leqslant y\},$$

即

$$F(x,y)=F_X(x)F_Y(y), \tag{2.4.1}$$

则称随机变量 X 与 Y **相互独立**.

当(X,Y)是二维离散型随机变量时,X 与 Y 相互独立的充要条件为对(X,Y)的所有可能取值$(x_i,y_j)(i,j=1,2,\cdots)$都有

$$P\{X=x_i,Y=y_j\}=P\{X=x_i\}P\{Y=y_j\} \quad (i,j=1,2,\cdots),$$

即

$$p_{ij}=p_{i\cdot}\cdot p_{\cdot j} \quad (i,j=1,2,\cdots). \tag{2.4.2}$$

当(X,Y)是二维连续型随机变量时,设 $f(x,y)$及 $f_X(x)$、$f_Y(y)$分别是(X,Y)的联合概率密度及边缘概率密度,则 X 与 Y 相互独立的充要条件为:对任意实数 x,y,下式几乎处处成立

$$f(x,y)=f_X(x)f_Y(y) \tag{2.4.3}$$

这里"几乎处处"的含义是指平面上除去面积为 0 的点外,式(2.4.3)处处成立.

在利用定义验证随机变量的独立性时,用式(2.4.2)与(2.4.3)要比用式(2.4.1)方便一些.

例 2.4.1　设二维离散型随机变量(X,Y)的联合分布律为

X \ Y	0	1
0	0.04	a
1	b	0.64

如果 X 与 Y 相互独立,求 a 与 b 的值.

解　X 与 Y 的边缘分布律分别是

X	0	1
P	$0.04+a$	$b+0.64$

Y	0	1
P	$0.04+b$	$a+0.64$

因为随机变量 X 与 Y 相互独立,故有 $P\{X=0,Y=0\}=P\{X=0\}\cdot P\{Y=0\}$,$P\{X=1,Y=1\}=P\{X=1\}\cdot P\{Y=1\}$,即有

$$\begin{cases}0.04=(0.04+a)(0.04+b),\\ 0.64=(b+0.64)(a+0.64),\end{cases}$$

解得 $a=0.16,b=0.16$.

例 2.4.2　设二维随机变量$(X,Y)\sim N(\mu_1,\mu_2,\sigma_1^2,\sigma_2^2,\rho)$,试证:$X$ 与 Y 相互独立的充分必要条件是 $\rho=0$.

证　由本章例 2.2.2 知,$X\sim N(\mu_1,\sigma_1^2)$,$Y\sim N(\mu_2,\sigma_2^2)$,$(X,Y)$的两个边缘概率密度的

乘积为

$$f_X(x)f_Y(y)=\frac{1}{2\pi\sigma_1\sigma_2}\exp\left\{-\frac{1}{2}\left[\frac{(x-\mu_1)^2}{\sigma_1^2}+\frac{(y-\mu_2)^2}{\sigma_2^2}\right]\right\}.$$

(1) 充分性. 显然，如果 $\rho=0$，则对一切实数 x,y，都有

$$f(x,y)=\frac{1}{2\pi\sigma_1\sigma_2}\exp\left\{-\frac{1}{2}\left[\frac{(x-\mu_1)^2}{\sigma_1^2}+\frac{(y-\mu_2)^2}{\sigma_2^2}\right]\right\}\equiv f_X(x)f_Y(y),$$

故 X 与 Y 相互独立.

(2) 必要性. 如果 X 与 Y 相互独立，由于 $f(x,y)$、$f_X(x)$ 及 $f_Y(y)$ 都是连续函数，故对一切实数 x,y，都有 $f(x,y)=f_X(x)f_Y(x)$，特别地，取 $x=\mu_1,y=\mu_2$，可得

$$\frac{1}{2\pi\sigma_1\sigma_2\sqrt{1-\rho^2}}=\frac{1}{2\pi\sigma_1\sigma_2},$$

从而 $\rho=0$.

例 2.4.3　若二维随机变量 (X,Y) 的联合概率密度为

$$f(x,y)=\begin{cases}2, & 0<x<y,0<y<1,\\ 0, & \text{其他}.\end{cases}$$

问随机变量 X 和 Y 是否独立?

解　因为 $f_X=\int_{-\infty}^{+\infty}f(x,y)\mathrm{d}y=\begin{cases}\int_x^1 2\mathrm{d}y, & 0<x<1\\ 0, & \text{其他}\end{cases}=\begin{cases}2(1-x), & 0<x<1,\\ 0, & \text{其他}.\end{cases}$

$$f_Y(y)=\int_{-\infty}^{+\infty}f(x,y)\mathrm{d}x=\begin{cases}\int_0^y 2\mathrm{d}x, & 0<y<1\\ 0, & \text{其他}\end{cases}=\begin{cases}2y, & 0<y<1,\\ 0, & \text{其他}.\end{cases}$$

因此，当 $0<x<y,0<y<1$ 时，$f_X(x)\cdot f_Y(y)=4(1-x)y\neq f(x,y)$，故 X 和 Y 不独立.

在实际问题中，随机变量的独立性通常不是用数学定义验证出来的，而是从变量产生的实际背景判断的. 如果它们之间无任何影响或者影响很弱，可以认为(或者近似地认为)它们是相互独立的，然后再运用随机变量相互独立的性质以及与独立性有关的定理，计算有关的概率或解决相应的实际问题或建立新的数学模型.

我们可以很容易地将两个随机变量相互独立的概念推广到 $n(n>2)$ 个随机变量的场合.

n 维随机变量 $(X_1,X_2,\cdots,X_n)$ 的联合分布函数定义为

$$F(x_1,x_2,\cdots,x_n)=P\{X_1\leqslant x_1,X_2\leqslant x_2,\cdots,X_n\leqslant x_n\},$$

若对任意实数 $x_1,x_2,\cdots,x_n$，都有

$$F(x_1,x_2,\cdots,x_n)=F_{X_1}(x_1)F_{X_2}(x_2)\cdots F_{X_n}(x_n),\tag{2.4.4}$$

则称随机变量 $X_1,X_2,\cdots,X_n$ 是相互独立的.

对于 n 维离散型随机变量和 n 维连续型随机变量，也相应地有类似于式(2.4.2)和(2.4.3)的相互独立的充要条件，这里就不再罗列.

相互独立概念还可以作进一步的推广.

设 $X_1,X_2,\cdots,X_n,\cdots$ 为一串随机变量(或称为随机变量序列)，若对任意正整数 $n>1$，都有 $X_1,X_2,\cdots,X_n$ 相互独立，则称随机变量序列 $X_1,X_2,\cdots,X_n,\cdots$ 是相互独立的.

设 m 维随机变量$(X_1,X_2,\cdots,X_m)$的分布函数为 $F_1(x_1,x_2,\cdots,x_m)$，n 维随机变量$(Y_1,Y_2,\cdots,Y_n)$的分布函数为 $F_2(y_1,y_2,\cdots,y_n)$，$m+n$ 维随机变量$(X_1,\cdots,X_m,Y_1,\cdots,Y_n)$的分布函数为 $F(x_1,\cdots,x_m,y_1,\cdots,y_n)$. 若对任意实数 $x_1,\cdots,x_m,y_1,\cdots,y_n$，都有

$$F(x_1,\cdots,x_m,y_1,\cdots,y_n)=F_1(x_1,\cdots,x_m)F_2(y_1,\cdots,y_n), \tag{2.4.5}$$

则称$(X_1,\cdots,X_m)$与$(Y_1,\cdots,Y_n)$是相互独立的.

下面，我们不加证明地介绍在后续课程中有重要作用的两个有关独立性的定理.

定理 2.4.1　设$(X_1,\cdots,X_m)$与$(Y_1,\cdots,Y_n)$相互独立，若 h,g 是多元连续函数，则 $h(X_1,\cdots,X_m)$与 $g(Y_1,\cdots,Y_n)$也相互独立（随机变量函数的概念见下一节）.

定理 2.4.2　若随机变量 $X_1,X_2,\cdots,X_n$ 相互独立，把它们分为不相交的 k 个组，每个组中所有变量由一个连续函数复合而生成一个新的随机变量，则这 k 个新的随机变量仍相互独立.

例如，设 X_1,X_2,X_3,X_4,X_5 相互独立，而 $Y_1=\cos(X_1+X_3)$，$Y_2=(\sin X_2)e^{X_5^2}$，$Y_3=X_4+10$，由定理 2.4.2 知，Y_1,Y_2,Y_3 相互独立.

2.5　随机变量函数的概率分布

在理论与应用中，经常会遇到这样一些随机变量，它们的分布很难获得（例如，滚珠体积的测量值等），但是与它们有关的另一些随机变量（如滚珠直径的测量值）的分布却往往容易获得. 因此，需要研究相关随机变量之间的关系，通过了解它们之间的关系，由已知的某个随机变量的概率分布求出另一个与之有关的随机变量的概率分布.

定义 2.5.1　记随机变量 X 的一切可能取值集合为D，设 $g(x)$是定义在 D 上的连续函数或分段单调的实函数，若对于 X 的每一个可能值 $x\in D$，随机变量 Y 相应地取值 $y=g(x)$，则称 Y 为 X 的函数，记为 $Y=g(X)$.

类似地，可以定义 n 维随机变量$(X_1,\cdots,X_n)$的函数 $Y=g(X_1,\cdots,X_n)$.

本节将讨论如何从一些随机变量的概率分布导出这些随机变量的函数的概率分布.

2.5.1　一维随机变量的函数的概率分布

本段考虑下述问题：已知随机变量 X 的概率分布，要求随机变量 $Y=g(X)$的概率分布，其中 $g(x)$为连续函数或单调函数或分段单调函数.

1. 一维离散型随机变量函数的分布

当 X 为离散型随机变量，则 $Y=g(X)$也是离散型随机变量. 下面通过一个例子说明此时如何由 X 的分布律求 Y 的分布律.

例 2.5.1　设离散型随机变量 X 的分布律为

X	-1	0	1	2
P	1/8	1/4	3/8	1/4

求：(1)$Y=2X+1$ 的分布律；(2)$Y=2X^2$ 的分布律.

解 (1) 因为 $Y=2X+1$ 的可能取值为 $-1,1,3,5$，且有

$$P\{Y=-1\}=P\{X=-1\}=1/8, P\{Y=1\}=P\{X=0\}=1/4,$$
$$P\{Y=3\}=P\{X=1\}=3/8, P\{Y=5\}=P\{X=2\}=1/4.$$

所以 Y 的分布律为

Y	-1	1	3	5
P	$1/8$	$1/4$	$3/8$	$1/4$

(2) 因为 $Y=2X^2$ 的可能取值为 $0,2,8$，且有

$$P\{Y=0\}=P\{X=0\}=1/4,$$
$$P\{Y=2\}=P\{2X^2=2\}=P\{\{X=-1\}\cup\{X=1\}\}=1/8+3/8=1/2,$$
$$P\{Y=8\}=1-P\{Y=0\}-P\{Y=2\}=1/4.$$

故 $Y=2X^2$ 的分布律为：

Y	0	2	8
P	$1/4$	$1/2$	$1/4$

一般情况下，确定 $Y=g(X)$ 的分布律的方法在原则上与上例是一样的：把 $Y=g(X)$ 可能取的不同值找出来，再把与 Y 的某个可能值相应的所有 X 值的概率加起来，即得 Y 取这个值的概率.

例 2.5.2 设离散型随机变量 X 的分布律为

$$P\{X=k\}=\left(\frac{1}{2}\right)^k, \quad k=1,2,\cdots,$$

求随机变量 $Y=\cos\left(\frac{\pi}{2}X\right)$ 的分布律.

解 因为

$$\cos\left(\frac{n\pi}{2}\right)=\begin{cases}-1, & n=2(2k-1)\\ 0, & n=2k-1\\ 1, & n=2(2k)\end{cases}, \quad (k=1,2,\cdots)$$

所以 $Y=\cos\left(\frac{\pi}{2}X\right)$ 的不同的可能值为：$-1,0,1$.

由于 X 取值 $2,6,10,\cdots$ 时都使对应的 Y 取 -1，根据上述方法得：

$$P\{Y=-1\}=\left(\frac{1}{2}\right)^2+\left(\frac{1}{2}\right)^6+\left(\frac{1}{2}\right)^{10}+\cdots=\frac{1}{4\left(1-\frac{1}{16}\right)}=\frac{4}{15}.$$

同理可得

$$P\{Y=0\}=\left(\frac{1}{2}\right)^1+\left(\frac{1}{2}\right)^3+\left(\frac{1}{2}\right)^5+\cdots=\frac{1}{2\left(1-\frac{1}{4}\right)}=\frac{2}{3},$$

$$P\{Y=1\}=\left(\frac{1}{2}\right)^4+\left(\frac{1}{2}\right)^8+\left(\frac{1}{2}\right)^{12}+\cdots=\frac{1}{16\left(1-\frac{1}{16}\right)}=\frac{1}{15},$$

故 Y 的分布律为

Y	-1	0	1
P	4/15	2/3	1/15

2. 一维连续型随机变量函数的分布

设 X 为连续型随机变量，其概率密度为 $f_X(x)$，又设 $Y=g(X)$（$g(x)$ 为一个已知的连续函数或分段单调函数，在大多数情况下，Y 也是连续型随机变量），应如何确定 Y 的概率密度 $f_Y(y)$ 呢？

对于这个问题，我们一般是先求出 Y 的分布函数，

$$F_Y(y)=P\{Y\leqslant y\}=P\{g(X)\leqslant y\}=\int_{g(x)\leqslant y} f_X(x)\mathrm{d}x, \tag{2.5.1}$$

再对分布函数 $F_Y(y)$ 求导，得到 Y 的概率密度 $f_Y(y)$. 这里，计算的关键是给出式(2.5.1)中的积分区间.

例 2.5.3　设 $X\sim N(0,1)$，求 $Y=X^2$ 的概率密度.

解　注意到 $Y=X^2$ 总取非负值，因此，当 $y<0$ 时，

$$F_Y(y)=P\{Y\leqslant y\}=P\{X^2\leqslant y\}=P\{\varnothing\}=0,$$

当 $y\geqslant 0$ 时，

$$\begin{aligned}F_Y(y)&=P\{Y\leqslant y\}=P\{X^2\leqslant y\}=P\{-\sqrt{y}\leqslant X\leqslant\sqrt{y}\}\\&=\int_{-\sqrt{y}}^{\sqrt{y}} f_X(x)\mathrm{d}x=\frac{1}{\sqrt{2\pi}}\int_{-\sqrt{y}}^{\sqrt{y}}\mathrm{e}^{-\frac{x^2}{2}}\mathrm{d}x.\end{aligned}$$

因而，在 $y\neq 0$ 处，$F_Y(y)$ 为可导函数，其导数为

$$\begin{aligned}F'_Y(y)&=\begin{cases}f_X(\sqrt{y})\dfrac{1}{2\sqrt{y}}-f_X(-\sqrt{y})\dfrac{-1}{2\sqrt{y}}, & y>0,\\0, & y<0,\end{cases}\\&=\begin{cases}\dfrac{1}{\sqrt{2\pi}}y^{-\frac{1}{2}}\mathrm{e}^{-\frac{y}{2}}, & y>0,\\0, & y<0.\end{cases}\end{aligned}$$

因此 Y 的概率密度为

$$f_Y(y)=\begin{cases}\dfrac{1}{\sqrt{2\pi}}y^{-\frac{1}{2}}\mathrm{e}^{-\frac{y}{2}}, & y>0,\\0, & y\leqslant 0.\end{cases}$$

当函数 $y=g(x)$ 严格单调且可导时，我们有以下一般的结果.

定理 2.5.1　设连续型随机变量 X 的概率密度为 $f_X(x)$，若 $y=g(x)$ 为 $(-\infty,+\infty)$ 上严格单调的可导函数，则 $Y=g(X)$ 也是一个连续型随机变量，且其概率密度为

$$f_Y(y)=\begin{cases}f_X(g^{-1}(y))\left|\dfrac{\mathrm{d}g^{-1}(y)}{\mathrm{d}y}\right|, & \alpha<y<\beta,\\0, & \text{其他},\end{cases} \tag{2.5.2}$$

其中 $\alpha=\min\limits_{-\infty<x<+\infty} g(x)$,$\beta=\max\limits_{-\infty<x<+\infty} g(x)$.

证 不妨设 $y=g(x)$为严格单调增的函数,则其反函数存在也是严格单调增的函数.由 α 与 β 定义知,若 $y\leqslant\alpha$,则$\{Y\leqslant y\}=\varnothing$,此时 $F_Y(y)=0$,从而 $f_Y(y)=F'_Y(y)=0$;若 $y\geqslant\beta$,则$\{Y\leqslant y\}=\Omega$,此时 $F_Y(y)=1$,从而 $f_Y(y)=F'_Y(y)=0$;若 $\alpha\leqslant y\leqslant\beta$,则

$$F_Y(y)=P\{Y\leqslant y\}=P\{g(X)\leqslant y\}=P\{X\leqslant g^{-1}(y)\}=\int_{-\infty}^{g^{-1}(y)} f_X(x)\mathrm{d}x,$$

对上式两端求导,得

$$f_Y(y)=F'_Y(y)=f_X(g^{-1}(y))\frac{\mathrm{d}g^{-1}(y)}{\mathrm{d}y}.$$

所以 Y 的概率密度为

$$f_Y(y)=\begin{cases} f_X(g^{-1}(y))\dfrac{\mathrm{d}g^{-1}(y)}{\mathrm{d}y}, & \alpha<y<\beta, \\ 0, & \text{其他}. \end{cases}$$

类似可以证明 $g(x)$为严格单调减少函数的情形.将这两种情况结合,可以得式(2.5.2).

如果 $f_X(x)$在区间$[a,b]$以外恒为零,那么定理 2.5.1 中的条件可改为:在$[a,b]$上严格单调的可导函数,定理的结论依然成立,此时 $\alpha=\min\limits_{a\leqslant x\leqslant b} g(x)$,$\beta=\max\limits_{a\leqslant x\leqslant b} g(x)$.

例 2.5.4 设 $X\sim N(\mu,\sigma^2)$,令 $Y=\mathrm{e}^X$,求 Y 的概率密度 $f_Y(y)$.

解 因 $y=\mathrm{e}^x$ 满足定理 2.5.1 中的条件,当 $y>0$ 时,$y=\mathrm{e}^x$ 的反函数为 $x=\ln y$,所以由定理 2.5.1 知

$$f_Y(y)=\begin{cases} \dfrac{1}{\sqrt{2\pi}\sigma}\mathrm{e}^{-\frac{(\ln y-\mu)^2}{2\sigma^2}}\left|\dfrac{1}{y}\right|, & y>0, \\ 0, & y\leqslant 0, \end{cases}$$

$$=\begin{cases} \dfrac{1}{\sqrt{2\pi}\sigma y}\mathrm{e}^{-\frac{(\ln y-\mu)^2}{2\sigma^2}}, & y>0, \\ 0, & y\leqslant 0. \end{cases}$$

通常,称具有上述概率密度的随机变量 Y 为服从**对数正态分布**.对数正态分布在工程技术、生物学、医学等领域有广泛的应用.

2.5.2 二维随机变量的函数的概率分布

1. 二维离散型随机变量函数的分布

二维离散型随机变量函数的分布的确定比较简单,我们将通过几个例子说明解决这一问题的一般方法.

例 2.5.5 设二维随机变量(X,Y)的联合分布律为

X \ Y	0	1	2
-1	0.2	0.3	0.1
2	0.1	0.1	0.2

求：(1)$Z=X+Y$；(2)$Z=XY$；(3)$Z=\max(X,Y)$；(4)$Z=\min(X,Y)$的分布律.

解　先将(X,Y)的联合分布律改为逐点取值的形式，再求出随机变量函数在每一点的值，进而将随机变量函数取相同值的概率合并，最后得到随机变量函数的分布.

(X,Y)	$(-1,0)$	$(-1,1)$	$(-1,2)$	$(2,0)$	$(2,1)$	$(2,2)$
P	0.2	0.3	0.1	0.1	0.1	0.2
$X+Y$	-1	0	1	2	3	4
XY	0	-1	-2	0	2	4
$\max(X,Y)$	0	1	2	2	2	2
$\min(X,Y)$	-1	-1	-1	0	1	2

故随机变量函数的分布律分别为

(1)

$X+Y$	-1	0	1	2	3	4
P	0.2	0.3	0.1	0.1	0.1	0.2

(2)

XY	-2	-1	0	2	4
P	0.1	0.3	0.3	0.1	0.2

(3)

$\max(X,Y)$	0	1	2
P	0.2	0.3	0.5

(4)

$\min(X,Y)$	-1	0	1	2
P	0.6	0.1	0.1	0.2

例 2.5.6　设随机变量X与Y相互独立，且$X\sim B(n_1,p)$，$Y\sim B(n_2,p)$，求$Z=X+Y$的分布律.

解　Z的全部可能取值为$0,1,\cdots,n_1+n_2$，而且当$k=0,1,\cdots,n_1+n_2$时，有

$$\begin{aligned}P\{Z=k\}&=P\{X+Y=k\}=\sum_{i=0}^{k}P\{X=i,Y=k-i\}\\&=\sum_{i=0}^{k}P\{X=i\}\cdot P\{Y=k-i\}\\&=\sum_{i=0}^{k}\mathrm{C}_{n_1}^{i}p^{i}(1-p)^{n_1-i}\cdot\mathrm{C}_{n_2}^{k-i}p^{k-i}(1-p)^{n_2-k+i}\end{aligned}$$

$$= p^k(1-p)^{n_1+n_2-k}\sum_{i=0}^{k}C_{n_1}^{i}\cdot C_{n_2}^{k-i}$$
$$= C_{n_1+n_2}^{k}p^k(1-p)^{n_1+n_2-k},$$

这表明 $Z\sim B(n_1+n_2,p)$.

这个结论说明二项分布具有可加性，它很容易推广至多个独立随机变量的情形.

2. 二维连续型随机变量函数的分布

1)一般方法

设(X,Y)是二维连续型随机变量，$f(x,y)$是其概率密度，又 $Z=g(X,Y)$是 X 与 Y 的函数($g(x,y)$为已知的连续函数)，且 Z 是连续型随机变量，求 Z 的概率密度 $f_Z(z)$.

对于这个问题，我们一般是先求出 Z 的分布函数

$$F_Z(z)=P\{Z\leqslant z\}=P\{g(X,Y)\leqslant z\}=\iint\limits_{g(x,y)\leqslant z}f(x,y)\mathrm{d}x\mathrm{d}y,\qquad(2.5.3)$$

再对分布函数 $F_Z(z)$求导，得到 Z 的概率密度 $f_Z(z)$. 这里，计算的关键是给出式(2.5.3)的积分区域.

例 2.5.7　设随机变量 X 与 Y 相互独立，且 $X\sim N(0,\sigma^2)$，$Y\sim N(0,\sigma^2)$，求 $Z=\sqrt{X^2+Y^2}$ 的概率密度.

解　因为 $X\sim N(0,\sigma^2)$，$Y\sim N(0,\sigma^2)$，且 X 与 Y 相互独立，则(X,Y)的联合概率密度为

$$f(x,y)=\frac{1}{2\pi\sigma^2}\mathrm{e}^{-\frac{x^2+y^2}{2\sigma^2}}\ (-\infty<x<+\infty,-\infty<y<+\infty).$$

下面先求 Z 的分布函数 $F_Z(z)$.

当 $z\leqslant 0$，$F_Z(z)=0$；

当 $z>0$，

$$\begin{aligned}F_Z(z)&=P\{Z\leqslant z\}=P\{\sqrt{X^2+Y^2}\leqslant z\}=P\{X^2+Y^2\leqslant z^2\}\\&=\iint\limits_{x^2+y^2\leqslant z^2}\frac{1}{2\pi\sigma^2}\mathrm{e}^{-\frac{x^2+y^2}{2\sigma^2}}\mathrm{d}x\mathrm{d}y=\int_0^{2\pi}\mathrm{d}\theta\int_0^z\frac{1}{2\pi\sigma^2}\mathrm{e}^{-\frac{\rho^2}{2\sigma^2}}\rho\mathrm{d}\rho\\&=\int_0^z\frac{1}{\sigma^2}\mathrm{e}^{-\frac{\rho^2}{2\sigma^2}}\rho\mathrm{d}\rho.\end{aligned}$$

因此 Z 的概率密度为

$$f_Z(z)=F'_Z(z)=\begin{cases}\dfrac{z}{\sigma^2}\mathrm{e}^{-\frac{z^2}{2\sigma^2}}, & z>0,\\ 0, & \text{其他}.\end{cases}$$

上述 Z 的分布称为参数为 σ 的 **Rayleigh(瑞利)分布**. 这种分布在通信理论中有重要应用.

下面我们用求随机变量函数的分布函数方法推导几个常见函数的概率密度的一般公式.

2)几个重要函数的密度公式

①**随机变量和的概率密度公式**. 设二维随机变量(X,Y)的概率密度为 $f(x,y)$，下面我们推导出 $Z=X+Y$ 的概率分布. 为此先求出 $Z=X+Y$ 的分布函数为

$$
\begin{aligned}
F_Z(z) &= P\{Z \leqslant z\} = P\{X+Y \leqslant z\} \\
&= \iint_{x+y\leqslant z} f(x,y)\mathrm{d}x\mathrm{d}y \\
&= \int_{-\infty}^{+\infty}\left(\int_{-\infty}^{z-x} f(x,y)\mathrm{d}y\right)\mathrm{d}x.
\end{aligned}
$$

积分区域如图 2.7 所示，在积分 $\int_{-\infty}^{z-x} f(x,y)\mathrm{d}y$ 中，z、x 是固定的，令 $t=y+x$，则有

$$
F_Z(z) = \int_{-\infty}^{+\infty}\left[\int_{-\infty}^{z} f(x,t-x)\mathrm{d}t\right]\mathrm{d}x = \int_{-\infty}^{z}\left[\int_{-\infty}^{+\infty} f(x,t-x)\mathrm{d}x\right]\mathrm{d}t.
$$

由概率密度的定义，得随机变量和 $Z=X+Y$ 的概率密度为

$$
f_Z(z) = \int_{-\infty}^{+\infty} f(x,z-x)\mathrm{d}x. \tag{2.5.4}
$$

由 X,Y 的对称性，$f_Z(z)$ 又可表示成另一种形式

$$
f_Z(z) = \int_{-\infty}^{+\infty} f(z-y,y)\mathrm{d}y. \tag{2.5.5}
$$

特别，当 X 与 Y 相互独立时，因为 $f(x,y)=f_X(x)f_Y(y)$，这里 $f_X(x)$、$f_Y(y)$ 分别为 (X,Y) 关于 X、关于 Y 的边缘概率密度，于是

$$
f_Z(z) = \int_{-\infty}^{+\infty} f_X(x)f_Y(z-x)\mathrm{d}x = \int_{-\infty}^{+\infty} f_X(z-y)f_Y(y)\mathrm{d}y, \tag{2.5.6}
$$

式(2.5.6)称为**卷积公式**.

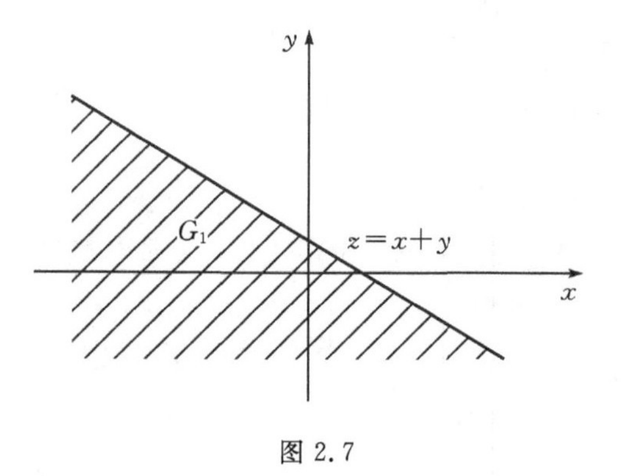

图 2.7

例 2.5.8　设随机变量 X 与 Y 相互独立，且 $X\sim N(0,1)$，$Y\sim N(0,1)$，求 $Z=X+Y$ 的概率密度.

解　因为 $X\sim N(0,1)$，$Y\sim N(0,1)$，且 X 与 Y 相互独立，则 X 与 Y 的概率密度分别为

$$
f_X(x) = \frac{1}{\sqrt{2\pi}}\mathrm{e}^{-\frac{x^2}{2}}(-\infty < x < +\infty),\ f_Y(y) = \frac{1}{\sqrt{2\pi}}\mathrm{e}^{-\frac{y^2}{2}}(-\infty < y < +\infty),
$$

由卷积公式，有

$$
\begin{aligned}
f_Z(z) &= \int_{-\infty}^{+\infty} f_X(x)f_Y(z-x)\mathrm{d}x \\
&= \int_{-\infty}^{+\infty} \frac{1}{\sqrt{2\pi}}\mathrm{e}^{-\frac{x^2}{2}}\,\frac{1}{\sqrt{2\pi}}\mathrm{e}^{-\frac{(z-x)^2}{2}}\mathrm{d}x
\end{aligned}
$$

$$= \frac{1}{2\pi} e^{-\frac{z^2}{4}} \int_{-\infty}^{+\infty} e^{-(x-\frac{z}{2})^2} dx$$

$$= \frac{1}{\sqrt{2}\ \sqrt{2\pi}} e^{-\frac{z^2}{4}}$$

即 $Z \sim N(0,2)$.

反复利用卷积公式可以得到 n 个独立正态随机变量之和的分布的一般结论.

若 $X_i \sim N(\mu_i, \sigma_i^2)(i=1,2,\cdots,n)$ 且它们相互独立,则 $Z=X_1+X_2+\cdots+X_n$ 仍服从正态分布,且有 $Z \sim N(\mu_1+\mu_2+\cdots+\mu_n, \sigma_1^2+\sigma_2^2+\cdots+\sigma_n^2)$.

更一般地,可以证明 **n 个独立的正态随机变量的线性组合仍然是正态随机变量**.

例 2.5.9 设随机变量 X 与 Y 相互独立,且 $X \sim U(0,2)$,$Y \sim \exp(3)$,求 $Z=X+Y$ 的概率密度.

解法 1 由于 $X \sim U(0,2)$,$Y \sim \exp(3)$,X 与 Y 相互独立,X 与 Y 的概率密度分别为

$$f_X(x) = \begin{cases} \frac{1}{2}, & 0 < x < 2, \\ 0, & \text{其他}. \end{cases} \quad f_Y(y) = \begin{cases} 3e^{-3y}, & y > 0, \\ 0, & \text{其他}. \end{cases}$$

由卷积公式,Z 的概率密度为

$$f_Z(z) = \int_{-\infty}^{+\infty} f_X(x) f_Y(z-x) dx$$

$$= \int_0^2 \frac{1}{2} f_Y(z-x) dx$$

$$\overset{t=z-x}{=} \frac{1}{2} \int_{z-2}^{z} f_Y(t) dt$$

$$= \begin{cases} 0, & z < 0, \\ \frac{1}{2}\int_0^z 3e^{-3t} dt, & 0 \leqslant z < 2, \\ \frac{1}{2}\int_{z-2}^{z} 3e^{-3t} dt, & z \geqslant 2, \end{cases}$$

$$= \begin{cases} 0, & z < 0, \\ \frac{1}{2}(1-e^{-3z}), & 0 \leqslant z < 2, \\ \frac{1}{2}(e^{-3(z-2)} - e^{-3z}), & z \geqslant 2. \end{cases}$$

解法 2 先求 Z 的分布函数

$$F_Z(z) = P\{Z \leqslant z\} = P\{X+Y \leqslant z\} = \iint_{x+y \leqslant z} f(x,y) dx dy.$$

当 $z<0$ 时,在区域 $x+y \leqslant z$ 上,$f(x,y)=0$,因此 $F_Z(z)=0$;

当 $0 \leqslant z < 2$ 时(如图 2.8(a)所示),$f(x,y)$ 在区域 $0 \leqslant x \leqslant z$,$y \geqslant 0$,$x+y \leqslant z$ 非 0,因此,

$$F_Z(z) = \int_0^z dy \int_0^{z-y} 1.5e^{-3y} dx = \frac{z}{2} - \frac{1-e^{-3z}}{6};$$

当 $z \geqslant 2$ 时(如图 2.8(b)所示),$f(x,y)$ 在区域 $0 \leqslant x \leqslant 2$,$y \geqslant 0$,$x+y \leqslant z$ 非 0,因此,

$$F_Z(z)=\int_0^2 \mathrm{d}x\int_0^{2-x}1.5\mathrm{e}^{-3y}\mathrm{d}y=1-\frac{\mathrm{e}^{-3z}(\mathrm{e}^6-1)}{6}.$$

再对分布函数求导得 Z 的概率密度为

$$f_Z(z)=F'_Z(z)=\begin{cases}0, & z<0,\\ \dfrac{1}{2}(1-\mathrm{e}^{-3z}), & 0\leqslant z<2,\\ \dfrac{1}{2}(\mathrm{e}^{-3(z-2)}-\mathrm{e}^{-3z}), & z\geqslant 2.\end{cases}$$

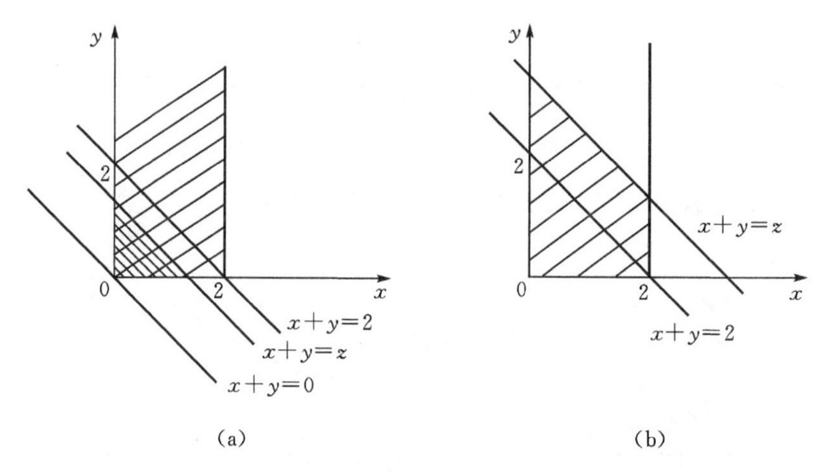

图 2.8

②**随机变量商的概率密度公式.** 为了推导出随机变量商的概率密度公式,设二维随机变量(X,Y)的概率密度为 $f(x,y)$,下面先求 $Z=X/Y$ 的分布函数 $F_Z(z)$.

$$\begin{aligned}F_Z(z)&=P\{Z\leqslant z\}=P\left\{\frac{X}{Y}\leqslant z\right\}\\&=\iint_{G_1}f(x,y)\mathrm{d}x\mathrm{d}y+\iint_{G_2}f(x,y)\mathrm{d}x\mathrm{d}y,\end{aligned}$$

G_1,G_2 如图 2.9 所示. 而

$$\iint_{G_1}f(x,y)\mathrm{d}x\mathrm{d}y=\int_0^{+\infty}\left[\int_{-\infty}^{yz}f(x,y)\mathrm{d}x\right]\mathrm{d}y,$$

对积分 $\int_{-\infty}^{yz}f(x,y)\mathrm{d}x$ 作变量代换,令 $t=x/y$,注意到 y 是固定的且 $y>0$,故得

$$\int_{-\infty}^{yz}f(x,y)\mathrm{d}x=\int_{-\infty}^{z}yf(yt,y)\mathrm{d}t,$$

于是

$$\iint_{G_1}f(x,y)\mathrm{d}x\mathrm{d}y=\int_0^{+\infty}\left[\int_{-\infty}^{z}yf(yt,y)\mathrm{d}t\right]\mathrm{d}y=\int_{-\infty}^{z}\left[\int_0^{+\infty}yf(yt,y)\mathrm{d}y\right]\mathrm{d}t.$$

类似地

$$\iint_{G_2}f(x,y)\mathrm{d}x\mathrm{d}y=\int_{+\infty}^{0}\left[\int_{yz}^{+\infty}f(x,y)\mathrm{d}x\right]y=\int_{-\infty}^{0}\left[\int_{z}^{-\infty}yf(yt,y)\mathrm{d}t\right]\mathrm{d}y$$

$$=-\int_{-\infty}^{z}\left[\int_{-\infty}^{0} yf(yt,y)\mathrm{d}y\right]\mathrm{d}t.$$

因而

$$\begin{aligned}F_Z(z)&=\int_{-\infty}^{z}\left[\int_{0}^{+\infty} yf(yt,y)\mathrm{d}y-\int_{-\infty}^{0} yf(yt,y)\mathrm{d}y\right]\mathrm{d}t\\&=\int_{-\infty}^{z}\left[\int_{-\infty}^{+\infty} |y| f(yt,y)\mathrm{d}y\right]\mathrm{d}t.\end{aligned}$$

由概率密度的定义,得随机变量商 $Z=X/Y$ 的概率密度公式为

$$f_Z(z)=\int_{-\infty}^{+\infty} |y| f(yz,y)\mathrm{d}y. \tag{2.5.7}$$

特别,当 X 与 Y 相互独立时,$Z=X/Y$ 的概率密度为

$$f_Z(z)=\int_{-\infty}^{+\infty} |y| f_X(yz)f_Y(y)\mathrm{d}y, \tag{2.5.8}$$

其中 $f_X(x)$、$f_Y(y)$分别为(X,Y)关于 X、Y 的边缘概率密度.

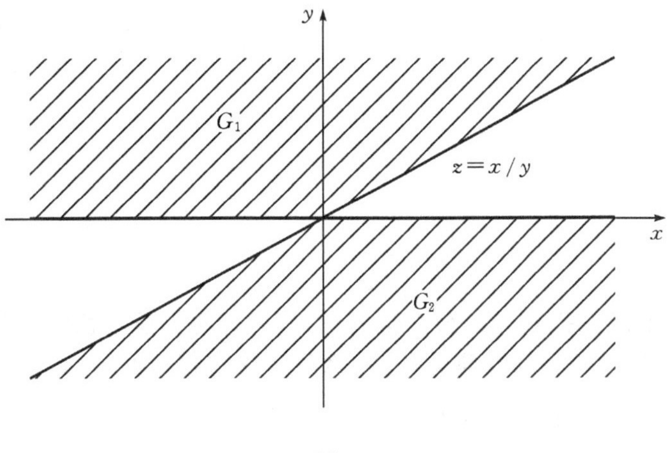

图 2.9

例 2.5.10　设 $X\sim N(0,1)$,$Y\sim N(0,1)$,且 X 与 Y 相互独立,求 $T=\dfrac{Y}{\sqrt{X^2}}$的概率密度.

解　由本节例 2.5.3 的结果知,$U=X^2$ 的概率密度为

$$f_U(u)=\begin{cases}\dfrac{1}{\sqrt{2\pi}}u^{-\frac{1}{2}}\mathrm{e}^{-\frac{u}{2}}, & u>0,\\ 0, & u\leqslant 0.\end{cases}$$

令 $V=\sqrt{U}$,由本节定理 2.5.1 可得 V 的概率密度为

$$f_V(v)=\begin{cases}\dfrac{2}{\sqrt{2\pi}}\mathrm{e}^{-\frac{v^2}{2}}, & v>0,\\ 0, & v\leqslant 0.\end{cases}$$

于是由公式(2.5.8)得

$$f_T(t)=\int_{-\infty}^{+\infty} |v| f_Y(vt)f_V(v)\mathrm{d}v$$

$$= \int_0^{+\infty} v \frac{1}{\sqrt{2\pi}} e^{-\frac{(vt)^2}{2}} \frac{2}{\sqrt{2\pi}} e^{-\frac{v^2}{2}} dv$$

$$= \frac{1}{\pi} \int_0^{+\infty} v e^{-\frac{(1+t^2)v^2}{2}} dv$$

$$= \frac{1}{\pi(1+t^2)}.$$

③**随机变量取最大值与最小值的分布.** 设二维随机变量(X,Y)的联合分布函数及边缘分布函数分别为$F(x,y)$，$F_X(x)$和$F_Y(y)$. 设$M=\max(X,Y)$，$N=\min(X,Y)$，下面求M与N的分布函数.

因为对任意实数z，有

$\{\max(X,Y) \leqslant z\} = \{X \leqslant z, Y \leqslant z\}$及$\{\min(X,Y) > z\} = \{X > z, Y > z\}$，

由分布函数的定义知

$$F_M(z) = P\{M \leqslant z\} = P\{\max(X,Y) \leqslant z\} = P\{X \leqslant z, Y \leqslant z\} = F(z,z),$$

$$\begin{aligned} F_N(z) &= P\{N \leqslant z\} = P\{\min(X,Y) \leqslant z\} = 1 - P\{\min(X,Y) > z\} \\ &= 1 - P\{X > z, Y > z\} = 1 - (1 - F_X(z) - F_Y(z) + F(z,z)) \\ &= -[F(z,z) - F_X(z) - F_Y(z)]. \end{aligned}$$

若X与Y相互独立，则有

$$F_M(z) = F(z,z) = F_X(z)F_Y(z), \tag{2.5.9}$$

$$F_N(z) = -[F(z,z) - F_X(z) - F_Y(z)] = 1 - (1 - F_X(z))(1 - F_Y(z)). \tag{2.5.10}$$

上述结果不难推广到$n(n>2)$个相互独立的随机变量的情形.

设$X_1, X_2, \cdots, X_n$是n个相互独立的随机变量，$F_{X_i}(x_i)$为$X_i(i=1,2,\cdots,n)$的分布函数，若设$M=\max(X_1,X_2,\cdots,X_n)$，$N=\min(X_1,X_2,\cdots,X_n)$，则有

$$F_M(z) = F_{X_1}(z)F_{X_2}(z)\cdots F_{X_n}(z),$$

$$F_N(z) = 1 - (1 - F_{X_1}(z))(1 - F_{X_2}(z))\cdots(1 - F_{X_n}(z)).$$

特别地，当$X_1, X_2, \cdots, X_n$是n个相互独立同分布的随机变量时，有

$$F_M(z) = (F_{X_1}(z))^n, \tag{2.5.11}$$

$$F_N(z) = 1 - (1 - F_{X_1}(z))^n. \tag{2.5.12}$$

对上述M与N的分布函数求导，就可得到M与N的概率密度为

$$f_M(z) = n(F_{X_1}(z))^{n-1} f_{X_1}(z), \tag{2.5.13}$$

$$f_N(z) = n(1 - F_{X_1}(z))^{n-1} f_{X_1}(z), \tag{2.5.14}$$

其中$f_{X_1}(z)$为随机变量X_1的概率密度.

例 2.5.11　设$X_1, X_2, \cdots, X_n$相互独立，都在$[a,b]$上服从均匀分布，求$M=\max(X_1, X_2, \cdots, X_n)$与$N=\min(X_1, X_2, \cdots, X_n)$的概率密度.

解　由公式(2.5.11)得，M的分布函数为

$$F_M(z) = P\{\max(X_1,X_2,\cdots,X_n) \leqslant z\} = (F_{X_1}(z))^n$$

$$= \begin{cases} 0, & z < a, \\ \left(\dfrac{z-a}{b-a}\right)^n, & a \leqslant z < b, \\ 1, & z \geqslant b. \end{cases}$$

故 M 的概率密度为

$$f_M(z)=F'_M(z)=\begin{cases}\dfrac{n(z-a)^{n-1}}{(b-a)^n}, & a<z<b,\\ 0, & \text{其他}.\end{cases}$$

由公式(2.5.12)得,N 的分布函数为

$$\begin{aligned}F_N(z)&=P\{\min(X_1,X_2,\cdots,X_n)\leqslant z\}\\&=1-P\{\min(X_1,X_2,\cdots,X_n)>z\}\\&=1-(1-F_{X_1}(z))^n\\&=\begin{cases}0, & z<a,\\ 1-\left(\dfrac{b-z}{b-a}\right)^n, & a\leqslant z<b,\\ 1, & z\geqslant b.\end{cases}\end{aligned}$$

故 N 的概率密度为

$$f_N(z)=F'_N(z)=\begin{cases}\dfrac{n(b-z)^{n-1}}{(b-a)^n}, & a<z<b,\\ 0, & \text{其他}.\end{cases}$$

习题 2

1. 袋中有 6 只分别标着数字 $-1,-1,1,1,1,3$ 的球. 现从袋中任取一只球,设随机变量 X 表示取到的球上标着的数字.

(1) 求 X 的分布函数;

(2) 求概率 $P\{X\leqslant 0\}$,$P\{-1<X\leqslant 2\}$ 及 $P\{-1\leqslant X\leqslant 2\}$.

2. 射击用的靶子是半径为 R 的圆盘,已知每次射击均能中靶,且击中靶上任一个以靶心为圆心的小圆盘上的概率与该小圆盘的面积成正比. 设随机变量 X 表示弹着点与圆心的距离,试求 X 的分布函数.

3. 设 $F_i(x)$,$f_i(x)$ 分别为某随机变量的分布函数与概率密度,a_i 为正实数,$i=1,2$,又 $a_1+a_2=1$,问下列结论是否正确?

(1) $F_1(x)+F_2(x)$ 为分布函数;

(2) $a_1F_1(x)+a_2F_2(x)$ 为分布函数;

(3) $F_1(x)F_2(x)$ 为分布函数;

(4) $f_1(x)f_2(x)$ 是概率密度.

4. 设随机变量 X 的分布函数为 $F(x)=A+B\arctan x$,$-\infty<x<+\infty$,求:

(1) 常数 A 及 B;

(2) 随机变量 X 落在区间 $(-1,1]$ 内的概率.

5. 设离散型随机变量 X 的分布函数为

$$F(x)=\begin{cases}0, & x<-1,\\ 0.125, & -1\leqslant x<0,\\ 0.625, & 0\leqslant x<0.5,\\ 0.875, & 0.5\leqslant x<1,\\ 1, & 1\leqslant x.\end{cases}$$

试写出 X 的分布律.

6. 一箱产品中有 8 件正品 2 件次品，使用时从箱中任取一件，如果每次取出的次品不再放回箱中，求在取到正品以前已取出的次品数 X 的分布律及分布函数.

7. 某射手在每次射击中能击中目标的概率为 0.8，现连续射击，

(1) 直至第一次击中目标为止；

(2) 直至第 $r(r\geqslant 1)$ 次击中目标为止.

求射击次数 X 的分布律.

8. 某电话交换台每分钟的呼唤次数服从参数为 4 的泊松分布，求：

(1) 每分钟恰有 6 次呼唤的概率；

(2) 每分钟呼唤次数为 5 至 10 的概率.

9. 某复杂系统由 500 个相互独立起作用的部件所组成，在整个运行期间，每个部件损坏的概率为 0.005，求在整个运行期间最多有 5 个部件损坏的概率.

10. 甲、乙两选手轮流投篮，直至有一个投中为止，若甲每次投篮命中的概率为 0.7，乙每次投篮命中的概率为 0.8，如果甲首先投篮，求：

(1) 两人投篮总次数 X 的分布律；

(2) 甲投篮次数 X 的分布律；

(3) 乙投篮次数 X 的分布律.

11. 连续型随机变量 X 的概率密度为

$$f(x)=A\mathrm{e}^{-|x|}\quad(-\infty<x<+\infty),$$

求：(1) 常数 A；

(2) X 的分布函数；

(3) X 落在区间 $(-1,2)$ 内的概率.

12. 设随机变量 X 的概率密度为

$$f(x)=\begin{cases}\dfrac{A}{\sqrt{1-x^2}}, & |x|<1,\\ 0, & |x|\geqslant 1.\end{cases}$$

求：(1) 常数 A；

(2) X 的分布函数；

(3) X 落在区间 $[-1/2,1/2]$ 内的概率.

13. 设随机变量 X 的分布函数为

$$F(x)=\begin{cases}0, & x<1,\\ \ln x, & 1\leqslant x<\mathrm{e},\\ 1, & \mathrm{e}\leqslant x.\end{cases}$$

求 X 的概率密度.

14. 设随机变量 X 服从正态分布 $N(-2,9)$，求：

(1) $P\{X>-1\}$；　　(2) $P\{-5\leqslant X\leqslant 3\}$；

(3) $P\{0<X<5\}$；　　(4) $P\{|X|>1\}$；

(5) $P\{|X+2|<4\}$；　　(6) 满足 $P\{|X-a|<a\}=0.01$ 的常数 a.

15. 由某机器生产的螺栓的长度(单位：cm)服从 $\mu=10.05,\sigma=0.06$ 的正态分布，规定长度范围 10.05 ± 0.12 内为合格品，求一螺栓为不合格品的概率.

16. 一工厂生产的电子元件的寿命 X(单位：h)服从参数 $\mu=160,\sigma$ 的正态分布. 若要求 $P\{120<X\leqslant 200\}\geqslant 0.80$，允许 σ 的增大值是多少？

17. 测量某一目标的距离时发生随机误差 X(单位：m)，其概率密度为

$$f(x)=\frac{1}{40\sqrt{2\pi}}\mathrm{e}^{-\frac{(x-20)^2}{3200}},\ -\infty<x<+\infty.$$

求在三次测量中至少有一次误差的绝对值不超过 30 m 的概率.

18. 设顾客在某银行的窗口等待服务的时间 X(单位：min)服从参数为 1/5 的指数分布. 某顾客在窗口等待服务，若超过 10 min，他就离开. 他一个月要到银行 5 次，以 Y 表示一个月他未等到服务而离开窗口的次数，写出 Y 的分布律，并求 $P\{Y\geqslant 1\}$.

19. 设随机变量 X 在区间 $[0,5]$ 上服从均匀分布，求实变量 t 的二次方程

$$t^2+2(X-3)t+X^2=0$$

有实根的概率.

20. 已知某种类型的电子元件的使用寿命 X(单位：h)服从参数为 0.001 的指数分布，一台仪器中装有 3 只此类型的元件，其中任一只损坏时仪器便不能正常工作，且每只元件是否损坏是相互独立的，求仪器能正常工作 1 000 小时至 1 500 小时的概率.

21. 已知二元函数

$$F(x,y)=\begin{cases}1, & x+y\geqslant 0,\\ 0, & x+y<0.\end{cases}$$

问 $F(x,y)$ 是否为某二维随机变量的分布函数？

22. 设二维随机变量 (X,Y) 的联合分布函数为 $F(x,y)$，试用 $F(x,y)$ 表示下列概率：

(1) $P\{X\leqslant a\}$；　　(2) $P\{Y>b\}$；

(3) $P\{X>a,Y>b\}$；　　(4) $P\{a<X\leqslant b,Y\leqslant c\}$.

23. 设二维随机变量 (X,Y) 的联合分布函数为

$$F(x,y)=A\left(B+\arctan\frac{x}{2}\right)\left(C+\arctan\frac{y}{3}\right).$$

求：(1) 常数 A,B,C；　　(2) $P\{0<X\leqslant 2,0<Y\leqslant 3\}$；

(3) $P\{X>2,Y>3\}$；　　(4) (X,Y) 的边缘分布函数.

24. 将一均匀硬币连续投掷三次，以 X 表示在三次投掷中出现正面的次数，以 Y 表示三次中出现正面次数与出现反面次数之差的绝对值，试求二维随机变量 (X,Y) 的联合分布律及边缘分布律.

25. 设区域 G 是由 $y=x,y=3,x=1$ 所围成，二维随机变量 (X,Y) 在 G 上服从二维均匀

分布,求:

(1) (X,Y)的联合概率密度;

(2) (X,Y)的边缘概率密度;

(3) $P\{Y-X\leqslant 1\}$.

26. 设随机变量(X,Y)服从二维正态分布,其概率密度为

$$f(x,y)=\frac{1}{4\pi^2}e^{-\frac{(x-1)^2+(y-2)^2}{4\pi}}.$$

求:(1) $P\{2X\leqslant Y\}$;

(2) 随机点(X,Y)落在区域$G:\pi\leqslant(X-1)^2+(Y-2)^2\leqslant 4\pi$的概率.

27. 设二维随机变量(X,Y)的联合概率密度为

$$f(x,y)=\begin{cases}Cx^2y, & x^2\leqslant y\leqslant 1,\\ 0, & \text{其他}.\end{cases}$$

(1) 确定常数C;

(2) 求概率$P\{|X|\leqslant Y\}$;

(3) 求(X,Y)的边缘概率密度.

28. 设二维随机变量(X,Y)的联合概率密度为

$$f(x,y)=\begin{cases}e^{-y}, & 0<x<y,\\ 0, & \text{其他}.\end{cases}$$

求:(1) (X,Y)的边缘概率密度;

(2) 条件概率密度$f_{X|Y}(x|y)$及$f_{Y|X}(y|x)$;

(3) $P\{X>2|Y<4\}$.

29. 设二维随机变量(X,Y)的联合概率密度为

$$f(x,y)=\begin{cases}24y(1-x-y), & x+y<1,x>0,y>0,\\ 0, & \text{其他}.\end{cases}$$

求在$X=\frac{1}{2}$的条件下Y的条件概率密度及$P\{Y>\frac{1}{4}|X=\frac{1}{2}\}$.

30. 设某医院一天中出生的婴儿个数X服从参数为λ的泊松分布,Y是其中的男婴个数.假设每出生一个婴儿是男婴的概率为1/2,试求:

(1) (X,Y)的联合分布律;

(2) Y的分布律;

(3) 给定Y时X的条件分布律.

31. 设随机变量$X\sim U(0,1)$,$X=x(0<x\leqslant 1)$时,Y服从参数为x的指数分布,试求:

(1) (X,Y)的联合概率密度;

(2) Y的概率密度;

(3) 给定Y时X的条件概率密度.

32. 已知二维随机变量(X,Y)的联合分布律为

X \ Y	-1	0	1
1	1/6	1/9	1/18
2	1/3	a	b

问 a、b 为何值时，X 与 Y 相互独立？

33.设二维随机变量(X,Y)具有下述联合概率密度，判断 X 与 Y 是否独立？

(1) $f(x,y)=\begin{cases} x^2+\dfrac{xy}{3}, & 0\leqslant x\leqslant 1, 0\leqslant y\leqslant 2, \\ 0, & \text{其他}. \end{cases}$

(2) $f(x,y)=\begin{cases} 6x^2 y, & 0<x<1, 0<y<1, \\ 0, & \text{其他}. \end{cases}$

(3) $f(x,y)=\begin{cases} \dfrac{3x}{2}, & 0<x<1, -x<y<x, \\ 0, & \text{其他}. \end{cases}$

(4) $f(x,y)=\begin{cases} \dfrac{1}{2}e^{-y}, & 0<x<2, y>0, \\ 0, & \text{其他}. \end{cases}$

34.设三维随机变量(X,Y,Z)的联合概率密度为

$$f(x,y,z)=\begin{cases} \dfrac{1}{8}(1-xyz), & -1\leqslant x,y,z\leqslant 1, \\ 0, & \text{其他}. \end{cases}$$

试证明 X,Y,Z 两两独立，但不相互独立.

35.设离散型随机变量 X 的分布律为

X	-2	-1	0	1	2	3
p_k	1/15	1/10	1/6	1/3	3/10	1/30

求下列随机变量的分布律：

(1) $Y_1=2X+1$；　　(2) $Y_2=|1-2X|$；

(3) $Y_3=1-X^2$；　　(4) $Y_4=\cos\dfrac{\pi X}{4}$.

36.把一枚均匀硬币随机地抛掷 5 次，求国徽向上次数与另一面向上次数之积的分布律.

37.设随机变量 X 服从参数为$\lambda(\lambda>0)$的指数分布，求下列随机变量的概率密度：

(1) $Y_1=X^3$；

(2) $Y_2=e^{-\lambda X}$.

38.不断地抛掷一枚均匀硬币，如果每次出现正面计 1 分，出现反面计-1 分，以 X 表示抛掷硬币 5 次时的得分，求 X 的分布律.

39. 设随机变量 X 服从正态分布 $N(\mu,\sigma^2)$，求随机变量 $Y=|X-\mu|$ 的概率密度.

40. 设随机变量 X,Y 相互独立，且都服从分布 $B(1,1/2)$，

(1) 求 $X+Y$ 的分布律；

(2) 求 $2X$ 的分布律，并与(1)的结果比较；

(3) 求 XY 的分布律；

(4) 求 X^2 的分布律，并与(3)的结果比较.

41. 设 X 与 Y 独立同分布，且均在 $(-1,1)$ 上服从均匀分布，试求 $Z=XY$ 的分布函数.

42. 设二维随机变量 (X,Y) 在区域 $G=\{(x,y)\mid 0\leqslant x\leqslant 2,0\leqslant y\leqslant 1\}$ 上服从均匀分布，试求边长为 X 与 Y 的矩形面积 S 的概率密度.

43. 设随机变量 X,Y 相互独立，并且分别服从参数为 λ_1,λ_2 的指数分布，求 $Z=X+Y$ 的概率密度.

44. 某种商品一周的需求量是随机变量，其概度密度为

$$f(x)=\begin{cases}x\mathrm{e}^{-x}, & x>0,\\ 0, & x\leqslant 0.\end{cases}$$

设各周的需求量是相互独立的，试求两周及三周的需求量的概率密度.

45. 设随机变量 X,Y 相互独立，都在区间 $[0,a]$ $(a>0)$ 上服从均匀分布，求：

(1) $X-Y$ 的概率密度；

(2) $|X-Y|$ 的概率密度.

46. 设二维随机变量 (X,Y) 具有联合概率密度

$$f(x,y)=\begin{cases}\dfrac{1}{4}(1+xy), & |x|\leqslant 1,\ |y|\leqslant 1,\\ 0, & \text{其他}.\end{cases}$$

求 $Z=X+Y$ 的概率密度.

47. 设二维随机变量 (X,Y) 在矩形域：$0\leqslant x\leqslant a,0\leqslant y\leqslant b$ 上服从均匀分布，求随机变量 $Z=X/Y$ 的概率密度.

48. 设 X 与 Y 分别表示两个不同电子器件的寿命(单位：h)，它们独立同分布，其概率密度为

$$f(x)=\begin{cases}\dfrac{100}{x^2}, & x>100,\\ 0, & \text{其他}.\end{cases}$$

求 $Z=X/Y$ 的概率密度.

49. 设 X,Y 是相互独立的两个随机变量，它们都服从正态分布 $N(0,\sigma^2)$，试求随机点 (X,Y) 到坐标原点的距离的概率密度.

50. 设随机变量 X,Y 相互独立，X 在区间 $[0,5]$ 上服从均匀分布，Y 服从参数为 5 的指数分布，引入随机变量

$$Z=\begin{cases}1, & \text{当 } X\leqslant Y,\\ 0, & \text{当 } X>Y.\end{cases}$$

求：(1) $X+Y$ 的概率密度；(2) Z 的分布律.

51.设 $X_1,X_2,\cdots,X_n$ 是相互独立的随机变量且都在(0,1)上服从均匀分布,又设 $Y_n=\max\{X_1,X_2,\cdots,X_n\}$,求满足 $P\{Y_n\geqslant 0.99\}\geqslant 0.95$ 的 n.

52.设(X,Y)的联合分布律为

X \ Y	0	1	2	3
0	0	0.05	0.08	0.12
1	0.01	0.09	0.12	0.15
2	0.02	0.11	0.13	0.12

(1) 求 $Z=X+Y$ 的分布律;

(2) 求 $U=\max(X,Y)$的分布律;

(3) 求 $V=\min(X,Y)$的分布律.

53.设二维随机变量(X,Y)的联合概率密度为

$$f(x,y)=\begin{cases}\dfrac{1+xy}{4}, & |x|\leqslant 1, |y|\leqslant 1,\\ 0, & \text{其他}.\end{cases}$$

证明:X 与 Y 不独立,但 X^2 与 Y^2 独立.

54.设随机变量 X,Y 相互独立,分别服从参数为 λ_1,λ_2 的泊松分布.证明 $Z=X+Y$ 服从参数为 $\lambda_1+\lambda_2$ 的泊松分布.

55.设随机变量 $X_1,X_2,\cdots,X_n$ 独立同分布且具有概率密度,证明:

$$P\{X_n>\max\{X_1,X_2,\cdots,X_{n-1}\}\}=\frac{1}{n}.$$

第3章　随机变量的数字特征

随机变量的分布函数能够完整描述随机变量的概率性质，从中可以了解某些事件发生的概率，但是还不足以给人们留下直观的总体印象，并且在许多情况下，随机变量的分布函数并不容易得到；另外，前面介绍的重要常见随机变量都含有一些参数，知道了这些参数的值，这些随机变量的分布也就完全确定了，可见进一步了解这些参数也是非常重要的. 在许多实际问题中，人们并不关心随机变量变化的完整情况，只是对随机变量的某些特征指标感兴趣，如分布的中心位置、分散程度等，一般称它们为随机变量的数字特征，它们在理论和应用上都具有重要意义. 本章将介绍随机变量的常用数字特征：数学期望、方差、协方差和相关系数等.

3.1　数学期望

期望在日常生活中常指有根据的希望.

3.1.1　数学期望的概念

先看一个例子.

例 3.1.1　某车间生产一种自行车配件. 每天质检员都从一大批这种配件中随机地取出 n 个来检验. 如果检查了 N 天，查出次品为 $0,1,2,\cdots,n$ 个的天数分别为 $m_0,m_1,\cdots,m_n$ $(m_0+m_1+\cdots+m_n=N)$，求平均次品数.

解　N 天中查出的次品总数为 $\sum_{k=0}^{n} km_k$，于是平均每天查出的次品数为

$$\frac{1}{N}\sum_{k=0}^{n} km_k = \sum_{k=0}^{n} k\frac{m_k}{N},$$

而 $\frac{m_k}{N}$ 正好是取相应值的频率，由此可以看到，质检员 N 天检验所得的平均次品数是所有次品数的加权和，权系数是相应次品数的频率. 在没有进行实际检验之前，检验的次品数是一个随机变量 X，设它的分布律为

X	0	1	$\cdots$	n
P	p_0	p_1	$\cdots$	p_n

由频率与概率的关系及频率的稳定性，则自然认为这个随机变量的平均数是以相应次品数的概率为权系数的加权和，即

$$\sum_{k=0}^{n} kp_k,$$

此值可视为质检员每次检验的平均次品数在数学上的可以期望的数值,将它定义为随机变量 X 的数学期望.下面来介绍数学期望的定义.

定义 3.1.1　设离散型随机变量 X 的分布律为 $P\{X=x_i\}=p_i, i=1,2,\cdots$. 若级数 $\sum_{i=1}^{\infty} x_i p_i$ 绝对收敛,则称 $\sum_{i=1}^{\infty} x_i p_i$ 为随机变量 X 的**数学期望**,或称为**理论均值**,记作 $E(X)$,即

$$E(X)=\sum_{i=1}^{\infty} x_i p_i. \tag{3.1.1}$$

对于连续型随机变量,可以用积分代替求和,从而得到相应的数学期望定义.

定义 3.1.2　设连续型随机变量 X 具有概率密度 $f(x)$,若反常积分 $\int_{-\infty}^{+\infty} x f(x)\mathrm{d}x$ 绝对收敛,则称 $\int_{-\infty}^{+\infty} x f(x)\mathrm{d}x$ 为随机变量 X 的数学期望,记为 $E(X)$,即

$$E(X)=\int_{-\infty}^{+\infty} x f(x)\mathrm{d}x. \tag{3.1.2}$$

注 1　定义数学期望是为了表示随机变量的平均值,该平均值在式(3.1.1)中是无穷级数的和,它不应该因级数的并项或重排而改变,即级数 $\sum_{i=1}^{\infty} x_i p_i$ 无论以何种方式并项或重排都能收敛到同一数值,而绝对收敛的级数可以满足此要求,这就是定义 3.1.1 要求级数绝对收敛的理由.同理,当 X 为连续型随机变量时,这就是定义 3.1.2 中要求反常积分绝对收敛的根据.

注 2　随机变量的数学期望是一个常数,不再是一个随机变量,因为随机因素已经被加权平均了.

注 3　式(3.1.2)中的积分,在力学上可解释为单位质量的棒形刚体的重心,这里 $f(x)$ 为在截面 x 处有单位质量的刚体的密度.

数学期望 $E(X)$ 是由 X 的概率分布所确定的一个常数.当随机变量 X 服从某一分布时,也把 $E(X)$ 称为该分布的数学期望.

例 3.1.2　设随机变量 $X\sim B(n,p)$,求 $E(X)$.

解　由式(3.1.1)

$$\begin{aligned}
E(X) &= \sum_{k=0}^{n} k \mathrm{C}_n^k p^k (1-p)^{n-k} = \sum_{k=1}^{n} k \mathrm{C}_n^k p^k (1-p)^{n-k} \\
&= np \sum_{k=1}^{n-1} \mathrm{C}_{n-1}^{k-1} p^{k-1} (1-p)^{n-k} \\
&= np(p+1-p)^{n-1} \\
&= np.
\end{aligned}$$

二项分布的数学期望 np 的含义是:具有概率 p 的事件 A 在 n 次独立重复试验中将平均出现 np 次.例如,投掷一枚匀称硬币,记 $A=\{$掷出正面$\}$,于是 $p=P(A)=1/2$. 若投掷 100 次这枚硬币,那么,可以“期望”出现 $100\times 1/2=50$ 次正面.

例 3.1.3　设随机变量 X 服从参数为 λ 的泊松分布 $P(\lambda)$,求 $E(X)$.

解　因为

$$\sum_{k=0}^{\infty}k\frac{\lambda^k}{k!}e^{-\lambda}=\sum_{k=1}^{\infty}k\frac{\lambda^k}{k!}e^{-\lambda}=\sum_{k=1}^{\infty}\frac{\lambda^k}{(k-1)!}e^{-\lambda}$$
$$=\lambda e^{-\lambda}\sum_{k=1}^{\infty}\frac{\lambda^{k-1}}{(k-1)!}=\lambda e^{-\lambda}e^{\lambda}=\lambda<+\infty.$$

所以 X 的数学期望是存在的,且有 $E(X)=\lambda$. 这表明只要知道泊松分布的数学期望,它的分布就能完全确定.

例 3.1.4　设随机变量 $X\sim N(\mu,\sigma^2)$,求 $E(X)$.

解　因为 $f_X(x)=\frac{1}{\sqrt{2\pi}\sigma}e^{-\frac{(x-\mu)^2}{2\sigma^2}}$,不难看出 $\int_{-\infty}^{+\infty}|x|f_X(x)dx<+\infty$,所以 $E(X)$存在,且有

$$E(X)=\int_{-\infty}^{+\infty}x\frac{1}{\sqrt{2\pi}\sigma}e^{-\frac{(x-\mu)^2}{2\sigma^2}}dx.$$

令$\frac{x-\mu}{\sigma}=t$,则 $x=\mu+\sigma t$, $dx=\sigma dt$,于是

$$E(X)=\mu\int_{-\infty}^{+\infty}\frac{1}{\sqrt{2\pi}}e^{-\frac{t^2}{2}}dt+\sigma\int_{-\infty}^{+\infty}\frac{t}{\sqrt{2\pi}}e^{-\frac{t^2}{2}}dt=\mu\times 1+\sigma\times 0=\mu.$$

由此可见,正态分布 $N(\mu,\sigma^2)$的参数 μ 正好是它的数学期望.

例 3.1.5　设随机变量 X 服从参数为 λ 的指数分布,求 $E(X)$.

解　因为 X 的概率密度为

$$f_X(x)=\begin{cases}\lambda e^{-\lambda x}, & x>0,\\ 0, & x\leqslant 0.\end{cases}$$

所以

$$E(X)=\int_{-\infty}^{+\infty}xf_X(x)dx=\int_{0}^{+\infty}x\lambda e^{-\lambda x}dx=\frac{1}{\lambda}.$$

这表明指数分布的数学期望是其参数的倒数,知道了指数分布的数学期望,其分布也就完全确定了.

例 3.1.6　设 X 在区间$[a,b]$上服从均匀分布,求 $E(X)$.

解　因为 X 的概率密度为

$$f_X(x)=\begin{cases}\frac{1}{b-a}, & a\leqslant x\leqslant b,\\ 0, & \text{其他}.\end{cases}$$

所以

$$E(X)=\int_{-\infty}^{+\infty}xf_X(x)dx=\int_{a}^{b}x\frac{1}{b-a}dx=\frac{a+b}{2}.$$

均匀分布的数学期望是其区间的中点,这与人们对均匀分布的直观认识是一致的.

3.1.2　随机变量的函数的数学期望

在许多实际问题中,常常需要对某些随机变量函数求数学期望. 如果按照数学期望的定义,需先求出随机变量函数的概率分布,当随机变量函数比较复杂时,其概率分布不一定容

易求出.为此,我们不加证明地给出以下计算随机变量函数的数学期望的定理.

定理 3.1.1　设 X 是随机变量,$y=g(x)$为连续函数,$Y=g(X)$是随机变量函数,则有:

(1) 当 X 为离散型随机变量,其分布律为 $P\{X=x_i\}=p_i, i=1,2,\cdots$ 时,如果级数 $\sum_{i=1}^{\infty} g(x_i)p_i$ 绝对收敛,则 $E(Y)$存在,且

$$E(Y)=E(g(X))=\sum_{i=1}^{\infty} g(x_i)p_i. \tag{3.1.3}$$

(2) 当 X 为连续型随机变量,其概率密度为 $f_X(x)$时,若反常积分 $\int_{-\infty}^{+\infty} g(x)f_X(x)\mathrm{d}x$ 绝对收敛,则 $E(Y)$存在,且

$$E(Y)=E(g(X))=\int_{-\infty}^{+\infty} g(x)f_X(x)\mathrm{d}x. \tag{3.1.4}$$

对于二维随机变量函数类似地有如下定理.

定理 3.1.2　设(X,Y)是二维随机变量,$z=g(x,y)$为二维连续函数,$Z=g(X,Y)$是随机变量函数,则有:

(1) 当(X,Y)为二维离散型随机变量,其联合分布律为 $P\{X=x_i,Y=y_j\}=p_{ij}, i,j=1,2,\cdots$ 时,若级数 $\sum_{i=1}^{\infty}\sum_{j=1}^{\infty} g(x_i,y_j)p_{ij}$ 绝对收敛,则 $E(Z)$存在,且

$$E(Z)=E(g(X,Y))=\sum_{i=1}^{\infty}\sum_{j=1}^{\infty} g(x_i,y_j)p_{ij}. \tag{3.1.5}$$

(2) 当(X,Y)为二维连续型随机变量,并且其联合概率密度为 $f(x,y)$时,如果反常积分 $\int_{-\infty}^{+\infty}\int_{-\infty}^{+\infty} g(x,y)f(x,y)\mathrm{d}x\mathrm{d}y$ 绝对收敛,则 $E(Z)$存在,且

$$E(Z)=E(g(X,Y))=\int_{-\infty}^{+\infty}\int_{-\infty}^{+\infty} g(x,y)f(x,y)\mathrm{d}x\mathrm{d}y. \tag{3.1.6}$$

例 3.1.7　设离散型随机变量 X 的分布律为

X	-1	0	1	2
P	0.1	0.3	0.4	0.2

求 $E(3X+1)$,$E(X^2)$.

解　$E(3X+1)=(3\times(-1)+1)\times 0.1+(3\times 0+1)\times 0.3+(3\times 1+1)\times 0.4$
$\qquad+(3\times 2+1)\times 0.2$
$\qquad=3.1.$

$E(X^2)=(-1)^2\times 0.1+0^2\times 0.3+1^2\times 0.4+2^2\times 0.2=1.3.$

例 3.1.8　某矿物样品含杂质的比例为随机变量 X,其概率密度为

$$f(x)=\begin{cases}1.5x^2+x, & 0<x<1,\\ 0, & \text{其他}.\end{cases}$$

该样品的价值为 $Y=10-X$(单位:元),求 $E(Y)$.

解　$E(Y)=\int_{-\infty}^{+\infty}(10-x)f(x)\mathrm{d}x=\int_0^1(10-x)(1.5x^2+x)\mathrm{d}x=9.3$(元).

例 3.1.9　设(X,Y)在半圆域$D:x^2+y^2\leqslant 1,y\geqslant 0$上服从均匀分布，求$X$、$Y$以及$X^2Y$的数学期望.

解　因为(X,Y)的联合概率密度为

$$f(x,y)=\begin{cases}\dfrac{2}{\pi}, & \text{当 } x^2+y^2\leqslant 1,y\geqslant 0,\\ 0, & \text{其他}.\end{cases}$$

所以

$$E(X)=\iint\limits_D x\,\frac{2}{\pi}\mathrm{d}x\mathrm{d}y=\frac{2}{\pi}\int_{-1}^{1}x\mathrm{d}x\int_0^{\sqrt{1-x^2}}\mathrm{d}y=0,$$

$$E(Y)=\iint\limits_D y\,\frac{2}{\pi}\mathrm{d}x\mathrm{d}y=\frac{2}{\pi}\int_{-1}^{1}\mathrm{d}x\int_0^{\sqrt{1-x^2}}y\mathrm{d}y=\frac{4}{3\pi},$$

$$E(X^2Y)=\iint\limits_D x^2y\,\frac{2}{\pi}\mathrm{d}x\mathrm{d}y=\frac{2}{\pi}\int_{-1}^{1}x^2\mathrm{d}x\int_0^{\sqrt{1-x^2}}y\mathrm{d}y=\frac{4}{15\pi}.$$

例 3.1.10　某产品售出一件可获利m元，而积压一件则需支付n元保管费，而该产品的销售量Y(单位:件)服从参数为$\theta(\theta>0)$的指数分布.要使销售该产品所获利润最大，需要生产该产品多少件?

解　设需要生产x件产品，销售量为Y时利润为Q，根据题意，

$$Q=Q(Y)=\begin{cases}mY-n(x-Y), & Y<x,\\ mx, & Y\geqslant x,\end{cases}$$

即Q是随机变量Y的函数，而Y服从参数为θ的指数分布，其概率密度为

$$f_Y(y)=\begin{cases}\theta\mathrm{e}^{-\theta y}, & y>0,\\ 0, & y\leqslant 0.\end{cases}$$

故Q的数学期望为

$$\begin{aligned}E(Q)&=\int_{-\infty}^{+\infty}Q(y)f_Y(y)\mathrm{d}y=\int_0^x(my-n(x-y))\theta\mathrm{e}^{-\theta y}\mathrm{d}y+\int_x^{+\infty}mx\theta\mathrm{e}^{-\theta y}\mathrm{d}y\\&=\frac{m+n}{\theta}-\frac{m+n}{\theta}\mathrm{e}^{-\theta x}-nx.\end{aligned}$$

令$\dfrac{\mathrm{d}(E(Q))}{\mathrm{d}x}=(m+n)\mathrm{e}^{-\theta x}-n=0$，得

$$x=-\frac{1}{\theta}\ln\frac{n}{m+n}.$$

又因为

$$\frac{\mathrm{d}^2(E(Q))}{\mathrm{d}x^2}=-(m+n)\theta\mathrm{e}^{-\theta x}<0,$$

由此知当$x=-\dfrac{1}{\theta}\ln\dfrac{n}{m+n}$，$E(Q)$取得极大值，由实际意义知，这也是最大值.

3.1.3　数学期望的性质

在下列性质中，C,C_i等代表常数，X,X_i,Y等代表随机变量.假设以下所提到的各随机

变量的数学期望均存在. 数学期望具有如下性质：

(1) $E(C)=C$；　　(3.1.7)

(2) $E(CX)=CE(X)$；　　(3.1.8)

(3) $E(X+Y)=E(X)+E(Y)$；　　(3.1.9)

(4) 若 X 与 Y 相互独立，则

$$E(XY)=E(X)E(Y). \tag{3.1.10}$$

上述性质(1)和(2)的证明留给读者完成，下面以二维连续型随机变量为例来证明性质(3)和(4).

设 $f(x,y)$，$f_X(x)$，$f_Y(y)$分别为二维连续型随机变量(X,Y)的联合概率密度及关于 X 与 Y 的边缘概率密度. 因为

$$\begin{aligned}E(X+Y)&=\int_{-\infty}^{+\infty}\int_{-\infty}^{+\infty}(x+y)f(x,y)\mathrm{d}x\mathrm{d}y\\&=\int_{-\infty}^{+\infty}\int_{-\infty}^{+\infty}xf(x,y)\mathrm{d}x\mathrm{d}y+\int_{-\infty}^{+\infty}\int_{-\infty}^{+\infty}yf(x,y)\mathrm{d}x\mathrm{d}y\\&=E(X)+E(Y).\end{aligned}$$

故性质(3)得证.

若 X 与 Y 相互独立，即有 $f(x,y)=f_X(x)f_Y(y)$，则

$$\begin{aligned}E(XY)&=\int_{-\infty}^{+\infty}\int_{-\infty}^{+\infty}xyf(x,y)\mathrm{d}x\mathrm{d}y=\int_{-\infty}^{+\infty}\int_{-\infty}^{+\infty}xyf_X(x)f_Y(y)\mathrm{d}x\mathrm{d}y\\&=\int_{-\infty}^{+\infty}xf_X(x)\mathrm{d}x\int_{-\infty}^{+\infty}yf_Y(y)\mathrm{d}y=E(X)E(Y).\end{aligned}$$

故性质(4)得证.

把性质(2)与性质(3)结合起来，则有

$$E(C_1X+C_2Y)=C_1E(X)+C_2E(Y). \tag{3.1.11}$$

一般地，数学期望具有如下的线性性质

$$E\Big[\sum_{k=1}^{n}C_kX_k\Big]=\sum_{k=1}^{n}C_kE(X_k). \tag{3.1.12}$$

性质(4)还可以推广到 $n(n>2)$个相互独立的随机变量的情形，即若 $X_1,X_2,\cdots,X_n$ 是 n 个相互独立的随机变量，则

$$E(X_1X_2\cdots X_n)=E(X_1)E(X_2)\cdots E(X_n) \tag{3.1.13}$$

例 3.1.11　设 $X\sim B(n,p)$，试由期望的性质求 $E(X)$.

解　在前面的例 3.1.2 中，我们曾经根据定义 3.1.1，直接算出 $E(X)$，这里介绍一种更简便的方法. 注意到 X 是 n 次独立重复试验中某事件 A 发生的次数，且在每次试验中 A 发生的概率为 p，现引入随机变量

$$X_k=\begin{cases}1, & \text{当第 } k \text{ 次试验时事件 } A \text{ 发生},\\0, & \text{当第 } k \text{ 次试验时事件 } A \text{ 不发生},\end{cases}\quad(k=1,2,\cdots,n),$$

则 $X_1,X_2,\cdots,X_n$ 是相互独立的，且有

$$X=X_1+X_2+\cdots+X_n.$$

由于 $P\{X_k=1\}=p(A)=p$，$P\{X_k=0\}=1-p(A)=1-p$，故

$$E(X_k) = 1 \times p + 0 \times (1-p) = p \ (k = 1,2,\cdots,n).$$

再由式(3.1.12)得

$$E(X) = E(X_1) + E(X_2) + \cdots + E(X_n) = np.$$

3.2 方差

3.2.1 方差和标准差的概念

随机变量的数学期望反映了随机变量取值的平均状态，但在许多实际问题中，只知道平均值是不够的. 例如，甲、乙两名射击运动员在一次射击比赛中打出的环数是随机变量，分别设为 X、Y，且有如下的分布律

$$X \sim \begin{pmatrix} 10 & 9 & 8 & 7 \\ 0.4 & 0.3 & 0.2 & 0.1 \end{pmatrix}, Y \sim \begin{pmatrix} 10 & 9 & 8 \\ 0.25 & 0.5 & 0.25 \end{pmatrix}$$

经计算可知，甲、乙两人打出的平均环数相同($E(X)=9$,$E(Y)=9$)，但比较两人打出环数的分布律可以发现，乙比甲在比赛中波动更小，表现更为稳定，从这个意义上讲，乙优于甲，然而这一点从两人射击环数的期望值上是看不来的. 因此有必要引入一个能描述随机变量 X 对均值 $E(X)$ 的分散程度的量.

易于看到，$|X-E(X)|$ 能够度量随机变量 X 与其均值 $E(X)$ 的偏离程度，但是绝对值运算有相当不便之处，通常我们用 $(X-E(X))^2$ 来度量这个偏差，但 $(X-E(X))^2$ 是一个随机变量，应该用它的平均值，即用 $E(X-E(X))^2$ 这个数值来衡量随机变量 X 离开它的均值 $E(X)$ 的偏离程度，这就是下面要讨论的方差的定义.

定义 3.2.1　设 X 为随机变量，若 $E(X-E(X))^2$ 存在，则称 $E(X-E(X))^2$ 为随机变量 X 的**方差**，记为 $D(X)$ 或 $\mathrm{Var}(X)$，即

$$D(X) = E(X - E(X))^2. \tag{3.2.1}$$

称 $\sqrt{D(X)}$ 为 X 的**标准差**，记为 $\sigma(X)$，即 $\sigma(X)=\sqrt{D(X)}$.

由于 $\sigma(X)$ 的量纲与 X 的量纲相同，因而在工程技术领域中常用标准差 $\sigma(X)$. 记 $\mu = E(X)$，因为

$$(X - E(X))^2 = (X-\mu)^2 = X^2 - 2\mu X + \mu^2$$

根据数学期望的性质，有

$$E(X - E(X))^2 = E(X-\mu)^2 = E(X^2) - 2\mu E(X) + \mu^2 = E(X^2) - \mu^2,$$

所以

$$D(X) = E(X^2) - (E(X))^2. \tag{3.2.2}$$

在许多场合，用式(3.2.2)计算方差要比用定义式(即式(3.2.1))更方便.

例 3.2.1　设随机变量 X 服从单点分布，即 $P\{X=C\}=1$，求 $D(X)$.

解　因为 $E(X)=C\times 1=C$，$E(X^2)=C^2\times 1=C^2$，所以

$$D(X) = E(X^2) - (E(X))^2 = C^2 - C^2 = 0.$$

例 3.2.2　设随机变量 X 服从参数为 λ 的泊松分布，求 $D(X)$.

解　由本章例 3.1.3 知，$E(X)=\lambda$，下面先计算 $E(X^2)$.

$$E(X^2)=\sum_{k=0}^{\infty}k^2\frac{\lambda^k e^{-\lambda}}{k!}=\sum_{k=1}^{\infty}k\frac{\lambda^k e^{-\lambda}}{(k-1)!}$$

$$=\sum_{k=1}^{\infty}(k-1)\frac{\lambda^k e^{-\lambda}}{(k-1)!}+\sum_{k=1}^{\infty}\frac{\lambda^k e^{-\lambda}}{(k-1)!}$$

$$=\lambda^2+\lambda.$$

所以由式(3.2.1),$D(X)=E(X^2)-(E(X))^2=\lambda^2+\lambda-\lambda^2=\lambda$.这表明泊松分布的方差也是它的参数 λ.

例 3.2.3 设随机变量 $X\sim N(\mu,\sigma^2)$,求 $D(X)$.

解 由本章例 3.1.4 知,若 $X\sim N(\mu,\sigma^2)$,则 $E(X)=\mu$,于是

$$D(X)=E(X-\mu)^2=\int_{-\infty}^{+\infty}(x-\mu)^2\frac{1}{\sqrt{2\pi}\sigma}e^{-\frac{(x-\mu)^2}{2\sigma^2}}dx$$

$$\xlongequal{x-\mu=\sigma t}\int_{-\infty}^{+\infty}(\sigma t)^2\frac{1}{\sqrt{2\pi}\sigma}e^{-\frac{t^2}{2}}\sigma dt$$

$$=\sigma^2.$$

由此可见,正态分布 $N(\mu,\sigma^2)$的方差正好是它的第二个参数.

例 3.2.4 设随机变量 X 服从参数为 λ 的指数分布,求 $D(X)$.

解 由已知条件知,X 的概率密度为

$$f_X(x)=\begin{cases}\lambda e^{-\lambda x}, & x>0,\\ 0, & x\leqslant 0.\end{cases}$$

又由本章例 3.1.5 知,$E(X)=\frac{1}{\lambda}$,下面先计算 $E(X^2)$.

$$E(X^2)=\int_{-\infty}^{+\infty}x^2 f_X(x)dx=\int_0^{+\infty}x^2\lambda e^{-\lambda x}dx=\frac{2}{\lambda^2}.$$

故 $D(X)=E(X^2)-(E(X))^2=\frac{2}{\lambda^2}-\left(\frac{1}{\lambda}\right)^2=\frac{1}{\lambda^2}$.

3.2.2 方差的性质

在下列性质中,C,C_i 等代表常数,X,X_i,Y 等代表随机变量.假设以下所提到的各随机变量的数学期望、方差均存在,则方差具有如下性质:

(1) $D(C)=0$; (3.2.3)

(2) $D(CX)=C^2D(X)$; (3.2.4)

(3) $D(X\pm Y)=D(X)\pm 2E((X-E(X))(Y-E(Y))+D(Y)$; (3.2.5)

特别地,若 X 与 Y 相互独立,则有

$$D(X\pm Y)=D(X)+D(Y). \tag{3.2.6}$$

(4) $D(X)=0$ 的充要条件是 $P\{X=E(X)\}=1$.

性质(1)、(2)的证明比较简单,留给读者作为练习;我们证明性质(3)和(4).先来证明性质(3).由于

$$((X+Y)-E(X\pm Y))^2=(X-E(X))^2\pm 2(X-E(X))(Y-E(Y))+(Y-E(Y))^2,$$

在上式两端同取数学期望并由数学期望的性质及方差的定义,得

$$D(X\pm Y)=D(X)\pm 2E((X-E(X))(Y-E(Y)))+D(Y).$$

又若已知 X 与 Y 相互独立，故 $(X-EX)$ 与 $(Y-EY)$ 也相互独立，因而

$$E[(X-EX)(Y-EY)]=E(X-EX)E(Y-EY)=0.$$

于是有

$$D(X\pm Y)=D(X)+D(Y).$$

在证明性质(4)之前，先介绍一个引理.

引理(马尔可夫(Markov)不等式)　对随机变量 X，若 $E(|X|^r)<\infty\ (r>0)$，则对任意正数 ε，有

$$P\{|X|\geqslant\varepsilon\}\leqslant\frac{E(|X|^r)}{\varepsilon^r}. \tag{3.2.7}$$

证　不妨设 X 为连续型随机变量，其概率密度为 $f_X(x)$，则对任意 $\varepsilon>0$，有

$$\begin{aligned}P\{|X|\geqslant\varepsilon\}&=\int_{|x|\geqslant\varepsilon}f_x(x)\mathrm{d}x\\&\leqslant\int_{|x|\geqslant\varepsilon}\frac{|x|^r}{\varepsilon^r}f_X(x)\mathrm{d}x\ \left(\text{因为在积分域上},1\leqslant\frac{|x|^r}{\varepsilon^r}\right)\\&\leqslant\int_{-\infty}^{+\infty}\frac{|x|^r}{\varepsilon^r}f_X(x)\mathrm{d}x\\&=\frac{E(|X|^r)}{\varepsilon^r}.\end{aligned}$$

现在，来证明性质(4). 由本章例 3.2.1 可知，只需证明必要性("⇒"). 设 $D(X)=0$，在马尔可夫不等式中，取 $r=2$，并以 $X-E(X)$ 代替 X，则对任意 $\varepsilon>0$，有

$$P\{|X-E(X)|\geqslant\varepsilon\}\leqslant\frac{D(X)}{\varepsilon^2}=0.$$

因为 $\{|X-EX|\neq 0\}=\bigcup\limits_{n=1}^{\infty}\left\{|X-EX|\geqslant\frac{1}{n}\right\}$，且 $\left\{|X-EX|\geqslant\frac{1}{n}\right\}\subset\left\{|X-EX|\geqslant\frac{1}{n+1}\right\}$ $(n=1,2,\cdots)$，由概率的连续性，得

$$P\{|X-EX|\neq 0\}=\lim_{n\to\infty}P\left\{|X-EX|\geqslant\frac{1}{n}\right\}=0,$$

所以

$$P\{|X-EX|=0\}=1-P\{|X-EX|\neq 0\}=1.$$

把性质(2)与性质(3)结合起来，可以推得如下更一般的结果.

(5) 若 $X_1,X_2,\cdots,X_n$ 是相互独立的随机变量，则

$$D\left(\sum_{i=1}^{n}C_iX_i\right)=\sum_{i=1}^{n}C_i^2D(X_i) \tag{3.2.8}$$

例 3.2.5　设随机变量 $X\sim B(n,p)$，求 $D(X)$.

解　用例 3.1.11 中的方法，把 X 表示为

$$X=X_1+X_2+\cdots+X_n,$$

其中 $X_1,X_2,\cdots,X_n$ 相互独立且都服从 0-1 两点分布. 而

$$D(X_i)=E(X_i^2)-(EX_i)^2=1^2\times p+0^2\times(1-p)-p^2=p(1-p)\ (i=1,2,\cdots,n),$$

再由方差的性质,得

$$D(X)=D(X_1)+D(X_2)+\cdots+D(X_n)=np(1-p).$$

3.3 协方差与相关系数 矩

对于多维随机变量$(X_1,X_2,\cdots,X_n)$,它的每个分量$X_i(1\leqslant i\leqslant n)$是一维随机变量,因而,可以讨论$X_i$的数学期望和方差.除此之外,人们还常常希望了解反映分量之间相互关系的数字特征.本节将针对二维随机变量(X,Y)来讨论有关这方面的问题.

3.3.1 协方差与相关系数

由数学期望的性质可知,当随机变量X与Y相互独立时,必有$E\{(X-E(X))(Y-E(Y))\}=0$,由此可知当$E\{(X-E(X))(Y-E(Y))\}\neq 0$时,$X$与$Y$必不相互独立.这说明$E\{(X-E(X))(Y-E(Y))\}$的值在一定程度上反映了$X$与$Y$之间的相互关系,为此我们引入以下定义.

定义 3.3.1 设(X,Y)为二维随机变量,若$E\{(X-E(X))(Y-E(Y))\}$存在,则称$E\{(X-E(X))(Y-E(Y))\}$为X与Y的**协方差**,记为$\mathrm{Cov}(X,Y)$,即

$$\mathrm{Cov}(X,Y)=E\{(X-E(X))(Y-E(Y))\}.\tag{3.3.1}$$

由上述定义可知,$\mathrm{Cov}(X,X)=E[(X-EX)^2]=D(X)$.既然$(X-EX)$与$(X-EX)$之积的数学期望称为方差,现在把其中的一个$(X-EX)$换成$(Y-EY)$,由于其形式与方差类似,又是$X$与$Y$协同参与的结果,故称之为“协方差”.

把式(3.3.1)右端的各项展开,再利用数学期望的性质,可得到一个较实用的计算$\mathrm{Cov}(X,Y)$的公式

$$\mathrm{Cov}(X,Y)=E(XY)-E(X)E(Y).\tag{3.3.2}$$

根据协方差的定义,不难验证协方差的下述性质.

(1) $\mathrm{Cov}(X,Y)=\mathrm{Cov}(Y,X)$; (3.3.3)

(2) $\mathrm{Cov}(aX,bY)=ab\mathrm{Cov}(X,Y)$,其中$a,b$为常数; (3.3.4)

(3) $\mathrm{Cov}(X_1+X_2,Y)=\mathrm{Cov}(X_1,Y)+\mathrm{Cov}(X_2,Y)$. (3.3.5)

下面的定理阐述了协方差的重要性质.

定理 3.3.1 设(X,Y)为二维随机变量,

(1) 若X与Y相互独立,则

$$\mathrm{Cov}(X,Y)=0.\tag{3.3.6}$$

(3) 若$E(X^2)$、$E(Y^2)$存在,则有

$$[E(XY)]^2\leqslant E(X^2)E(Y^2).\tag{3.3.7}$$

特别地,有

$$(\mathrm{Cov}(X,Y))^2\leqslant D(X)D(Y).\tag{3.3.8}$$

证 (1) 因为X与Y相互独立,所以由数学期望的性质,得

$$\mathrm{Cov}(X,Y)=E(XY)-E(X)E(Y)=E(X)E(Y)-E(X)E(Y)=0.$$

(2) 考虑如下实变数t的函数

$$q(t) = E[(tX+Y)^2] = t^2E(X^2) + 2tE(XY) + E(Y^2)$$

对任意实数 t，由于 $(tX+Y)^2$ 是取非负值的随机变量，所以其理论均值亦是非负的，即，对一切 t，有 $q(t)\geqslant 0$. 因此，二次方程 $q(t)=0$ 的判别式满足条件

$$4(E(XY))^2 - 4E(X^2)E(Y^2) \leqslant 0,$$

所以

$$[E(XY)]^2 \leqslant E(X^2)E(Y^2).$$

令 $U=X-E(X)$，$V=Y-E(Y)$，由已知条件可知 $E(U^2)$，$E(V^2)$ 存在，对 U,V 用不等式(3.3.7)即可证明式(3.3.8).

通常，不等式(3.3.7)称为**柯西-施瓦茨(Cauchy-Schwarz)不等式**.

利用协方差的记号，可把式(3.2.5)改写成：

$$D(X\pm Y) = D(X) \pm 2\mathrm{Cov}(X,Y) + D(Y). \tag{3.3.9}$$

从方差的性质(3)的证明过程可知，无论 X 与 Y 是否相互独立，式(3.3.9)都是成立的.

例 3.3.1　设区域 $G=\{(x,y)\mid x^2\leqslant y\leqslant x, 0\leqslant x\leqslant 1\}$，二维随机变量 (X,Y) 的概率密度为

$$f(x,y) = \begin{cases} 6, & (x,y)\in G, \\ 0, & \text{其他}. \end{cases}$$

求 $\mathrm{Cov}(X,Y)$.

解

$$E(X) = \int_{-\infty}^{+\infty}\int_{-\infty}^{+\infty} xf(x,y)\mathrm{d}x\mathrm{d}y = \int_0^1 \mathrm{d}x\int_{x^2}^{x} 6x\mathrm{d}y = \frac{1}{2},$$

$$E(Y) = \int_{-\infty}^{+\infty}\int_{-\infty}^{+\infty} yf(x,y)\mathrm{d}x\mathrm{d}y = \int_0^1 \mathrm{d}x\int_{x^2}^{x} 6y\mathrm{d}y = \frac{2}{5},$$

$$E(XY) = \int_{-\infty}^{+\infty}\int_{-\infty}^{+\infty} xyf(x,y)\mathrm{d}x\mathrm{d}y = \int_0^1 \mathrm{d}x\int_{x^2}^{x} 6xy\mathrm{d}y = \frac{1}{4},$$

$$\mathrm{Cov}(X,Y) = E(XY) - E(X)E(Y) = \frac{1}{4} - \frac{1}{2}\times\frac{2}{5} = \frac{1}{20}.$$

下面引入刻画随机变量 X 与 Y 之间相互关系的另一个数字特征.

定义 3.3.2　称 $\dfrac{\mathrm{Cov}(X,Y)}{\sqrt{D(X)}\sqrt{D(Y)}}$ 为 X 与 Y 的**相关系数**，记为 ρ_{XY}，即

$$\rho_{XY} = \frac{\mathrm{Cov}(X,Y)}{\sqrt{D(X)}\sqrt{D(Y)}}. \tag{3.3.10}$$

相关系数具有下述性质：

(1) 若 X 与 Y 相互独立，则 $\rho_{XY}=0$；

(2) $|\rho_{XY}|\leqslant 1$；

(3) $|\rho_{XY}|=1$ 的充要条件是：存在常数 a,b 使得 $P\{Y=a+bX\}=1$.

由定理 3.3.1 及相关系数的定义，易证相关系数的性质(1)，(2). 下面，我们来证明性质(3). 首先，$|\rho_{XY}|=1$ 等价于 $(\mathrm{Cov}(X,Y))^2=D(X)D(Y)$. 考虑如下的一元二次方程

$$t^2D(X) + 2t\mathrm{Cov}(X,Y) + D(Y) = 0, \tag{3.3.11}$$

对上述方程而言，条件 $(\mathrm{Cov}(X,Y))^2=D(X)D(Y)$ 又等价于上述二次方程只有重根 $t=t_0$，即

$$t_0^2 D(X) + 2t_0 \mathrm{Cov}(X,Y) + D(Y) = 0,$$

而上式等价于

$$E(t_0(X - E(X)) + (Y - E(Y))^2 = 0, \tag{3.3.12}$$

注意到$E(t_0(X-E(X))+(Y-E(Y))=0$,故式(3.3.12)等价于

$$D(t_0(X - E(X)) + (Y - E(Y))) = 0.$$

根据方差的性质(4)可知,$D[t_0(X-EX)+(Y-EY)]=0$的充要条件是$P\{t_0(X-EX)+(Y-EY)=0\}=1$,亦即

$$P\{Y = t_0 EX + EY - t_0 X\} = 1,$$

取$a=t_0EX+EY, b=-t_0$,于是就证明了"$|\rho_{XY}|=1$的充要条件是:存在常数a、b,使得$P\{Y=a+bX\}=1$."

从相关系数的性质中我们看到,一般而言,ρ_{XY}的绝对值是介于0与1之间的常数.当$|\rho_{XY}|=1$时,X与Y之间几乎必然地存在着某种线性关系.因而,当相关系数的绝对值$|\rho_{XY}|$接近于1时,我们说X与Y之间的线性相关程度较强,当$|\rho_{XY}|$接近于0时,则说X与Y之间的线性相关程度较弱.特别地,当$\rho_{XY}=0$时,称X与Y**不线性相关**(简称X与Y**不相关**).因此,相关系数ρ_{XY}是一个反映随机变量X与Y之间线性相关程度的量.

定义 3.3.3 若$\rho_{XY}=0$,则称X与Y**不相关**.

因为$\rho_{XY}=0$等价于$\mathrm{Cov}(X,Y)=0$,所以,当协方差$\mathrm{Cov}(X,Y)=0$时,同样称X与Y不相关.

不难看出,当X与Y不相关时,就有$D(X\pm Y)=D(X)+D(Y)$.因此,方差的性质(3)成立的条件可由"若X与Y相互独立"改为"若X与Y不相关".事实上,这是用较弱的条件取代较强的条件(参见下面的例3.3.2).因而,其结论更具一般性.

相关系数的性质(1)表明:若X与Y是相互独立的,则X与Y不相关.那么,其逆命题如何呢?即,若X与Y不相关,能否得出X与Y是相互独立的结论?

例 3.3.2 设二维随机变量(X,Y)具有概率密度

$$f(x,y) = \begin{cases} \dfrac{1}{\pi}, & x^2 + y^2 \leqslant 1, \\ 0, & \text{其他}. \end{cases}$$

试证:X与Y是不相关的,但X与Y并不相互独立.

证 容易得出X与Y的概率密度为

$$f_X(x) = \begin{cases} \dfrac{2}{\pi}\sqrt{1-x^2}, & |x| \leqslant 1, \\ 0, & |x| > 1, \end{cases} \quad f_Y(y) = \begin{cases} \dfrac{2}{\pi}\sqrt{1-y^2}, & |y| \leqslant 1, \\ 0, & |y| > 1. \end{cases}$$

因而

$$E(X) = \int_{-1}^{1} x \frac{2}{\pi} \sqrt{1-x^2}\,\mathrm{d}x = 0.$$

同理,$E(Y)=0$.又因

$$\mathrm{Cov}(X,Y) = E(XY) - E(X)E(Y) = \iint\limits_{x^2+y^2\leqslant 1} \frac{xy}{\pi}\mathrm{d}x\mathrm{d}y = 0.$$

这表明 X 与 Y 是不相关的. 但因为在集合 $D=\{(x,y)\mid |x|<1,|y|<1,x^2+y^2>1\}$上,有

$$f(x,y)\equiv 0\neq f_X(x)f_Y(y)=\frac{4}{\pi^2}\sqrt{1-x^2}\sqrt{1-y^2}.$$

所以 X 与 Y 不是相互独立的.

例 3.3.3　设随机变量 X 在区间$[-\theta,\theta]$上服从均匀分布,其中常数 $\theta>0$. 若 $Y=\cos X$,求 ρ_{XY}.

解　因为 $X\sim U[-\theta,\theta]$,则 $E(X)=0$,所以

$$\begin{aligned}\mathrm{Cov}(X,Y)&=E(XY)-E(X)E(Y)\\&=E(X\cos X)=\int_{-\theta}^{\theta}x\cos x\frac{1}{2\theta}\mathrm{d}x=0,\end{aligned}$$

故有 $\rho_{XY}=0$.

由例 3.3.3 可知:尽管 X 与 Y 是不相关的,但它们之间却可以存在非线性关系($Y=\cos X$). 这就表明相关系数仅仅是一个反映 X 与 Y 之间线性关系密切程度的量而已.

例 3.3.4　设$(X,Y)\sim N(\mu_1,\mu_2,\sigma_1^2,\sigma_2^2,\rho)$,求 ρ_{XY}.

解　因为$(X,Y)\sim N(\mu_1,\mu_2,\sigma_1^2,\sigma_2^2,\rho)$,故由例 2.2.2 知,$X\sim N(\mu_1,\sigma_1^2)$,$Y\sim N(\mu_2,\sigma_2^2)$,从而有 $EX=\mu_1$,$DX=\sigma_1^2$;$EY=\mu_2$,$DY=\sigma_2^2$. 由协方差的定义以及二维正态分布的概率密度 $f(x,y)$的表达式(2.2.13),得

$$\mathrm{Cov}(X,Y)=\frac{1}{2\pi\sigma_1\sigma_2\sqrt{1-\rho^2}}\int_{-\infty}^{+\infty}\int_{-\infty}^{+\infty}(x-\mu_1)(y-\mu_2)$$

$$\exp\left\{-\frac{1}{2(1-\rho^2)}\left[\frac{(x-\mu_1)^2}{\sigma_1^2}-2\rho\frac{(x-\mu_1)(y-\mu_2)}{\sigma_1\sigma_2}+\frac{(y-\mu_2)^2}{\sigma_2^2}\right]\right\}\mathrm{d}x\mathrm{d}y,$$

因为

$$\frac{(x-\mu)^2}{\sigma_1^2}-2\rho\frac{(x-\mu)(y-\mu_2)}{\sigma_1\sigma_2}+\frac{(y-\mu_2)^2}{\sigma_2^2}=\left[\frac{x-\mu_1}{\sigma_1}-\frac{\rho(y-\mu_2)}{\sigma_2}\right]^2+\left(\sqrt{1-\rho^2}\frac{y-\mu_2}{\sigma_2}\right)^2,$$

令 $u=\dfrac{1}{\sqrt{1-\rho^2}}\left[\dfrac{x-\mu_1}{\sigma_1}-\dfrac{\rho(y-\mu_2)}{\sigma_2}\right]$, $v=\dfrac{y-\mu_2}{\sigma_2}$,所以

$$\mathrm{Cov}(X,Y)=\frac{1}{2\pi}\int_{-\infty}^{+\infty}\int_{-\infty}^{+\infty}\sigma_1\sigma_2(\rho v+\sqrt{1-\rho^2}u)v\exp\left(-\frac{u^2+v^2}{2}\right\}\mathrm{d}x\mathrm{d}y,$$

又因

$$\int_{-\infty}^{+\infty}\int_{-\infty}^{+\infty}uv\exp\left\{-\frac{u^2+v^2}{2}\right\}\mathrm{d}x\mathrm{d}y=\int_{-\infty}^{+\infty}u\mathrm{e}^{-\frac{u^2}{2}}\mathrm{d}u\int_{-\infty}^{+\infty}v\mathrm{e}^{-\frac{v^2}{2}}\mathrm{d}v=0,$$

$$\int_{-\infty}^{+\infty}\int_{-\infty}^{+\infty}v^2\exp\left\{-\frac{u^2+v^2}{2}\right\}\mathrm{d}x\mathrm{d}y=\int_{-\infty}^{+\infty}\mathrm{e}^{-\frac{u^2}{2}}\mathrm{d}u\int_{-\infty}^{+\infty}v^2\mathrm{e}^{-\frac{v^2}{2}}\mathrm{d}v=2\pi,$$

因此

$$\mathrm{Cov}(X,Y)=\rho\sigma_1\sigma_2,$$

故得

$$\rho_{XY}=\frac{\mathrm{Cov}(X,Y)}{\sqrt{D(X)}\sqrt{D(Y)}}=\rho.$$

由此可见,二维正态分布 $N(\mu_1,\mu_2,\sigma_1^2,\sigma_2^2,\rho)$中的第 5 个参数 ρ 恰巧是 X 与 Y 的相关

系数.

通过例 2.4.2 的讨论,我们知道:若二维随机变量$(X,Y)\sim N(\mu_1,\mu_2,\sigma_1^2,\sigma_2^2,\rho)$,则 X 与 Y 相互独立的充要条件是$\rho=0$. 现在,又有 $\rho_{XY}=\rho$,因此,我们得到如下重要结论:若$(X,Y)\sim N(\mu_1,\mu_2,\sigma_1^2,\sigma_2^2,\rho)$,则 X 与 Y 相互独立的充要条件是 X 与 Y 不相关.

3.3.2 矩

定义 3.3.4 设 X 为随机变量,若

$$\alpha_n = E(X^n), \tag{3.3.13}$$

存在,则称它为 X 的 n 阶**原点矩**. 若

$$\mu_n = E[(X-EX)^n], \tag{3.3.14}$$

存在,则称它为 X 的 n 阶**中心矩**.

由上述定义可见,数学期望 EX 是 X 的一阶原点矩,方差 DX 是 X 的二阶中心矩. 因为

$$\mu_n = E[(X-EX)^n] = E\Big[\sum_{k=0}^{n} C_n^k X^k(-EX)^{n-k}\Big]$$

$$= \sum_{k=0}^{n} C_n^k E(X^k)(-EX)^{n-k} = \sum_{k=0}^{n} C_n^k \alpha_k(-\alpha_1)^{n-k}.$$

所以,若能求得 X 的前 n 阶原点矩,则它的 n 阶中心矩可由上式确定. 特别地,当 $n=2$ 时,有 $\mu_2=\alpha_2-\alpha_1^2$,即 $D(X)=E(X^2)-E(X))^2$.

定义 3.3.5 设(X,Y)为二维随机变量,k、l 为非负整数. 若

$$\alpha_{kl} = E(X^kY^l), \tag{3.3.15}$$

存在,则称它为(X,Y)的 $k+l$ 阶**混合原点矩**. 若

$$\mu_{kl} = E((X-E(X))^k(Y-E(Y))^l). \tag{3.3.16}$$

存在,则称它为(X,Y)的 $k+l$ 阶**混合中心矩**.

根据上述定义,X 与 Y 的协方差可表示为 $\mathrm{Cov}(X,Y)=\mu_{11}$,相关系数可表示为

$$\rho_{XY} = \frac{\mu_{11}}{\sqrt{\mu_{20}}\sqrt{\mu_{02}}}.$$

*3.3.3 协方差矩阵

设 n 维随机向量$(X_1\quad X_2\quad \cdots\quad X_n)^{\mathrm{T}}$ 的二阶混合中心矩

$$v_{ij} = \mathrm{Cov}(X_i,X_j)\ (i,j=1,2,\cdots,n)$$

都存在,则称矩阵

$$\mathbf{V} = \begin{bmatrix} v_{11} & v_{12} & \cdots & v_{1n} \\ v_{21} & v_{22} & \cdots & v_{2n} \\ \vdots & \vdots & & \vdots \\ v_{n1} & v_{n2} & \cdots & v_{nn} \end{bmatrix}$$

为 n 维随机向量$(X_1\quad X_2\quad \cdots\quad X_n)^{\mathrm{T}}$ 的**协方差矩阵**.

由于 $v_{ij}=v_{ji}(i\neq j,i,j=1,2,\cdots,n)$,因此协方差矩阵 $\mathbf{V}$ 是对称矩阵. 此外,$v_{ii}=D(X_i)$ $(i=1,\cdots,n)$,即,$\mathbf{V}$ 的主对角线上的元素 v_{ii} 恰为$(X_1\quad X_2\quad \cdots\quad X_n)^{\mathrm{T}}$ 的分量 X_i 的方差.

有了协方差矩阵,就可以来讨论将二维正态分布推广到 n 维正态分布的问题. 为此,先要把二维正态分布的概率密度定义式(式(2.2.13))改写成另一种含矩阵运算的形式.

设二维随机向量$(X_1\ X_2)^{\mathrm{T}}$ 服从二维正态分布,引入下面的列矩阵

$$\boldsymbol{X}=[X_1\ X_2]^{\mathrm{T}},\boldsymbol{x}=[x_1\ x_2]^{\mathrm{T}},\boldsymbol{\mu}=[\mu_1\ \mu_2]^{\mathrm{T}}=[EX_1\ EX_2]^{\mathrm{T}}=E\boldsymbol{X}.$$

由于$(X_1,X_2)^{\mathrm{T}}$ 的协方差矩阵为

$$\boldsymbol{V}=\begin{bmatrix}\sigma_1^2 & \rho\sigma_1\sigma_2\\ \rho\sigma_1\sigma_2 & \sigma_2^2\end{bmatrix},$$

它的行列式$|\boldsymbol{V}|=\sigma_1^2\sigma_2^2(1-\rho^2)\neq 0$ 因此 $\boldsymbol{V}$ 的逆矩阵为

$$\boldsymbol{V}^{-1}=\frac{1}{|\boldsymbol{V}|}\begin{bmatrix}\sigma_2^2 & -\rho\sigma_1\sigma_2\\ -\rho\sigma_1\sigma_2 & \sigma_1^2\end{bmatrix}$$

由矩阵的乘法运算,得

$$(\boldsymbol{x}-\boldsymbol{\mu})^{\mathrm{T}}\boldsymbol{V}^{-1}(\boldsymbol{x}-\boldsymbol{\mu})=\frac{1}{(1-\rho^2)}\left(\frac{(x_1-\mu_1)^2}{\sigma_1^2}-2\rho\frac{(x_1-\mu_1)(x_2-\mu_2)}{\sigma_1\sigma_2}+\frac{(x_2-\mu_2)^2}{\sigma_2^2}\right). \tag{3.3.17}$$

把式(3.317)代入到式(2.2.13)中,则$(X_1\ X_2)^{\mathrm{T}}$ 的概率密度可写成

$$f(x_1,x_2)=\frac{1}{(2\pi)^{2/2}\ |\boldsymbol{V}|^{1/2}}\exp\left(-\frac{1}{2}(\boldsymbol{x}-\boldsymbol{\mu})^{\mathrm{T}}\boldsymbol{V}^{-1}(\boldsymbol{x}-\boldsymbol{\mu})\right). \tag{3.3.18}$$

所以,二维随机向量$(X_1,X_2)^{\mathrm{T}}$ 服从二维正态分布,可以记作 $\boldsymbol{X}\sim N(\boldsymbol{\mu},\boldsymbol{V})$.

利用式(3.3.18),可以很方便地把正态分布概念推广到 n 维随机向量的场合中去. 设$(X_1\ X_2\ \cdots\ X_n)^{\mathrm{T}}$ 为 n 维随机向量,引入下面的列矩阵

$$\boldsymbol{X}=(X_1\quad X_2\quad \cdots\quad X_n)^{\mathrm{T}},\quad \boldsymbol{x}=(x_1\quad x_2\quad \cdots\quad x_n)^{\mathrm{T}},\quad \boldsymbol{\mu}=(\mu_1\quad \mu_2\quad \cdots\quad \mu_n)^{\mathrm{T}}.$$

若 $\boldsymbol{X}$ 的概率密度为

$$f(x_1,x_2,\cdots,x_n)=\frac{1}{(2\pi)^{n/2}\ |\boldsymbol{V}|^{1/2}}\exp\left(-\frac{1}{2}(\boldsymbol{x}-\boldsymbol{\mu})^{\mathrm{T}}\boldsymbol{V}^{-1}(\boldsymbol{x}-\boldsymbol{\mu})\right), \tag{3.3.19}$$

其中 $\boldsymbol{V}$ 是 $\boldsymbol{X}$ 的协方差矩阵,则称 $\boldsymbol{X}$ 服从 n 维正态分布,记作 $\boldsymbol{X}\sim N(\boldsymbol{\mu},\boldsymbol{V})$,并称 $\boldsymbol{X}$ 为 n 维正态向量.

n 维正态向量具有以下重要性质(证明从略).

(1) 随机向量$(X_1\quad X_2\quad \cdots\quad X_n)^{\mathrm{T}}$ 服从 n 维正态分布的充要条件是 $X_1,X_2,\cdots,X_n$ 的任意线性组合 $\sum\limits_{k=1}^{n}l_kX_k$ 服从一维正态分布,这里 $l_1,l_2,\cdots,l_n$ 是任意取定的一组不全为零的实数.

(2) 设 $\boldsymbol{X}=(X_1\quad X_2\quad \cdots\quad X_n)^{\mathrm{T}}$ 为 n 维正态向量(即 $\boldsymbol{X}\sim N(\boldsymbol{\mu},\boldsymbol{V})$,其中 $\boldsymbol{\mu}=E\boldsymbol{X}$,$\boldsymbol{V}=E[(\boldsymbol{X}-E\boldsymbol{X})(\boldsymbol{X}-E\boldsymbol{X})^{\mathrm{T}}]$,则由 $\boldsymbol{X}$ 的 $m(m<n)$个分量所构成的 m 维随机向量

$$\widetilde{\boldsymbol{X}}=(X_{i_1}\quad X_{i_2}\quad \cdots\quad X_{i_m})^{\mathrm{T}}\quad (1\leqslant i_1<i_2<\cdots<i_m\leqslant n)$$

是 m 维正态向量,且其数学期望为

$$\widetilde{\boldsymbol{\mu}}=(\mu_{i_1}\quad \mu_{i_2}\quad \cdots\quad \mu_{i_m})^{\mathrm{T}}=(EX_{i_1}\quad EX_{i_2}\quad \cdots\quad EX_{i_m})^{\mathrm{T}}.$$

协方差矩阵为

$$\widetilde{\boldsymbol{V}}=\begin{bmatrix}\mathrm{Cov}(X_{i_1},X_{i_1}) & \mathrm{Cov}(X_{i_1},X_{i_2}) & \cdots & \mathrm{Cov}(X_{i_1},X_{i_m})\\ \mathrm{Cov}(X_{i_2},X_{i_1}) & \mathrm{Cov}(X_{i_2},X_{i_2}) & \cdots & \mathrm{Cov}(X_{i_2},X_{i_m})\\ \vdots & \vdots & & \vdots\\ \mathrm{Cov}(X_{i_m},X_{i_1}) & \mathrm{Cov}(X_{i_m},X_{i_2}) & \cdots & \mathrm{Cov}(X_{i_m},X_{i_m})\end{bmatrix}.$$

特别地，当 $m=1$ 时，有 $X_j\sim N(\mu_j,D(X_j))(1\leqslant j\leqslant n)$，即 n 维正态向量 $\boldsymbol{X}$ 的每个分量 X_j 均为一维正态变量.

(3) 若 $\boldsymbol{X}=(X_1\quad X_2\quad\cdots\quad X_n)^{\mathrm{T}}$ 服从 n 维正态分布 $N(\boldsymbol{\mu},\boldsymbol{V})$，$\boldsymbol{C}$ 为 $m\times n$ 阶矩阵，其中元素 $c_{ij}(i=1,2,\cdots,m;j=1,2,\cdots,n)$ 均为常数且 $\boldsymbol{C}$ 的秩为 m，则 m 维随机向量 $\boldsymbol{Y}=\boldsymbol{CX}$ 服从 m 维正态分布 $N(\boldsymbol{C\mu},\boldsymbol{CVC}^{\mathrm{T}})$.

此性质说明，正态向量经过线性变换之后仍为正态向量.

特别地，在性质(3)中取 $m=1$，有下面的结论.

(4) 若 $\boldsymbol{X}=(X_1\quad X_2\quad\cdots\quad X_n)^{\mathrm{T}}$ 服从 n 维正态分布 $N(\boldsymbol{\mu},\boldsymbol{V})$，$l_1,l_2,\cdots,l_n$ 是不全为零的常数，则 $Y=\sum\limits_{i=1}^{n}l_iX_i$ 服从一维正态分布 $N\left(\sum\limits_{i=1}^{n}l_i\mu_i,\sum\limits_{j=1}^{n}\sum\limits_{k=1}^{n}l_jl_k\mathrm{Cov}(X_j,X_k)\right)$.

(5) 设 $\boldsymbol{X}=(X_1\quad X_2\quad\cdots\quad X_n)^{\mathrm{T}}$ 是 n 维正态向量，则随机变量 $X_1,X_2,\cdots,X_n$ 相互独立的充分必要条件是它们两两不相关.

习题 3

1. 一箱产品中有 12 件正品，3 件次品，现从该箱中任取 5 件产品，以 X 表示取出的 5 件产品中的次品数，求 X 的数学期望 $E(X)$.

2. 设随机变量 X 的概率密度为 $f(x)=\dfrac{1}{2}\mathrm{e}^{-|x|}$，$-\infty<x<+\infty$，求 $E(X)$.

3. 船只横向摇摆的振幅 X 是一个随机变量，设 X 服从瑞利分布，其概率密度为

$$f(x)=\begin{cases}\dfrac{x}{\sigma^2}\mathrm{e}^{-\frac{x^2}{2\sigma^2}}, & x>0,\\ 0, & x\leqslant 0,\end{cases}$$

其中 $\sigma(\sigma>0)$ 为常数，求 $E(X)$（即平均振幅）.

4. 设随机变量 X 的分布函数为

$$F(x)=\begin{cases}1-\dfrac{a^3}{x^3}, & x\geqslant a,\\ 0, & x<a,\end{cases}$$

其中 $a>0$ 为常数，求 $E(X)$.

5. 设随机变量 X 服从柯西分布，其概率密度为

$$f(x)=\frac{1}{\pi(1+x^2)},\quad -\infty<x<+\infty$$

试证 X 的数学期望不存在.

6. 设随机变量 X 在区间 $[0,2\pi]$ 上服从均匀分布，求 $Y=\sin X$ 的数学期望.

7. 设随机变量 X 服从正态分布 $N(\mu,\sigma^2)$，

求：(1) $Y=|X-E(X)|$ 的数学期望；

(2) $Y=e^{\frac{\mu^2-2\mu X}{2\sigma^2}}$ 的数学期望.

8. 分子运动的速率 X 服从麦克斯威尔分布，其概率密度为

$$f(x)=\begin{cases}\dfrac{4x^2}{a^3\sqrt{\pi}}e^{-\frac{x^2}{a^2}}, & x>0,\\ 0, & x\leqslant 0,\end{cases}$$

其中 $a(a>0)$ 为常数，设分子的质量为 m，求其平均动能.

9. 某工厂生产的一种设备的使用寿命 X(以年计)服从指数分布，其概率密度为

$$f(x)=\begin{cases}\dfrac{1}{4}e^{-\frac{x}{4}}, & x>0,\\ 0, & x\leqslant 0.\end{cases}$$

工厂规定，出售的设备若在售出一年之内损坏可予以调换. 若售出一台设备工厂可获利 100 元，调换一台设备厂方需化费 300 元，试求厂方出售一台设备获得净利润的数学期望.

10. 二维随机变量 (X,Y) 的分布律为

X \ Y	1	2	3
-1	a	0.1	0
0	0.1	0	b
1	0.1	0.1	c

(1) 求 a,b,c 使 $E(X)=0,E(Y)=2$；

(2) 设 $Z=(X-Y)^2$，求 $E(Z)$；

(3) 设 $Z=X^2Y$，求 $E(Z)$.

11. 设二维随机变量 (X,Y) 的概率密度为

$$f(x,y)=\begin{cases}\dfrac{1}{3}(x+y), & 0\leqslant x\leqslant 2,0\leqslant y\leqslant 1,\\ 0, & \text{其他}.\end{cases}$$

求 $E(X),E(Y),E(XY),E(X^2+Y^2)$.

12. 在长度为 a 的线段上任取两点 A 及 B，试求线段 AB 的长度的数学期望.

13. 在半径为 R 的圆内任取一点 A，求 A 到圆心距离的数学期望.

14. 将 n 只球($1\sim n$ 号)随机地放进 n 个盒子($1\sim n$ 号)中去，一个盒子装一只球. 若一只球装入与球同号的盒子中，则称为一个配对. 记 X 为总的配对数，求 $E(X)$.

15. 设 X 在区间 $[0,2]$ 上服从均匀分布，Y 服从参数为 2 的指数分布，

(1) 求 $E(X+Y)$ 及 $E(X^2-2Y+1)$；

(2) 若 X 与 Y 独立，求 $E(XY)$.

16. 设随机变量 X 的概率密度为

$$f(x)=\begin{cases}\frac{1}{2}\cos\frac{x}{2}, & 0\leqslant x\leqslant\pi,\\ 0, & \text{否则}.\end{cases}$$

求对 X 独立重复观察 4 次，用 Y 表示观察值大于 $\frac{\pi}{3}$ 的次数，求 Y^2 的数学期望.

17. 设随机变量 U 在区间$(-2,2)$上服从均匀分布，随机变量

$$X=\begin{cases}-1, & U\leqslant -1,\\ 1, & U>-1,\end{cases}\quad Y=\begin{cases}-1, & U\leqslant 1,\\ 1, & U>1.\end{cases}$$

试求：(1) X 和 Y 的联合分布律；

(2) $D(X+Y)$.

18. 求第 1 至 4 题中所描述的随机变量 X 的方差 $D(X)$.

19. 求第 6 题中所描述的随机变量 Y 的方差.

20. 设二维随机变量(X,Y)的概率密度为

$$f(x,y)=\begin{cases}1, & |y|\leqslant x, 0\leqslant x\leqslant 1,\\ 0, & \text{其他}.\end{cases}$$

求 $D(X)$及 $D(Y)$.

21. 设随机变量 X 与 Y 相互独立，且 $E(X)=E(Y)=0, D(X)=D(Y)=\sigma^2$，求 $E(X-Y)^2$.

22. 设二维随机变量(X,Y)的分布律为

X \ Y	−2	−1	0	1	2
0	0.2	0	0.2	0	0.2
1	0	0.2	0	0.2	0

求 $\mathrm{Cov}(X,Y)$及 ρ_{XY}.

23. 设二维随机变量(X,Y)的概率密度为

$$f(x,y)=\begin{cases}2-x-y, & 0<x<1, 0<y<1,\\ 0, & \text{其他}.\end{cases}$$

求 $\mathrm{Cov}(X,Y)$，ρ_{XY}及 $D(2X-Y+1)$.

24. 设二维随机变量(X,Y)的概率密度为

$$f(x,y)=\begin{cases}\frac{1}{8}(x+y), & 0\leqslant x\leqslant 2, 0\leqslant y\leqslant 2,\\ 0, & \text{其他}.\end{cases}$$

求 $\mathrm{Cov}(X,Y)$，ρ_{XY}，$D(X+Y)$.

25. 证明：当随机变量 X、Y 的方差存在，且 $D(X)>0, D(Y)>0$ 时，下列命题是等价的：

(1) X 与 Y 不相关；

(2) $\mathrm{Cov}(X,Y)=0$；

(3) $E(XY)=E(X)E(Y)$；

(4) $D(X+Y)=D(X)+D(Y)$.

26. 设随机变量 X_1 与 X_2 独立,方差存在,且 $E(X_1)=E(X_2)=0$,试证明随机变量 $Y_1=X_1-X_2$ 与 $Y_2=X_1X_2$ 不相关.

27. 已知对三个随机变量 X,Y,Z,有 $E(X)=E(Y)=1$,$E(Z)=-1$,$E(X^2)=E(Y^2)=E(Z^2)=2$,$\rho_{XY}=0$,$\rho_{XZ}=1/2$,$\rho_{YZ}=-1/2$,求:随机变量 $W=X+Y+Z$ 的数学期望 $E(W)$ 及方差 $D(W)$.

28. 设二维随机变量(X,Y)的分布律为

X \ Y	-1	0	1
-1	0	0.25	0
0	0.25	0	0.25
1	0	0.25	0

验证:X 与 Y 不相关,但 X 与 Y 不独立.

29. 已知对二维随机变量(X,Y),有 $E(X)=0$,$E(Y)=1$,$E(X^2)=1$,$E(XY)=-1$,$\rho_{XY}=-1/2$,求 $D(X-Y)$.

30. 设 A 和 B 是试验 E 的两个事件,且 $P(A)>0$,$P(B)>0$,定义随机变量 X,Y 如下:

$$X=\begin{cases}2, & \text{若 } A \text{ 发生},\\ 0, & \text{否则},\end{cases}\qquad Y=\begin{cases}2, & \text{若 } B \text{ 发生},\\ 0, & \text{否则}.\end{cases}$$

证明:若 $\rho_{XY}=0$,则 X 和 Y 必定相互独立.

31. 设 X 和 Y 为独立随机变量,期望与方差分别为 μ_1,σ_1^2 和 μ_2,σ_2^2,$\sigma_1\sigma_2>0$.

(1) 试求 $Z=XY$ 和 X 的相关系数;

(2) Z 和 Y 能否不相关?能否有严格的线性关系?若能,试分别写出条件.

第4章 大数定律与中心极限定理

极限定理是概率论的基本定理，在概率论和数理统计的理论研究中，以及实际应用中具有十分重要的地位. 大数定律从理论上阐述了在一定条件下大量重复出现的随机现象呈现的稳定性. 中心极限定理是描述满足一定条件的一系列随机变量序列部分和的概率分布的极限定理.

本章介绍大数定律与中心极限定理的一些重要结论.

4.1 大数定律

大数定律，又称大数定理，是一种描述当试验次数很大时随机事件所呈现的概率性质的定律. 有些随机事件无规律可循，但有不少随机事件是有规律的，这些有规律的随机事件在大量重复出现的条件下，往往呈现几乎必然的统计特性，这个规律就是大数定律. 确切地说，大数定律是以明确的数学形式表达了大量重复出现的随机现象的统计规律性，即频率的稳定性和平均结果的稳定性，并讨论了它们成立的条件.

为了更好地学习大数定律，我们首先引进证明大数定律所需的预备知识——切比雪夫(Chebyshev)不等式.

定理 4.1.1(Chebyshev 不等式) 设随机变量 X 的数学期望 $E(X)$ 与方差 $D(X)$ 都存在，则对任意的常数 $\varepsilon>0$，有

$$P\{|X-E(X)|\geqslant\varepsilon\}\leqslant\frac{D(X)}{\varepsilon^2}, \tag{4.1.1}$$

或

$$P\{|X-E(X)|<\varepsilon\}\geqslant 1-\frac{D(X)}{\varepsilon^2}. \tag{4.1.2}$$

证(仅对连续型随机变量进行证明) 设 $f(x)$ 为随机变量 X 的概率密度，则对任意的常数 $\varepsilon>0$，有

$$P\{|X-E(X)|\geqslant\varepsilon\}=\int\limits_{|x-E(X)|\geqslant\varepsilon}f(x)\mathrm{d}x\leqslant\int\limits_{|x-E(X)|\geqslant\varepsilon}\frac{(x-E(X))^2}{\varepsilon^2}f(x)\mathrm{d}x$$

$$\leqslant\frac{1}{\varepsilon^2}\int_{-\infty}^{+\infty}(x-E(X))^2f(x)\mathrm{d}x=\frac{D(X)}{\varepsilon^2}.$$

由该定理的结果可以看出，如果随机变量 X 的方差 $D(X)$ 越小，则随机变量 X 取值于区间 $(E(X)-\varepsilon,E(X)+\varepsilon)$ 中的概率就越大，可见方差是反映随机变量取值集中在 $E(X)$ 附近的程度的数量指标.

例 4.1.1 若某班某次考试的平均成绩是 75 分，方差为 10，试估计及格率至少是多少?

解 设随机变量 X 表示学生的成绩，则由题意知 $E(X)=75$，$D(X)=10$. 于是由式(4.1.2)得，

$$P\{60 \leqslant X \leqslant 100\} = P\{-15 \leqslant X - 75 \leqslant 25\} \geqslant P\{|X - 75| < 15\}$$
$$\geqslant 1 - \frac{10}{225} = \frac{215}{225} = 0.956.$$

这表明及格率至少为 95.6%.

大数定律有多种形式,下面先介绍最简单的伯努利(Bernoulli)大数定律,再逐一介绍其他大数定律.

先考察一个简单的伯努利试验,掷一枚均匀的硬币,观察正面出现的次数.若重复掷了 n 次硬币,正面出现了 η_n 次,则正面出现的频率为 $\frac{\eta_n}{n}$. 试验表明,随着试验次数 n 的增大,频率 $\frac{\eta_n}{n}$ 将会逐渐地稳定于 $\frac{1}{2}$(这正是正面出现这一事件的概率),或者说,频率与概率将会非常地接近.显然,这里说的“稳定”或“接近”都只是一种直观的说法,其严格的数学意义是什么?是否就是我们在微积分课程中所熟悉的对极限的描述?也就是说是否有

$$\lim_{n\to\infty} \frac{\eta_n}{n} = \frac{1}{2} \tag{4.1.3}$$

成立呢?如果是这样,我们为什么不直接说频率就是概率呢?下面进行详细分析.

如果式(4.1.3)成立,由数列极限定义可知,对任意的 $\varepsilon>0$,存在正整数 N,使得对一切的 $n>N$,都有 $\left|\frac{\eta_n}{n}-\frac{1}{2}\right|<\varepsilon$ 成立.但是频率 $\frac{\eta_n}{n}$ 是随着试验结果的不同而变化的.不论 N 取多大的正整数,n 次试验中全出现正面的结果的情况还是会发生的,此时,$\eta_n=n$,于是 $\frac{\eta_n}{n}=1$,从而当 $\varepsilon<\frac{1}{2}$ 时,不论 N 取多么大,总有 $\left|\frac{\eta_n}{n}-\frac{1}{2}\right|=\frac{1}{2}>\varepsilon$,因此形如式(4.1.3)的极限关系不成立.但与此同时我们也应注意到,当 n 很大时,n 次试验中完全出现正面这一事件发生的可能性是很小的,该事件的概率即 $P\{\eta_n=n\}=\frac{1}{2^n}\to 0(n\to\infty)$. 所以,事件正面出现的频率“接近”于其概率 $\frac{1}{2}$ 的准确描述应该是

$$\lim_{n\to\infty} P\left\{\left|\frac{\eta_n}{n}-\frac{1}{2}\right| \geqslant \varepsilon\right\} = 0 \quad 或 \quad \lim_{n\to\infty} P\left\{\left|\frac{\eta_n}{n}-\frac{1}{2}\right| < \varepsilon\right\} = 1.$$

一般地,我们有下述定理.

定理 4.1.2(伯努利大数定律)　设 η_n 是 n 重伯努利试验中事件 A 发生的次数,p 是事件 A 发生的概率,则对任意的 $\varepsilon>0$,有

$$\lim_{n\to\infty} P\left\{\left|\frac{\eta_n}{n}-p\right| < \varepsilon\right\} = 1. \tag{4.1.4}$$

证　由已知条件知,$\eta_n \sim B(n,p)$,从而得 $E(\eta_n)=np$,$D(\eta_n)=np(1-p)$,由切比雪夫不等式,对任意的 $\varepsilon>0$,有

$$P\left\{\left|\frac{\eta_n}{n}-p\right| < \varepsilon\right\} = P\{|\eta_n - np| < n\varepsilon\} \geqslant 1 - \frac{np(1-p)}{(n\varepsilon)^2} = 1 - \frac{p(1-p)}{n\varepsilon^2},$$

令 $n\to\infty$,得

$$1 \geqslant \lim_{n\to\infty} P\left\{\left|\frac{\eta_n}{n}-p\right|<\varepsilon\right\} \geqslant \lim_{n\to\infty}\left(1-\frac{p(1-p)}{n\varepsilon^2}\right)=1.$$

故有

$$\lim_{n\to\infty} P\left\{\left|\frac{\eta_n}{n}-p\right|<\varepsilon\right\}=1.$$

伯努利大数定律表明，当试验的次数 n 充分大时，事件 A 发生的频率 $\frac{\eta_n}{n}$ 与其概率 p 能任意接近的概率趋近于 1，或者说，事件 A 发生的频率与其概率之间有较大偏差的可能性很小，小到可以忽略不计，这就是频率稳定于概率的含义.

伯努利大数定律提供了用频率来近似计算概率的理论依据. 例如，要估计某种产品的次品率 p，则可以从该产品中随机抽取 n 件进行检验，当 n 很大时，这 n 件产品中的次品的比例可作为次品率 p 的估计值.

进一步，如果事件 A 发生的概率很小，根据伯努利大数定律，事件 A 发生的频率也很小，也可以说事件 A 很少发生. 因此在实际的生产活动中，人们通常认为小概率事件在一次随机试验中是不可能发生的，这一原理称为**实际推断原理**. 它的实际应用非常广泛，是本书第 7 章的假设检验的理论依据.

式(4.1.4)的极限是反映在概率意义下的收敛性，不同于微积分中数列极限的收敛性，通常称之为依概率收敛. 一般地，有如下定义.

定义 4.1.1　设 $X_1, X_2, \cdots, X_n, \cdots$ 为随机变量序列，a 为常数，如果对任意的 $\varepsilon>0$，有

$$\lim_{n\to\infty} P\{|X_n-a|<\varepsilon\}=1, \tag{4.1.5}$$

或

$$\lim_{n\to\infty} P\{|X_n-a|\geqslant\varepsilon\}=0.$$

则称 $\{X_n\}$ 依概率收敛于 a，记作 $X_n \xrightarrow{P} a$.

依概率收敛的直观意义是，当 n 充分大后，随机变量 X_n 几乎总是取值为 a，或者与 a 的值非常接近.

依概率收敛具有下列性质：

如果 $X_n \xrightarrow{P} a$，$Y_n \xrightarrow{P} b$，又设二元函数 $g(x,y)$ 在点 (a,b) 处连续，则 $g(X_n,Y_n) \xrightarrow{P} g(a,b)$.

这样，伯努利大数定律的结论也可以写成

$$\frac{\eta_n}{n} \xrightarrow{P} p.$$

如果对不同条件下的随机变量序列的收敛性进行讨论，就得到下面的大数定律.

定理 4.1.3(切比雪夫大数定律)　设 $X_1, X_2, \cdots, X_n, \cdots$ 是两两不相关的随机变量序列，若每个 X_i 的数学期望与方差存在，且方差一致有界，即存在常数 C，使得 $D(X_i)\leqslant C(i=1,2,\cdots)$，则对任意的 $\varepsilon>0$，都有

$$\lim_{n\to\infty} P\left\{\left|\frac{1}{n}\sum_{i=1}^{n} X_i-\frac{1}{n}\sum_{i=1}^{n} E(X_i)\right|\geqslant\varepsilon\right\}=0, \tag{4.1.6}$$

或

$$\lim_{n\to\infty}P\left\{\left|\frac{1}{n}\sum_{i=1}^{n}X_i-\frac{1}{n}\sum_{i=1}^{n}E(X_i)\right|<\varepsilon\right\}=1. \tag{4.1.7}$$

证 令 $Y_n=\frac{1}{n}\sum_{i=1}^{n}X_i$，由于诸 X_i 不相关，则有 $E(Y_n)=\frac{1}{n}\sum_{i=1}^{n}E(X_i)$，$D(Y_n)=\frac{1}{n^2}\sum_{i=1}^{n}D(X_i)$. 对任意的 $\varepsilon>0$，对 Y_n 应用切比雪夫不等式及条件 $D(X_i)\leqslant C(i=1,2,\cdots)$，有

$$1\geqslant P\{|Y_n-E(Y_n)|<\varepsilon\}\geqslant 1-\frac{D(Y_n)}{\varepsilon^2}=1-\frac{\sum_{i=1}^{n}D(X_i)}{n^2\varepsilon^2}\geqslant 1-\frac{C}{n\varepsilon^2},$$

令 $n\to\infty$，由夹逼法则得

$$\lim_{n\to\infty}\left\{\left|\frac{1}{n}\sum_{i=1}^{n}X_i-\frac{1}{n}\sum_{i=1}^{n}E(X_i)\right|<\varepsilon\right\}=1.$$

上述结果是俄国数学家切比雪夫在 1866 年得到的，它是大数定律的一个相当普遍的结果，许多大数定律的古典结果均是它的特例，伯努利大数定律就是其中之一. 事实上，在伯努利试验中，令

$$X_i=\begin{cases}1, & \text{第 } i \text{ 次独立试验中事件 } A \text{ 发生},\\ 0, & \text{否则},\end{cases}\quad i=1,2,\cdots$$

则 $X_1,X_2,\cdots,X_n,\cdots$ 是相互独立(从而是不相关)的随机变量序列，且满足

$$E(X_i)=p,\ D(X_i)=p(1-p),\quad i=1,2,\cdots.$$

又因为 $\sum_{i=1}^{n}X_i$ 为 n 次独立试验中事件 A 发生的次数，即 $\eta_n=\sum_{i=1}^{n}X_i$，由切比雪夫大数定律，得

$$\lim_{n\to\infty}P\left\{\left|\frac{\eta_n}{n}-p\right|<\varepsilon\right\}=\lim_{n\to\infty}P\left\{\left|\frac{1}{n}\sum_{i=1}^{n}X_i-\frac{1}{n}\sum_{i=1}^{n}E(X_i)\right|<\varepsilon\right\}=1.$$

这也是伯努利大数定律的另一种证明.

定理 4.1.4(独立同分布随机变量的大数定律) 设 $X_1,X_2,\cdots,X_n,\cdots$ 是独立同分布的随机变量序列，且存在数学期望 $E(X_i)=\mu$ 与方差 $D(X_i)=\sigma^2$，$i=1,2,\cdots$，则对任意的 $\varepsilon>0$，都有

$$\lim_{n\to\infty}P\left\{\left|\frac{1}{n}\sum_{i=1}^{n}X_i-\mu\right|\geqslant\varepsilon\right\}=0, \tag{4.1.8}$$

或

$$\lim_{n\to\infty}P\left\{\left|\frac{1}{n}\sum_{i=1}^{n}X_i-\mu\right|<\varepsilon\right\}=1. \tag{4.1.9}$$

即

$$\frac{1}{n}\sum_{i=1}^{n}X_i\xrightarrow{P}\mu.$$

显然定理 4.1.4 是定理 4.1.3 的特殊情况，因此证明略去.

独立同分布随机变量的大数定律给出了人们在实际生活中经常使用的算术平均法则的理论依据. 为了测量某物体的长度，可以在相同条件下重复测量 n 次，得到的结果记为 x_1，

$x_2,\cdots,x_n$. 由于各种不确定因素，这组数据是不完全相同的. 当 n 充分大时，用这 n 次测量值的平均值 $\frac{1}{n}\sum_{i=1}^{n}x_i$ 来作为该物体长度的近似值，产生较大偏差的概率是非常小的.

从上述各大数定律的内容中我们可以看到，随机变量序列 $\{X_n\}$ 的分布、独立性、数学期望、方差的状况在各种条件组合下，可以导出各式各样的大数定律，下面是一个独立同分布条件下的大数定律，其证明方法超出本书范围，我们仅叙述如下.

定理 4.1.5(辛钦大数定律) 设 $X_1,X_2,\cdots,X_n,\cdots$ 是独立同分布的随机变量序列，若数学期望 $E(X_k)=\mu\ (k=1,2,\cdots)$ 存在，则 $\frac{1}{n}\sum_{k=1}^{n}X_k$ 依概率收敛于 μ.

例 4.1.2 设 $\{X_n\}$ 是独立同分布的随机变量序列，其公共的分布律为

$$P\{X_k=(-1)^{k-1}k\}=\frac{6}{\pi^2 k^2},k=1,2,\cdots$$

试问 X_n 是否依概率收敛于 μ?

解 由于级数

$$\sum_{k=1}^{\infty}|(-1)^{k-1}k|\frac{6}{\pi^2 k^2}=\sum_{k=1}^{\infty}\frac{6}{\pi^2 k}$$

不收敛，故 X_k 的数学期望不存在，从而 $\{X_n\}$ 不依概率收敛于 μ(因为数学期望存在是随机变量序列依概率收敛的必要条件).

4.2 中心极限定理

中心极限定理是概率论中讨论随机变量序列部分和的分布渐近于正态分布的一类定理. 这些定理是数理统计学和误差分析的理论基础. 在自然界与生产活动中，一些现象受到许多相互独立的随机因素的影响，如果每个因素所产生的影响都很微小时，总的影响可以看作是服从正态分布的. 中心极限定理就是从数学上证明了这一现象，并指出了大量随机变量和的分布函数逐点收敛到正态分布的条件. 先看几个随机变量和的分布的例子.

例 4.2.1 设独立同分布的随机变量 $X_1,X_2,\cdots,X_n$ 均服从两点分布 $B(1,0.6)$，则它们的部分和 $\sum_{i=1}^{n}X_i\sim B(n,0.6)$. 图 4.1 给出了当 $p=0.6,n=4,9,14,19,24,29$ 时二项分布 $B(n,0.6)$ 的概率分布折线图. 由图 4.1 可见，随着 n 的增加，二项分布 $B(n,0.6)$ 的概率分布折线图越来越接近正态分布概率密度曲线的形状.

例 4.2.2 设独立同分布的随机变量 $X_1,X_2,\cdots,X_n$ 均服从泊松分布 $P(\lambda)$，由第 2 章习题 54 可知，它们的部分和 $\sum_{i=1}^{n}X_i\sim P(n\lambda)$. 图 4.2 给出了当 $\lambda=1,n=1,2,\cdots,6$ 时，泊松分布 $P(n\lambda)$ 的概率分布折线图. 由图 4.2 可以看到，随着 n 的增加，泊松分布的概率分布折线图越来越接近正态分布概率密度曲线的形状.

我们还可以画出其他独立同分布随机变量和的概率分布曲线，这些例子都显示，独立同分布随机变量和的分布近似于正态分布. 下面给出中心极限定理成立的条件与结论.

定理 4.2.1(独立同分布中心极限定理) 设 $X_1,X_2,\cdots,X_n,\cdots$ 是独立同分布的随机变

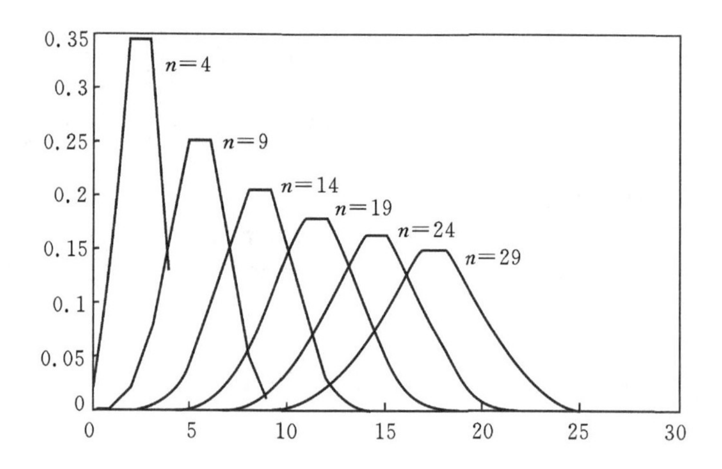

图 4.1 二项分布 $B(n,0.6)$的概率分布折线图

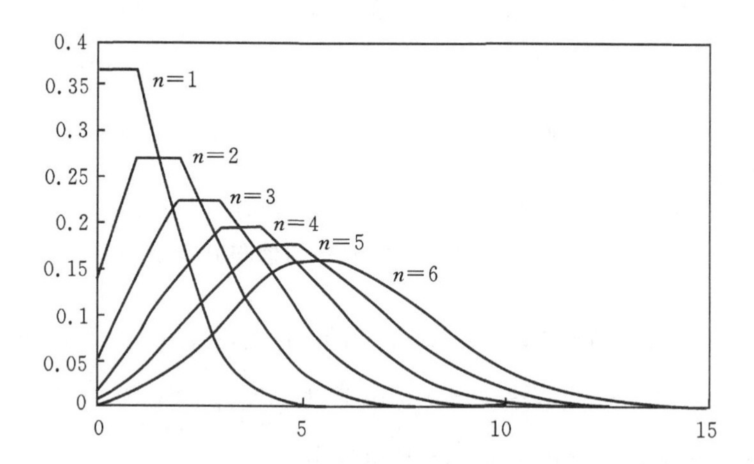

图 4.2 泊松分布 $P(n)$的概率分布折线图

量序列，且存在数学期望 $E(X_i)=\mu$ 与方差 $D(X_i)=\sigma^2, i=1,2,\cdots$，则对任意的实数 $x\in\mathbf{R}$，都有

$$\lim_{n\to\infty}P\left\{\frac{\sum_{i=1}^{n}X_i-n\mu}{\sqrt{n}\sigma}\leqslant x\right\}=\int_{-\infty}^{x}\frac{1}{\sqrt{2\pi}}e^{-\frac{t^2}{2}}dt=\Phi(x). \tag{4.2.1}$$

独立同分布中心极限定理通常称为**林德贝格-勒维(Lindeberg-Levy)定理**，因为该定理是这两位学者在 20 世纪 20 年代证明的. 由于该定理的证明超出本书的范围，故略去.

定理 4.2.1 表明，无论随机变量序列 $X_1,X_2,\cdots,X_n,\cdots$ 服从什么样的分布，只要满足该定理的条件，即诸 $X_i, i=1,2,\cdots$ 独立同分布，且存在有限的数学期望与方差，则 $Y_n=\dfrac{\sum_{i=1}^{n}X_i-n\mu}{\sqrt{n}\sigma}$ 总以标准正态分布 $N(0,1)$为其极限分布. 这相当于说，n 个独立随机变量的和

$\sum_{i=1}^{n} X_i$ 的极限分布是正态分布 $N(n\mu, n\sigma^2)$. 因此,当 n 很大时,$\sum_{i=1}^{n} X_i = \sqrt{n}\sigma Y_n + n\mu$ 近似服从正态分布 $N(n\mu, n\sigma^2)$. 也就是说,可以将部分和 $\sum_{i=1}^{n} X_i$ 近似作为正态随机变量处理,这在理论研究和实际计算上都非常重要.

例 4.2.3 根据以往的经验,某种电器元件的寿命服从均值为 100 小时的指数分布. 现随机地抽取 36 只,设它们的寿命是相互独立的,求这 36 只元件的寿命的总和超过 4000 小时的概率.

解 设 X_i 表示第 i 只元件的寿命,$i=1,2,\cdots,36$,这 36 只元件寿命的总和为 $\sum_{i=1}^{36} X_i$. 由题意 $E(X_i)=100, D(X_i)=100^2$. 所求概率为

$$P\{\sum_{i=1}^{36} X_i > 4000\} = P\left\{\frac{\sum_{i=1}^{36} X_i - 36 \times 100}{\sqrt{36} \times 100} > \frac{4000 - 3600}{600}\right\}$$

$$\approx 1 - \Phi(\frac{2}{3}) = 1 - 0.7486 = 0.2514.$$

例 4.2.4 多次测量一个物理量,每次都产生一个随机误差且该误差服从 $(-0.5, 0.5)$ 上的均匀分布. 问:

(1) 100 次测量的算术平均值与其真值差的绝对值小于 0.05 的概率是多少?

(2) 需要进行多少次测量才能使测量的算术平均值与其真值的差小于 0.05 的概率不小于 0.95?

解 设 a 表示物理量的真值,X_i 表示第 i 次的测量值,ε_i 表示第 i 次的测量的误差,$i=1,2,\cdots,100$. 由题意 $X_i = a + \varepsilon_i$,$\varepsilon_i \sim U(-0.5, 0.5)$,$E(\varepsilon_i)=0$,$D(\varepsilon_i)=\frac{1}{12}$,$i=1,2,\cdots,100$.

(1) 显然各次测量值之间相互独立,故所求概率为

$$P\left\{\left|\frac{1}{100}\sum_{i=1}^{100} X_i - a\right| < 0.05\right\} = P\left\{\left|\sum_{i=1}^{100} X_i - 100a\right| < 5\right\} = P\left\{\left|\frac{\sum_{i=1}^{100} \varepsilon_i}{\sqrt{100 \times \frac{1}{12}}}\right| < \frac{5\sqrt{12}}{10}\right\}$$

$$\approx \Phi(\sqrt{3}) - \Phi(-\sqrt{3}) = 2\Phi(\sqrt{3}) - 1 = 2 \times 0.9582 - 1 = 0.9164.$$

(2)设需要测量 n 次,测量的算术平均值与其真值差小于 0.05 的概率为

$$P\left\{\frac{1}{n}\sum_{i=1}^{n} X_i - a < 0.05\right\} = P\left\{\sum_{i=1}^{n} X_i - na < 0.05n\right\}$$

$$= P\left\{\frac{\sum_{i=1}^{n} \varepsilon_i}{\sqrt{\frac{n}{12}}} < \frac{0.05n}{\sqrt{\frac{n}{12}}}\right\} \approx \Phi(0.1\sqrt{3n}).$$

根据题意,应使 $\Phi(0.1\sqrt{3n}) \geqslant 0.95$,即 $0.1\sqrt{3n} \geqslant 1.65$,$n \geqslant 90.75$. 至少需要测量 91 次才能满足需要.

下面介绍独立同分布中心极限定理的一种特殊情况，它是历史上最早出现的中心极限定理，由德莫佛(De Moivre)提出，拉普拉斯(Laplace)推广，故又称德莫佛-拉普拉斯中心极限定理.

定理 4.2.2(德莫佛-拉普拉斯中心极限定理)　设 η_n 是 n 重伯努利试验中事件 A 发生的次数，p 是事件 A 在每次试验中发生的概率，则对任意的实数 $x\in\mathbf{R}$，有

$$\lim_{n\to\infty}P\left\{\frac{\eta_n-np}{\sqrt{np(1-p)}}\leqslant x\right\}=\int_{-\infty}^{x}\frac{1}{\sqrt{2\pi}}\mathrm{e}^{-\frac{t^2}{2}}\mathrm{d}t=\Phi(x). \tag{4.2.2}$$

在本章定理 4.1.3 后面的解释中，η_n 可以表示为服从 0－1 分布的独立随机变量和，$\eta_n=\sum_{i=1}^{n}X_i$，且满足 $E(X_i)=p,D(X_i)=p(1-p),i=1,2,\cdots,n$，由定理 4.2.1 可得

$$\lim_{n\to\infty}P\left\{\frac{\eta_n-np}{\sqrt{np(1-p)}}\leqslant x\right\}=\lim_{n\to\infty}P\left\{\frac{\sum_{i=1}^{n}X_i-np}{\sqrt{np(1-p)}}\leqslant x\right\}=\int_{-\infty}^{x}\frac{1}{\sqrt{2\pi}}\mathrm{e}^{-\frac{t^2}{2}}\mathrm{d}t=\Phi(x).$$

在定理 4.2.2 的条件下，事件 A 发生的次数 η_n 显然服从二项分布 $B(n,p)$. 故此定理表明，正态分布是二项分布的极限分布，当 n 充分大时，可以用正态分布 $N(np,np(1-p))$ 来近似计算二项分布的概率. 在第 2 章我们也曾经介绍过二项分布可用泊松分布近似. 两者相比，一般在 np 较小时用泊松分布近似较好，而在 $np>5$ 时，用正态分布近似较好.

例 4.2.5　根据孟德尔遗传理论，红、黄两种番茄杂交的第二代结红果植株和黄果植株的比率为 3∶1，现在种植番茄杂交种 400 株，试求黄果植株介于 83～117 的概率.

解　设 X 表示结黄果的植株数，由于结红、黄果彼此独立，则 $X\sim B(400,0.25)$，且 $E(X)=400\times0.25=100,D(X)=400\times0.25\times0.75=75$. 利用定理 4.2.2 得，

$$\begin{aligned}P\{83<X<117\}&=P\left\{\frac{83-100}{\sqrt{75}}<\frac{X-100}{\sqrt{75}}<\frac{117-100}{\sqrt{75}}\right\}\\&\approx\Phi(1.96)-\Phi(-1.96)=2\Phi(1.96)-1=0.95.\end{aligned}$$

林德贝格-勒维中心极限定理在随机变量 $\{X_n\}$ 序列独立同分布的条件下，解决了随机变量和的极限分布问题. 在实际问题中，诸 X_i 的独立性易于观察，但有时很难说诸 X_i 是同分布的. 事实上，林德贝格还在一定的条件下给出了独立但不同分布的随机变量和的中心极限定理，这里不做详细介绍，只简述该定理的含义：如果一个随机变量所描述的随机现象是由许多相互独立的因素叠加而成，而且每个因素对该现象的影响都很微小，那么这个随机变量就可以认为近似服从正态分布，这就是中心极限定理的客观背景. 例如，物理量的测量误差是由许多可加的微小误差的和构成；成年人的身高受许多先天和后天的因素的和影响；在任一指定时刻，一个城市的用电量、用水量是大量用户用电量、用水量的总和，它们往往都近似服从正态分布. 正是由于中心极限定理的理论支撑，才使得正态分布在概率统计学科中占据了独特的地位，这是其他各类分布所不能比拟的，而对中心极限定理本身的深入研究曾是 20 世纪初概率论的中心内容，至今仍是一个活跃的方向.

4.3　中心极限定理应用实例

例 4.2.6　某药厂断言，该厂生产的某种药品对于医治一种疾病的治愈率为 0.8，医院

任意抽查 100 位服用该药品的病人，若其中多于 75 人治愈，就接受此断言，否则就拒绝此断言.

(1) 若实际上此药品对这种疾病的治愈率为 0.8，问接受这一断言的概率是多少？

(2) 若实际上此药品对这种疾病的治愈率为 0.7，问接受这一断言的概率是多少？

解 设 X 表示 100 人中的治愈人数.

(1) 若实际上此药品对这种疾病的治愈率为 0.8，则 $X\sim B(100,0.8)$. 接受这一断言的概率即为 $P\{X>75\}$. 由德莫佛-拉普拉斯中心极限定理，

$$P\{X>75\}=P\left\{\frac{X-100\times 0.8}{\sqrt{100\times 0.8\times 0.2}}>\frac{75-80}{4}\right\}\approx 1-\Phi(-1.25)=\Phi(1.25)=0.8944.$$

(2) 若实际上此药品对这种疾病的治愈率为 0.7，则 $X\sim B(100,0.7)$，接受这一断言的概率为

$$P\{X>75\}=P\left\{\frac{X-100\times 0.7}{\sqrt{100\times 0.7\times 0.3}}>\frac{75-70}{\sqrt{21}}\right\}\approx 1-\Phi\left(\frac{5}{\sqrt{21}}\right)=1-\Phi(1.09)$$
$$=1-0.8621=0.1379.$$

例 4.2.7 某保险公司欲推出一项新的保险业务，经决策层综合分析，该业务每份保单的年赔付金额 X 服从参数为 0.001 的指数分布. 试建立每份保单的售价 Q(单位：元)与参保人数 n 的关系，使得保险公司在该项业务上有 95% 的把握处于盈利状态.

解 设 X_i 表示保险公司对第 i 个参保人的赔付金，$i=1,2,\cdots,n$，则 $X_1,X_2,\cdots,X_n$ 相互独立且都服从参数为 0.001 的指数分布，于是 $E(X_i)=1000$，$D(X_i)=1000^2$. 保险公司若想盈利，自然要求 $\sum\limits_{i=1}^{n}X_i\leqslant nQ$. 利用定理 4.2.1，得

$$P\left\{\sum_{i=1}^{n}X_i\leqslant nQ\right\}=P\left\{\frac{\sum\limits_{i=1}^{n}X_i-1000n}{1000\sqrt{n}}\leqslant\frac{nQ-1000n}{1000\sqrt{n}}\right\}\approx\Phi\left(\left(\frac{Q}{1000}-1\right)\sqrt{n}\right)=0.95,$$

查标准正态分布表得，$\left(\frac{Q}{1000}-1\right)\sqrt{n}=1.65$，

$$Q=1000+\frac{1000\times 1.65}{\sqrt{n}}. \tag{4.2.3}$$

式(4.2.3)给出了参保人数 n 与每份保单的最低售价之间的关系. 保险公司据此可以作出销售决策，参见表 4.1.

表 4.1 参保人数与每份保单的最低售价的关系

n	100	400	900	1600	3600	10000
Q	1165	1082.5	1055	1041.25	1027.5	1016.5

例 4.2.8 某种产品的次品率为 5%，装箱时，

(1) 若每箱中装 100 只，问至少有 2 件次品的概率是多少？

(2) 若要以 99% 的把握保证每箱合格品不少于 100 只，问每箱至少应多装几只？

解 (1) 设 X 表示每箱中的次品数，则 $X\sim B(100,0.05)$，由定理 4.2.1，

$$P\{X \geqslant 2\} = P\left\{\frac{X - 100 \times 0.05}{\sqrt{100 \times 0.05 \times 0.95}} \geqslant \frac{2-5}{\sqrt{4.75}}\right\}$$

$$\approx 1 - \Phi\left(-\frac{3}{\sqrt{4.75}}\right) = \Phi(1.3764) = 0.9162.$$

(2) 设每箱应多装 k 只,则次品数 $X \sim B(100+k, 0.05)$,由题意,应有 $P\{X \leqslant k\} \geqslant 0.99$,由定理 4.2.1

$$P\{X \leqslant k\} = P\left\{\frac{X - (100+k) \times 0.05}{\sqrt{(100+k) \times 0.05 \times 0.95}} \leqslant \frac{k - (100+k) \times 0.05}{\sqrt{(100+k) \times 0.05 \times 0.95}}\right\}$$

$$\approx \Phi\left(\frac{0.95k - 5}{\sqrt{4.75 + 0.0475k}}\right) \geqslant 0.99,$$

从而 k 应满足

$$\frac{0.95k - 5}{\sqrt{4.75 + 0.0475k}} \geqslant 2.326,$$

解得,$k \geqslant 11$. 即,每箱至少应多装 11 只才能以 99%的把握保证合格品数不少于 100 只.

习题 4

1. 设随机变量 X 的分布未知,但已知 $E(X) = \mu, D(X) = \sigma^2$,试用切比雪夫不等式估计 X 落在区间 $(\mu - 3\sigma, \mu + 3\sigma)$ 内的概率下界.

2. 设随机变量 X 的分布未知,但已知其标准差为 0.3,试用切比雪夫不等式求满足 $P\{E(X) - \varepsilon < X < E(X) + \varepsilon\} \geqslant 0.9$ 的最小 ε.

3. 抛掷一枚均匀硬币 1000 次,试用切比雪夫不等式估计,出现正面的次数在 400 至 600 次之间的概率.

4. 某生产线平均每天生产 500 件产品,均方差为 9,试用切比雪夫不等式估计它一天中产量在 455～545 之间的概率.

5. 设 $X_1, X_2, \cdots, X_n, \cdots$ 是一列相互独立的随机变量,对每一个固定的 n,X_n 的概率分布律为

X_n	-2^n	0	2^n
P	$2^{-(2n+1)}$	$1-2^{-2n}$	$2^{-(2n+1)}$

试证:对任意正数 ε,有

$$\lim_{x \to \infty} P\left\{\left|\frac{1}{n}\sum_{k=1}^{n} X_k\right| < \varepsilon\right\} = 1$$

6. 假设某银行为第 i 个顾客服务的时间 $X_i (i = 1, 2, \cdots)$ 服从区间[1,5](单位:分钟)的均匀分布,且对每个顾客服务是相互独立的. 试问当 $n \to \infty$ 时,$Y_n = \dfrac{1}{n}\sum_{i=1}^{n} X_i$ 依概率收敛于何值?

7. 设 $X_1, X_2, \cdots, X_n, \cdots$ 独立同分布，均服从参数为 2 的指数分布，则当 $n \to \infty$ 时，$Y_n = \frac{1}{n}\sum_{i=1}^{n} X_i^2$ 依概率收敛于何值？

8. 某设备中使用寿命服从参数 $\lambda=0.1$（单位：小时）的指数分布的部件 1 个，备用件 29 个. 当部件损坏时，备用件逐个启用，至备用件全部损坏时设备停止工作. 求设备不在 350 小时内停止工作的概率.

9. 有 100 道单项选择题，每题有 4 个备选答案且其中只有一个正确，规定选择正确得 1 分，错误不得分. 假设对于无知者每个选择都是从 4 个备选答案中随机选择，并且没有不选的情况，计算此人得分超过 40 分的概率.

10. 设由机器包装的每袋大米的重量是一个随机变量，期望是 10 kg，方差是 0.1 kg^2，求 100 袋这种大米的总重量在 990～1010 kg 的概率.

11. 某计算机系统有 100 个终端，每个终端有 2%的时间在使用，若每个终端使用与否是相互独立的，使用二项分布和中心极限定理分别计算至少有一个终端被使用的概率.

12. 当投掷一枚均匀的硬币时，需投掷多少次才能使正面出现的频率在 0.4～0.6 的概率不小于 90%？分别用切比雪夫不等式和中心极限定理进行估算，并比较它们的精确性.

13. 某餐厅每天接待 400 名顾客，设每位顾客的消费额（元）服从(20,100)上的均匀分布，且顾客们的消费额是相互独立的，求该餐厅每天的营业额在平均营业额±760 元内的概率.

14. 某食品店有三种蛋糕出售，由于出售哪一种蛋糕是随机的，因而出售一只蛋糕的价格是一个随机变量，它取 3.5 元、4 元和 5 元的概率分别为 0.2，0.5，0.3. 若某天售出了 300 只蛋糕，

(1) 求这天的收入至少为 1200 元的概率；

(2) 求这天出售价格为 4 元的蛋糕多于 100 只的概率.

15. 设某电站供电网有 10000 盏电灯，夜晚每一盏灯开灯的概率都是 0.7，而假定每一盏灯开、关时间彼此独立，试用中心极限定理计算每晚同时使用灯的盏数在 7800～8200 的概率.

16. 现有一大批产品，其中优质品占 1/6，从中任取 6000 个产品，试问其中优质品所占比例与 1/6 的差的绝对值小于 1%的概率.

17. 某电视机厂每月生产 10000 台电视机，但它的显像管车间的正品率为 0.8，为了以 0.997 的概率保证出厂的电视机都能装上正品显像管，问该车间每月应生产多少只显像管？

18. 设 $X_1, X_2, \cdots, X_n, \cdots$ 独立同分布，已知 $E(X_i^k)=\alpha_k, k=1,2,3,4$. 证明：当 n 充分大时，$Z_n = \frac{1}{n}\sum_{i=1}^{n} X_i^2$ 近似服从正态分布，并指出其分布参数.

19. 设随机变量 X 的概率密度为 $f(x)=\begin{cases} \dfrac{x^n e^{-x}}{n!}, & x>0, \\ 0, & x \leqslant 0, \end{cases}$ $n=1,2,\cdots$，证明：$P\{0<X<2(n+1)\} \geqslant \frac{n}{n+1}$.（提示：利用切比雪夫不等式证明）

第 5 章　数理统计的基本概念

前面四章讲述了概率论的基本内容与方法，主要涉及随机变量及其概率分布. 随机变量的概率分布完整地刻画了随机现象的规律性. 通常情况下，要研究一个随机现象要先知道其概率分布. 然而在许多的实际问题中，随机变量所服从的分布却往往未知，或者即使知道其分布的概型，却不知道其分布中的一些参数. 那么如何才能知道一个随机变量的分布及其所包含的参数呢？这就是数理统计要解决的一个关键问题.

从本章开始，我们将要讲述数理统计的有关内容. 数理统计以概率论为基础，通过对随机现象的观察，收集一定量的数据，然后进行整理、分析，并应用概率论的知识作出合理的估计、推断和预测.

5.1　总体与样本

5.1.1　总体及其分布

虽然从理论上讲，对随机变量进行大量的观察，被研究的随机变量的概率特征一定能够显现出来，但是实际的观察次数只能是有限次，有时甚至是少量的. 因此人们关心的问题是如何有效地利用收集的有限信息，尽可能对被研究的随机变量的概率特征做出相对可靠的结论.

统计问题中，我们把所要研究对象的全体称为**总体**，组成总体的每一个基本单元就称为一个**个体**. 在很多实际问题中，总体中的个体往往是人或者物. 例如，我们研究某大学的学生身高、体重、民族等情况，则该大学所有学生构成问题的总体，而每一个学生就是一个个体. 再如，某钢厂某天所生产某种规格的钢筋为 15000 根，那么该天所生产的 15000 根钢筋就看成一个总体，而其中每一根钢筋为一个个体.

在数理统计中，我们往往关心总体的某一数量指标及其在总体中的分布情况. 对于某个总体的某个数量指标而言，每一个个体所取的值不一定相同，但是个体的取值却蕴含一定的规律性. 例如，我们只关心学生的身高这个数量指标，对于每个学生而言，身高值不一定相同，但对于全体学生而言，各个年龄段身高所占的比例是确定的和客观存在的. 从而，从总体中任选一位学生，其身高取值是服从一定的概率分布的，可以用随机变量 X 表示. 对总体而言，一个数量指标就是一个随机变量. 因此，总体的分布就是其相应的数量指标 X 的概率分布. 实际问题中，由于人们主要研究总体的某个数量指标，所以我们通常把总体和数量指标等同起来，用随机变量 X 来代表总体.

由以上分析可见，所研究的总体总是联系着一个数量指标 X，而 X 实质上是一个随机变量，它客观上存在一个概率分布函数 $F(x)$. 从而总体的分布就指相应的随机变量 X 的概率分布，总体分布的数字特征就指相应的随机变量 X 的数字特征. 有时也根据总体分布的类型来称呼总体.例如,如果总体 X 的分布是正态分布,则可称 X 为正态总体.

5.1.2 样本

总体的分布一般是未知的,或者它的某些参数是未知的.如果我们能够对总体中的每一个个体进行观察,当然可以完全了解总体的分布;然而,在大多数情况下,由于受到人力、物力等的限制,特别是有些试验具有破坏性,我们只能从总体中抽取若干个体进行观察,然后根据这些观察结果推断总体的性质.我们把从总体中抽出的部分个体称为**样本**,把样本中包含个体的数量称为**样本容量**,按照一定的规则取得样本的过程称为**抽样**,把观察或试验得到的数据称为**样本观测值(观察值)**,或**样本值**.在学生身高的研究中,随机地抽取 n 个学生,测得其身高分别为 $x_1,x_2,\cdots,x_n$,它们就是学生身高这个总体的样本观测值.在抽样前,不知道样本观测值究竟会取何值,应该把它们看作为随机变量,记为$(X_1,X_2,\cdots,X_n)$,则它们就是一个容量为 n 的随机样本.

在应用中,我们从总体中抽出的个体必须具有代表性,样本中个体之间要具有相互独立性.为了使抽取的样本$(X_1,X_2,\cdots,X_n)$能够尽可能全面地反映总体的特征,通常采用**简单随机抽样**,即每个 $X_i(i=1,2,\cdots,n)$必须与总体具有相同的分布,并且样本 $X_1,X_2,\cdots,X_n$ 是相互独立的.通过简单随机抽样得到的样本称为**简单随机样本**.如果不作特殊声明,本书所说的样本都是指简单随机样本.

如果总体 X 的分布函数为 $F(x)$,则来自于总体 X 的样本$(X_1,X_2,\cdots,X_n)$的联合分布函数为

$$P\{X_1\leqslant x_1,X_2\leqslant x_2,\cdots,X_n\leqslant x_n\}=\prod_{i=1}^{n}P\{X_i\leqslant x_i\}=\prod_{i=1}^{n}F(x_i).$$

如果总体 X 是离散型随机变量,其分布律为 $P\{X=x_i\}=p(x_i)$,若容量为 n 的样本$(X_1,X_2,\cdots,X_n)$的观测值为$(x_1,x_2,\cdots,x_n)$,则其联合分布律为

$$P\{X_1=x_1,X_2=x_2,\cdots,X_n=x_n\}=\prod_{i=1}^{n}p(x_i).$$

如果总体 X 是连续型随机变量,其概率密度为 $f(x)$,则$(X_1,X_2,\cdots,X_n)$的联合概率密度为

$$f(x_1,x_2,\cdots,x_n)=\prod_{i=1}^{n}f(x_i).$$

例 5.1.1 设总体 $X\sim B(n,p)$,$X_1,X_2,\cdots,X_n$ 是取自总体 X 的样本,求 $X_1,X_2,\cdots,X_n$ 的联合分布律.

解 X 的分布律为

$$P\{X=x\}=\mathrm{C}_n^x p^x(1-p)^{n-x},x=0,1,\cdots,n,$$

因此,$X_1,X_2,\cdots,X_n$ 的联合分布律为

$$\begin{aligned}P\{X_1=x_1,X_2=x_2,\cdots,X_n=x_n\}&=\prod_{i=1}^{n}\mathrm{C}_n^{x_i}p^{x_i}(1-p)^{n-x_i}\\&=\prod_{i=1}^{n}\mathrm{C}_n^{x_i}p^{\sum\limits_{i=1}^{n}x_i}(1-p)^{n^2-\sum\limits_{i=1}^{n}x_i}.\end{aligned}$$

例 5.1.2　设总体 $X\sim\exp(\lambda)$，$X_1,X_2,\cdots,X_n$ 是取自总体 X 的样本，求 $X_1,X_2,\cdots,X_n$ 的联合概率密度.

解　X 的概率密度为

$$f(x)=\begin{cases}\lambda e^{-\lambda x}, & x>0,\\ 0, & 其他,\end{cases}$$

因此，$X_1,X_2,\cdots,X_n$ 的联合概率密度为

$$f(x_1,x_2,\cdots,x_n)=\prod_{i=1}^{n}f(x_i)=\begin{cases}\lambda^n\exp\left(-\lambda\sum\limits_{i=1}^{n}x_i\right), & x_1>0,\cdots,x_n>0,\\ 0, & 其他.\end{cases}$$

5.2　样本分布

总体 X 客观上有总体分布（分布函数 $F(x)$，概率密度 $f(x)$ 或分布律 $P(x)$）. 在实际问题中，总体分布往往是未知的，要求我们来确定. 由于时间、人力、物力、财力等因素的限制，我们不能对总体的每一个个体进行观察，所以，要精确地确定总体分布是困难的，甚至是不可能的. 在实际应用中，我们常常用样本分布来作为总体分布的近似. 下面介绍刻画样本分布的三种形式：频数分布与频率分布、直方图、经验分布函数.

5.2.1　样本频数分布与频率分布

设有样本值 $(x_1,x_2,\cdots,x_n)$. **样本频数分布**是指样本值中不同数值在样本值中出现的频数（即次数）. **样本频率分布**是指样本值中不同数值在样本值中出现的频率（即频数除以样本容量）. 设样本值中不同的数值为 $x_1^*,x_2^*,\cdots,x_l^*$，相应的频数为 $m_1,m_2,\cdots,m_l$，其中 $x_1^*<x_2^*<\cdots<x_l^*$，且 $\sum\limits_{i=1}^{l}m_i=n$，则样本频数分布如表 5.1 所示，样本频率分布如表 5.2 所示.

表 5.1　样本的频数分布

指标 X	x_1^*	x_2^*	$\cdots$	x_l^*
频数 m_i	m_1	m_2	$\cdots$	m_l

表 5.2　样本的频率分布

指标 X	x_1^*	x_2^*	$\cdots$	x_l^*
频率 m_i/n	m_1/n	m_2/n	$\cdots$	m_l/n

如果总体 X 是离散型随机变量，那么 x_i^* $(i=1,2,\cdots,l)$ 都是 X 的可能取值，事件 $\{X=x_i^*\}$ 的概率为 $P\{X=x_i^*\}=p_i$，由伯努利大数定律，当 n 很大时，事件 $\{X=x_i^*\}$ 的频率 m_i/n 应接近于概率 p_i，因此，当 n 很大时，我们可以用样本频率分布作为总体分布律的近似. 如果总体 X 是连续型随机变量，那么，事件 $\{X=x_i^*\}$ 的概率都是零，这时，考察样本频率分布意义不大，需要用样本的频率直方图来取代样本频率分布.

5.2.2　频率直方图

设总体 X 是一个连续型随机变量，具有概率密度 $f(x)$，$(x_1,x_2,\cdots,x_n)$是来自总体 X 的样本值. 下面结合例 5.2.1 来说明如何作频率直方图，并由此近似得出总体 X 的概率密度曲线 $y=f(x)$.

例 5.2.1　某轧钢厂生产了一批 $\phi85$ 的钢材，为了研究这批钢材的抗拉强度，从中随机地抽取了 76 个样本进行抗张力试验，测出数据见表 5.3 所示.

表 5.3　抗拉强度的观测值

41.0	37.0	33.0	44.2	30.5	27.0	45.0	28.5	31.2	33.5	38.5	41.5
43.0	45.5	42.5	39.0	38.8	35.5	32.5	29.6	32.6	34.5	37.5	39.5
42.8	45.1	42.8	45.8	39.8	37.2	33.8	31.2	29.0	35.2	37.8	41.2
43.8	48.0	43.6	41.8	36.6	34.8	31.0	32.0	33.5	37.4	40.8	44.7
40.2	41.3	38.8	34.1	31.8	34.6	38.3	41.3	30.0	35.2	37.5	40.5
38.1	37.3	37.1	41.5	29.5	29.1	27.5	34.8	36.5	44.2	40.0	44.5
40.6	36.2	35.8	31.5								

对于观测数据经过以下四个步骤处理：

(1) 整理数据：先把样本值 $x_1,x_2,\cdots,x_n$ 按从小到大顺序排列得

$$x_{(1)} \leqslant x_{(2)} \leqslant \cdots \leqslant x_{(n)}$$

这样排列后，不仅可以看出其最大值 $x_{(n)}$ 与最小值 $x_{(1)}$，还可以看出大部分值是在哪一个范围内. 在例 5.2.1 中，$n=76$，$x_{(1)}=27.0$，$x_{(n)}=48.0$，且大部分值集中在区间(30,45)内.

(2) 分组：在(1)的基础上，我们在包含$[x_{(1)},x_{(n)}]$的区间$[a,b]$中插入一些分点 $a=t_0<t_1<\cdots<t_{l-1}<t_l=b$ 把$[a,b]$分成 l 个小区间$[t_0,t_1]$，$(t_1,t_2]$，$\cdots$，$(t_{l-1},t_l]$，每个小区间的长度 $d_i=t_i-t_{i-1}(i=1,2,\cdots,l)$称为**组距**，区间的中点称为**组中值**，小区间的个数 l 称为**组数**. 一般是采用等分，即各组的组距相等，此时，$d_i=(b-a)/l(i=1,2,\cdots,l)$. 组数 l 的大小根据样本容量 n 的大小而定：一般说来，$n>100$ 时，l 可取为 10 至 20；n 为 50 左右，取 l 为 5 或 6 为宜. 但需注意这样的一个划分原则：要使每个区间$(t_{i-1},t_i](i=1,2,\cdots,l)$内都至少包含一个样本观测值 $x_i(i=1,2,\cdots,l)$. 在本例中，取 $a=27.0$，$b=48.0$，$l=7$，且采用等分，即 $d_i=\dfrac{48-27}{7}=3$，$t_i=27+3i$，$i=1,2,\cdots,7$.

(3) 列分组频率分布表：以 m_i 表示观测值落入$(t_{i-1},t_i]$中的个数，即这个区间或这组的频数，$f_i=m_i/n$ 称为**这组的频率**. 记 $y_i=f_i/d_i$，将分组整理的数据列成表. 本例的分组频率分布表如表 5.3 所示.

表 5.3　分组频率分布表

分组	组中值	频数 m_i	频率 f_i	y_i
[27,30]	28.5	8	0.105	0.035
(30,33]	31.5	10	0.132	0.044
(33,36]	34.5	12	0.158	0.053
(36,39]	37.5	17	0.224	0.074
(39,42]	40.5	14	0.184	0.061
(42,45]	43.5	11	0.145	0.048
(45,48]	46.5	4	0.053	0.018

(4) 作频率直方图：在 xoy 坐标平面上，分别以 x 轴上各区间 $(t_{i-1},t_i]$ 为底，以 $y_i=f_i/d_i$ 为高画一排竖立的矩形，即得频率直方图. 本例的频率直方图如图 5.1 所示.

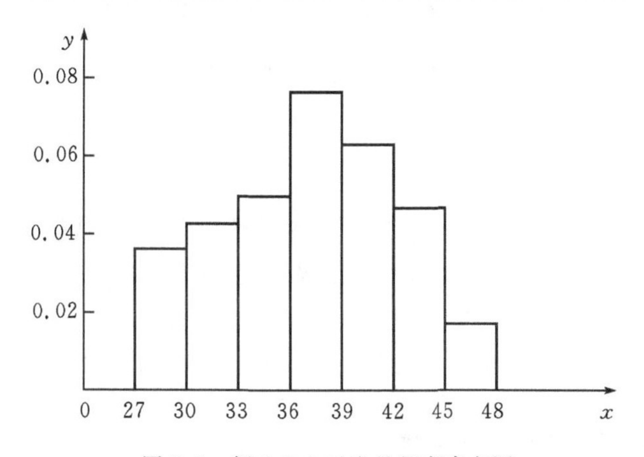

图 5.1　例 5.2.1 对应的频率直方图

根据大数定律，当 n 相当大时，频率 f_i 可以近似地表示总体 X 落入区间 $(t_{i-1},t_i]$，内的概率 p_i，即

$$f_i \approx p_i = \int_{t_{i-1}}^{t_i} f(x)\mathrm{d}x = f(\xi_i)d_i, \quad \xi_i \in (t_{i-1},t_i],$$

又因 $f_i=y_i d_i$，所以

$$y_i \approx f(\xi_i), \quad \xi_i \in (t_{i-1},t_i].$$

可以用直方图估计概率. 例如，在此例中为估计钢材的抗拉强度 X 在 35 与 44 之间的概率，利用直方图可得

$$P\{35 \leqslant X \leqslant 44\} \approx \frac{1}{3}\times 0.158 + 0.224 + 0.184 + \frac{2}{3}\times 0.145 = 0.557.$$

(5) 作概率密度曲线：把频率直方图中各矩形上边的中点联结起来得一条折线，当 n 及 l 充分大时，这条折线近似于 X 的概率密度曲线 $y=f(x)$. 因此，我们可以粗略地给出一条均匀(光滑)曲线作为 X 的概率密度曲线 $y=f(x)$ 的估计(即近似). 样本容量越大(即 n 越

大),分组越细(即 l 越大),提供的概率密度曲线就越准确.本例由频率直方图提供的概率密度曲线如图 5.2 所示.

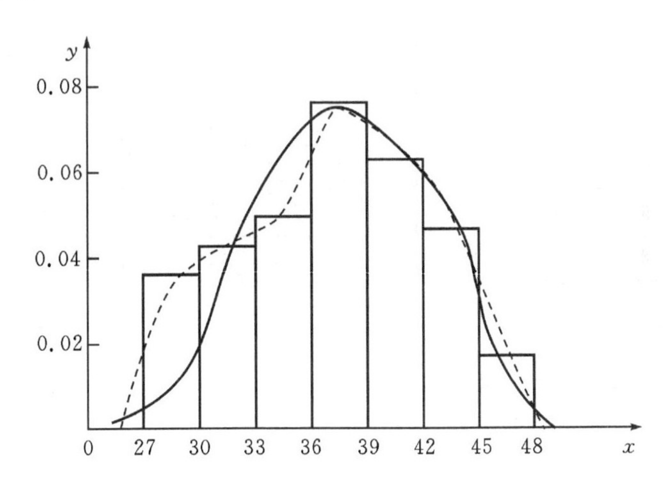

图 5.2 例 5.2.1 对应的概率密度曲线

5.2.3 经验分布函数

定义 5.2.1 设$(x_1,x_2,\cdots,x_n)$是来自于总体 X 的样本值,将这些值按由小到大的顺序进行排列为 $x_{(1)}\leqslant x_{(2)}\leqslant\cdots\leqslant x_{(n)}$,对于任意的实数 $x(-\infty<x<+\infty)$,定义函数

$$F_n(x)=\begin{cases}0, & x<x_{(1)},\\ k/n, & x_{(k)}\leqslant x<x_{(k+1)}, \quad (k=1,2,\cdots,n-1),\\ 1, & x\geqslant x_{(n)},\end{cases}$$

称函数 $F_n(x)$为总体 X 的**经验分布函数**.

不难看出,经验分布函数 $F_n(x)$是单调、非降、右连续的函数.显然,$0\leqslant F_n(x)\leqslant 1$,此外还具有分布函数的其他性质,比如 $F_n(-\infty)=0$,$F_n(+\infty)=1$.

由 $F_n(x)$的定义可见,当样本值$(x_1,x_2,\cdots,x_n)$给定时,$F_n(x)$是 x 的函数.对于任何给定的实数 x,$F_n(x)$表示$(x_1,x_2,\cdots,x_n)$落入区间 $(-\infty,x]$内的频率.注意到,对于样本不同观察值$(x_1,x_2,\cdots,x_n)$将得到不同的经验分布函数,所以,经验分布函数不仅与样本容量有关,而且与得到的样本值$(x_1,x_2,\cdots,x_n)$有关.所以,对于每个固定的 x 值,$F_n(x)$又是样本$(X_1,X_2,\cdots,X_n)$的函数,是一个随机变量.由大数定律可以证明,对于每个固定的 x 值,当 $n\to\infty$时,$F_n(x)$依概率收敛到总体的分布函数 $F(x)$(证明见第 6 章例 6.2.10).

例 5.2.2 已知总体 X 的一个样本值为 1,3,2,2,求总体 X 的经验分布函数.

解 由题意可知,样本的容量 $n=4$,排序后可得 $x_{(1)}=1$,$x_{(2)}=2$,$x_{(3)}=2$,$x_{(4)}=3$,其经验分布函数为

$$F_n(x)=\begin{cases}0, & x<1,\\ 0.25, & 1\leqslant x<2,\\ 0.75, & 2\leqslant x<3,\\ 1, & x\geqslant 3,\end{cases}$$

其图形如图 5.3 所示.

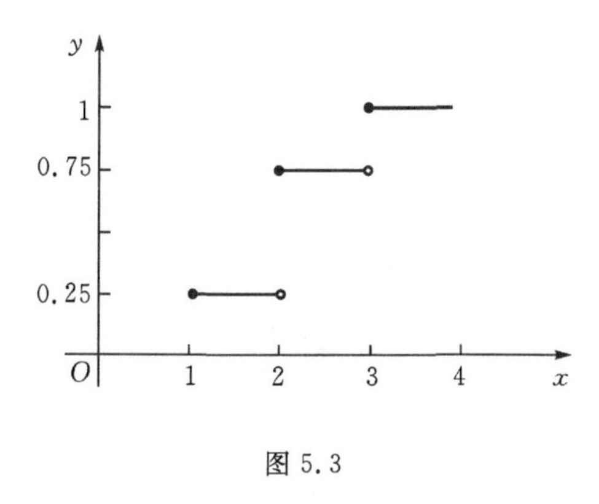

图 5.3

5.3　统计量

样本包含总体的信息,但是这些信息较为分散,一般不能直接用于解决我们所研究的问题.利用样本进行统计推断时,关键是要把样本中所包含的我们所关心事物的信息凝聚起来,以反映总体的各种特性.这就需要对样本进行加工、整理.在实际问题中,我们往往是针对不同的问题构造出一个合适的样本函数.这就是下面要介绍的有关统计量的概念.

定义 5.3.1　设$(X_1,X_2,\cdots,X_n)$是来自总体 X 的样本,若样本函数 $T=g(X_1,X_2,\cdots,X_n)$中不包含任何未知参数,则称 $T=g(X_1,X_2,\cdots,X_n)$为一个**统计量**.

由定义可知,统计量也是一个随机变量,若$(x_1,x_2,\cdots,x_n)$为样本$(X_1,X_2,\cdots,X_n)$的一个观测值,则称 $t=g(x_1,x_2,\cdots,x_n)$为统计量 T 的一个**观测值**.统计量的分布称为**抽样分布**.

对总体进行统计推断时,需要构造出不同的统计量,下面列出几个常见的统计量.

定义 5.3.2　设$(X_1,X_2,\cdots,X_n)$是来自总体 X 的样本,$(x_1,x_2,\cdots,x_n)$为其相应的观测值,则统计量

$$\overline{X}=\frac{1}{n}\sum_{i=1}^{n}X_i, \tag{5.3.1}$$

称为**样本均值**;统计量

$$S^2=\frac{1}{n-1}\sum_{i=1}^{n}(X_i-\overline{X})^2, \tag{5.3.2}$$

称为**样本方差**;统计量

$$S=\sqrt{\frac{1}{n-1}\sum_{i=1}^{n}(X_i-\overline{X})^2}, \tag{5.3.3}$$

称为**样本标准差**;统计量

$$A_k=\frac{1}{n}\sum_{i=1}^{n}X_i^k,\ (k=1,2,\cdots) \tag{5.3.4}$$

称为**样本 k 阶原点矩**;统计量

$$B_k = \frac{1}{n}\sum_{i=1}^{n}(X_i - \overline{X})^k, \ (k = 1,2,\cdots) \tag{5.3.5}$$

称为**样本 k 阶中心矩**.

容易验证

$$\sum_{i=1}^{n}(X_i - \overline{X})^2 = \sum_{i=1}^{n}X_i^2 - n\overline{X}^2, \tag{5.3.6}$$

因此,由式(5.3.2)和(5.3.3)定义的样本方差和样本标准差,通常采用下面的形式:

$$S^2 = \frac{1}{n-1}\left[\sum_{i=1}^{n}X_i^2 - n\overline{X}^2\right], \tag{5.3.7}$$

$$S = \sqrt{\frac{1}{n-1}\left[\sum_{i=1}^{n}X_i^2 - n\overline{X}^2\right]}. \tag{5.3.8}$$

设$(x_1,x_2,\cdots,x_n)$是样本的观测值,则上述各统计量对应的观测值分别为

$$\bar{x} = \frac{1}{n}\sum_{i=1}^{n}x_i,$$

$$s^2 = \frac{1}{n-1}\sum_{i=1}^{n}(x_i - \bar{x})^2,$$

$$s = \sqrt{\frac{1}{n-1}\sum_{i=1}^{n}(x_i - \bar{x})^2},$$

$$a_k = \frac{1}{n}\sum_{i=1}^{n}x_i^k, \ (k = 1,2,\cdots),$$

$$b_k = \frac{1}{n}\sum_{i=1}^{n}(x_i - \bar{x})^k, \ (k = 1,2,\cdots).$$

样本矩是样本均值和样本方差更一般的推广,除了样本矩,另一类常见的统计量是次序统计量,它们在理论和实践中具有广泛的应用.

定义 5.3.3 设$(X_1,X_2,\cdots,X_n)$是来自某一总体X的样本,$(x_1,x_2,\cdots,x_n)$为该样本对应的观测值,将观测值$x_1,x_2,\cdots,x_n$按照由小到大的顺序进行排列,依次记为$x_{(1)},x_{(2)},\cdots,x_{(n)}$,即$x_{(1)}\leqslant x_{(2)}\leqslant\cdots\leqslant x_{(n)}$,记观测值$x_{(k)}$对应的样本分量为$X_{(k)}$,得到

$$X_{(1)} \leqslant X_{(2)} \leqslant \cdots \leqslant X_{(n)}$$

称$X_{(1)},X_{(2)},\cdots,X_{(n)}$为样本$(X_1,X_2,\cdots,X_n)$的**次序统计量**.

定义 5.3.4 统计量$X_{(1)}=\min(X_1,X_2,\cdots,X_n)$和$X_{(n)}=\max(X_1,X_2,\cdots,X_n)$分别称为**最小次序统计量**和**最大次序统计量**. 其观测值分别记为$x_{(1)}=\min(x_1,x_2,\cdots,x_n)$和$x_{(n)}=\max(x_1,x_2,\cdots,x_n)$.

定义 5.3.5 统计量

$$R = X_{(n)} - X_{(1)} \tag{5.3.9}$$

称为**样本极差**. 其观测值记为$r=x_{(n)}-x_{(1)}$.

样本的均值、最小值、最大值描述了样本的大致位置,样本的方差和极差描述了样本的离散程度.

样本极值在某些关于灾害性现象和材料试验结果的统计分析中有重要应用,它可以对

一些带有严重破坏性的自然灾害进行必要的估计与预测.例如,在建造桥梁时,为了防止洪水冲塌桥梁这类事故发生,设计时就必须事先考虑到在使用期间该河流可能爆发的最高水位.又如,在建造高大建筑物时,也要考虑到今后若干年内的最大风压、地震的最大震级等.这些随机变量的概率分布,就是极值的分布.

样本的均值 $\overline{X}$、样本的方差 S^2 及样本矩在数理统计学中具有重要作用,我们给出一些它们不依赖于总体分布的性质.

定理 5.3.1　设$(X_1,X_2,\cdots,X_n)$是来自某一总体 X 的样本,且 X 具有二阶矩,即 $E(X)=\mu$ 与 $D(X)=\sigma^2$ 均存在,则:

(1) 样本均值 $\overline{X}$ 的数学期望和方差分别为 $E(\overline{X})=\mu, D(\overline{X})=\dfrac{\sigma^2}{n}$,且 $\overline{X}\xrightarrow{P}\mu$.

(2) 样本方差的数学期望为 $E(S^2)=\sigma^2$.

(3) 若 X 具有四阶矩,即 $E(X^4)$存在,则 $S^2\xrightarrow{P}\sigma^2$.

证　(1) 因为 $X_1,X_2,\cdots,X_n$ 都与 X 有相同的分布,所以,$E(X_i)=\mu, D(X_i)=\sigma^2(i=1,2,\cdots,n)$.又因为 $X_1,X_2,\cdots,X_n$ 相互独立,所以

$$E(\overline{X})=\frac{1}{n}\sum_{i=1}^{n}E(X_i)=\mu,$$

$$D(\overline{X})=\frac{1}{n^2}\sum_{i=1}^{n}D(X_i)=\frac{\sigma^2}{n}.$$

由独立同分布的大数定律知,$\overline{X}\xrightarrow{P}\mu$.

(2) 由式(5.3.7)知,$E(S^2)=\dfrac{1}{n-1}\Big[\sum\limits_{i=1}^{n}E(X_i^2)-nE(\overline{X}^2)\Big]=\dfrac{1}{n-1}(n(\sigma^2+\mu^2)-n(\dfrac{\sigma^2}{n}+\mu^2))=\sigma^2$.

(3) 因为 X 的四阶矩存在,对 $X_1^2,X_2^2,\cdots,X_n^2$ 应用独立同分布时的大数定律,有

$$\frac{1}{n}\sum_{i=1}^{n}X_i^2\xrightarrow{P}E(X^2)=\sigma^2+\mu^2.$$

由定理 5.3.1(1)知,$\overline{X}\xrightarrow{P}\mu$.故由依概率收敛序列的性质知

$$S^2=\frac{n}{n-1}\Big[\frac{1}{n}\sum_{i=1}^{n}X_i^2-\overline{X}^2\Big]\xrightarrow{P}\sigma^2.$$

定理 5.3.1 表明,随着样本容量 n 的逐渐增大,样本均值 $\overline{X}$ 以越来越大的概率落在总体均值 μ 的邻近,样本方差 S^2 以越来越大的概率落在总体方差 σ^2 的邻近,因此,样本均值和样本方差常分别用于估计总体均值和总体方差.

定理 5.3.2　若总体 X 的 k 阶原点矩 $\alpha_k=E(X^k)(k\geqslant1)$存在,即 $\alpha_k=E(X^k)<\infty$,则:

(1) 样本 k 阶原点矩 A_k 的数学期望为 $E(A_k)=\alpha_k$;

(2) 若总体 X 的 $2k$ 阶原点矩 α_{2k}存在,则当 $n\to\infty$时,有 $A_k\xrightarrow{P}\alpha_k$.

证明略.

5.4　抽样分布

统计量是我们对总体的分布或者一些特征进行统计推断时最重要的工具.因此,利用统

计量进行统计推断时，常常需要知道它的概率分布，统计量的分布称为**抽样分布**. 在统计研究中所遇到的总体大多为正态分布或近似为正态分布，因此很多统计推断是基于正态分布而提出的. 本节将主要讨论正态总体的抽样分布. 这些分布都与下面介绍的三种分布有密切关系.

5.4.1　三个重要的分布

1. χ^2 分布

定义 5.4.1　若随机变量 Z 具有概率密度

$$\chi^2(x;n)=\begin{cases}\dfrac{1}{2^{\frac{n}{2}}\Gamma\left(\dfrac{n}{2}\right)}x^{\frac{n}{2}-1}\mathrm{e}^{-\frac{x}{2}}, & x>0,\\ 0, & x\leqslant 0,\end{cases}\tag{5.4.1}$$

则称 **Z 服从自由度为 n 的 χ^2 分布**（卡方分布），记作 $Z\sim\chi^2(n)$，其中 $\Gamma(s)=\int_0^{+\infty}x^{s-1}\mathrm{e}^{-x}\mathrm{d}x$ $(s>0)$ 为 Γ 函数，Γ 函数的相关性质详见本章附录.

特别地，当 $n=2$ 时，χ^2 分布就是参数为 1/2 的指数分布. 图 5.4 给出了 $n=1,4,10$ 和 20 时 χ^2 分布的概率密度曲线.

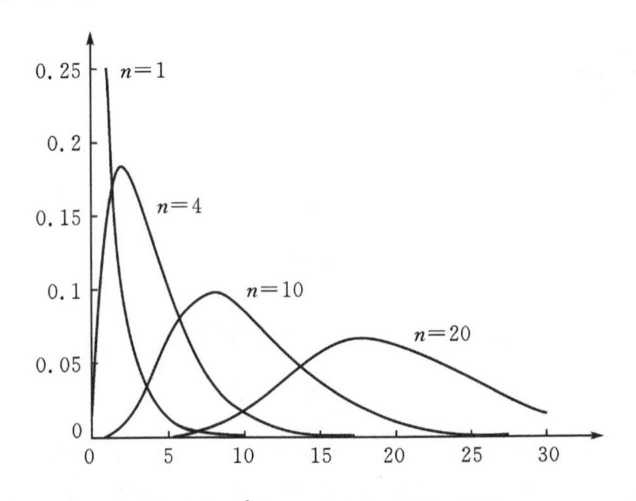

图 5.4　$\chi^2(n)$ 分布的概率密度曲线

χ^2 分布具有以下性质：

性质 5.4.1　设 $Z\sim\chi^2(n)$，则 $E(Z)=n$，$D(Z)=2n$.

证

$$E(Z)=\int_{-\infty}^{+\infty}x\chi^2(x;n)\mathrm{d}x=\frac{1}{2^{\frac{n}{2}}\Gamma\left(\dfrac{n}{2}\right)}\int_0^{+\infty}x^{\frac{n}{2}}\mathrm{e}^{-\frac{x}{2}}\mathrm{d}x$$

$$=\frac{2}{\Gamma\left(\dfrac{n}{2}\right)}\int_0^{+\infty}t^{\frac{n}{2}}\mathrm{e}^{-t}\mathrm{d}t=\frac{2\Gamma\left(\dfrac{n}{2}+1\right)}{\Gamma\left(\dfrac{n}{2}\right)}=n,$$

$$E(Z^2)=\frac{1}{2^{\frac{n}{2}}\Gamma\left(\frac{n}{2}\right)}\int_0^{+\infty}x^{\frac{n}{2}+1}e^{-\frac{x}{2}}dx=\frac{4}{\Gamma\left(\frac{n}{2}\right)}\int_0^{+\infty}t^{\frac{n}{2}+1}e^{-t}dt$$

$$=\frac{4\Gamma\left(\frac{n}{2}+2\right)}{\Gamma\left(\frac{n}{2}\right)}=4\left(\frac{n}{2}+1\right)\times\frac{n}{2}=n(n+2),$$

因此

$$D(Z)=E(Z^2)-E^2(Z)=2n.$$

性质 5.4.2(可加性)　若 $Z_1\sim\chi^2(n_1)$，$Z_2\sim\chi^2(n_2)$，并且 Z_1 和 Z_2 相互独立，则

$$Z_1+Z_2\sim\chi^2(n_1+n_2).$$

证　由两个独立随机变量和的卷积公式，得到 Z_1+Z_2 的概率密度为

$$f(z)=\int_{-\infty}^{+\infty}\chi^2(x;n_1)\chi^2(z-x;n_2)dx$$

$$=\frac{1}{2^{\frac{n_1}{2}}\Gamma\left(\frac{n_1}{2}\right)}\int_0^{+\infty}x^{\frac{n_1}{2}-1}e^{-\frac{x}{2}}\chi^2(z-x;n_2)dx.$$

其中

$$\chi^2(z-x;n_2)=\begin{cases}\dfrac{(z-x)^{\frac{n_2}{2}-1}e^{-\frac{(z-x)}{2}}}{2^{\frac{n_2}{2}}\Gamma\left(\frac{n_2}{2}\right)}, & x<z,\\ 0, & x\geqslant z.\end{cases}$$

从而，当 $z\leqslant 0$ 时，$f(z)=0$；当 $z>0$ 时，

$$f(z)=\frac{1}{2^{\frac{n_1+n_2}{2}}\Gamma\left(\frac{n_1}{2}\right)\Gamma\left(\frac{n_2}{2}\right)}\int_0^z x^{\frac{n_1}{2}-1}e^{-\frac{x}{2}}(z-x)^{\frac{n_2}{2}-1}e^{-\frac{(z-x)}{2}}dx$$

$$=\frac{1}{2^{\frac{n_1+n_2}{2}}\Gamma\left(\frac{n_1}{2}\right)\Gamma\left(\frac{n_2}{2}\right)}z^{\frac{n_1+n_2}{2}-1}e^{-\frac{z}{2}}\int_0^1 t^{\frac{n_1}{2}-1}(1-t)^{\frac{n_2}{2}-1}dt$$

$$=\frac{B\left(\frac{n_1}{2},\frac{n_2}{2}\right)}{2^{\frac{n_1+n_2}{2}}\Gamma\left(\frac{n_1}{2}\right)\Gamma\left(\frac{n_2}{2}\right)}z^{\frac{n_1+n_2}{2}-1}e^{-\frac{z}{2}}$$

$$=\frac{1}{2^{\frac{n_1+n_2}{2}}\Gamma\left(\frac{n_1+n_2}{2}\right)}z^{\frac{n_1+n_2}{2}-1}e^{-\frac{z}{2}},$$

即

$$f(z)=\begin{cases}\dfrac{z^{\frac{n_1+n_2}{2}-1}e^{-\frac{z}{2}}}{2^{\frac{n_1+n_2}{2}}\Gamma\left(\frac{n_1+n_2}{2}\right)}, & z>0,\\ 0, & z\leqslant 0.\end{cases}$$

由式(5.4.1)可知 $Z_1+Z_2\sim\chi^2(n_1+n_2)$.

性质 5.4.2 的证明过程中用到了 B 函数，关于 B 函数的定义与性质见本章附录. 性质 5.4.2 可以推广到多个随机变量的情形.

推论 5.4.1 设 $Z_1,Z_2,\cdots,Z_m$ 相互独立，且 $Z_i\sim\chi^2(n_i)(i=1,2,\cdots,m)$，则 $\sum\limits_{i=1}^{m}Z_i\sim\chi^2(n_1+n_2+\cdots+n_m)$.

定理 5.4.1 设随机变量 $X_1,X_2,\cdots,X_n$ 相互独立，且都服从标准正态分布 $N(0,1)$，则随机变量 $\chi^2=\sum\limits_{i=1}^{n}X_i^2$ 服从自由度为 n 的 χ^2 分布，即 $\chi^2\sim\chi^2(n)$.

证 若 $X\sim N(0,1)$，则 X^2 概率密度为

$$f(y)=\begin{cases}\dfrac{e^{-\frac{y}{2}}}{\sqrt{2\pi y}}, & y>0,\\ 0, & y\leqslant 0.\end{cases}$$

由式(5.4.1)可知 $X^2\sim\chi^2(1)$，即标准正态随机变量的平方服从自由度为 1 的 χ^2 分布. 又因为 $X_1,X_2,\cdots,X_n$ 相互独立，且都服从 $N(0,1)$分布，所以 $X_1^2,X_2^2,\cdots,X_n^2$ 相互独立，且都服从 $\chi^2(1)$分布由性质 5.4.2 可知 $\sum\limits_{i=1}^{n}X_i^2\sim\chi^2(n)$.

例 5.4.1 设正态总体 $X\sim N(\mu,\sigma^2)$，$(X_1,X_2,\cdots,X_n)$是来自总体 X 的简单随机样本，问 $Y=\dfrac{1}{\sigma^2}\sum\limits_{i=1}^{n}(X_i-\mu)^2$ 服从什么分布？

解 由已知条件可知，$X_i\sim N(\mu,\sigma^2)$，则 $\dfrac{X_i-\mu}{\sigma}\sim N(0,1)$，由定理 5.4.1 的证明过程可知，$\left(\dfrac{X_i-\mu}{\sigma}\right)^2\sim\chi^2(1)$. 又因为 $X_1,X_2,\cdots,X_n$ 相互独立，则由定理 5.4.1 得，$\sum\limits_{i=1}^{n}\left(\dfrac{X_i-\mu}{\sigma}\right)^2\sim\chi^2(n)$，即 $Y=\dfrac{1}{\sigma^2}\sum\limits_{i=1}^{n}(X_i-\mu)^2\sim\chi^2(n)$.

2. t 分布

定义 5.4.2 若随机变量 T 具有概率密度

$$t(x;n)=\frac{\Gamma\left(\frac{n+1}{2}\right)}{\sqrt{n\pi}\,\Gamma\left(\frac{n}{2}\right)}\left(1+\frac{x^2}{n}\right)^{-\frac{n+1}{2}},\quad -\infty<x<+\infty,\tag{5.4.2}$$

则称 T **服从自由度为 n 的 t 分布**，记为 $T\sim t(n)$.

t 分布又称为**学生式(Student)分布**，图 5.5 给出了自由度分别取 1,2,5 及 100 时 t 分布的概率密度曲线. 从图 5.5 中可以看出，t 分布的概率密度 $t(x;n)$关于 $x=0$ 对称，并且当 $|x|\to+\infty$时单调下降地趋于 0，利用 Γ 函数的性质可知，$\lim\limits_{n\to\infty}t(x;n)=\dfrac{1}{\sqrt{2\pi}}e^{-\frac{x^2}{2}}$，即当自由度 $n\to+\infty$时，自由度为 n 的 t 分布收敛于标准正态分布 $N(0,1)$.

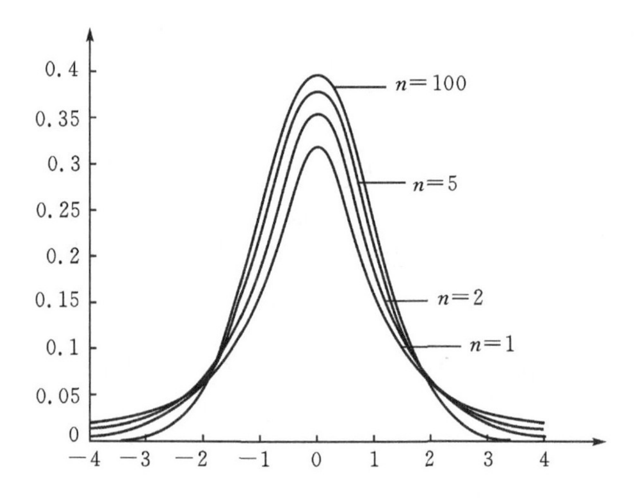

图 5.5　t 分布的概率密度曲线

定理 5.4.2　设随机变量 $X\sim N(0,1)$，$Y\sim\chi^2(n)$，且 X 与 Y 相互独立，则

$$T=\frac{X}{\sqrt{Y/n}}\sim t(n).$$

证　令 $Z=\sqrt{Y/n}$，则 Z 的概率密度为

$$f_2(y)=\begin{cases}\dfrac{n^{\frac{n}{2}}y^{n-1}\mathrm{e}^{-\frac{ny^2}{2}}}{2^{\frac{n}{2}-1}\Gamma\left(\dfrac{n}{2}\right)}, & y>0,\\ 0, & y\leqslant 0.\end{cases}$$

又 X 与 Z 相互独立，且概率密度分别为 $f_1(x)=\dfrac{1}{\sqrt{2\pi}}\mathrm{e}^{-\frac{x^2}{2}}$ 及 $f_2(y)$，根据独立随机变量商的概率密度公式，可知 $T=X/Z$ 的概率密度为

$$\begin{aligned}g(t)&=\int_{-\infty}^{+\infty}|y|f_1(ty)f_2(y)\mathrm{d}y\\&=\frac{n^{\frac{n}{2}}}{\sqrt{\pi}2^{\frac{n}{2}-1}\Gamma\left(\frac{n}{2}\right)}\int_0^{+\infty}y^n\mathrm{e}^{-\frac{(n+t^2)y^2}{2}}\mathrm{d}y\\&=\frac{1}{\sqrt{n\pi}\Gamma\left(\frac{n}{2}\right)}\left(1+\frac{t^2}{n}\right)^{-\frac{n+1}{2}}\int_0^{+\infty}s^{\frac{n-1}{2}}\mathrm{e}^{-s}\mathrm{d}s\\&=\frac{\Gamma\left(\frac{n+1}{2}\right)}{\sqrt{n\pi}\Gamma\left(\frac{n}{2}\right)}\left(1+\frac{t^2}{n}\right)^{-\frac{n+1}{2}}.\end{aligned}$$

由式(5.4.2)，可知 $T\sim t(n)$.

例 5.4.2　设$(X_1,X_2,\cdots,X_n,X_{n+1})$是来自正态总体 $X\sim N(\mu,\sigma^2)$ 的简单随机样本，问

$Y=\dfrac{\sqrt{n}(X_{n+1}-\mu)}{\sqrt{\sum\limits_{i=1}^{n}(X_i-\mu)^2}}$ 服从什么分布?

解 由已知条件可知,$X_i\sim N(\mu,\sigma^2)$,则$\dfrac{X_i-\mu}{\sigma}\sim N(0,1)$,$i=1,2,\cdots,n,n+1$,又因为 X_1,X_2,$\cdots$,X_n 相互独立,则由定理 5.4.1 得,$\sum\limits_{i=1}^{n}\left(\dfrac{X_i-\mu}{\sigma}\right)^2\sim\chi^2(n)$. 而 X_{n+1} 与 $\sum\limits_{i=1}^{n}\left(\dfrac{X_i-\mu}{\sigma}\right)^2$ 相互独立,则由定理 5.4.2 知,$\dfrac{X_{n+1}-\mu}{\sigma}\Big/\sqrt{\dfrac{\sum\limits_{i=1}^{n}\left(\dfrac{X_i-\mu}{\sigma}\right)^2}{n}}\sim t(n)$,即 $Y=\sqrt{n}(X_{n+1}-\mu)\Big/\sqrt{\sum\limits_{i=1}^{n}(X_i-\mu)^2}\sim t(n)$.

3. *F* 分布

定义 5.4.3 若随机变量 F 具有概率密度

$$f(x;n_1,n_2)=\begin{cases}\dfrac{\Gamma\left(\dfrac{n_1+n_2}{2}\right)}{\Gamma\left(\dfrac{n_1}{2}\right)\Gamma\left(\dfrac{n_2}{2}\right)}\left(\dfrac{n_1}{n_2}\right)\left(\dfrac{n_1}{n_2}x\right)^{\frac{n_1}{2}-1}\left(1+\dfrac{n_1}{n_2}x\right)^{-\frac{n_1+n_2}{2}}, & x>0,\\ 0, & x\leqslant 0,\end{cases}\tag{5.4.3}$$

则称 F **服从自由度为(n_1,n_2)的 *F* 分布**,记为 $F\sim F(n_1,n_2)$.

图 5.6 给出了几条不同自由度的 F 分布的概率密度曲线.

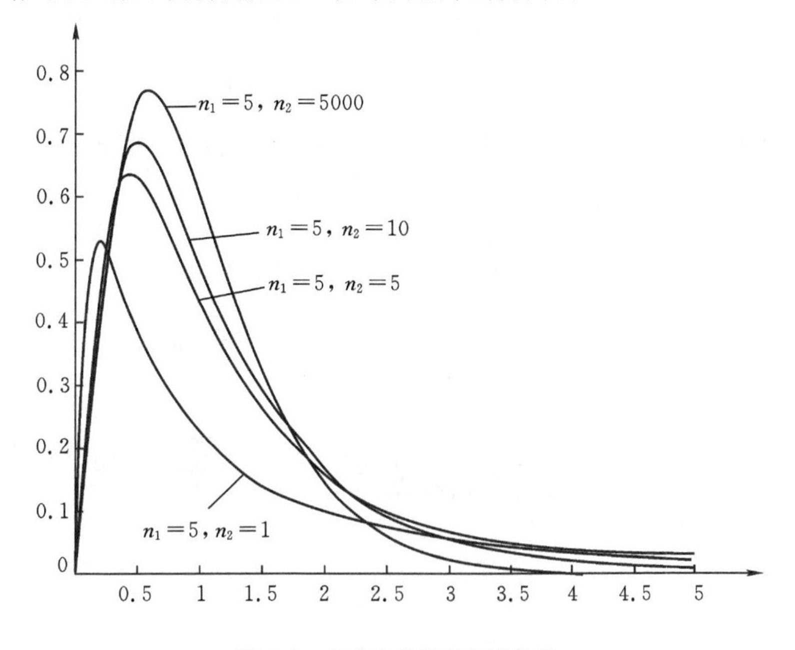

图 5.6 F 分布的概率密度曲线

定理 5.4.3　设 $X\sim\chi^2(n_1)$，$Y\sim\chi^2(n_2)$ 且 X 与 Y 相互独立，则

$$F=\frac{X/n_1}{Y/n_2}\sim F(n_1,n_2).$$

证　由随机变量函数的概率密度公式，可得 X/n_1 的概率密度为

$$f_1(x)=\begin{cases}\dfrac{n_1^{\frac{n_1}{2}}x^{\frac{n_1}{2}-1}\mathrm{e}^{-\frac{n_1}{2}x}}{2^{\frac{n_1}{2}}\Gamma\left(\dfrac{n_1}{2}\right)}, & x>0,\\ 0, & x\leqslant 0,\end{cases}$$

同理可得 Y/n_2 的概率密度为

$$f_2(y)=\begin{cases}\dfrac{n_2^{\frac{n_2}{2}}y^{\frac{n_2}{2}-1}\mathrm{e}^{-\frac{n_2}{2}y}}{2^{\frac{n_2}{2}}\Gamma\left(\dfrac{n_2}{2}\right)}, & y>0,\\ 0, & y\leqslant 0.\end{cases}$$

又 X/n_1 与 Y/n_2 相互独立，由独立随机变量商的概率密度公式可知 F 的概率密度为

$$g(x)=\int_{-\infty}^{+\infty}|y|f_1(xy)f_2(y)\mathrm{d}y=\frac{n_2^{\frac{n_2}{2}}}{2^{\frac{n_2}{2}}\Gamma\left(\dfrac{n_2}{2}\right)}\int_0^{+\infty}y^{\frac{n_2}{2}}\mathrm{e}^{-\frac{n_2}{2}y}f_1(xy)\mathrm{d}y,$$

其中

$$f_1(xy)=\begin{cases}\dfrac{n_1^{\frac{n_1}{2}}(xy)^{\frac{n_1}{2}-1}\mathrm{e}^{-\frac{n_1}{2}xy}}{2^{\frac{n_1}{2}}\Gamma\left(\dfrac{n_1}{2}\right)}, & xy>0,\\ 0, & xy\leqslant 0,\end{cases}$$

所以，当 $x\leqslant 0$ 时，$g(x)=0$；当 $x>0$ 时，

$$\begin{aligned}g(x)&=\frac{n_1^{\frac{n_1}{2}}n_2^{\frac{n_2}{2}}x^{\frac{n_1}{2}-1}}{2^{\frac{n_1+n_2}{2}}\Gamma\left(\dfrac{n_1}{2}\right)\Gamma\left(\dfrac{n_2}{2}\right)}\int_0^{+\infty}y^{\frac{n_1+n_2}{2}}\mathrm{e}^{-\frac{(n_1+n_2x)}{2}y}\mathrm{d}y\\&=\frac{n_1^{\frac{n_1}{2}}n_2^{\frac{n_2}{2}}x^{\frac{n_1}{2}-1}}{2^{\frac{n_1+n_2}{2}}\Gamma\left(\dfrac{n_1}{2}\right)\Gamma\left(\dfrac{n_2}{2}\right)}\left(\frac{2}{n_1+n_2x}\right)^{\frac{n_1+n_2}{2}}\int_0^{+\infty}s^{\frac{n_1+n_2}{2}}\mathrm{e}^{-s}\mathrm{d}s\\&=\frac{\Gamma\left(\dfrac{n_1+n_2}{2}\right)}{\Gamma\left(\dfrac{n_1}{2}\right)\Gamma\left(\dfrac{n_2}{2}\right)}\left(\frac{n_1}{n_2}\right)\left(\frac{n_1}{n_2}x\right)^{\frac{n_1}{2}-1}\left(1+\frac{n_1}{n_2}x\right)^{-\frac{n_1+n_2}{2}}.\end{aligned}$$

由式(5.4.3)可知 $F\sim F(n_1,n_2)$.

推论 5.4.2　设 $F\sim F(n_1,n_2)$，则 $\dfrac{1}{F}\sim F(n_2,n_1)$.

证明略.

例 5.4.3 设$(X_1,X_2,\cdots,X_{2n})$是来自正态总体$X\sim N(\mu,\sigma^2)$的简单随机样本，问$Y=\dfrac{\sum\limits_{i=1}^{n}(X_i-\mu)^2}{\sum\limits_{i=n+1}^{2n}(X_i-\mu)^2}$服从什么分布？

解 显然$\sum\limits_{i=1}^{n}\left(\dfrac{X_i-\mu}{\sigma}\right)^2\sim\chi^2(n)$，$\sum\limits_{i=n+1}^{2n}\left(\dfrac{X_i-\mu}{\sigma}\right)^2\sim\chi^2(n)$，它们相互独立，故

$$\frac{\sum\limits_{i=1}^{n}\left(\dfrac{X_i-\mu}{\sigma}\right)^2/n}{\sum\limits_{i=n+1}^{2n}\left(\dfrac{X_i-\mu}{\sigma}\right)^2/n}\sim F(n,n)\text{，即 }Y=\frac{\sum\limits_{i=1}^{n}(X_i-\mu)^2}{\sum\limits_{i=n+1}^{2n}(X_i-\mu)^2}\sim F(n,n).$$

5.4.2 分位数

数理统计中经常要用到某个概率分布的分位数作为临界值．下面介绍分位数的概念．

定义 5.4.4 设随机变量X的分布函数为$F(x)=P\{X\leqslant x\}$，对于给定的$\alpha(0<\alpha<1)$，若存在实数x_α，使得

$$P\{X>x_\alpha\}=1-F(x_\alpha)=\alpha,$$

则称x_α为随机变量X的**上侧α分位数**.

类似的可以定义下侧分位数.

例 5.4.1 设$X\sim N(0,1)$，标准正态分布$N(0,1)$的上侧α分位数是满足

$$P\{X>u_\alpha\}=\frac{1}{\sqrt{2\pi}}\int_{u_\alpha}^{+\infty}\mathrm{e}^{-\frac{x^2}{2}}\mathrm{d}x=\alpha,$$

的u_α，如图 5.7 所示．本书专门用u_α表示$N(0,1)$的上侧α分位数，其值可查附表．由于正态分布的对称性，显然有$u_{1-\alpha}=-u_\alpha$.

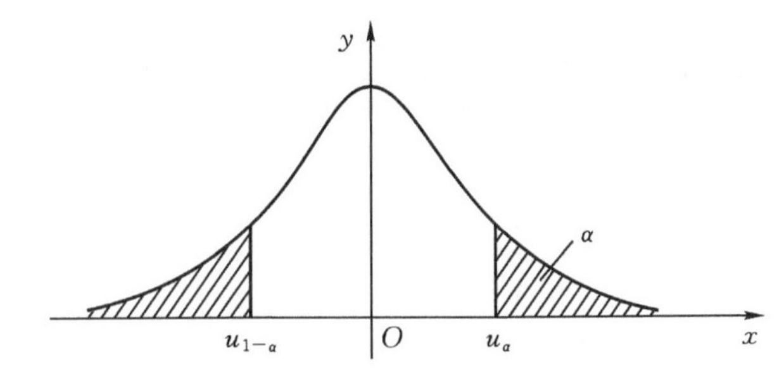

图 5.7 $N(0,1)$的上侧α分位数

例 5.4.2 设$T\sim t(n)$，$t(n)$分布的上侧α分位数是满足

$$P\{T>t_\alpha(n)\}=\int_{t_\alpha(n)}^{+\infty}t(x;n)\mathrm{d}x=\alpha,$$

的$t_\alpha(n)$，如图 5.8 所示．本书用$t_\alpha(n)$表示$t(n)$分布的上侧α分位数，其值可查附表．由t分布的对称性有$t_{1-\alpha}(n)=-t_\alpha(n)$.

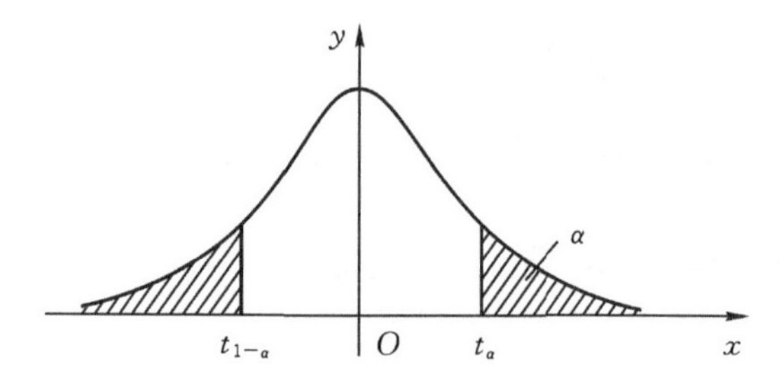

图 5.8　t 分布的上侧 α 分位数

例 5.4.3　设 $Z\sim\chi^2(n)$，$\chi^2(n)$ 分布的上侧 α 分位数是满足

$$P\{T>\chi_\alpha^2(n)\}=\int_{\chi_\alpha^2(n)}^{+\infty}\chi^2(x;n)\mathrm{d}x=\alpha,$$

的 $\chi_\alpha^2(n)$，如图 5.9 所示. 本书用 $\chi_\alpha^2(n)$ 表示 $\chi^2(n)$ 分布的上侧 α 分位数，其值可查附表.

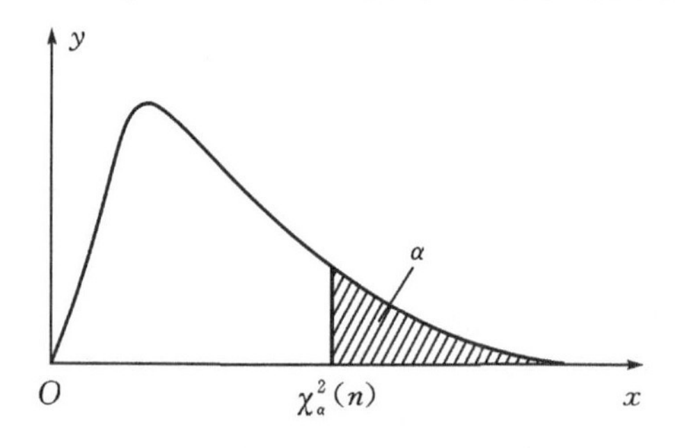

图 5.9　χ^2 分布的上侧 α 分位数

例 5.4.4　$F(n_1,n_2)$ 分布的上侧 α 分位数在本书中记为 $F_\alpha(n_1,n_2)$，应满足

$$\int_{F_\alpha(n_1,n_2)}^{+\infty}f(x;n_1,n_2)\mathrm{d}x=\alpha,$$

如图 5.10 所示，其值可查附表. 由推论 5.4.2 可知，

$$F_\alpha(n_1,n_2)=\frac{1}{F_{1-\alpha}(n_2,n_1)}.$$

例如，查表得 $F_{0.05}(10,16)=2.49$，那么 $F_{0.95}(16,10)=1/F_{0.05}(10,16)=1/2.49=0.4016$.

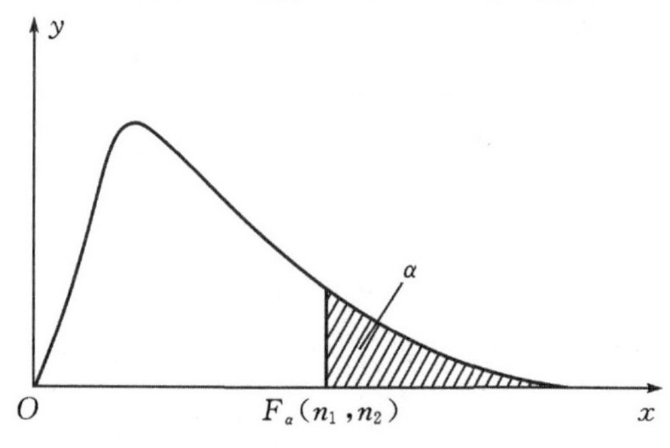

图 5.10　$F(n_1,n_2)$ 分布的上侧 α 分位数

5.4.3　正态总体的抽样分布

正态总体在实际问题中应用极为广泛，下面我们介绍总体为正态分布时的几个重要的抽样分布定理.

定理 5.4.4　设$(X_1,X_2,\cdots,X_n)$是来自正态总体$N(\mu,\sigma^2)$的样本，$\overline{X}$为样本均值，S^2为样本方差，则

(1) $\overline{X}\sim N\left(\mu,\dfrac{\sigma^2}{n}\right)$；

(2) $\dfrac{(n-1)S^2}{\sigma^2}=\dfrac{1}{\sigma^2}\sum\limits_{i=1}^{n}(X_i-\overline{X})^2\sim\chi^2(n-1)$.

(3) $\overline{X}$与S^2相互独立.

此定理的结论(1)是显然的，结论(2)和(3)的证明从略.

定理 5.4.5　设$(X_1,X_2,\cdots,X_n)$是来自正态总体$N(\mu,\sigma^2)$的样本，$\overline{X}$为样本均值，S^2为样本方差，则

$$T=\frac{\sqrt{n}(\overline{X}-\mu)}{S}\sim t(n-1).$$

证　由定理 5.4.1 可知$\dfrac{\sqrt{n}(\overline{X}-\mu)}{\sigma}\sim N(0,1)$，$\dfrac{(n-1)S^2}{\sigma^2}\sim\chi^2(n-1)$，且$\dfrac{\sqrt{n}(\overline{X}-\mu)}{\sigma}$与$\dfrac{(n-1)S^2}{\sigma^2}$相互独立，再由定理 5.4.2 可知

$$T=\frac{\sqrt{n}(\overline{X}-\mu)}{S}=\frac{\dfrac{\sqrt{n}(\overline{X}-\mu)}{\sigma}}{\sqrt{\dfrac{(n-1)S^2}{\sigma^2}/(n-1)}}\sim t(n-1).$$

定理 5.4.6　设$(X_1,X_2,\cdots,X_{n_1})$，$(Y_1,Y_2,\cdots,Y_{n_2})$是分别来自总体$N(\mu_1,\sigma^2)$，$N(\mu_2,\sigma^2)$的样本，且两组样本相互独立，$\overline{X}=\dfrac{1}{n_1}\sum\limits_{i=1}^{n_1}X_i$，$\overline{Y}=\dfrac{1}{n_2}\sum\limits_{i=1}^{n_2}Y_i$，

$$S_{1n_1}^2=\frac{1}{n_1-1}\sum_{i=1}^{n_1}(X_i-\overline{X})^2,S_{2n_2}^2=\frac{1}{n_2-1}\sum_{i=1}^{n_2}(Y_i-\overline{Y})^2,$$

则有

$$T=\frac{(\overline{X}-\overline{Y})-(\mu_1-\mu_2)}{S_W\sqrt{\dfrac{1}{n_1}+\dfrac{1}{n_2}}}\sim t(n_1+n_2-2),$$

其中

$$S_W^2=\frac{(n_1-1)S_{1n_1}^2+(n_2-1)S_{2n_2}^2}{n_1+n_2-2}.$$

证　由定理条件及定理 5.4.4 的结论(1)知，$\overline{X}-\overline{Y}\sim N\left(\mu_1-\mu_2,\left(\dfrac{1}{n_1}+\dfrac{1}{n_2}\right)\sigma^2\right)$，从而

$$U=\frac{(\overline{X}-\overline{Y})-(\mu_1-\mu_2)}{\sigma\sqrt{\dfrac{1}{n_1}+\dfrac{1}{n_2}}}\sim N(0,1),$$

再由定理 5.4.4 的结论(2)及性质 5.4.2 知

$$V=\frac{(n_1-1)S_{1n_1}^2+(n_2-1)S_{2n_2}^2}{\sigma^2}\sim\chi^2(n_1+n_2-2).$$

最后由定理 5.4.3 的结论(3)知 U 与 V 相互独立,从而由定理 5.4.2 知

$$T=\frac{(\overline{X}-\overline{Y})-(\mu_1-\mu_2)}{S_W\sqrt{\dfrac{1}{n_1}+\dfrac{1}{n_2}}}=\frac{U}{\sqrt{V/(n_1+n_2-2)}}\sim t(n_1+n_2-2).$$

定理 5.4.7　设$(X_1,X_2,\cdots,X_{n_1})$,$(Y_1,Y_2,\cdots,Y_{n_2})$是分别来自总体 $N(\mu_1,\sigma_1^2)$,$N(\mu_2,\sigma_2^2)$的样本,且两组样本相互独立,则

$$F=\frac{\sigma_2^2S_{1n_1}^2}{\sigma_1^2S_{2n_2}^2}\sim F(n_1-1,n_2-1).$$

证　由定理条件及定理 5.4.4 知$\dfrac{(n_1-1)S_{1n_1}^2}{\sigma_1^2}$与$\dfrac{(n_2-1)S_{2n_2}^2}{\sigma_2^2}$相互独立,且

$$\frac{(n_1-1)S_{1n_1}^2}{\sigma_1^2}\sim\chi^2(n_1-1),\frac{(n_2-1)S_{2n_2}^2}{\sigma_2^2}\sim\chi^2(n_2-1),$$

从而由定理 5.4.3 知

$$\frac{\dfrac{(n_1-1)S_{1n_1}^2}{\sigma_1^2}/(n_1-1)}{\dfrac{(n_2-1)S_{2n_2}^2}{\sigma_2^2}/(n_2-1)}\sim F(n_1-1,n_2-1),$$

即

$$F=\frac{\sigma_2^2S_{1n_1}^2}{\sigma_1^2S_{2n_2}^2}\sim F(n_1-1,n_2-1).$$

5.5　附录

1. Γ 函数

Γ 函数定义为:$\Gamma(s)=\int_0^{+\infty}x^{s-1}\mathrm{e}^{-x}\,\mathrm{d}x$.

Γ 函数具有递推公式:$\Gamma(s+1)=s\Gamma(s)$,特别当 n 为正整数时,$\Gamma(n+1)=n!$,$\Gamma\left(\frac{1}{2}\right)=\sqrt{\pi}$.

2. B 函数

B 函数定义为:$\mathrm{B}(p,q)=\int_0^1x^{p-1}(1-x)^{q-1}\,\mathrm{d}x\ (p>0,\ q>0)$.

B 函数具有性质:

(1) $\mathrm{B}(p,q)=\mathrm{B}(q,p)$;

(2) $\mathrm{B}(p,q)=\dfrac{\Gamma(p)\Gamma(q)}{\Gamma(p+q)}$;

(3) $\mathrm{B}(p+1,q)=\frac{p}{p+q}\mathrm{B}(p,q)$.

习题 5

1. 某市需要调查成年男子的吸烟率，随机地抽取该地区 1000 名成年男子，对他们进行考察. 试说明：

(1) 该项调查的总体和样本是什么?

(2) 总体用什么分布描述合适?

2. 设某厂大量生产某种产品，其废品率为 p 未知，每 m 件包装为一盒. 为了检查产品的质量，现随机地从中抽取 n 盒，检查其中的废品数. 试说明：

(1) 什么是总体? 什么是样本?

(2) 什么是样本的联合分布律?

3. 设总体 X 服从区间 $[a,b]$ 上的均匀分布，$(X_1,X_2,\cdots,X_n)$ 为来自总体 X 的样本，试写出 $(X_1,X_2,\cdots,X_n)$ 的联合概率密度.

4. 设总体 X 服从参数为 λ 的泊松分布，试写出来自总体 X 的样本 $(X_1,X_2,\cdots,X_n)$ 的联合概率密度.

5. 已知总体 X 的样本值为 $-1,0,6$，求总体 X 的经验分布函数 $F_3(x)$.

6. 设 $(X_1,X_2,\cdots,X_n)$ 为来自总体 X 的样本，试回答样本均值 $\overline{X}=\frac{1}{n}\sum_{i=1}^{n}X_i$ 与总体的期望 $E(X)$，样本方差 $S^2=\frac{1}{n-1}\sum_{i=1}^{n}(X_i-\overline{X})^2$ 与总体的方差 $D(X)$ 有什么区别?

7. 设 $(X_1,X_2,\cdots,X_n)$ 为来自总体 $X\sim U(-1,1)$ 的样本，试求 $E(\overline{X})$ 和 $D(\overline{X})$.

8. 设 $\overline{X}_1$ 和 $\overline{X}_2$ 是从同一正态总体 $N(\mu,\sigma^2)$ 独立抽取的容量均为 n 的两个样本的均值，试确定 n，使得两样本均值的距离超过 σ 的概率不超过 0.01.

9. 样本均值和样本方差的简化计算如下：设来自总体 X 的样本 $(X_1,X_2,\cdots,X_n)$ 的样本均值和样本方差为 $\overline{X}$ 和 S_X^2，作变换 $Y_i=\frac{X_i-a}{c}$，得样本 $(Y_1,Y_2,\cdots,Y_n)$，它的样本均值和样本方差记为 $\overline{Y}$ 和 S_Y^2.

(1) 试证：$\overline{X}=a+c\overline{Y}$，$S_X^2=c^2S_Y^2$；

(2) 如果总体 X 的期望 $E(X)=\mu$ 和方差 $D(X)=\sigma^2$ 存在，试求 $E(\overline{Y})$ 和 $E(S_Y^2)$.

10. 设 $\overline{X}_n$ 和 S_n^2 为样本 $(X_1,X_2,\cdots,X_n)$ 的样本均值和样本方差，增加一次抽样得 X_{n+1}，记样本 $(X_1,X_2,\cdots,X_n,X_{n+1})$ 的样本均值和样本方差为 $\overline{X}_{n+1}$ 和 S_{n+1}^2，求证：

(1) $\sum_{i=1}^{n}(X_i-a)^2=\sum_{i=1}^{n}(X_i-\overline{X}_n)^2+n(\overline{X}_n-a)^2$ 对任何常数 a 都成立；

(2) $\overline{X}_{n+1}=\overline{X}_n+\frac{1}{n+1}(X_{n+1}-\overline{X}_n)$，

$$S_{n+1}^2=\frac{n-1}{n}S_n^2+\frac{1}{n+1}(X_{n+1}-\overline{X}_n)^2.$$

11. 设总体 X 服从参数为 $\lambda>0$ 的泊松分布，$(X_1,X_2,\cdots,X_n)$ 是来自该总体的样本，试求样本均值 $\overline{X}$ 的分布律.

12. 设总体 X 服从参数为 (α,λ) 的 Γ 分布，即具有概率密度

$$f(x)=\begin{cases}\dfrac{\lambda^\alpha}{\Gamma(\alpha)}x^{\alpha-1}\mathrm{e}^{-\lambda x}, & x>0,\\ 0, & x\leqslant 0.\end{cases}$$

$(X_1,X_2,\cdots,X_n)$ 是来自此总体的样本，试求样本均值 $\overline{X}$ 的概率密度.

13. 设 $X_1,X_2,\cdots,X_n$ 是来自总体 $X\sim N(0,2^2)$ 的样本，$Y=a(X_1-2X_2)^2+b(3X_3-4X_4)^2$，则 a 和 b 取何值时，统计量 Y 服从 χ^2 分布？

14. 设在总体 $N(\mu,\sigma^2)$ 中抽取一个容量为 16 的样本，这里 μ,σ^2 均未知.

(1) 求 $P\{S^2/\sigma^2\leqslant 2.041\}$，其中 S^2 为样本方差；

(2) 求 $D(S^2)$.

15. 设 $(X_1,X_2,\cdots,X_{20})$ 是来自正态总体 $N(\mu,\sigma^2)$ 的样本，求 $Y=\dfrac{1}{\sigma^2}\sum\limits_{i=1}^{20}(X_i-\mu)^2$ 的概率分布.

16. 设 $(X_1,X_2,\cdots,X_n)$ 是来自正态总体 $N(0,1)$ 的样本，求统计量 $Y=\dfrac{1}{m}\left(\sum\limits_{i=1}^{m}X_i\right)^2+\dfrac{1}{n-m}\left(\sum\limits_{i=m+1}^{n}X_i\right)^2$ 的抽样分布.

17. 设总体 $X\sim\exp\left(\dfrac{1}{2}\right)$，$(X_1,X_2,\cdots,X_n)$ 是来自于 X 的样本，令 $Y=\sum\limits_{i=1}^{n}X_i$，证明：$Y\sim\chi^2(2n)$.

18. 设 $(X_1,X_2,\cdots,X_n)$ 为来自于某连续型总体 X 的样本，已知总体的分布函数 $F(x)$ 是连续严格增函数，令 $T=-2\sum\limits_{i=1}^{n}\ln F(X_i)$，证明：$T\sim\chi^2(2n)$.

19. 设 $X_1,X_2,\cdots,X_n,X_{n+1}$ 是来自总体 $N(\mu,\sigma^2)$ 的样本，

$$\overline{X}_n=\frac{1}{n}\sum_{i=1}^{n}X_i,\ S_n^2=\frac{1}{n-1}\sum_{i=1}^{n}(X_i-\overline{X}_n)^2,$$

试求常数 c，使得 $T_c=c\dfrac{X_{n+1}-\overline{X}_n}{S_n}$ 服从 t 分布，并指出分布的自由度.

20. 设 $(X_1,X_2,\cdots,X_n,X_{n+1},\cdots,X_{n+m})$ 是来自正态总体 $N(0,\sigma^2)$ 的样本，试求下列统计量服从什么分布？

(1) $Y_1=\dfrac{\sqrt{m}\sum\limits_{i=1}^{n}X_i}{\sqrt{n}\sqrt{\sum\limits_{i=n+1}^{n+m}X_i^2}}$，　　(2) $Y_2=\dfrac{m\sum\limits_{i=1}^{n}X_i^2}{n\sum\limits_{t=n+1}^{n+m}X_i^2}$.

21. 设 $X\sim F(n,n)$，证明 $P\{X>1\}=0.5$.

22. 设 X_1 和 X_2 为来自总体 $N(0,\sigma^2)$ 的样本，试求 $Y=\left(\dfrac{X_1+X_2}{X_1-X_2}\right)^2$ 服从什么分布？

23. 设$(X_1,X_2,\cdots,X_{15})$是来自总体$N(0,\sigma^2)$的一个样本，求$Y=\dfrac{X_1^2+X_2^2+\cdots+X_{10}^2}{2(X_{11}^2+X_{12}^2+\cdots+X_{15}^2)}$的分布.

24. 已知$X\sim t(n)$，证明$X^2\sim F(1,n)$.

25. 设$(X_1,X_2,\cdots,X_{n_1})$和$(Y_1,Y_2,\cdots,Y_{n_2})$是分别来自总体$N(\mu_1,\sigma_1^2)$和$N(\mu_2,\sigma_2^2)$的两个独立样本，试证

$$F=\frac{n_2\sigma_2^2\sum\limits_{i=1}^{n_1}(X_i-\mu_1)^2}{n_1\sigma_1^2\sum\limits_{i=1}^{n_2}(Y_i-\mu_2)^2}$$

服从自由度为(n_1,n_2)的F分布.

26. 设总体X服从参数为λ的指数分布，$(X_1,X_2,\cdots,X_n)$是来自总体X的样本. 试证明：$Y=2\lambda\sum\limits_{i=1}^{n}X_i$服从自由度为$2n$的$\chi^2$分布.

第6章　参数估计

统计推断的问题主要分为两大类，即参数估计和假设检验，本章主要讨论参数估计问题. 这里的参数主要指总体分布中的未知常数. 参数所有可容许值构成的集合称为**参数空间**，记为Θ. 实际问题中，总体的分布中往往包含一些未知的参数，比如总体的分布函数是$F(x;\theta_1,\theta_2,\cdots,\theta_n)$，其中$(\theta_1,\theta_1,\cdots,\theta_n)$是未知的参数，参数估计问题就是根据样本构造合适的统计量，对未知参数$(\theta_1,\theta_1,\cdots,\theta_n)$做出估计. 此外，在有些实际问题中，事先并不知道总体的分布类型，而要对其某些数字特征做出估计，因为数字特征同总体分布中的参数有一定的关系，故这些问题也属于参数估计问题.

参数估计问题分为两类：一类是点估计，另一类是区间估计. 本章主要讨论点估计的构造方法、点估计的评选标准和区间估计的概念等有关问题.

6.1　参数的点估计

所谓参数的点估计，就是用来自总体X的观测数据计算出一个数值(点)，来估计总体分布中的未知参数.

我们先来看一个例子.

例6.1.1　某纺织厂细纱机在某一时间间隔内的断头次数X服从参数为λ的泊松分布，其中λ未知，如何确定参数λ的取值？

分析　这类问题属于参数估计问题，由于总体$X\sim P(\lambda)$，故有$\lambda=E(X)$. 我们知道，当n很大时，样本均值$\overline{X}$以很大的概率落在λ的邻近. 因此，自然想到用样本均值$\overline{x}$作为总体均值λ的估计值.

由上例可以看到，估计参数λ的关键问题是先确定一个合适的统计量$\overline{X}$，再由样本观测值$x_1,x_2,\cdots,x_n$得到$\overline{X}$的观测值$\overline{x}$，这样就可把$\overline{x}$作为参数λ的估计值.

一般地，假设总体X的分布函数$F(x;\theta_1,\theta_2,\cdots,\theta_l)$的形式已知，其中$\theta_1,\theta_2,\cdots,\theta_l$是$l$个待估参数，$(X_1,X_2,\cdots,X_n)$是来自总体$X$的一个样本，其观测值为$(x_1,x_2,\cdots,x_n)$. 点估计问题就是要根据样本$(X_1,X_2,\cdots,X_n)$构造出$l$个合适的统计量$\hat{\theta}_i(X_1,X_2,\cdots,X_n)(i=1,2,\cdots,l)$，作为参数$\theta_i(i=1,2,\cdots,l)$的**估计量**，并分别用其观测值$\hat{\theta}_i(x_1,x_2,\cdots,x_n)$作为未知参数$\theta_i(i=1,2,\cdots,l)$的**估计值**. 在不致混淆的情况下，估计量和估计值统称为**估计**，简记为$\hat{\theta}_i(i=1,2,\cdots,l)$.

由于估计量是样本的函数，对相同的样本观测值，用不同的估计量得到的估计值往往不同，因此，如何选取估计量是问题的关键. 常用的点估计方法有矩估计法和极大似然估计法.

6.1.1　矩估计法

1900年，英国统计学家卡尔·皮尔逊(Karl Pearson)提出了替换原理，后来人们称此方法为矩法. 替换原理指用样本矩替换总体矩，或者用样本矩的函数去替换相应的总体矩的函数. 根据此替换原理对总体的未知参数作出估计的方法称为**矩估计法**.

设总体 X 的分布中含有 l 个未知待估计的参数 $\theta_1,\theta_2,\cdots,\theta_l$，$(X_1,X_2,\cdots,X_n)$ 是来自总体 X 的一个样本，矩估计法的一般步骤是：

(1) 求出总体 X 的 k 阶原点矩 $\alpha_k=E(X^k)$ 和对应的样本 k 阶原点矩 $A_k=\frac{1}{n}\sum\limits_{i=1}^{n}X_i^k$，$k=1,2,\cdots,l$.

(2) 用样本矩代替总体矩，建立矩法方程(组)

$$\alpha_k(\theta_1,\theta_2,\cdots,\theta_l)=A_k,k=1,2,\cdots,l.$$

(3) 解上述矩法方程(方程组)，得其解记为 $\hat{\theta}_1,\hat{\theta}_2,\cdots\hat{\theta}_l$，它们分别是 $\theta_1,\theta_2,\cdots,\theta_l$ 的矩估计量.

(4) 用样本观测值 $x_1,x_2,\cdots,x_n$ 替换矩估计量中的样本 $X_1,X_2,\cdots,X_n$，所得的结果，仍记作 $\hat{\theta}_1,\hat{\theta}_2,\cdots,\hat{\theta}_l$，就是参数的矩估计值. 矩估计量的观测值即为矩估计值.

例 6.1.2 设总体 X 服从参数为 λ 的泊松分布，$X_1,X_2,\cdots,X_n$ 是来自总体的一个样本，求 λ 的矩估计量.

解 总体 X 的期望为

$$E(X)=\lambda,$$

建立矩法方程

$$\lambda=\frac{1}{n}\sum_{i=1}^{n}x_i,$$

所以 λ 的矩估计量为 $\hat{\lambda}=\frac{1}{n}\sum\limits_{i=1}^{n}X_i=\overline{X}$.

例 6.1.3 设总体 X 服从参数为 λ 的指数分布，其密度函数为

$$f(x,\lambda)=\begin{cases}\lambda e^{-\lambda x}, & x>0,\\ 0, & x\leqslant 0,\end{cases}$$

$X_1,X_2,\cdots,X_n$ 是来自总体的一个样本，求 λ 的矩估计量.

解 $E(X)=\int_{-\infty}^{+\infty}xf(x;\lambda)dx=\int_{0}^{+\infty}x\cdot\lambda e^{-\lambda x}dx=\frac{1}{\lambda}.$

建立矩法方程

$$\frac{1}{\lambda}=\frac{1}{n}\sum_{i=1}^{n}X_i=\overline{X},$$

解得 λ 的矩估计量为

$$\hat{\lambda}=\frac{1}{\overline{X}}.$$

例 6.1.4 设总体 X 服从几何分布 $P\{X=k\}=p(1-p)^{k-1}$，$(k=1,2,\cdots)$，其中 $0<p<l$ 为未知的参数，$X_1,X_2,\cdots,X_n$ 为来自总体 X 的样本，求 p 的矩估计量.

解
$$\alpha_1=E(X)=\sum_{k=1}^{\infty}kp(1-p)^{k-1}=\frac{1}{p},$$

由矩估计法,令$\frac{1}{p}=\overline{X}$,得到 p 的矩估计量为 $\hat{p}=1/\overline{X}$.

例 6.1.5 设总体 X 服从$[0,\theta]$上的均匀分布,其中 θ 未知,$X_1,X_2,\cdots,X_n$ 是来自总体 X 的样本,求 θ 的矩估计量.

解 因为 $\overline{X}\sim U[0,\theta]$,则 $E(X)=\frac{\theta}{2}$,建立矩法方程

$$\frac{\theta}{2}=A_1=\overline{X},$$

解之,得 θ 的矩估计量为 $\hat{\theta}=2\overline{X}$.

例 6.1.6 设总体 $X\sim N(\mu,\sigma^2)$,$X_1,X_2,\cdots,X_n$ 是来自总体的一个样本,求 μ,σ^2 的矩估计量.

解 $$E(X)=\int_{-\infty}^{+\infty}x\cdot\frac{1}{\sqrt{2\pi}\sigma}e^{-\frac{(x-\mu)^2}{2\sigma^2}}dx=\mu\int_{-\infty}^{+\infty}\frac{1}{\sqrt{2\pi}}e^{-\frac{t^2}{2}}dt+\sigma\int_{-\infty}^{+\infty}t\cdot\frac{1}{\sqrt{2\pi}}e^{-\frac{t^2}{2}}dt=\mu,$$

$$\begin{aligned}E(X^2)&=\int_{-\infty}^{+\infty}x^2\cdot\frac{1}{\sqrt{2\pi}\sigma}e^{-\frac{(x-\mu)^2}{2\sigma^2}}dx=\int_{-\infty}^{+\infty}(\mu+\sigma t)^2\cdot\frac{1}{\sqrt{2\pi}}e^{-\frac{t^2}{2}}dt\\&=\mu^2\int_{-\infty}^{+\infty}\frac{1}{\sqrt{2\pi}}e^{-\frac{t^2}{2}}dt+2\mu\sigma\int_{-\infty}^{+\infty}t\frac{1}{\sqrt{2\pi}}e^{-\frac{t^2}{2}}dt+\sigma^2\int_{-\infty}^{+\infty}t^2\cdot\frac{1}{\sqrt{2\pi}}e^{-\frac{t^2}{2}}dt\\&=\mu^2+\sigma^2.\end{aligned}$$

建立矩法方程组

$$\begin{cases}\mu=\frac{1}{n}\sum_{i=1}^{n}X_i,\\ \mu^2+\sigma^2=\frac{1}{n}\sum_{i=1}^{n}X_i^2,\end{cases}$$

解方程组,得到 μ 和 σ^2 的矩估计量分别为

$$\hat{\mu}=\overline{X},\ \hat{\sigma}^2=\frac{1}{n}\sum_{i=1}^{n}X_i^2-\overline{X}^2=\frac{1}{n}\sum_{i=1}^{n}(X_i-\overline{X})^2.$$

例 6.1.7 设总体 X 具有概率密度

$$f(x)=\begin{cases}\lambda e^{-\lambda(x-\theta)}, & x>\theta,\\ 0, & x\leqslant\theta,\end{cases}$$

其中 $\lambda(\lambda>0)$,θ 都是未知参数,$X_1,X_2,\cdots,X_n$ 是来自总体 X 的样本,求 λ,θ 的矩估计量.

解 $$\alpha_1=E(X)=\int_{\theta}^{+\infty}x\lambda e^{-\lambda(x-\theta)}dx=\theta+\frac{1}{\lambda},$$

$$\alpha_2=E(X^2)=\int_{\theta}^{+\infty}x^2\lambda e^{-\lambda(x-\theta)}dx=(\theta+\frac{1}{\lambda})^2+\frac{1}{\lambda^2},$$

由矩估计法得

$$\begin{cases}\theta+\frac{1}{\lambda}=\overline{X},\\ (\theta+\frac{1}{\lambda})^2+\frac{1}{\lambda^2}=\frac{1}{n}\sum_{i=1}^{n}X_i^2,\end{cases}$$

解之,得 λ,θ 的矩估计量分别为

$$\hat{\lambda} = B_2^{-\frac{1}{2}} = \left[\frac{1}{n}\sum_{i=1}^{n}(X_i - \overline{X})^2\right]^{-\frac{1}{2}},$$

$$\hat{\theta} = \overline{X} - \sqrt{B_2} = \overline{X} - \sqrt{\frac{1}{n}\sum_{i=1}^{n}(X_i - \overline{X})^2}.$$

例 6.1.8 设总体 X 的二阶矩存在，$X_1, X_2, \cdots, X_n$ 是来自总体 X 的样本，求总体 X 的均值 μ 和方差 σ^2 的矩估计量.

解 $E(X)=\mu, E(X^2)=\sigma^2+\mu^2$，由矩估计法建立方程组

$$\begin{cases} \mu = A_1 = \overline{X}, \\ \sigma^2 + \mu^2 = A_2, \end{cases}$$

解之，得到 μ 和 σ^2 的矩估计分别为

$$\hat{\mu} = \overline{X},\ \hat{\sigma}^2 = A_2 - \overline{X}^2 = B_2.$$

从例 6.1.8 可以看出，对于任何总体，总体均值 μ 的矩估计量是样本均值 $\overline{X}$，总体方差 σ^2 的矩估计量是样本二阶中心矩 B_2.

矩估计法是最古老的点估计方法，它简单明确、便于操作. 但是该方法没有充分利用总体分布中所提供的信息. 另外，矩估计法需要计算总体矩，当总体矩不存在时，就不能用矩估计法了. 针对这种弊端，下面我们给出另外一种点估计方法——极大似然估计法，极大似然估计法也称最大似然估计法.

6.1.2 极大似然估计法

极大似然估计法是建立在极大似然原理基础上的一种统计方法，它最早是由德国数学家高斯(C. F. Gauss)提出的，后来由英国统计学家费希尔(R. A. Fisher)在 1912 年再次提出，并证明了它的一些相关性质，使得该方法得到了广泛的应用.

极大似然估计法是参数点估计中的一个重要方法，它是利用总体的分布函数的表达式及样本所提供的信息建立未知参数估计量的方法. 它的直观解释为：设一个随机试验有若干个可能结果，如果在某次试验中，某一结果 A 出现了，那么，我们认为在诸多可能的试验条件中，应该是使事件 A 发生的概率为最大的那一种条件，这就是极大似然估计的基本思想.

为了说明这种思想，先看一个例子.

例 6.1.9 假设袋中装有若干只白色和黑色的小球，事先并不知道白球多还是黑球多，只知道这两种球个数之比是 1 ∶ 9. 若连续抽取两次(有放回)，每次一只，结果发现两只全是白球. 试判断袋中是白球多还是黑球多?

解 设 p 为白球所占的比例，且连续抽取两球(有放回)中白球的个数为 X，则

$$P\{X = x\} = C_2^x p^x (1-p)^{2-x},\ x = 0,1,2.$$

显然，p 可能取值为 0.1 或者 0.9. 当 $p=0.1$ 时，连续抽取两球(有放回)全是白球的概率为 $P\{X=2\}=C_2^2 0.1^2(1-0.1)^{2-2}=0.01$；当 $p=0.9$ 时，连续抽取两球(有放回)全是白球的概率为 $P\{X=2\}=C_2^2 0.9^2(1-0.9)^{2-2}=0.81$. 这表明在样本值为 $x=2$ 时，从参数 $p=0.9$ 的总体中抽取比从参数 $p=0.1$ 的总体中抽取更有可能发生. 因此，我们选择 $p=0.9$ 较为合理，这样自然会认为白球的数量多.

一般地，若 p 可供选择的值构成集合，那么一定是从中选择一个 $\hat{p}$ 作为 p 的估计，使得

样本出现的概率最大.这就是极大似然估计法的基本原理.下面给出似然函数的定义.

定义 6.1.1　设总体 X 为连续型随机变量,其密度函数为 $f(x;\theta_1,\theta_2,\cdots,\theta_l)$,其中 $\theta_1,\theta_2,\cdots,\theta_l$ 为未知参数,在参数空间 Θ 内取值,$(X_1,X_2,\cdots,X_n)$是来自总体 X 的样本,称$(X_1,X_2,\cdots,X_n)$的联合概率密度

$$L(\theta_1,\theta_2,\cdots,\theta_l)=\prod_{i=1}^{n}f(x_i;\theta_1,\theta_2,\cdots,\theta_l) \tag{6.1.2}$$

为参数 $\theta_1,\theta_2,\cdots,\theta_l$ 的**似然函数**.

若总体 X 是离散型随机变量,则称$(X_1,X_2,\cdots,X_n)$的联合分布律

$$L(\theta_1,\theta_2,\cdots,\theta_l)=\prod_{i=1}^{n}P\{X=x_i\} \tag{6.1.3}$$

为参数 $\theta_1,\theta_2,\cdots,\theta_l$ 的似然函数.

如果 $\hat{\theta}_j(x_1,x_2,\cdots,x_n),j=1,2,\cdots,l$ 满足

$$L(\hat{\theta}_1,\hat{\theta}_2,\cdots,\hat{\theta}_l)=\max_{(\theta_1,\theta_2,\cdots,\theta_l)\in\Theta}L(\theta_1,\theta_2,\cdots,\theta_l), \tag{6.1.4}$$

则称 $\hat{\theta}_j(x_1,x_2,\cdots,x_n)$为 $\theta_j(j=1,2,\cdots,l)$的**极大似然估计值**,而相应的统计量 $\hat{\theta}_j(X_1,X_2,\cdots,X_n)$则称为参数 $\theta_j(j=1,2,\cdots,l)$的**极大似然估计量**.

极大似然估计法就是当得到样本值$(x_1,x_2,\cdots,x_n)$时,选取 $\hat{\theta}_1,\hat{\theta}_2,\cdots,\hat{\theta}_l$,使得似然函数 $L(\theta_1,\theta_2,\cdots,\theta_l)$取得最大值.由于 $\ln x$ 是 x 的单调增函数,而 $\ln L(\theta_1,\theta_2,\cdots,\theta_l)$与 $L(\theta_1,\theta_2,\cdots,\theta_l)$有相同的极大值点,故此极大似然估计$(\hat{\theta}_1,\hat{\theta}_2,\cdots,\hat{\theta}_l)$可等价地定义为

$$\ln L(\hat{\theta}_1,\hat{\theta}_2,\cdots,\hat{\theta}_l)=\max_{(\theta_1,\theta_2,\cdots,\theta_l)\in\Theta}\ln L(\theta_1,\theta_2,\cdots,\theta_l).$$

很多情形下,似然函数 $L(\theta_1,\theta_2,\cdots,\theta_l)$和对数似然函数 $\ln L(\theta_1,\theta_2,\cdots,\theta_l)$关于 $\theta_1,\theta_2,\cdots,\theta_l$ 的偏导数存在,这时 $\hat{\theta}_1,\hat{\theta}_2,\cdots,\hat{\theta}_l$ 常可以从方程组

$$\frac{\partial L(\theta_1,\theta_2,\cdots,\theta_l)}{\partial\theta_j}=0,\quad j=1,2,\cdots,l \tag{6.1.5}$$

或方程组

$$\frac{\partial\ln L(\theta_1,\theta_2,\cdots,\theta_l)}{\partial\theta_j}=0,\quad j=1,2,\cdots,l \tag{6.1.6}$$

解得,方程组(6.1.5)和(6.1.6)分别称为**似然方程组**和**对数似然方程组**.

例 6.1.10　设总体 X 服从参数为 λ 的泊松分布,$\lambda>0$ 未知,$(X_1,X_2,\cdots,X_n)$是来自总体 X 的一个样本,试求参数 λ 的极大似然估计量.

解　设样本的观测值为$(x_1,x_2,\cdots,x_n)$,似然函数为

$$L(\lambda)=\prod_{i=1}^{n}\left(\frac{\lambda^{x_i}}{x_i!}\mathrm{e}^{-\lambda}\right)=\mathrm{e}^{-n\lambda}\frac{\lambda^{\sum\limits_{i=1}^{n}x_i}}{\prod\limits_{i=1}^{n}(x_i!)}.$$

对数似然函数为

$$\ln L(\lambda)=-n\lambda+\ln\lambda\sum_{i=1}^{n}x_i-\sum_{i=1}^{n}\ln(x_i!),$$

令

$$\frac{\mathrm{d}\ln L(\lambda)}{\mathrm{d}\lambda}=-n+\frac{1}{\lambda}\sum_{i=1}^{n}x_i=0,$$

解得 λ 的极大似然估计值为 $\hat{\lambda}=\frac{1}{n}\sum_{i=1}^{n}x_i=\bar{x}$，因而 λ 的极大似然估计量为 $\hat{\lambda}=\overline{X}$.

例如，假设已知某仪器使用寿命服从参数为 λ 的指数分布，现从中随机抽取 n 台，测得寿命平均值 $\bar{x}=936$（单位：h），则由上例可知参数 λ 的极大似然估计值为 $\hat{\lambda}=\bar{x}=936$.

例 6.1.11 设总体 $X\sim N(\mu,\sigma^2)$，其中参数 μ,σ^2 未知，$(X_1,X_2,\cdots,X_n)$ 是来自总体 X 的一个样本，试求 μ,σ^2 的极大似然估计量.

解 似然函数为

$$L(\mu,\sigma^2)=\prod_{i=1}^{n}\frac{1}{\sqrt{2\pi\sigma^2}}\mathrm{e}^{-\frac{(x_i-\mu)^2}{2\sigma^2}}=(2\pi\sigma^2)^{-\frac{n}{2}}\mathrm{e}^{-\frac{1}{2\sigma^2}\sum_{i=1}^{n}(x_i-\mu)^2},$$

对数似然函数为

$$\ln L(\mu,\sigma^2)=-\frac{n}{2}\ln(2\pi)-\frac{n}{2}\ln\sigma^2-\frac{1}{2\sigma^2}\sum_{i=1}^{n}(x_i-\mu)^2,$$

对数似然方程组为

$$\begin{cases}\dfrac{\partial\ln L(\mu,\sigma^2)}{\partial\mu}=\dfrac{1}{\sigma^2}\sum_{i=1}^{n}(x_i-\mu)=0,\\[2ex]\dfrac{\partial\ln L(\mu,\sigma^2)}{\partial\sigma^2}=\dfrac{n}{2\sigma^2}+\dfrac{1}{2\sigma^4}\sum_{i=1}^{n}(x_i-\mu)^2=0,\end{cases}$$

解之，得

$$\begin{cases}\hat{\mu}=\dfrac{1}{n}\sum_{i=1}^{n}x_i=\bar{x},\\[2ex]\hat{\sigma}^2=\dfrac{1}{n}\sum_{i=1}^{n}(x_i-\bar{x})^2=b_2.\end{cases}$$

因而 μ,σ^2 的极大似然估计量分别为 $\hat{\mu}=\overline{X},\hat{\sigma}^2=B_2$.

例 6.1.11 说明正态分布中参数 μ,σ^2 的极大似然估计量分别为样本均值 $\overline{X}$ 和样本二阶中心矩 B_2，恰好与矩法估计得到的结果相同.

例 6.1.12 设总体 X 服从 $[0,\theta]$ 上的均匀分布，参数 θ 未知，$(X_1,X_2,\cdots,X_n)$ 是来自总体 X 的一个样本，试求 θ 的极大似然估计量.

解 似然函数为

$$L(\theta)=\begin{cases}\prod_{i=1}^{n}\dfrac{1}{\theta}=\dfrac{1}{\theta^n}, & 0\leqslant x_1,x_2,\cdots,x_n\leqslant\theta,\\ 0, & \text{其他},\end{cases}$$

显然似然函数不显含样本值，因而无法用求导的方法求 θ 的极大似然估计值，为此只能用定义求解. 因为当 $0\leqslant x_i\leqslant\theta,i=1,2,\cdots,n$ 时，$L(\theta)=\frac{1}{\theta^n}$ 是 θ 的单调递减函数，θ 越小，其值越大，且 θ 满足 $\theta\geqslant\max\{x_1,x_2,\cdots,x_n\}$，因此，当 $\theta=x_{(n)}$ 时，$L(\theta)$ 取得最大值，因此 θ 的极大似然估计量为

$$\hat{\theta}=X_{(n)}.$$

从例 6.1.5 和例 6.1.12 可知，用矩法估计和极大似然估计法所求得的 θ 估计量是不同的.

我们不加证明地给出极大似然估计的下述性质：

性质 6.1.1　设 $\hat{\theta}$ 是总体的概率分布中参数 θ 的极大似然估计量，$u=u(\theta)$，$\theta\in\Theta$ 具有单值反函数 $\theta=\theta(u)$，$u\in U$，则 $\hat{u}=u(\hat{\theta})$ 是 $u(\theta)$ 的极大似然估计. 这一性质称为**极大似然估计的不变性.**

6.2　估计量的评选标准

由前面的内容可知，同一参数的估计量不是唯一的. 如由例 6.1.5 与例 6.1.12 可知，对于均匀分布总体的参数 θ，用矩估计法与极大似然估计法得到了不同的估计量. 那么，究竟采用哪一个更好呢？这就涉及到用什么标准来评价估计量优劣的问题. 评价估计量的好坏一般从三方面考虑：有无系统性误差，波动性的大小，当样本容量增大时估计值是否越来越精确. 这些方面涉及估计量的无偏性、有效性及相合性这三个概念. 下面我们对这三个概念分别加以讨论.

6.2.1　无偏性

待估计的参数 θ 是一个确定的数，而它的估计量 $\hat{\theta}$ 是随机变量. 对于不同的样本观测值，就会得到不同的估计值. 因此，一个估计量的好坏不能仅仅依据一次抽样的结果来衡量，而应该是依据多次抽样的平均结果来衡量，也就是希望 $\hat{\theta}$ 与 θ 的偏差的平均值等于零，这就是所谓的无偏性的概念，定义如下.

定义 6.2.1　设 $\hat{\theta}(X_1,X_2,\cdots,X_n)$ 是未知参数 θ 的估计量，若

$$E(\hat{\theta})=\theta,$$

则称 $\hat{\theta}$ 是 θ 的一个**无偏估计量.**

无偏性是对估计量的基本要求，其意义是当用一个无偏估计量 $\hat{\theta}(X_1,X_2,\cdots,X_n)$ 去估计未知参数 θ 时，可能偏大也可能偏小，但是它的平均值等于未知参数 θ. 在工程技术中常称 $E(\hat{\theta})-\theta$ 为用 $\hat{\theta}$ 估计 θ 的系统偏差. 对估计量的无偏性要求就是要保证没有系统偏差.

若记

$$b_n=E(\hat{\theta})-\theta,$$

称 b_n 为估计量 $\hat{\theta}(X_1,X_2,\cdots,X_n)$ 的**偏差.** 若 $b_n\neq 0$，则称 $\hat{\theta}$ 为 θ 的**有偏估计量.** 若

$$\lim_{n\to\infty}b_n=0,$$

则称 $\hat{\theta}$ 为 θ 的**渐近无偏估计量.**

例 6.2.1　设 $(X_1,X_2,\cdots,X_n)$ 是来自总体 X 的样本，设 $E(X)=\mu$，$D(X)=\sigma^2$，$E(X^k)=\alpha_k(k\geqslant 1)$，则

(1) 样本均值 $\overline{X}$ 是总体均值 μ 的无偏估计量；

(2) 样本方差 S^2 是总体方差 σ^2 的无偏估计量；

(3) 样本 k 阶原点矩 A_k 是总体 k 阶原点矩 α_k 的无偏估计量.

证　由第 5 章定理 5.3.1 与定理 5.3.2 可知结论成立.

例 6.2.2　设总体 X 的概率密度函数为

$$f(x)=\begin{cases}\dfrac{6x}{\theta^3}(\theta-x), & 0<x<\theta,\\ 0, & 其他,\end{cases}$$

其中 $\theta>0$ 是未知参数,$(X_1,X_2,\cdots,X_n)$是来自总体 X 的样本,求未知参数 θ 的矩估计$\hat{\theta}$,并判断它是否为 θ 的无偏估计量.

解 因为

$$E(X)=\int_{-\infty}^{+\infty}xf(x)\mathrm{d}x=\int_0^{\theta}\frac{6x^2}{\theta^3}(\theta-x)\mathrm{d}x=\frac{\theta}{2}.$$

令$\dfrac{\theta}{2}=\overline{X}$,得矩估计量

$$\hat{\theta}=2\overline{X},$$

又因为

$$E(\hat{\theta})=E(2\overline{X})=2E(\overline{X})=\theta,$$

故 θ 的矩估计量$\hat{\theta}=2\overline{X}$ 是 θ 的无偏估计量.

例 6.2.3 设总体 X 服从参数为 λ 的泊松分布,其分布律为

$$P\{X=k\}=\frac{1}{k!}\lambda^k\mathrm{e}^{-\lambda},\quad k=1,2,\cdots,$$

其中,$\lambda>0$ 是未知的参数,$(X_1,X_2,\cdots,X_n)$是来自总体 X 的样本,求未知参数 λ 的无偏估计量.

解 因为 $E(X)=D(X)=\lambda$,而样本均值 $\overline{X}$ 和样本二阶中心矩 $B_2=\dfrac{1}{n}\sum\limits_{i=1}^{n}(X_i-\overline{X})^2$ 分别是 $E(X)$和 $D(X)$的点估计,故 $\overline{X}$ 和 B_2 都可以作为 λ 的估计量.

由于

$$E(\overline{X})=E(X)=\lambda,E(B_2)=\frac{n-1}{n}E(S^2)=\frac{n-1}{n}\lambda,$$

故 $\overline{X}$ 是 λ 的无偏估计,B_2 不是 λ 的无偏估计.

例 6.2.4 设总体 X 的均值 $E(X)=\mu$,方差 $D(X)=\sigma^2$,$(X_1,X_2,\cdots,X_n)$是来自总体 X 的样本,试证明

(1) $\overline{X}^2$ 是 μ^2 的渐近无偏估计量;

(2) 样本二阶中心矩 B_2 是 σ^2 的渐近无偏估计量.

证 (1) 因为 $E(\overline{X}^2)=D(\overline{X})+E^2(\overline{X})=\dfrac{\sigma^2}{n}+\mu^2$,所以 $\overline{X}^2$ 是 μ^2 的有偏估计,其偏差为 $E(\overline{X}^2)-\mu^2=\dfrac{\sigma^2}{n}$,当 $n\to\infty$时,$\dfrac{\sigma^2}{n}\to0$,故 $\overline{X}^2$ 是 μ^2 的渐近无偏估计量.

(2) 因为 $B_2=\dfrac{n-1}{n}S^2$,所以 $E(B_2)=\dfrac{n-1}{n}E(S^2)=\dfrac{n-1}{n}\sigma^2$,即 B_2 是 σ^2 的有偏估计量,其偏差为 $E(B_2)-\sigma^2=-\dfrac{\sigma^2}{n}$,当 $n\to\infty$时,$-\dfrac{\sigma^2}{n}\to0$,故 B_2 是 σ^2 的渐近无偏估计量.

值得注意的是:对于实值函数 $h(\theta)$而言,即使$\hat{\theta}$ 为 θ 的无偏估计,$h(\hat{\theta})$也不一定是 $h(\theta)$的无偏估计.如例 6.2.4 中,样本均值 $\overline{X}$ 是 μ 的无偏估计,但是,$\overline{X}^2$ 却不是 μ^2 的无偏估计.事实上,当 $\sigma>0$ 时,$E(\overline{X}^2)=D(\overline{X})+E^2(\overline{X})=\dfrac{\sigma^2}{n}+\mu^2\neq\mu^2$.

6.2.2　有效性

在很多情况下，一个参数的无偏估计量可能不唯一，对于未知参数的两个无偏估计量，如何评价哪一个更好呢？估计量 $\hat{\theta}$ 的取值在参数 θ 的真值附近摆动，显然这种摆动范围越小越好. 而 $\hat{\theta}$ 的方差 $D(\hat{\theta})=E(\hat{\theta}-E(\hat{\theta}))^2=E(\hat{\theta}-\theta)^2$ 反映了这种摆动的幅度. 因此，同一个参数的众多无偏估计量中方差小的那一个更好，于是有如下定义.

定义 6.2.2　设 $\hat{\theta}_1$ 和 $\hat{\theta}_2$ 都是参数 θ 的无偏估计量，若

$$D(\hat{\theta}_1)\leqslant D(\hat{\theta}_2),$$

则称 $\hat{\boldsymbol{\theta}}_1$ **较** $\hat{\boldsymbol{\theta}}_2$ **有效**.

例 6.2.5　设 X 服从参数为 λ 的泊松分布，$(X_1,X_2,\cdots,X_n)$ 是来自 X 的样本 $(n>2)$，试证明：

(1) $\hat{\lambda}_1=\overline{X},\hat{\lambda}_2=\frac{1}{2}(X_1+X_2)$ 都是 λ 的无偏估计量；

(2) $n>2$ 时，$\hat{\lambda}_1$ 比 $\hat{\lambda}_2$ 有效.

证　(1) 因为

$$E(\hat{\lambda}_1)=E(\overline{X})=E(\frac{1}{n}\sum_{i=1}^{n}X_i)=\frac{1}{n}(\sum_{i=1}^{n}EX_i)=\lambda,$$

$$E(\hat{\lambda}_2)=E\left(\frac{X_1+X_2}{2}\right)=\lambda,$$

所以 $\hat{\lambda}_1,\hat{\lambda}_2$ 都是 λ 的无偏估计量.

(2) 由于

$$D(\hat{\lambda}_1)=D(\overline{X})=D(\frac{1}{n}\sum_{i=1}^{n}X_i)=\frac{1}{n^2}(\sum_{i=1}^{n}D(X_i))=\frac{\lambda}{n},$$

$$D(\hat{\lambda}_2)=D\left(\frac{X_1+X_2}{2}\right)=\frac{1}{4}\times 2D(X)=\frac{\lambda}{2},$$

又 $n>2$，可知 $D(\hat{\lambda}_1)<D(\hat{\lambda}_2)$，故 $\hat{\lambda}_1$ 比 $\hat{\lambda}_2$ 有效.

例 6.2.6　设 $(X_1,X_2,\cdots,X_n)$ 是来自总体 X 的样本，其中总体的均值 $E(X)=\mu$ 与方差 $D(X)=\sigma^2$ 都存在，证明：样本均值 $\overline{X}$ 在 μ 的所有线性无偏估计量中是最有效的(所谓线性估计量是指样本的线性函数).

证　显然 $\overline{X}$ 是 μ 的无偏估计量，且 $D(\overline{X})=\frac{\sigma^2}{n}$. 设 $X^*=\sum_{i=1}^{n}c_iX_i$ 是 μ 的任一个线性无偏估计量，则有 $\sum_{i=1}^{n}c_i=1$. 又有 $D(X^*)=\sum_{i=1}^{n}c_i^2D(X_i)=\sigma^2\sum_{i=1}^{n}c_i^2$. 由 Cauchy - Schwarz 不等式，有

$$\sum_{i=1}^{n}c_i^2\geqslant\frac{1}{n}(\sum_{i=1}^{n}|c_i|)^2\geqslant\frac{1}{n}(\sum_{i=1}^{n}c_i)^2=\frac{1}{n},$$

因此

$$D(X^*)\geqslant\frac{\sigma^2}{n}=D(\overline{X}).$$

故 $\overline{X}$ 在 μ 的线性无偏估计类中是方差最小的，即最有效的.

样本均值 $\overline{X}$ 在 μ 的所有线性无偏估计量中是方差最小的，我们也称它是 μ 的**最小方差线性无偏估计(量)**.

6.2.3　相合性

无偏性和有效性都是在样本容量 n 确定的情况下讨论的，这在应用上或者理论上还不够，我们还希望当样本容量 n 趋于无穷时，估计量 $\hat{\theta}$ 任意接近于 θ 的可能性越来越大，由此又有所谓的相合性(一致性)定义.

定义 6.2.3　设 $\hat{\theta}=\hat{\theta}(X_1,X_2,\cdots,X_n)$ 是参数 θ 的估计量，如果当 $n\to\infty$ 时，$\hat{\theta}$ 依概率收敛于 θ，即对任意 $\varepsilon>0$，有

$$\lim_{n\to\infty}P\{|\hat{\theta}-\theta|<\varepsilon\}=1,$$

则称 $\hat{\theta}$ 为 θ 的**相合估计量**(或**一致估计量**).

如果，当 $n\to\infty$ 时，$\hat{\theta}$ 均方收敛于 θ，即

$$\lim_{n\to\infty}E(\hat{\theta}-\theta)^2=0,$$

则称 $\hat{\theta}$ 为 θ 的**均方相合估计量**，并记 $\hat{\theta}\xrightarrow{L^2}\theta(n\to\infty)$.

例 6.2.7　证明样本均值 $\overline{X}=\dfrac{1}{n}\sum\limits_{i=1}^{n}X_i$ 和样本方差 $S^2=\dfrac{1}{n-1}\sum\limits_{i=1}^{n}(X_i-\overline{X})^2$ 分别是总体均值 $E(X)=\mu$ 和方差 $D(X)=\sigma^2$ 的相合估计量.

证　由第 5 章定理 5.3.1 和定理 5.3.2 可知，$\overline{X}=\dfrac{1}{n}\sum\limits_{i=1}^{n}X_i$ 和 $S^2=\dfrac{1}{n-1}\sum\limits_{i=1}^{n}(X_i-\overline{X})^2$ 分别是总体均值 $E(X)=\mu$ 和方差 $D(X)=\sigma^2$ 的相合估计量.

例 6.2.8　设总体 X 的 $2m$ 阶矩存在，$(X_1,X_2,\cdots,X_n)$ 是来自该总体 X 的样本，试证明样本 k 阶原点矩 A_k 作为总体 k 阶原点矩 $\alpha_k(1\leqslant k\leqslant m)$ 的估计量，既是相合估计量，又是均方相合估计量.

证　由第 5 章定理 5.3.2 知，A_k 是 α_k 的相合估计量. 因为 X 的 $2m$ 阶矩存在，所以，$D(X^k)$ 存在，且

$$E(A_k)=\frac{1}{n}\sum_{i=1}^{n}E(X_i^k)=E(X^k)=\alpha_k,$$

$$D(A_k)=\frac{1}{n^2}\sum_{i=1}^{n}D(X_i^k)=\frac{1}{n}D(X^k),$$

$$\lim_{n\to\infty}E(A_k-\alpha_k)^2=\lim_{n\to\infty}D(A_k)=\lim_{n\to\infty}\frac{D(X^k)}{n}=0.$$

因此，A_k 既是 α_k 的相合估计量，又是 α_k 的均方相合估计量.

关于相合估计，我们指出两个事实：

(1) 如果 $\hat{\theta}$ 是 θ 的相合估计，$g(t)$ 是 t 的连续函数，则 $g(\hat{\theta})$ 是 $g(\theta)$ 的相合估计，并且这个结果对 g 是多元函数时也同样成立；

(2) 如果 $\hat{\theta}$ 是 θ 的相合估计，常数列 $C_n(n=1,2,\cdots)$ 满足 $\lim\limits_{n\to\infty}C_n=1$，则 $C_n\hat{\theta}$ 也是 θ 的相合

估计.

例 6.2.9　证明如果总体 X 的四阶矩存在,则样本方差 S^2 和样本二阶中心矩 B_2 都是总体方差 σ^2 的相合估计,S 和 $\sqrt{B_2}$ 都是总体标准差 σ 的相合估计.

证　由定理 5.3.2 知 S^2 是 σ^2 的相合估计,由例 6.2.7 的结论知 B_2 也是 σ^2 的相合估计,又因为 $g(t)=\sqrt{t}$ 在 $t>0$ 是连续的,由上述事实(1)知,S 和 $\sqrt{B_2}$ 都是 σ 的相合估计.

由相合估计的定义可知,相合估计适用于大样本的情形. 如果 $\hat{\theta}$ 是参数 θ 的相合估计量,则当样本容量比较大时,由一次抽样得到 θ 的相合估计量 $\hat{\theta}$ 以很大的概率接近 θ. 如果 $\hat{\theta}$ 不是参数 θ 的相合估计量,那么不论样本容量多大,$\hat{\theta}$ 都不能准确地估计 θ,这样的估计量往往是不可取的因此,相合性是对估计量最基本的要求.

在结束本节之前我们证明下列重要事实.

例 6.2.10　设总体 X 的分布函数为 $F(x)$,$(X_1, X_2, \cdots, X_n)$ 为来自于总体 X 的样本,$F_n(x) = \dfrac{1}{n}\sum\limits_{i=1}^{n} I(X_i \leqslant x)$ 是经验分布函数,试证明:对任意固定的 x,

(1) $F_n(x)$ 是 $F(x)$ 的无偏估计量;

(2) $F_n(x)$ 是 $F(x)$ 的相合估计量;

(3) $F_n(x)$ 是 $F(x)$ 的均方相合估计量.

证　令 $Y=I(X\leqslant x)$,$Y_i=I(X_i\leqslant x)$,$i=1,2,\cdots,n$,则 $Y_1, Y_2, \cdots, Y_n$ 相互独立,且都与 Y 同分布,

$$P\{Y=0\}=1-F(x), P\{Y=1\}=F(x),$$

所以,$Y_1, Y_2, \cdots, Y_n$ 可看成来自总体 Y 的样本,而

$$E(Y)=F(x), D(Y)=F(x)(1-F(x)),$$

$$F_n(x)=\frac{1}{n}\sum_{i=1}^{n} Y_i=\bar{Y}.$$

故,由例 6.2.1 与例 6.2.8 的结论可得本例的所有结论.

此例说明经验分布函数是总体分布函数的非常好的估计.

6.3　区间估计

6.3.1　双侧区间估计概念

前面我们讨论了参数点估计的方法,该方法用一个估计量 $\hat{\theta}(X_1, X_2, \cdots, X_n)$ 作为未知参数 θ 的估计. 估计量 $\hat{\theta}(X_1, X_2, \cdots, X_n)$ 是随机变量,它随着样本的变化而变化. 一旦获得样本的观测值 $(x_1, x_2, \cdots, x_n)$,就可以用数值 $\hat{\theta}(x_1, x_2, \cdots, x_n)$ 作为参数 θ 的近似值. 但是,这种估计自身存在一定的弊端:一方面,它没有反映近似值的精确程度;另一方面,也没有给出误差的范围. 为了弥补这些不足,人们希望估计出一个范围,并知道这个范围包含参数 θ 的可靠程度. 这样的范围通常以区间的形式给出,该区间包含参数 θ 的可靠程度用概率语言来描述,这就是要讨论的区间估计的概念.

定义 6.3.1　设 $(X_1, X_2, \cdots, X_n)$ 是来自总体 X 的一个样本,θ 是总体中的一个未知参

数,对于给定值 $\alpha(0<\alpha<1)$,若统计量 $\hat{\theta}_1(X_1,X_2,\cdots,X_n)$ 和 $\hat{\theta}_2(X_1,X_2,\cdots,X_n)$ 满足

$$P\{\hat{\theta}_1(X_1,X_2,\cdots,X_n)<\theta<\hat{\theta}_2(X_1,X_2,\cdots,X_n)\}=1-\alpha, \tag{6.3.1}$$

则称随机区间 $(\hat{\theta}_1,\hat{\theta}_2)$ 为 θ 的**置信度为 $1-\alpha$ 的置信区间**,$\hat{\theta}_1$ 和 $\hat{\theta}_2$ 分别称为**置信下限**和**置信上限**,$1-\alpha$ 称为**置信度**. 这种置信区间也称为**双侧置信区间**.

由于 θ 为常数,$(\hat{\theta}_1,\hat{\theta}_2)$ 为随机区间,因此式(6.3.1)可理解为随机区间 $(\hat{\theta}_1,\hat{\theta}_2)$ 以概率 $1-\alpha$ 包含参数真值 θ,但不能说 θ 以概率 $1-\alpha$ 落入区间 $(\hat{\theta}_1,\hat{\theta}_2)$.

将给定的样本观测值 $(x_1,x_2,\cdots,x_n)$ 代入 $\hat{\theta}_1$ 和 $\hat{\theta}_2$,求得的区间 $(\hat{\theta}_1,\hat{\theta}_2)$ 是一个确定的区间,这个区间习惯上也称为置信区间. 例如,重复进行 100 次容量为 n 的抽样,每次可求解一个区间 $(\hat{\theta}_1,\hat{\theta}_2)$,其中大约有 $100(1-\alpha)\%$ 个区间包含 θ,有 $100\alpha\%$ 个区间不包含 θ.

以下通过具体的例子来说明双侧置信区间的一般求法.

例 6.3.1 设工件长度 $X\sim N(\mu,16)$,今抽取 9 件测量其长度,得数据如下(单位:mm)142,138,150,165,156,148,132,135,160. 试求参数 μ 的置信度为 95%的置信区间.

解 因为 $\overline{X}$ 是 μ 的无偏估计,由第 5 章定理 5.4.4 知,

$$U=\frac{\overline{X}-\mu}{\sigma/\sqrt{n}}\sim N(0,1).$$

对给定的 $1-\alpha=0.95$,即 $\alpha=0.05$,找 k_1,k_2 使得 $P\{k_1<U<k_2\}=1-\alpha$. 这样的 k_1,k_2 有许多,习惯上常取 $k_1=-u_{\alpha/2},k_2=u_{\alpha/2}$,则有

$$P\{k_1<U<k_2\}=1-\alpha,$$

即

$$P\{\overline{X}-\frac{\sigma}{\sqrt{n}}u_{\alpha/2}<\mu<\overline{X}+\frac{\sigma}{\sqrt{n}}u_{\alpha/2}\}=1-\alpha.$$

于是得 μ 的置信度为 95%的置信区间

$$(\overline{X}-\frac{\sigma}{\sqrt{n}}u_{\alpha/2},\overline{X}+\frac{\sigma}{\sqrt{n}}u_{\alpha/2}).$$

本例中,$n=9,\sigma=4,u_{0.025}=1.96,\bar{x}=147.333$,从而得 μ 的置信度为 95%的置信区间是(144.720,149.946).

在例 6.3.1 中,置信区间的长度为

$$L=\frac{2\sigma}{\sqrt{n}}u_{\frac{\alpha}{2}},$$

而

$$n=(\frac{2\sigma}{L}u_{\frac{\alpha}{2}})^2.$$

评价一个置信区间的好坏有两个要素:一是其精度;二是其置信度,由于置信区间的长度 L 可能是随机变量,因此用 $E(L)$ 来刻画置信区间的精度,$E(L)$ 的值愈小精度愈高;在样本容量 n 给定的情况下,当置信度 $1-\alpha$ 变大时,α 变小,从而 $u_{\frac{\alpha}{2}}$ 变大,此时置信区间变大. 这就是说,置信区间的置信度越高,则精度越低;反之精度越高(即 $E(L)$ 越小),则置信度越低.

一般地,我们取置信水平为 0.90,0.95,0.99.

通过例 6.3.1 可知,构造置信区间的一般步骤如下:

(1) 由样本$(X_1,X_2,\cdots,X_n)$，寻求一个样本与θ的函数$Z=Z(X_1,X_2,\cdots,X_n;\theta)$，它包含$\theta$，但$Z$的分布完全已知(不依赖于$\theta$)，这样的$Z$称为**枢轴量**.

(2) 对于给定的置信度$1-\alpha$，确定两个常数a,b，使得

$$P\{a<Z(X_1,X_2,\cdots,X_n;\theta)<b\}=1-\alpha.$$

(3) 将不等式

$$a<Z(X_1,X_2,\cdots,X_n;\theta)<b, \tag{6.3.2}$$

改写为

$$\hat{\theta}_1(X_1,X_2,\cdots,X_n)<\theta<\hat{\theta}_2(X_1,X_2,\cdots,X_n) \tag{6.3.3}$$

的形式，则随机区间$(\hat{\theta}_1,\hat{\theta}_2)$就是$\theta$的一个置信度为$1-\alpha$的双侧置信区间.

(4) 根据一次具体抽样所得的样本值$(x_1,x_2,\cdots,x_n)$，计算出(3)中的统计量$\hat{\theta}_1,\hat{\theta}_2$的观测值$\hat{\theta}_1=\hat{\theta}_1(x_1,x_2,\cdots,x_n)$，$\hat{\theta}_2=\hat{\theta}_2(x_1,x_2,\cdots,x_n)$，就得到一个具体的置信区间$(\hat{\theta}_1,\hat{\theta}_2)$.

在求置信区间的步骤中，关键是要选择合适的随机变量$Z(X_1,X_2,\cdots,X_n;\theta)$，并且确定它的分布. 通常可以从$\theta$的点估计来构造样本的函数$Z$.

注意：选取的Z只能含有未知参数θ，而不能含有其他的未知参数；Z的分布还必须是可求的，并且它的分布不依赖于任何未知参数. 要做到这一点，在许多实际问题中是比较困难的. 但是，对于正态总体来说，还是比较容易解决的.

6.3.2 单侧区间估计概念

在上述的讨论中，对于未知参数θ，我们给出两个统计量$\hat{\theta}_1,\hat{\theta}_2$，得到$\theta$的双侧置信区间$(\hat{\theta}_1,\hat{\theta}_2)$. 但在一些实际问题中，人们只关心未知参数$\theta$在一个方向的界限. 比如，对于设备、元件的平均寿命来说，我们希望越大越好，因此关心的是平均寿命的下限是多少？再比如，对产品的次品率来说，我们希望次品率越低越好，此时我们关心的是次品率的上限是多少. 这就引出了单侧区间估计的概念.

定义 6.3.2　设$X_1,X_2,\cdots,X_n$是来自总体X的一个样本，θ是包含在X分布中的一个未知参数，对于给定值$\alpha(0<\alpha<1)$，若统计量$\hat{\theta}_1=\hat{\theta}_1(X_1,X_2,\cdots,X_n)$满足

$$P\{\theta>\hat{\theta}_1\}=1-\alpha,$$

则称随机区间$(\hat{\theta}_1,+\infty)$为θ的置信度为$1-\alpha$的**单侧置信区间**，称$\hat{\theta}_1$为θ的置信度为$1-\alpha$的**单侧置信下限(界)**.

又若统计量$\hat{\theta}_2=\hat{\theta}_2(X_1,X_2,\cdots,X_n)$满足

$$P\{\theta<\hat{\theta}_2\}=1-\alpha,$$

则称随机区间$(-\infty,\hat{\theta}_2)$为θ的置信度为$1-\alpha$的**单侧置信区间**，称$\hat{\theta}_2$为θ的置信度为$1-\alpha$的**单侧置信上限(界)**.

求未知参数的单侧置信上限及下限都是求参数置信区间的特殊情形，可采用前面求置信区间的方法来寻找单侧的置信区间.

对于单侧区间的估计问题讨论，完全平行于上面区间估计问题的讨论，只是应该注意：对于精度的标准不能像双侧区间那样，用置信区间的长度来刻画. 此时，对于给定的置信度$1-\alpha$，选择置信下限$\hat{\theta}_1$时，应该是$E(\hat{\theta}_1)$愈大愈好；选择置信上限$\hat{\theta}_2$时，应该是$E(\hat{\theta}_2)$愈小愈好.

例 6.3.2 设总体 $X\sim N(\mu,\sigma^2)$，μ 和 σ^2 均未知，$(X_1,X_2,\cdots,X_n)$ 是来自于 X 的样本，求 μ 的置信度为 $1-\alpha$ 的置信下限.

解 由第 5 章定理 5.4.5 可知，枢轴量

$$T=\frac{\overline{X}-\mu}{S/\sqrt{n}}\sim t(n-1).$$

对于给定的 α，可由 t 分布表求出 $t_\alpha(n-1)$，使得

$$P\left\{\frac{\overline{X}-\mu}{S/\sqrt{n}}<t_\alpha(n-1)\right\}=1-\alpha,$$

即

$$P\left\{\mu>\overline{X}-\frac{S}{\sqrt{n}}t_\alpha(n-1)\right\}=1-\alpha,$$

从而得到 μ 的置信度为 $1-\alpha$ 的置信下限为 $\hat{\mu}_1=\overline{X}-\frac{S}{\sqrt{n}}t_\alpha(n-1)$.

6.3.3 大样本的区间估计

在样本容量 n 充分大时，可以用渐进分布来构造近似的置信区间. 下面通过一个具体的例子进行说明.

例 6.3.3 设 $(X_1,X_2,\cdots,X_n)$ 是来自两点分布 $B(1,p)$ 的样本，$p(0<p<1)$ 是未知参数，求 p 的置信度为 $1-\alpha$ 的置信区间.

解 由中心极限定理可知，样本均值 $\overline{X}$ 的渐进分布为 $N\left(p,\frac{p(1-p)}{n}\right)$. 因此，当 n 充分大时，$U=\frac{\overline{X}-p}{\sqrt{p(1-p)/n}}=\frac{\sqrt{n}(\overline{X}-p)}{\sqrt{p(1-p)}}$ 近似服从 $N(0,1)$ 分布，因此

$$P\{|U|<u_{\alpha/2}\}\approx 1-\alpha,$$

即

$$P\left\{\left|\frac{\sqrt{n}(\overline{X}-p)}{\sqrt{p(1-p)}}\right|<u_{\alpha/2}\right\}\approx 1-\alpha,$$

而 $\left|\frac{\sqrt{n}(\overline{X}-p)}{\sqrt{p(1-p)}}\right|<u_{\alpha/2}$ 等价于 $\frac{n(\overline{X}-p)^2}{p(1-p)}<u_{\alpha/2}^2$，即 $(\overline{X}-p)^2<\frac{1}{n}p(1-p)u_{\alpha/2}^2$. 记 $\lambda=u_{\alpha/2}^2$，上述不等式可转化为

$$(1+\frac{\lambda}{n})p^2-(2\overline{X}+\frac{\lambda}{n})p+\overline{X}^2<0,$$

解此不等式得

$$p_{\mathrm{L}}<p<p_{\mathrm{U}},$$

其中，

$$p_{\mathrm{L}}=\frac{1}{1+\lambda/n}\left(\overline{X}+\frac{\lambda}{2n}-\sqrt{\frac{\overline{X}(1-\overline{X})}{n}\lambda+\frac{\lambda^2}{4n^2}}\right),$$

$$p_{\mathrm{U}}=\frac{1}{1+\lambda/n}\left(\overline{X}+\frac{\lambda}{2n}+\sqrt{\frac{\overline{X}(1-\overline{X})}{n}\lambda+\frac{\lambda^2}{4n^2}}\right).$$

实际问题中,由于 n 比较大,通常略去 $\lambda/(2n)$ 项,于是 p 的置信度为 $1-\alpha$ 的置信区间近似为

$$\left(\overline{X}-u_{\alpha/2}\sqrt{\frac{\overline{X}(1-\overline{X})}{n}},\overline{X}+u_{\alpha/2}\sqrt{\frac{\overline{X}(1-\overline{X})}{n}}\right).$$

例 6.3.4　令 A 为一随机事件,其发生的概率记作 p. 对 A 进行 120 次观察,A 发生了 36 次. 求 p 的置信度为 0.95 的置信区间.

解　$n=120,\bar{x}=36/120=0.3,u_{0.025}=1.96$,由例 6.3.3 可得 p 的置信度为 0.95 的置信区间为(0.218,0.382).

6.3.4　一个正态总体参数的区间估计

正态分布 $N(\mu,\sigma^2)$是最常见的分布,本节我们主要讨论它的两个参数 μ 和 σ^2 的置信区间. 设已给定置信度 $1-\alpha$,并设$(X_1,X_2,\cdots,X_n)$为来自总体 $N(\mu,\sigma^2)$的样本,$\overline{X},S^2$ 分别是样本均值和样本方差.

1. 均值 μ 的置信区间

(1) σ^2 为已知时,μ 的置信区间.

由于 μ 是总体的均值,通常使用样本的均值 $\overline{X}$ 来估计它. 在总体服从正态分布且 σ^2 为已知时,枢轴量

$$U=\frac{\sqrt{n}(\overline{X}-\mu)}{\sigma}\sim N(0,1). \tag{6.3.4}$$

对于给定的 α,找 k_1,k_2 使得

$$P\{k_1<U<k_2\}=1-\alpha.$$

注意到标准正态分布的密度函数为单峰对称的,在 $P\{k_1<U<k_2\}=1-\alpha$ 的条件下,可以证明当 $k_1=-k_2$ 时,可使置信区间的精度最小,因此取 $k_1=-u_{\alpha/2},k_2=u_{\alpha/2}$,则

$$P\left\{-u_{\alpha/2}<\frac{\sqrt{n}(\overline{X}-\mu)}{\sigma}<u_{\alpha/2}\right\}=1-\alpha. \tag{6.3.5}$$

由不等式

$$-u_{\alpha/2}<\frac{\sqrt{n}(\overline{X}-\mu)}{\sigma}<u_{\alpha/2},$$

得到

$$\overline{X}-\frac{\sigma}{\sqrt{n}}u_{\alpha/2}<\mu<\overline{X}+\frac{\sigma}{\sqrt{n}}u_{\alpha/2}.$$

故 μ 的置信度为 $1-\alpha$ 的置信区间为

$$\left(\overline{X}-\frac{\sigma}{\sqrt{n}}u_{\alpha/2},\ \overline{X}+\frac{\sigma}{\sqrt{n}}u_{\alpha/2}\right). \tag{6.3.6}$$

例 6.3.5　有一批糖果,现从中随机地抽取 12 袋,测得平均质量取值 $\bar{x}=502.92$(单位:g),假设每袋糖果的质量服从 $N(\mu,100)$的正态分布. 试求 μ 的置信度为 0.95 的置信区间.

解　已知 $1-\alpha=0.95,\alpha=0.05$ 查正态分布表可知 $u_{\alpha/2}=1.96$,又知 $\bar{x}=502.92,n=12,\sigma=10$. 由式(6.3.6)得到 μ 的置信度为 0.95 时的置信区间为

$$\left(\overline{X}-\frac{\sigma}{\sqrt{n}}u_{\alpha/2},\ \overline{X}+\frac{\sigma}{\sqrt{n}}u_{\alpha/2}\right)=(497.26,508.58).$$

(2) σ^2 为未知时，μ 的置信区间.

σ^2 为未知时，不能采用式(6.3.4)中的随机变量 U，此时构造枢轴量为

$$T=\frac{\overline{X}-\mu}{S/\sqrt{n}}\sim t(n-1), \tag{6.3.7}$$

并且 T 的分布不依赖于 μ. 给定 α，可由 t 分布表求出 $t_{\alpha/2}(n-1)$，使得

$$P\left\{\frac{|\overline{X}-\mu|}{S/\sqrt{n}}<t_{\alpha/2}(n-1)\right\}=1-\alpha, \tag{6.3.8}$$

$$P\left\{\overline{X}-t_{\alpha/2}(n-1)\cdot\frac{S}{\sqrt{n}}<\mu<\overline{X}+t_{\alpha/2}(n-1)\cdot\frac{S}{\sqrt{n}}\right\}=1-\alpha.$$

因此，σ^2 为未知时，μ 的置信度为 $1-\alpha$ 的置信区间为

$$\left(\overline{X}-\frac{S}{\sqrt{n}}t_{\alpha/2}(n-1),\overline{X}+\frac{S}{\sqrt{n}}t_{\alpha/2}(n-1)\right). \tag{6.3.9}$$

例 6.3.6　已知飞机的最大飞行速度 $X\sim N(\mu,\sigma^2)$，对某飞机进行了 15 次测试，测得其最大飞行速度的平均值为 $\overline{x}=425.05(\mathrm{km/h})$，样本的方差 $s^2=1006.34/14(\mathrm{km^2/h^2})$，试求 μ 的置信度为 0.95 的置信区间.

解　由 $1-\alpha=0.95$，$\alpha=0.05$，查 t 分布表可知 $t_{\alpha/2}(n-1)=t_{0.025}(14)=2.145$，又知 $\overline{x}=425.05$，$n=15$，$s^2=1006.34/14$，于是由式(6.3.9)可知 μ 的置信度为 0.95 的置信区间为

$$\left(\overline{X}-\frac{S}{\sqrt{n}}t_{\alpha/2}(n-1),\overline{X}+\frac{S}{\sqrt{n}}t_{\alpha/2}(n-1)\right)=(420.35,429.75).$$

2. 方差 σ^2 的置信区间

(1) μ 为已知时，σ^2 的置信区间.

μ 为已知时，构造枢轴量

$$\chi^2=\frac{1}{\sigma^2}\sum_{i=1}^{n}(X_i-\mu)^2. \tag{6.3.10}$$

由第 5 章定理 5.4.1 可知，$\chi^2\sim\chi^2(n)$，对于给定的 α，查 $\chi^2(n)$ 表可得 $\chi^2_{\frac{\alpha}{2}}(n)$ 和 $\chi^2_{1-\frac{\alpha}{2}}(n)$，使得

$$P\left\{\chi^2_{1-\frac{\alpha}{2}}(n)<\frac{1}{\sigma^2}\sum_{i=1}^{n}(X_i-\mu)^2<\chi^2_{\frac{\alpha}{2}}(n)\right\}=1-\alpha,$$

这样选择 $\chi^2_{\frac{\alpha}{2}}(n)$ 与 $\chi^2_{1-\frac{\alpha}{2}}(n)$ 只是为了便于计算，即

$$P\left\{\sum_{i=1}^{n}(X_i-\mu)^2\Big/\chi^2_{\frac{\alpha}{2}}(n)<\sigma^2<\sum_{i=1}^{n}(X_i-\mu)^2\Big/\chi^2_{1-\frac{\alpha}{2}}(n)\right\}=1-\alpha.$$

因此，μ 为已知时，σ^2 的置信度为 $1-\alpha$ 的置信区间为

$$\left(\sum_{i=1}^{n}(X_i-\mu)^2\Big/\chi^2_{\frac{\alpha}{2}}(n),\sum_{i=1}^{n}(X_i-\mu)^2\Big/\chi^2_{1-\frac{\alpha}{2}}(n)\right). \tag{6.3.11}$$

(2) μ 为未知时，σ^2 的置信区间.

μ 为未知时，构造枢轴量

$$\chi^2=\frac{(n-1)S^2}{\sigma^2}. \tag{6.3.12}$$

由第 5 章定理 5.4.4 可知，$\chi^2\sim\chi^2(n-1)$，对于给定的 α，查 $\chi^2_{\frac{\alpha}{2}}(n-1)$ 表可查得 $\chi^2_{\frac{\alpha}{2}}(n-1)$ 和

$\chi^2_{1-\frac{\alpha}{2}}(n-1)$，使得

$$P\left\{\chi^2_{1-\frac{\alpha}{2}}(n-1) < \frac{(n-1)S^2}{\sigma^2} < \chi^2_{\frac{\alpha}{2}}(n-1)\right\} = 1-\alpha,$$

即

$$P\left\{\frac{(n-1)S^2}{\chi^2_{\frac{\alpha}{2}}(n-1)} < \sigma^2 < \frac{(n-1)S^2}{\chi^2_{1-\frac{\alpha}{2}}(n-1)}\right\} = 1-\alpha.$$

因此，μ 为未知时，σ^2 的置信度为 $1-\alpha$ 的置信区间为

$$\left(\frac{(n-1)S^2}{\chi^2_{\frac{\alpha}{2}}(n-1)}, \frac{(n-1)S^2}{\chi^2_{1-\frac{\alpha}{2}}(n-1)}\right). \tag{6.3.13}$$

例 6.3.7　某厂加工某种零件，其长度 $X \sim N(\mu, \sigma^2)$，今抽查 16 个零件，测得长度（单位：mm）如下：

12.15　12.12　12.01　12.08　12.09　12.16　12.03　12.01

12.06　12.13　12.07　12.11　12.08　12.01　12.03　12.06

试求 σ^2 的置信度为 0.95 的置信区间.

解　$n=16$，$\alpha=0.05$，经计算可得 $\bar{x}=12.075$，$(n-1)s^2=\sum_{i=1}^{16}(x_i-\bar{x})^2=0.0366$，查 $\chi^2(15)$ 分布表，得 $\chi^2_{\frac{\alpha}{2}}(15)=27.49$，$\chi^2_{1-\frac{\alpha}{2}}(15)=6.26$，由式(6.3.13)得到 σ^2 的置信度为 0.95 的置信区间为 $\left(\frac{(n-1)S^2}{\chi^2_{\frac{\alpha}{2}}(n-1)}<\sigma^2<\frac{(n-1)S^2}{\chi^2_{1-\frac{\alpha}{2}}(n-1)}\right)=(0.0013, 0.0058)$.

6.3.5　两个正态总体参数的区间估计

在实际中常遇到下面的问题：已知产品的质量指标 X 服从正态分布，但由于工艺改变，原料、设备条件或操作人员不同等因素，引起总体均值、总体方差有所改变，我们需要知道这些变化有多大，这就需要考虑两个正态总体均值差或方差比的估计问题.

设已给定置信度 $1-\alpha$，并设 $(X_1, X_2, \cdots, X_{n_1})$ 和 $(Y_1, Y_2, \cdots, Y_{n_2})$ 分别来自于第一个总体 $N(\mu_1, \sigma_1^2)$ 和第二个总体 $N(\mu_2, \sigma_2^2)$ 的样本，并且这两个样本相互独立. 记 $\bar{X}$，$\bar{Y}$ 分别表示第一、第二个总体的样本均值，$S^2_{1n_1}$，$S^2_{2n_2}$ 分别为第一、第二个总体的样本方差.

1. 均值差 $\mu_1-\mu_2$ 的置信区间

(1) σ_1^2 和 σ_2^2 为已知时，$\mu_1-\mu_2$ 的置信区间.

σ_1^2 和 σ_2^2 为已知时，由 $\bar{X} \sim N(\mu_1, \sigma_1^2/n_1)$，$\bar{Y} \sim N(\mu_2, \sigma_2^2/n_2)$，及 $\bar{X}$ 和 $\bar{Y}$ 的独立性，可知 $\bar{X}-\bar{Y} \sim N\left(\mu_1-\mu_2, \frac{\sigma_1^2}{n_1}+\frac{\sigma_2^2}{n_2}\right)$，因此构造枢轴量

$$\frac{(\bar{X}-\bar{Y})-(\mu_1-\mu_2)}{\sqrt{\frac{\sigma_1^2}{n_1}+\frac{\sigma_2^2}{n_2}}} \sim N(0,1), \tag{6.3.14}$$

由式(6.3.14)可得到 $\mu_1-\mu_2$ 的置信度 $1-\alpha$ 置信区间为

$$\left(\bar{X}-\bar{Y}-u_{\frac{\alpha}{2}}\sqrt{\frac{\sigma_1^2}{n_1}+\frac{\sigma_2^2}{n_2}}, \bar{X}-\bar{Y}+u_{\frac{\alpha}{2}}\sqrt{\frac{\sigma_1^2}{n_1}+\frac{\sigma_2^2}{n_2}}\right). \tag{6.3.15}$$

(2) $\sigma_1^2=\sigma_2^2=\sigma^2$，但 σ^2 未知时，$\mu_1-\mu_2$ 的置信区间.

$\sigma_1^2=\sigma_2^2=\sigma^2$，但 σ^2 未知时，构造枢轴量

$$T=\frac{(\overline{X}-\overline{Y})-(\mu_1-\mu_2)}{S_w\sqrt{\frac{1}{n_1}+\frac{1}{n_2}}},\tag{6.3.16}$$

其中 $S_w=\sqrt{\frac{(n_1-1)S_{1n_1}^2+(n_2-1)S_{2n_2}^2}{n_1+n_2-2}}$.

由第 5 章定理 5.4.6，可知 $T\sim t(n_1+n_2-2)$，则

$$P\left\{\frac{(\overline{X}-\overline{Y})-(\mu_1-\mu_2)\mid}{S_w\sqrt{\frac{1}{n_1}+\frac{1}{n_2}}}<t_{\frac{\alpha}{2}}(n_1+n_2-2)\right\}=1-\alpha.$$

因此，可得 $\mu_1-\mu_2$ 的置信度为 $1-\alpha$ 的置信区间为

$$\left(\overline{X}-\overline{Y}\pm t_{\frac{\alpha}{2}}(n_1+n_2-2)\cdot S_w\sqrt{\frac{1}{n_1}+\frac{1}{n_2}}\right).\tag{6.3.17}$$

(3) σ_1^2 和 σ_2^2 均未知，且 $\sigma_1^2\neq\sigma_2^2$ 时，$\mu_1-\mu_2$ 的置信区间.

对于该种情形，只要 n_1,n_2 充分大时，

$$U=\frac{(\overline{X}-\overline{Y})-(\mu_1-\mu_2)}{\sqrt{\frac{S_{1n_1}^2}{n_1}+\frac{S_{2n_2}^2}{n_2}}}\overset{\text{近似}}{\sim}N(0,1)\tag{6.3.18}$$

可得

$$P\left\{\frac{|(\overline{X}-\overline{Y})-(\mu_1-\mu_2)|}{\sqrt{\frac{S_{1n_1}^2}{n_1}+\frac{S_{2n_2}^2}{n_2}}}<u_{\frac{\alpha}{2}}\right\}\approx1-\alpha,$$

则

$$P\left\{(\overline{X}-\overline{Y})-u_{\alpha/2}\sqrt{\frac{S_{1n_1}^2}{n_1}+\frac{S_{2n_2}^2}{n_2}}<\mu_1-\mu_2<(\overline{X}-\overline{Y})+u_{\alpha/2}\sqrt{\frac{S_{1n_1}^2}{n_1}+\frac{S_{2n_2}^2}{n_2}}\right\}\approx1-\alpha.$$

因此，得到 $\mu_1-\mu_2$ 的置信度近似为 $1-\alpha$ 置信区间为

$$\left(\overline{X}-\overline{Y}\pm u_{\frac{\alpha}{2}}\sqrt{\frac{S_{1n_1}^2}{n_1}+\frac{S_{2n_2}^2}{n_2}}\right).\tag{6.3.20}$$

例 6.3.8　设 $X\sim N(\mu_1,5^2)$ 和 $Y\sim N(\mu_2,36)$ 是两个相互独立的总体，为了比较两个总体的均值，随机地从 X 中取出容量为 10 的样本，得到样本平均值 $\bar{x}=19.8$，随机地从 Y 中取出容量为 12 的样本，得到样本平均值 $\bar{y}=24.0$. 试求 $\mu_1-\mu_2$ 的置信度为 0.90 的置信区间.

解　由于两个总体是相互独立的，而且两个总体的方差都是已知的，因此可以利用式(6.3.15)求置信区间. 又由于 $1-\alpha=0.90$，$\frac{\alpha}{2}=0.05$，$u_{\frac{\alpha}{2}}=1.645$，$n_1=10$，$n_2=12$，$\sigma_1^2=25$，$\sigma_2^2=36$，故 $\sqrt{\frac{\sigma_1^2}{n_1}+\frac{\sigma_2^2}{n_2}}=\sqrt{\frac{25}{10}+\frac{36}{12}}=2.345$，因此，$\mu_1-\mu_2$ 的置信度为 0.90 的置信区间为

$$\left(\bar{x}-\bar{y}\pm u_{0.05}\sqrt{\frac{25}{10}+\frac{36}{12}}\right)=(-8.06,-0.34).$$

例 6.3.9　为了比较两个小麦品种的产量，选取了 20 块条件相似的试验田，采用相同的耕作方法试验，结果播种甲品种的 10 块试验田的产量和播种乙品种的 10 块试验田的产量分别为：

甲：	62	57	65	60	63	58	57	60	60	58
乙：	56	59	56	57	58	57	60	55	57	55

假设播种甲品种每块试验田小麦产量 $X\sim N(\mu_1,\sigma^2)$，播种乙品种每块试验田小麦产量 $Y\sim N(\mu_2,\sigma^2)$，试求均值差 $\mu_1-\mu_2$ 的置信度 0.95 的置信区间.

解　因播种甲乙品种小麦产量的标准差未知但相等，故可以利用式(6.3.17)求 $\mu_1-\mu_2$ 的置信区间. 又由样本观测值计算得 $\bar{x}=60, s_{1n_1}^2=\dfrac{64}{9}, \bar{y}=57, s_{2n_2}^2=\dfrac{24}{9}, S_w=\sqrt{\dfrac{44}{9}}$. 又 $\alpha=0.05, n_1=n_2=10$，得 $t_{\frac{\alpha}{2}}(n_1+n_2-2)=t_{0.025}(18)=2.1009$，故 $\mu_1-\mu_2$ 的置信度为 0.95 的置信区间为

$$\left(\bar{x}-\bar{y}\pm t_{\frac{\alpha}{2}}(18)\cdot S_w\sqrt{\frac{1}{10}+\frac{1}{10}}\right)=(0.92,5.08)$$

2. 方差比 $\dfrac{\sigma_1^2}{\sigma_2^2}$ 的置信区间

这里只讨论均值 μ_1,μ_2 都未知的情况下，$\dfrac{\sigma_1^2}{\sigma_2^2}$ 的置信度为 $1-\alpha$ 的置信区间.

由第 5 章定理 5.4.7 可知，枢轴量

$$F=\frac{\sigma_2^2 S_{1n_1}^2}{\sigma_1^2 S_{2n_2}^2}\sim F(n_1-1,n_2-1), \tag{6.3.21}$$

则

$$P\left\{F_{1-\frac{\alpha}{2}}(n_1-1,n_2-1)<\frac{S_{1n_1}^2\big/S_{2n_2}^2}{\sigma_1^2\big/\sigma_2^2}<F_{\frac{\alpha}{2}}(n_1-1,n_2-1)\right\}=1-\alpha,$$

即

$$P\left\{\frac{S_{1n_1}^2}{S_{2n_2}^2 F_{\alpha/2}(n_1-1,n_2-1)}<\frac{\sigma_1^2}{\sigma_2^2}<\frac{S_{1n_1}^2}{S_{2n_2}^2 F_{1-\alpha/2}(n_1-1,n_2-1)}\right\}=1-\alpha.$$

故方差比 $\dfrac{\sigma_1^2}{\sigma_2^2}$ 的置信度为 $1-\alpha$ 的置信区间为

$$\left(\frac{S_{1n_1}^2}{S_{2n_2}^2 F_{\alpha/2}(n_1-1,n_2-1)},\frac{S_{1n_1}^2}{S_{2n_2}^2 F_{1-\alpha/2}(n_1-1,n_2-1)}\right). \tag{6.3.22}$$

例 6.3.10　设 $X\sim N(\mu_1,\sigma_1^2)$ 和 $Y\sim N(\mu_2,\sigma_2^2)$ 是两个相互独立的总体，为了比较两个总体的方差，随机地从两个总体中抽取样本，它们的容量分别为 $n_1=9, n_2=10$，样本的观测值分别为 $s_{1n_1}=7.99, s_{2n_2}=15.39$，求两个总体方差比 $\dfrac{\sigma_1^2}{\sigma_2^2}$ 的置信度为 0.95 的置信区间.

解　$\alpha=0.05, n_1=9, n_2=10$，可得 $F_{0.025}(8,9)=4.10, F_{0.025}(9,8)=4.36$，由式(6.3.22)可知 $\dfrac{\sigma_1^2}{\sigma_2^2}$ 的置信度为 0.95 的置信区间为

$$\left(\frac{S_{1n_1}^2}{S_{2n_2}^2 F_{\alpha/2}(n_1-1,n_2-1)},\frac{S_{1n_1}^2}{S_{2n_2}^2 F_{1-\alpha/2}(n_1-1,n_2-1)}\right)=(0.066,1.18).$$

有关正态总体参数的区间估计可参考表 6.1 和 6.2.

表 6.1　正态分布参数的置信区间

待估参数	条　件	所用函数及分布	置　信　区　间
均值 μ	方差 σ^2 已知	$U=\dfrac{\sqrt{n}(\overline{X}-\mu)}{\sigma}\sim N(0,1)$	$\left(\overline{X}-\dfrac{\sigma}{\sqrt{n}}u_{\alpha/2},\ \overline{X}+\dfrac{\sigma}{\sqrt{n}}u_{\alpha/2}\right)$
均值 μ	方差 σ^2 未知	$T=\dfrac{\sqrt{n}(\overline{X}-\mu)}{S}\sim t(n-1)$	$\left(\overline{X}-\dfrac{S}{\sqrt{n}}t_{\alpha/2}(n-1),\ \overline{X}+\dfrac{S}{\sqrt{n}}t_{\alpha/2}(n-1)\right)$
方差 σ^2	均值 μ 未知	$\chi^2=\dfrac{(n-1)}{\sigma^2}S^2\sim\chi^2(n-1)$	$\left(\dfrac{(n-1)S^2}{\chi^2_{\alpha/2}(n-1)},\ \dfrac{(n-1)S^2}{\chi^2_{1-\alpha/2}(n-1)}\right)$
均值差 $\mu_1-\mu_2$	方差 σ_1^2,σ_2^2 未知，但 $\sigma_1^2=\sigma_2^2$	$T=\dfrac{(\overline{X}-\overline{Y})-(\mu_1-\mu_2)}{S_W\sqrt{\dfrac{1}{n_1}+\dfrac{1}{n_2}}}\sim t(n_1+n_2-2)$	$\left((\overline{X}-\overline{Y})-t_{\alpha/2}(n_1+n_2-2)S_W\sqrt{\dfrac{1}{n_1}+\dfrac{1}{n_2}},\right.$ $\left.(\overline{X}-\overline{Y})+t_{\alpha/2}(n_1+n_2-2)S_W\sqrt{\dfrac{1}{n_1}+\dfrac{1}{n_2}}\right)$
均值差 $\mu_1-\mu_2$	方差 σ_1^2,σ_2^2 未知，且 $\sigma_1^2\neq\sigma_2^2$，大样本	$U=\dfrac{(\overline{X}-\overline{Y})-(\mu_1-\mu_2)}{\sqrt{\dfrac{1}{n_1}S_{1n_1}^2+\dfrac{1}{n_2}S_{2n_2}^2}}\overset{近似}{\sim}N(0,1)$	$\left((\overline{X}-\overline{Y})-u_{\alpha/2}\sqrt{\dfrac{1}{n_1}S_{1n_1}^2+\dfrac{1}{n_2}S_{2n_2}^2},\right.$ $\left.(\overline{X}-\overline{Y})+u_{\alpha/2}\sqrt{\dfrac{1}{n_1}S_{1n_1}^2+\dfrac{1}{n_2}S_{2n_2}^2}\right)$
方差比 σ_1^2/σ_2^2	均值 μ_1,μ_2 未知	$F=\dfrac{\sigma_2^2S_{1n_1}^2}{\sigma_1^2S_{2n_2}^2}\sim F(n_1-1,n_2-1)$	$\left(\dfrac{S_{1n_1}^2}{S_{2n_2}^2F_{\alpha/2}(n_1-1,n_2-1)},\ \dfrac{S_{1n_1}^2}{S_{2n_2}^2F_{1-\alpha/2}(n_1-1,n_2-1)}\right)$

表 6.2 正态分布参数的单侧置信上、下限

待估参数	条件	单侧置信上限	单侧置信下限
均值 μ	方差 σ^2 已知	$\overline{X}+\frac{\sigma}{\sqrt{n}}u_\alpha$	$\overline{X}-\frac{\sigma}{\sqrt{n}}u_\alpha$
均值 μ	方差 σ^2 未知	$\overline{X}+\frac{S}{\sqrt{n}}t_\alpha(n-1)$	$\overline{X}-\frac{S}{\sqrt{n}}t_\alpha(n-1)$
方差 σ^2	均值 μ 未知	$\frac{(n-1)S^2}{\chi^2_{1-\alpha}(n-1)}$	$\frac{(n-1)S^2}{\chi^2_\alpha(n-1)}$
均值差 $\mu_1-\mu_2$	方差 σ_2^2,σ_2^2 未知，但 $\sigma_1^2=\sigma_2^2$	$\overline{X}-\overline{Y}+t_\alpha(n_1+n_2-2)S_W\sqrt{\frac{1}{n_1}+\frac{1}{n_2}}$	$\overline{X}-\overline{Y}-t_\alpha(n_1+n_2-2)S_W\sqrt{\frac{1}{n_1}+\frac{1}{n_2}}$
均值差 $\mu_1-\mu_2$	方差 σ_1^2,σ_2^2 未知，且 $\sigma_1^2\neq\sigma_2^2$，大样本	$\overline{X}-\overline{Y}+u_\alpha\sqrt{\frac{1}{n_1}S_{1n_1}^2+\frac{1}{n_2}S_{2n_2}^2}$	$\overline{X}-\overline{Y}-u_\alpha\sqrt{\frac{1}{n_1}S_{1n_1}^2+\frac{1}{n_2}S_{2n_2}^2}$
方差比 σ_1^2/σ_2^2	均值 μ_1,μ_2 未知	$\frac{S_{1n_1}^2}{S_{2n_2}^2F_{1-\alpha}(n_1-1,n_2-1)}$	$\frac{S_{1n_1}^2}{S_{2n_2}^2F_\alpha(n_1-1,n_2-1)}$

习题 6

1. 设$(X_1,X_2,\cdots,X_n)$为总体 X 的一个样本,$(x_1,x_2,\cdots,x_n)$为相应的样本值,求下列各总体分布中未知参数的矩估计量、矩估计值和极大似然估计量、极大似然估计值.

(1) X 服从参数为 λ 的指数分布,λ 为未知的参数;

(2) X 服从 $B(m,p)$的二项分布,其中 m 已知,p 为未知的参数;

(3) X 服从$[\theta_1,\theta_2]$上的均匀分布,θ_1 和 θ_2 均为未知的参数;

(4) X 的概率密度为 $f(x;\theta)=\begin{cases}\sqrt{\theta}x^{\sqrt{\theta}-1}, & 0<x<1\\ 0, & \text{其他}\end{cases}$,$\theta>0$ 为未知的参数;

(5) X 的概率密度为 $f(x;\theta)=\begin{cases}\theta c^{\theta}x^{-(\theta+1)}, & x>c\\ 0, & \text{其他}\end{cases}$,其中,$c>0$ 为已知,$\theta>1$ 为未知的参数.

2. 设总体 X 的概率概率密度为

$$f(x;\beta)=\begin{cases}(\beta+1)x^{\beta}, & 0<x<1,\\ 0, & \text{其他},\end{cases}$$

其中,$\beta>-1$ 为未知的参数,试用样本$(X_1,X_2,\cdots,X_n)$求 β 的矩估计量和极大似然估计量.

3. 已知总体的分布律为

X	1	2	3
p_k	θ^2	$2\theta(1-\theta)$	$(1-\theta)^2$

其中 $0<\theta<1$ 是未知的参数,$(X_1,X_2,\cdots,X_n)$是来自 X 的一个样本,当其对应的观测值为$(1,2,1)$时,求

(1) 参数 θ 的矩估计值;

(2) 参数 θ 的极大似然估计值.

4. 设某电子元件的寿命 X 服从双参数的指数分布,其概率密度函数为

$$f(x;\theta_1,\theta_2)=\begin{cases}\dfrac{1}{\theta_2}e^{-\frac{x-\theta_1}{\theta_2}}, & x\geqslant\theta_1,\\ 0, & \text{其他},\end{cases}$$

其中$-\infty<\theta_1<+\infty$,$\theta_2>0$ 为两个未知的参数,$(X_1,X_2,\cdots,X_n)$为来自总体 X 的一个样本,求

(1) θ_1 和 θ_2 的矩估计量;

(2) θ_1 和 θ_2 的极大似然估计量.

5. 设$(X_1,X_2,\cdots,X_n)$为来自总体 X 的一个样本,且 X 服从参数为 λ 的泊松分布 $P(\lambda)$,求 $P\{X=0\}$的极大似然估计值.

6. 设$(X_1,X_2,\cdots,X_n)$为来自于概率密度为

$$f(x;\theta)=\begin{cases}\theta x^{\theta-1}, & 0<x<1,\\ 0, & \text{其他},\end{cases}$$

的总体的样本，θ 为未知的参数，求 $T=e^{-1/\theta}$ 的极大似然估计值.

7. 设$(X_1,X_2,\cdots,X_n)$是来自于总体 X 的一个样本，设 $E(X)=\mu,D(X)=\sigma^2$.

(1) 确定常数 c，使得 $c\sum\limits_{i=1}^{n-1}(X_{i+1}-X_i)^2$ 为 σ^2 的无偏估计.

(2) 确定常数 c，使得 $\overline{X}^2-cS^2$ 是 μ^2 的无偏估计，其中，$\overline{X},S^2$ 分别是样本的均值和样本的方差.

8. 设$(X_1,X_2,\cdots,X_n)$是来自均值为 θ 的指数分布总体的样本，其中 θ 未知. 设有估计量

$$T_1=\frac{1}{6}(X_1+X_2)+\frac{1}{3}(X_3+X_4),$$

$$T_2=\frac{1}{5}(X_1+2X_2+3X_3+4X_4),$$

$$T_3=\frac{1}{4}(X_1+X_2+X_3+X_4).$$

(1) 指出 T_1,T_2 和 T_3 中哪些是 θ 的无偏估计量；

(2) T_1,T_2 和 T_3 中哪一个较为有效.

9. 设 $X_1,X_2,\cdots,X_n$ 是来自于两点分布 $B(1,p)$的一个样本，

(1) 求 p^2 的无偏估计量；

(2) 求 $p(1-p)$的无偏估计量.

10. 设 $X_1,X_2,\cdots,X_n$ 为来自参数为 λ 的泊松分布总体的样本，$\overline{X}$ 和 S^2 分别是样本的均值和样本方差，试证：对于任意的常数 k，统计量 $k\overline{X}+(1-k)S^2$ 是 λ 的无偏估计量.

11. 设 $\hat{\theta}$ 是参数 θ 的无偏估计量，且 $D(\hat{\theta})>0$，证明 $\hat{\theta}^2$ 不是 θ^2 的无偏估计量.

12. 设 $X\sim U(0,\theta)$，其中 θ 为未知的参数，$X_1,X_2,\cdots,X_n$ 为来自于 X 的一个样本，证明：$\hat{\theta}_1=2\overline{X}$ 和 $\hat{\theta}_2=\dfrac{n+1}{n}\max\{X_1,X_2,\cdots,X_n\}$都是 θ 的无偏估计量，并证明当 $n\geqslant 2$ 时，$\hat{\theta}_2$ 比 $\hat{\theta}_1$ 更有效.

13. 设总体 X 服从$[0,\theta]$上的均匀分布，$X_1,X_2,\cdots,X_n$ 为来自于 X 的样本，试证 $2\overline{X}$ 和 $X_{(n)}$都是 θ 的相合估计量和均方相合估计量.

14. 设 $X_1,X_2,\cdots,X_n$ 为来自于 X 的样本，θ 是 X 分布中包含的未知参数，$\hat{\theta}=\hat{\theta}(X_1,X_2,\cdots,X_n)$是 θ 的一个渐近无偏估计量，且 $\lim\limits_{n\to\infty}D(\hat{\theta})=0$，试证明 $\hat{\theta}$ 是 θ 的相合估计量和均方相合估计量.

15. 从一大批产品中随机地抽取容量为 100 的样品，其中一级品有 60 个，求这批产品的一级品率 p 的置信度为 0.95 的置信区间.

16. 某车间生产一批滚珠，其直径 $X\sim N(\mu,\sigma^2)$，其中 $\sigma^2=0.05$，从某天的产品中随机抽出 6 个，测得其直径为：

14.71　15.21　14.90　14.91　15.32　15.32

试求 μ 的置信度为 0.95 的置信区间.

17. 设某机器生产的零件长度 $X\sim N(\mu,\sigma^2)$，今抽取容量为 16 的样本，测得样本均值 $\overline{x}=10$，样本方差值 $s^2=0.16$，求 μ 的置信度为 0.95 的置信区间.

18. 设总体 $X\sim N(\mu,\sigma^2)$，σ^2 已知. 问样本容量 n 多大时，才能保证 μ 的置信水平为 95%

的置信区间的长度不大于 k.

19.某矿地矿石中含少量元素服从方差为 σ^2 的正态分布,现在从中共抽取容量为 12 的样本进行调查,计算得到样本标准差 $s=0.2$,求 σ 的置信度为 0.9 的置信区间.

20.某自动车床加工某种零件,其长度 $X\sim N(\mu,\sigma^2)$,今抽查 16 个零件,测得长度(单位:mm)如下:

12.15 12.12 12.01 12.08 12.09 12.16 12.03 12.01

12.06 12.13 12.07 12.11 12.08 12.01 12.03 12.06

试求 σ^2 的置信度为 0.95 的置信区间.

21.已知某种白炽灯泡的寿命服从正态分布,在一批该种灯泡中随机地抽取 10 只测得其寿命值(单位:h)为:

999.17 993.05 1001.84 1005.36 989.8

1000.89 1003.74 1000.23 1001.26 1003.19

试求未知参数 μ,σ^2 及 σ 的置信度为 0.95 的置信区间.

22.随机地从 A 批导线中抽 4 根,又从 B 批导线中抽 5 根,测得电阻(单位:Ω)为

A 批导线: 0.143 0.142 0.143 0.137

B 批导线: 0.140 0.142 0.136 0.138 0.140

设测定数据分别来自分布 $N(\mu_1,\sigma^2)$,$N(\mu_2,\sigma^2)$,两个样本相互独立,且 μ_1,μ_2 和 σ^2 均未知,试求 $\mu_1-\mu_2$ 的置信度为 0.95 的置信区间.

23.从某市近郊区和远郊区各自独立地抽取 25 户农民家庭,调查平均每户年末存款余额,得出两个样本均值分别为:近郊区 $\bar{x}=650$ 元,远郊区 $\bar{x}=480$ 元.已知两个总体均服从正态分布,且 $\sigma_1=120$,$\sigma_2=106$.试估计该市近郊区和远郊区农民平均年末存款余额之差的置信区间($\alpha=0.05$).

24.某橡胶配方中,原用氧化锌 5 g,现减为 1 g.分别对两种配方作一批试验,测得橡胶伸长率如下:

氧化锌 5 g: 540 533 525 520 545 531 541 529 534

氧化锌 1 g: 565 577 580 575 556 542 560 532 570 561

假定两种配方的伸长率都服从正态分布,求两总体标准差之比 σ_1/σ_2 的置信度为 95%的置信区间.

25.甲、乙两位化验员独立地对某种聚合物的含氮量用相同的方法分别做 10 次测试,其测定值的样本方差分别为 $S_1^2=0.5419$,$S_2^2=0.6065$,设甲、乙所测定的测试值相互独立且分别服从方差为 σ_1^2 和 σ_2^2 的正态分布,试求方差比 σ_1^2/σ_2^2 的置信度为 0.95 的置信区间.

26.已知某种绿化用草皮的成活率服从 $N(\mu,\sigma^2)$ 的正态分布,现从中随机地抽取 6 个绿化草皮样本做测试,测得它们的成活率分别为:

0.905 0.932 0.958 0.912 0.893 0.926

求 μ 的置信度为 95%的单侧置信下限.

27.求 22 题中均值差 $\mu_1-\mu_2$ 的置信度为 95%的单侧置信下限.

28.求 25 题中方差比 σ_1^2/σ_2^2 的置信度为 95%的单侧置信上限.

第7章 假设检验

统计推断的另一类重要问题是假设检验.在许多实际问题中,常常需要对关于总体的分布形式或分布中的未知参数的某个陈述或命题进行判断,数理统计学中将这些有待验证的陈述或命题称为**统计假设**,简称**假设**.利用样本(采样数据)对假设的真假进行判断称为**假设检验**.当总体分布类型已知,对总体分布中未知参数的检验称为**参数假设检验**;当总体分布类型未知,对总体分布类型或分布性质的检验称为**非参数假设检验**.

本章介绍假设检验的基本概念、正态总体参数的假设检验及非参数假设检验.

7.1 假设检验的基本概念

评判某人的射击水平,可看他的射击成绩记录.如果他5次射击的环数分别为9,10,9,9,10,据此我们有相当大的把握推断他为一级(假定这是最高等级)射手.因为一级射手打出这样成绩的概率最大.如果问题改为:一个人自报家门,说他是一级射手,我们是否相信他自己所说的呢?我们同样可以请他射击5次,从他的射击成绩来检验是否真是一级,或者说假定他是一级,我们通过试验数据(5次射击成绩)来检验这个假设是否可以被接受.

上面遇到的问题就是参数的假设检验问题.对未知参数预先给定一个假设(称为原假设,一般用 H_0 表示),根据抽样数据决定是否拒绝这个假设——当拒绝这个假设的时候,应该有充足的根据,应该是理直气壮的.为此我们要在对未知参数的这个假设这下,构造一个小概率事件,依据抽样得到的事实,判定小概率事件是否发生.因为根据**实际推断原理**,小概率事件在一次试验中是不应该发生的.如果小概率事件发生了,则拒绝这个假设.这就是假设检验的目的和原理.

7.1.1 假设检验的基本原理

下面先通过一个例子来说明什么是假设检验以及如何进行假设检验.

例7.1.1 某车间用一台包装机包装洗衣粉,每袋标准重量是500g.由长期实践表明,袋装洗衣粉重量(单位:g)服从正态分布,标准差为2g比较稳定.某日开工后为了检验包装机是否正常,随机地抽取它所包装的洗衣粉7袋,称得重量为501.8,502.4,499,500.3,504.5,498.2,505.6,问:由这组数据能否判断包装机工作正常?

在这个问题中,袋装重量 $X\sim N(\mu,\sigma^2)$.由于标准差比较稳定,可以认为 $\sigma_0^2=4$.如果要看机器是否工作正常,就是要看每袋平均重量是否为500.现在我们仅得到总体的一个样本,其样本均值 $\bar{x}=501.69$,它可以作为 μ 的一个估计.而每袋标准重量 $\mu_0=500$,当 $\bar{x}$ 与 μ_0 的差别很小时,就会认为机器正常工作,而当两者的差别很大时,比如 $\bar{x}=560$,那么就会怀疑机器的运行情况.然而在很多场合两者的差别不那么明显时,机器是否正常工作呢?假设检验将提供一种方法,供人们对这一问题做出判断.这一判断不可避免地带有风险,但这种风险会受到控制.

为了评价机器是否正常工作,先要提出一个命题"机器工作正常",将这个命题称为**原假设**,记为 H_0. 我们的任务就是要确认这个原假设 H_0 是真还是假.

当我们能确认原假设 H_0 为假时,就拒绝 H_0. 在抛弃原假设后可供选择的命题称为**备择假设或对立假设**,记为 H_1. 在例 7.1.1 中,备择假设为"机器工作不正常".

在本例中,"机器工作正常"意味着每袋平均重量是 500g,即 $\mu=500$;而"机器工作不正常"则意味着每袋平均重量不是 500g,即 $\mu\neq500$. 这样上面所确立的原假设 H_0 与备择假设 H_1 可以分别用关于 μ 的式子表示:

$$H_0:\mu=500, H_1:\mu\neq500$$

如果我们拒绝原假设 H_0,就可以认为 H_1 正确. 现在由样本观测值给出的 $\bar{x}=501.69$,它仅仅是 μ 的一个估计而已.

为了确认原假设 H_0 是否为真,我们的做法是:先假设 H_0 成立,再用样本观测值去判断其真伪. 由于样本所含信息较为分散,因此需要构造一个统计量来做判断,此统计量称为**检验统计量**. 由于现在要检验的假设只涉及到总体的均值 μ,自然想到可借助于样本均值 $\overline{X}$ 这一统计量,并且在 H_0 为真时,$U=\dfrac{\sqrt{n}(\overline{X}-500)}{\sigma_0}=\dfrac{\sqrt{n}(\overline{X}-500)}{2}\sim N(0,1)$,即统计量 $U=\dfrac{\sqrt{n}(\overline{X}-500)}{2}\sim N(0,1)$ 的分布中不含未知常数,是一个确定的分布. 因此我们选取 $U=\dfrac{\sqrt{n}(\overline{X}-500)}{\sigma_0}$ 作为此检验的统计量.

由于样本均值 $\overline{X}$ 是总体均值 μ 的无偏估计量,$\overline{X}$ 的观测值 $\bar{x}$ 的大小在一定程度上反映了 μ 的大小,因此,如果假设 H_0 为真,则统计量 $U=\dfrac{\sqrt{n}(\overline{X}-500)}{\sigma_0}$ 的观测值 u 的绝对值 $|u|$ 应在 $E(U)=0$ 附近. 一般 $|u|$ 不应太大,若过分地大,我们就怀疑假设 H_0 的正确性而拒绝假设 H_0. 基于这样的想法,我们可适当选取一个常数 k,得检验法:在一次抽样后,如果 $|u|\geqslant k$ 就拒绝假设 H_0;反之,如果 $|u|<k$ 就接受假设 H_0. 在例 7.1.1 中,如果取 $k=1.96$,由计算得检验统计量的观测值 $u=2.2357$,$|u|>1.96$,所以拒绝假设 H_0,即认为机器工作不正常.

由理论分析可知,当假设 H_0 为真时,总体 X 服从正态分布 $N(500,4)$,因而 U 服从标准正态分布 $N(0,1)$,由此可知 $P\{|U|\geqslant1.96\}=0.05$,这表明事件 $\{|U|\geqslant1.96\}$ 是一个小概率事件,在一次试验中发生的概率仅有 0.05,根据实际推断原理,事件 $\{|U|\geqslant1.96\}$ 在一次抽样中不大可能发生. 如果在一次抽样中,所得样本值使 $|u|\geqslant1.96$,这说明在一次抽样中事件 $\{|U|\geqslant1.96\}$ 竟然发生了,这与实际推断原理相矛盾,这就使我们对最初的假设 H_0 表示怀疑而拒绝 H_0;相反,如果抽到的样本值使 $|u|<1.96$,这说明在一次抽样中小概率事件没有发生,这与实际推断原理是一致的,在这种情况下没有理由拒绝原来的假设 H_0,而应该接受假设 H_0. 这样就得检验法:在一次抽样后,如果 $|u|\geqslant1.96$,则拒绝原假设 H_0;如果 $|u|<1.96$,就接受假设 H_0.

使原假设 H_0 被拒绝的样本观测值 $(x_1,x_2,\cdots,x_n)$ 所组成的集合称为检验的**拒绝域**,用 W 表示;而使原假设 H_0 被接受的样本观测值所组成的集合称为检验的**接受域**,用 $\overline{W}$ 表示. 即 W 和 $\overline{W}$ 分别是检验原假设 H_0 的拒绝域和接受域. 显然,$W\cap\overline{W}=\varnothing$,$W\cup\overline{W}=\Omega$. 拒绝域

和接受域的分界点称为**临界值**. 例 7.1.1 中,拒绝域 $W=\{(x_1,x_2,\cdots,x_n),|u|\geqslant 1.96\}$,接受域 $\overline{W}=\{(x_1,x_2,\cdots,x_n),|u|<1.96\}$,临界值 $k_1=-1.96,k_2=1.96$.

从上面的理论分析可知,要给出检验假设 H_0 的一个检验法,主要是在 H_0 成立的前提下找到一个适当的小概率事件,例如前面将概率为 0.05 的事件$\{|U|\geqslant 1.96\}$作为小概率事件,然后按照实际推断原理,在一次具体的抽样后如果这个小概率事件发生了,就拒绝原假设 H_0,如果这个小概率事件没有发生,就接受假设 H_0. 那么,概率小到什么程度的事件才算是小概率事件呢? 通常是根据实际问题事先给定一个值 α(一般给定 α 为 0.05,0.01,0.1 等值),当事件的概率不超过 α 时,就认为是一个小概率事件. 显然,α 的值给得越小,小概率事件在一次抽样中就越不容易发生,也就越不容易拒绝假设 H_0,因此,α 越小,拒绝原假设 H_0 就越有说服力,或者说样本值提供了不利于假设 H_0 的显著证据,所以称 α 为**检验的显著性水平**.

7.1.2　两类错误

检验假设 H_0 时,是根据一次抽样后所得的样本值求得检验统计量的观测值,看它是否落在拒绝域 W 中而做出拒绝或接受 H_0 的决定,由于样本的随机性,即使 H_0 为真,但样本值$\{x_1,x_2,\cdots,x_n\}\in W$,即拒绝了 H_0,因而做出了错误的判断,这时就犯错误了,称这类错误为**第Ⅰ类错误**(也称**拒真错误**),犯第类Ⅰ错误的概率(即拒真错误的概率)为

$$\alpha(\mu)=P\{\text{拒绝 } H_0 \mid H_0 \text{ 为真}\}.$$

另一方面,若 H_0 不真,但样本值$\{x_1,x_2,\cdots,x_n\}\notin\overline{W}$,即接受 H_0,这时也犯错误了,称这类错误为**第Ⅱ类错误**(也称**存伪错误**),犯第Ⅱ类错误的概率(即存伪错误的概率)为

$$\beta(\mu)=P\{\text{接受 } H_0 \mid H_0 \text{ 不真}\}=P\{\text{接受 } H_0 \mid H_1 \text{ 为真}\}.$$

在统计假设检验中,由于抽样的随机性,犯两类错误的概率是不可避免的. 理论上可证明,若在样本容量给定时,减少犯一类错误的概率,会使犯另一类错误的概率增加. 即同时减少两类错误的概率,在样本容量给定时是不可能的. 由于犯第Ⅱ类错误的概率一般很难求出,除非对于很简单的假设 H_0 和 H_1,如例 7.1.1,即使知道 $\mu\neq\mu_0$(H_1 为真),但 μ 为何值仍未知,从而在 H_1 给定时 U 的分布仍未知,故第Ⅱ类错误的概率不易求得. 因此,实际应用中,只控制犯第Ⅰ错误的概率不超过给定的值 α,使犯第Ⅱ类错误的概率尽可能小. 在固定样本容量的情况下,这种对犯第Ⅰ错误的概率加以控制而不考虑犯第Ⅱ类错误的概率的检验问题称为**显著性检验**问题. 如果一个检验法犯第Ⅰ错误的概率不超过某个给定的值 α,即 $\alpha(\mu)=P\{\text{拒绝 } H_0|H_0 \text{ 为真}\}\leqslant\alpha$,则称这种检验法为**显著性水平为 α 的检验法**. 在实际应用中,为了确定临界值常使犯第Ⅰ错误的概率等于 α,即 $\alpha(\mu)=P\{\text{拒绝 } H_0|H_0 \text{ 为真}\}=\alpha$.

7.1.3　原假设 H_0 和备择假设 H_1 的不平等性

由于在假设检验中只控制犯第Ⅰ类错误的概率,即 $\alpha(\mu)=P\{\text{拒绝 } H_0|H_0 \text{ 为真}\}\leqslant\alpha$,且 α 一般取得很小,因而只要 H_0 为真,根据样本观测值是不容易拒绝 H_0 的,即 H_0 受到了保护. 但此时,犯第Ⅱ类错误的概率 $\beta(\mu)=P\{\text{接受 } H_0|H_0 \text{ 不真}\}=P\{\text{接受 } H_0|H_1 \text{ 为真}\}$一般较大,即容易将不真的 H_0 误认为是真的. 因此,显著性检验体现了保护原假设的原则.

以上说明在显著性假设检验问题中,H_0 和 H_1 的地位是不平等的,H_0 是受到特殊保护

的,因此接受了 H_0,并不一定说明 H_0 一定为真.因为有较大的概率会将 H_0 实际不真的情况也误认为是真的.但是,若在很小的 α 下,仍拒绝 H_0,则说明有充分理由否定 H_0.而接受 H_0 只说明目前的样本提供的信息还不足以否定 H_0.

在假设检验中,人们总是关心拒绝域.这是因为如果我们手中只有一组样本,用一组样本去证明一个命题是正确的,这在逻辑上是不充分的.但用一个反例(如样本)去推翻一个命题,理由是充分的.因为一个命题成立时是不允许有一个反例存在.当不能否定原假设 H_0 时,只能将原假设 H_0 当作为真的保留下来.这里保留的意思有两点:一是原假设 H_0 可能为真,二是保留进一步检验的权利.

在实际的应用中,一般将需要证明的假设设定为备择假设 H_1,而将已有的已被人们所认可的或使用的假设设定为原假设 H_0,因此当检验的结果为拒绝 H_0,则认为 H_1 为真的理由就很充分了.

7.1.4 假设检验的一般步骤

在假设检验问题中,把要检验的假设 H_0 称为**原假设**或**零假设**,把原假设的对立面称为**对立假设**或**备择假设**,记为 H_1.通常,将例 7.1.1 的检验问题叙述成:

在显著性水平 α 下检验假设

$$H_0:\mu = 500, H_1:\mu \neq 500.$$

也常称**在显著性水平 α 下,针对 H_1 检验 H_0.**

假设检验的步骤如下:

(1) 根据实际问题,充分考虑并利用已知的背景知识提出原假设 H_0 及备择假设 H_1;

(2) 确定检验统计量 Z,在 H_0 为真时,导出 Z 的概率分布,要求 Z 的分布不依赖于任何未知参数;

(3) 确定拒绝域,依据直观分析先确定拒绝域的形式,然后根据给定的水平 α 和 Z 的分布,由 $P\{拒绝 H_0 | H_0 为真\}=\alpha$ 确定拒绝域的临界值,从而确定拒绝域;

(4) 依据具体的抽样结果,求出检验统计量 Z 的观测值,根据得到的检验统计量的观测值和上面确定的拒绝域对 H_0 做出拒绝或接受的判断.

7.1.5 单边假设检验

在例 7.1.1 中,我们要检验的假设为

$$H_0:\mu = 500, H_1:\mu \neq 500.$$

这个假设的特点是备择假设 H_1 的参数域在原假设 H_0 的参数域的两边,或者从结果可知,它的拒绝域在其接受域的两边,这种假设常常称为**双侧假设或双边假设**.

在实际问题中,有时我们只关心总体的期望是否增大,如产品的质量、材料的强度、元件的使用寿命等是否随着工艺改革而比以前提高,新工艺是否降低了产品的次品数、次品率等.这时我们需要检验以下几种假设.

(Ⅰ) $H_0:\mu=\mu_0, H_1:\mu>\mu_0$;

(Ⅱ) $H_0:\mu=\mu_0, H_1:\mu<\mu_0$;

(Ⅲ) $H_0:\mu\leqslant\mu_0, H_1:\mu>\mu_0$;

(Ⅳ) $H_0:\mu \geqslant \mu_0, H_1:\mu < \mu_0$.

这些假设的特点是备择假设 H_1 的参数域在原假设 H_0 的参数域的一边，这种假设常常称为**单侧假设或单边假设**.

单边假设检验方法导出的步骤类似于双边假设检验，主要是在确定拒绝域的形式时要依据备择假设来做. 我们将针对如下条件来确定上述四种假设的拒绝域.

设正态总体 $X \sim N(\mu, \sigma_0^2)$ 中参数 μ 未知，方差 σ_0^2 已知，$X_1, X_2, \cdots, X_n$ 是来自总体 X 的样本，$x_1, x_2, \cdots, x_n$ 是样本观测值. 由于上面几种假设都是针对参数 μ 进行的，并且现在总体的方差 σ_0^2 已知，于是可像例 7.1.1 那样取 $U=\frac{\sqrt{n}(\overline{X}-\mu_0)}{\sigma_0}$ 为检验统计量.

(Ⅰ) $H_0:\mu=\mu_0, H_1:\mu>\mu_0$.

由于 $\overline{X}$ 作为 μ 的估计，所以，当 H_0 为真时，u 不应太大，当 H_1 为真时，u 有偏大的趋势，因此，拒绝域的形式为

$$u=\frac{\sqrt{n}(\bar{x}-\mu_0)}{\sigma_0} \geqslant k \quad (k \text{ 待定}).$$

由于犯第Ⅰ类错误的概率为

$$\alpha(\mu)=P\{\text{拒绝 } H_0 \mid \mu=\mu_0\}=P\left\{U=\frac{\sqrt{n}(\overline{X}-\mu_0)}{\sigma_0} \geqslant k \mid \mu=\mu_0\right\},$$

而在 H_0 为真时，$U=\frac{\sqrt{n}(\overline{X}-\mu_0)}{\sigma_0} \sim N(0,1)$，所以，对给定显著水平 α，使 $\alpha(\mu)=\alpha$，从而查标准正态分布表得 $k=u_\alpha$，故拒绝域为

$$u=\frac{\sqrt{n}(\bar{x}-\mu_0)}{\sigma_0} \geqslant u_\alpha.$$

(Ⅱ) $H_0:\mu=\mu_0, H_1:\mu<\mu_0$.

同(Ⅰ)的分析类似，又由于标准正态分布是对称分布，从而可得拒绝域为

$$u=\frac{\sqrt{n}(\bar{x}-\mu_0)}{\sigma_0} \leqslant -u_\alpha.$$

(Ⅲ) $H_0:\mu \leqslant \mu_0, H_1:\mu>\mu_0$.

这种形式的假设在实际问题更常见.

由于 $\overline{X}$ 作为 μ 的估计，所以，当 H_0 为真时，u 应偏小，当 H_1 为真时，u 应偏大，因此，拒绝域的形式为

$$u=\frac{\sqrt{n}(\bar{x}-\mu_0)}{\sigma_0} \geqslant k \quad (k \text{ 待定}).$$

而在 H_0 为真时，即 $\mu \leqslant \mu_0$ 时，$U=\frac{\sqrt{n}(\overline{X}-\mu_0)}{\sigma_0}$ 不一定服从标准正态分布，而统计量 $\frac{\sqrt{n}(\overline{X}-\mu)}{\sigma_0}$ 是服从标准正态分布的. 又由于犯第Ⅰ类错误的概率

$$\begin{aligned}\alpha(\mu) &= P\{\text{拒绝 } H_0 \mid \mu \leqslant \mu_0\}=P\left\{U=\frac{\sqrt{n}(\overline{X}-\mu_0)}{\sigma_0} \geqslant k \mid \mu \leqslant \mu_0\right\}, \\ &= P\left\{\frac{\sqrt{n}(\overline{X}-\mu+\mu-\mu_0)}{\sigma_0} \geqslant k \mid \mu \leqslant \mu_0\right\}\end{aligned}$$

$$= P\left\{\frac{\sqrt{n}(\overline{X}-\mu)}{\sigma_0} \geqslant k + \frac{\sqrt{n}(\mu_0-\mu)}{\sigma_0} \mid \mu \leqslant \mu_0\right\}$$

$$\leqslant P\left\{\frac{\sqrt{n}(\overline{X}-\mu)}{\sigma_0} \geqslant k \mid \mu \leqslant \mu_0\right\}.$$

故对给定的显著水平 α，使 $P\left\{\frac{\sqrt{n}(\overline{X}-\mu)}{\sigma_0} \geqslant k \mid \mu \leqslant \mu_0\right\}=\alpha$，从而查标准正态分布表得 $k=u_\alpha$，故拒绝域为

$$\frac{\sqrt{n}(\overline{x}-\mu_0)}{\sigma_0} \geqslant u_\alpha.$$

(Ⅳ) $H_0:\mu \geqslant \mu_0, H_1:\mu < \mu_0$.

同(Ⅲ)的讨论类似，可得拒绝域为

$$\frac{\sqrt{n}(\overline{x}-\mu_0)}{\sigma_0} \leqslant -u_\alpha.$$

对正态总体的其他参数的单边假设检验问题完全可仿此进行讨论.

例 7.1.2 某厂生产的微波炉的辐射量服从正态分布 $N(\mu,\sigma^2)$，长期以来 $\sigma=0.1$ 比较稳定，且均值都不超过 0.12. 为了检查近期产品的质量，抽查了 25 台，得其辐射量的均值 $\overline{x}=0.1203$. 试问在 $\alpha=0.05$ 水平上该厂生产的微波炉的辐射量是否升高了?

解 根据题意，本题是在方差已知的情况下进行单边检验，因此要检验假设为

$$H_0: \mu \leqslant 0.12, H_1: \mu > 0.12$$

当 H_0 为真时，取 $U=\frac{\sqrt{n}(\overline{X}-0.12)}{\sigma_0}$ 作为检验统计量，由前述(Ⅲ)的分析知，拒绝域为

$$u=\frac{\sqrt{n}(\overline{x}-0.12)}{\sigma_0} \geqslant u_\alpha.$$

在 $\alpha=0.05$ 时，查标准正态分布表 $u_{0.05}=1.65$. 根据样本观测值求得检验统计量的观测值为 $u=\frac{\sqrt{25}(0.1203-0.12)}{0.1}=0.015<1.65$，因此接受 H_0，即认为该厂生产的微波炉的辐射量无明显升高.

7.2 正态总体参数的假设检验

7.2.1 单个正态总体参数的假设检验

在以下的讨论中总假定已给定显著性水平 α，并设 $X_1, X_2, \cdots, X_n$ 是来自正态总体 $X \sim N(\mu,\sigma^2)$ 的样本，$\overline{X}, S^2$ 分别是样本均值与样本方差.

1. 正态总体 $N(\mu,\sigma^2)$ 中均值 μ 的检验

(1) σ^2 已知，关于 μ 的检验.

由于总体 $X \sim N(\mu,\sigma^2)$，其中 σ^2 已知且为 σ_0^2. 今欲检验假设

$$H_0: \mu=\mu_0, \quad H_1: \mu \neq \mu_0.$$

这个问题我们在例 7.1.1 中已讨论过了. 由于在原假设 H_0 为真时,$U=\frac{\sqrt{n}(\overline{X}-\mu_0)}{\sigma_0}\sim N(0,1)$,所以取检验统计量为

$$U=\frac{\sqrt{n}(\overline{X}-\mu_0)}{\sigma_0}. \tag{7.2.1}$$

由于 $\overline{X}$ 为 μ 的无偏估计量,所以,当 H_0 为真时,$|u|$不应太大,当 H_1 为真时,$|u|$有偏大的趋势,因此,拒绝域的形式为

$$|u|=\left|\frac{\sqrt{n}(\bar{x}-\mu_0)}{\sigma_0}\right|\geqslant k \quad (k\text{ 待定}).$$

由于犯第Ⅰ类错误的概率为

$$\alpha(\mu)=P\{\text{拒绝 } H_0|\mu=\mu_0\}=P\{|U|=\frac{|\sqrt{n}(\overline{X}-\mu_0)|}{\sigma_0}\geqslant k|\mu=\mu_0\},$$

对给定显著性水平 α,使 $\alpha(\mu)=\alpha$,查 $N(0,1)$分布表得 $k=u_{\alpha/2}$,于是该检验的拒绝域为

$$|u|=\frac{|\sqrt{n}(\bar{x}-\mu_0)|}{\sigma_0}\geqslant u_{\alpha/2}. \tag{7.2.2}$$

根据一次抽样后所得的样本观测值,计算出统计量 U 的观测值 u,若$|u|\geqslant u_{\alpha/2}$,则拒绝原假设 H_0,即认为总体均值与 μ_0 有显著差异;若$|u|<u_{\alpha/2}$,则接受原假设 H_0,即认为总体均值与 μ_0 无显著差异.

利用 U 统计量得到的检验法称为 **u 检验法**.

(2) σ^2 未知,关于 μ 的检验.

由于总体 $X\sim N(\mu,\sigma^2)$,其中 μ,σ^2 均未知,今欲检验假设

$$H_0: \mu=\mu_0, H_1: \mu\neq\mu_0.$$

由于总体方差 σ^2 未知,此时 $U=\frac{\sqrt{n}(\overline{X}-\mu_0)}{\sigma}$中含有未知参数 σ,就不能作为检验统计量了. 由于样本方差 S^2 是总体方差 σ^2 的无偏估计量,故以 S 代替 σ,且当原假设 H_0 为真时,根据第 5 章定理 5.4.5 可知,$\frac{\sqrt{n}(\overline{X}-\mu_0)}{S}\sim t(n-1)$,从而可取检验统计量为

$$T=\frac{\sqrt{n}(\overline{X}-\mu_0)}{S}\sim t(n-1). \tag{7.2.3}$$

当原假设 H_0 为真时,观测值$|t|$不应太大,当 H_1 为真时,$|t|$有偏大的趋势,故拒绝域的形式为

$$|t|=|\frac{\sqrt{n}(\bar{x}-\mu_0)}{s}|\geqslant k.$$

由于犯第Ⅰ类错误的概率为

$$\alpha(\mu)=P\{\text{拒绝 } H_0 \mid H_0 \text{ 为真}\}=P\{|T|=\frac{|\sqrt{n}(\overline{X}-\mu_0)|}{S}\geqslant k \mid \mu=\mu_0\},$$

给定显著性水平 α,使 $\alpha(\mu)=\alpha$,从而查 t 分布表得 $k=t_{\alpha/2}(n-1)$,故拒绝域为

$$\frac{|\sqrt{n}(\bar{x}-\mu_0)|}{s}\geqslant t_{\alpha/2}(n-1). \tag{7.2.4}$$

根据一次抽样所得的样本观测值$(x_1,x_2,\cdots,x_n)$，计算出T的观测值t，若$|t|\geqslant t_{\alpha/2}(n-1)$，则拒绝原假设$H_0$，否则接受原假设$H_0$.

利用T统计量得出的检验法称为**t检验法**.

例 7.2.1 设考生的成绩服从正态分布，从中随机抽取了 36 名考生的成绩，算得样本均值与样本标准差分别为$\bar{x}=66.5$，$s=15$. 在$\alpha=0.05$下，是否可以认为这次全体考生的平均成绩为 70 分?

解 本题就是在方差未知的情况下，对均值进行检验. 欲检验的假设为

$$H_0:\mu=70,\quad H_1:\mu\neq 70$$

当原假设H_0为真时，$T=\frac{|\sqrt{36}(\bar{X}-70)|}{S}\sim t(35)$. 根据假设可得检验$H_0$的拒绝域为

$|t|=\left|\frac{\sqrt{36}(\bar{x}-70)}{s}\right|\geqslant t_{0.025}(35)$.

根据观测值，算得检验统计量的观测值$|t|=\left|\frac{\sqrt{36}(\bar{x}-70)}{s}\right|=\left|\frac{6\times(66.5-70)}{15}\right|=1.4$. 查$t$分布表得$t_{0.025}(35)=2.0301$，由于$|t|=1.4<2.0301$，故接受原假设$H_0$，即认为这次全体考生的平均成绩为 70 分.

类似地，对单边假设有以下结论：

若检验假设$H_0:\mu\leqslant\mu_0$，$H_1:\mu>\mu_0$，其中μ_0为已知常数，可得拒绝域为

$$t=\frac{\sqrt{n}(\bar{x}-\mu_0)}{s}\geqslant t_\alpha(n-1)\tag{7.2.5}$$

若检验假设$H_0:\mu\geqslant\mu_0$，$H_1:\mu<\mu_0$，其中μ_0为已知常数，可得拒绝域为

$$t=\frac{\sqrt{n}(\bar{x}-\mu_0)}{s}\leqslant -t_\alpha(n-1)\tag{7.2.6}$$

例 7.2.2 某厂生产的固体燃料推进器的燃烧率服从正态分布，以往生产的推进器的平均燃烧率为 40 cm/s，现在用新方法生产了一批推进器，从中随机取 25 只，测得燃烧率的样本均值$\bar{x}=41.5$ cm/s，样本标准差$s=2$ cm/s，问这批推进器的平均燃烧率是否有显著提高($\alpha=0.05$)?

解 依题意，总体为正态分布$N(\mu,\sigma^2)$，μ,σ^2未知，要检验的假设为

$$H_0:\mu=40,\quad H_1:\mu>40$$

当H_0为真时，取检验统计量为$T=\frac{\sqrt{n}(\bar{X}-40)}{S}$，在$\alpha=0.05$时，拒绝域为$t=\frac{\sqrt{n}(\bar{x}-40)}{s}\geqslant t_\alpha(24)$.

根据题中观测数据，计算得$t=\frac{\sqrt{n}(\bar{x}-40)}{s}=\frac{\sqrt{25}(41.5-40)}{2}=3.75$. 查表得$t_{0.05}(24)=1.711$，由于$t=3.75>1.711$，故拒绝$H_0$，即认为这批推进器的平均燃烧率有显著提高.

2. 正态总体$N(\mu,\sigma^2)$中方差σ^2的检验

设总体$X\sim N(\mu,\sigma^2)$，其中μ,σ^2均未知，今欲检验假设

$$H_0:\sigma^2=\sigma_0^2,\quad H_1:\sigma^2\neq\sigma_0^2$$

这里 σ_0^2 为已知常数.我们仅讨论 μ 未知的情形.μ 已知的情形请读者推导.

当原假设 H_0 为真时,由定理 5.4.4 知,$\chi^2=\dfrac{(n-1)S^2}{\sigma_0^2}\sim\chi^2(n-1)$,所以,我们取

$$\chi^2=\frac{(n-1)S^2}{\sigma_0^2}\sim\chi^2(n-1) \tag{7.2.7}$$

作为检验统计量.由于样本方差 S^2 是总体方差 σ^2 的无偏估计量,当 H_0 为真时,S^2 应在 σ_0^2 附近;当 H_1 为真时,χ^2 有偏大或偏小的趋势.因此拒绝域的形式为

$$\chi^2=\frac{(n-1)s^2}{\sigma_0^2}\leqslant k_1\text{ 或 }\chi^2=\frac{(n-1)s^2}{\sigma_0^2}\geqslant k_2.\ (k_1\text{ 和 }k_2\text{ 为待定常数})$$

由于犯第Ⅰ类错误的概率为

$$\begin{aligned}\alpha(\sigma^2)&=P\{\text{拒绝 }H_0\mid H_0\text{ 为真}\}\\&=P\left\{\left\{\frac{(n-1)S^2}{\sigma_0^2}\leqslant k_1\right\}\cup\left\{\frac{(n-1)S^2}{\sigma_0^2}\geqslant k_2\right\}\mid\sigma^2=\sigma_0^2\right\}.\end{aligned}$$

对给定的显著性水平 α,使 $\alpha(\sigma^2)=\alpha$.满足此式的 k_1 和 k_2 有许多,为了方便计算,习惯上取 k_1,k_2 满足

$$P\left\{\frac{(n-1)S^2}{\sigma_0^2}\leqslant k_1\mid\sigma^2=\sigma_0^2\right\}=P\left\{\frac{(n-1)S^2}{\sigma_0^2}\geqslant k_2\mid\sigma^2=\sigma_0^2\right\}=\frac{\alpha}{2},$$

查 χ^2 分布表得 $k_1=\chi^2_{1-\frac{\alpha}{2}}(n-1)$,$k_2=\chi^2_{\frac{\alpha}{2}}(n-1)$.从而得拒绝域为

$$\chi^2=\frac{(n-1)s^2}{\sigma_0^2}\leqslant\chi^2_{1-\frac{\alpha}{2}}(n-1)\text{ 或 }\chi^2=\frac{(n-1)s^2}{\sigma_0^2}\geqslant\chi^2_{\frac{\alpha}{2}}(n-1). \tag{7.2.8}$$

根据一次抽样后所得的样本观测值 $(x_1,x_2,\cdots,x_n)$,计算出统计量 χ^2 的观测值,若 $\chi^2\leqslant\chi^2_{1-\alpha/2}(n-1)$ 或 $\chi^2\geqslant\chi^2_{\alpha/2}(n-1)$,则拒绝原假设 H_0,即认为总体方差与 σ_0^2 有显著差异;否则接受原假设 H_0,即认为总体方差与 σ_0^2 无显著差异.

利用 χ^2 统计量得出的检验法称为 **χ^2 检验法**.

例 7.2.3　某车间生产某种型号的电池,长期以来寿命 $X\sim N(\mu,5000)$,现有一批这种电池,从它的生产情况看寿命的波动性有所改变,现随机抽取 26 只电池,测出其寿命的样本方差为 7200(h^2).试在 $\alpha=0.05$ 下,检验这批电池寿命的波动性较以往是否有显著变化.

解　依题意,需检验假设

$$H_0:\sigma^2=5000,\quad H_1:\sigma^2\neq5000.$$

取检验统计量为 $\chi^2=\dfrac{(n-1)S^2}{\sigma_0^2}$,在 $\alpha=0.05$ 下,检验 H_0 的拒绝域为

$$\chi^2=\frac{25s^2}{\sigma_0^2}\leqslant\chi^2_{0.975}(25)\text{ 或 }\chi^2=\frac{25s^2}{\sigma_0^2}\geqslant\chi^2_{0.025}(25).$$

查 χ^2 分布表得 $\chi^2_{0.975}(25)=13.120$,$\chi^2_{0.025}(25)=40.6436$.根据观测值,得检验统计量的观测值为 $\chi^2=\dfrac{25s^2}{\sigma_0^2}=\dfrac{25\times7200}{5000}=36$,由于 $13.120<36<40.646$,故不能拒绝 H_0,即认为这批电池寿命的波动性较以往是没有显著变化.

类似地,对单边假设有以下结论:

若检验假设 $H_0:\sigma^2\leqslant\sigma_0^2$,$H_1:\sigma^2>\sigma_0^2$,其中 σ_0^2 为已知常数,可得拒绝域为

$$\chi^2=\frac{(n-1)s^2}{\sigma_0^2}\geqslant\chi_\alpha^2(n-1).\tag{7.2.9}$$

若检验假设 $H_0:\sigma^2\geqslant\sigma_0^2, H_1:\sigma^2<\sigma_0^2$，其中 σ_0^2 为已知常数，可得拒绝域为

$$\chi^2=\frac{(n-1)s^2}{\sigma_0^2}\leqslant\chi_{1-\alpha}^2(n-1).\tag{7.2.10}$$

7.2.2　两个正态总体的参数的假设检验

上节我们讨论了单个正态总体参数的假设检验问题，在实际问题中经常会遇到两个正态总体参数的比较问题，如比较两种生产工艺的产品性能，比较两台机床的加工精度是否有差异等．下面我们就来讨论有关两个正态总体参数的假设检验问题．

设总体 $X\sim N(\mu_1,\sigma_1^2)$，总体 $Y\sim N(\mu_2,\sigma_2^2)$，$X_1,X_2,\cdots,X_{n_1}$ 是来自正态总体 X 的样本，$Y_1,Y_2,\cdots,Y_{n_2}$ 是来自正态总体 Y 的样本，且两组样本相互独立，$\overline{X},\overline{Y},S_1^2,S_2^2$ 分别表示这两组样本的样本均值与样本方差，给定显著性水平为 α．

1. 两总体均值差 $\mu_1-\mu_2$ 的检验

以下分总体方差已知与未知两种情形进行讨论．

(1) 方差 σ_1^2,σ_2^2 已知时，均值差 $\mu_1-\mu_2$ 的检验．

今欲检验的假设为

$$H_0:\mu_1=\mu_2,\quad H_1:\mu_1\neq\mu_2,$$

这是双边假设检验问题．由于 $\overline{X}\sim N(\mu_1,\frac{\sigma_1^2}{n_1})$，$\overline{Y}\sim N(\mu_2,\frac{\sigma_2^2}{n_2})$，又两组样本相互独立，则 $\frac{\overline{X}-\overline{Y}-(\mu_1-\mu_2)}{\sqrt{\sigma_1^2/n_1+\sigma_2^2/n_2}}\sim N(0,1)$．在原假设 H_0 为真时，取检验统计量为

$$U=\frac{\overline{X}-\overline{Y}}{\sqrt{\frac{\sigma_1^2}{n_1}+\frac{\sigma_2^2}{n_2}}}\sim N(0,1).\tag{7.2.11}$$

由于 $\overline{X},\overline{Y}$ 分别是 μ_1,μ_2 的无偏估计，在原假设 H_0 为真时，U 的观测值接近于 0；在备择假设 H_1 为真时，U 的观测值有偏大或偏小的趋势，因此拒绝域的形式为

$$|u|=\frac{|\bar{x}-\bar{y}|}{\sqrt{\frac{\sigma_1^2}{n_1}+\frac{\sigma_2^2}{n_2}}}\geqslant k.$$

由于犯第Ⅰ类错误的概率为

$$\alpha(\mu_1,\mu_2)=P\{\text{拒绝 }H_0\mid H_0\text{ 为真}\}=P\left\{\frac{|\overline{X}-\overline{Y}|}{\sqrt{\frac{\sigma_1^2}{n_1}+\frac{\sigma_2^2}{n_2}}}\geqslant k\mid\mu_1=\mu_2\right\}.$$

对给定的显著性水平 α，使 $\alpha(\mu_1,\mu_2)=\alpha$，查 $N(0,1)$分布表得 $k=u_{\alpha/2}$，故该检验的拒绝域为

$$|u|=\frac{|\bar{x}-\bar{y}|}{\sqrt{\frac{\sigma_1^2}{n_1}+\frac{\sigma_2^2}{n_2}}}\geqslant u_{\frac{\alpha}{2}}.\tag{7.2.12}$$

根据一次抽样后所得的两组样本观测值，计算出统计量 U 的观测值 u，若 $|u|\geqslant u_{\alpha/2}$，则拒绝原假设 H_0，否则接受原假设 H_0．

例 7.2.4 设甲厂生产的灯泡的使用寿命 $X \sim N(\mu_1, 95^2)$，乙厂生产的灯泡的使用寿命 $Y \sim N(\mu_2, 120^2)$. 现从两厂生产的产品中分别抽取 100 只和 75 只灯泡，测得甲、乙两厂所生产的灯泡的平均寿命分别为 1180 h 和 1220 h，问在显著性水平 $\alpha=0.05$ 下，甲、乙两厂生产的灯泡的平均寿命有无显著性差异？

解 根据题意，要检验假设

$$H_0: \mu_1 = \mu_2, \quad H_1: \mu_1 \neq \mu_2.$$

由题意，两总体方差已知，根据式(7.2.12)，在 H_0 为真时，拒绝域为

$$|u| = \frac{|\bar{x}-\bar{y}|}{\sqrt{\frac{\sigma_1^2}{n_1}+\frac{\sigma_2^2}{n_2}}} \geqslant \mu_{\frac{\alpha}{2}}.$$

根据已知数据，算得 $|u| = \frac{|1180-1220|}{\sqrt{95^2/100+120^2/75}} = 2.381$，查表得 $u_{0.025}=1.96$，由于 $2.381>1.96$，故拒绝 H_0，即认为甲、乙两厂生产的灯泡的平均寿命有显著性差异.

(2) 方差 σ_1^2, σ_2^2 未知但相等，即 $\sigma_1^2=\sigma_2^2=\sigma^2$ 时，$\mu_1-\mu_2$ 的检验.

今欲检验的假设为

$$H_0: \mu_1 = \mu_2, \quad H_1: \mu_1 \neq \mu_2.$$

由于两总体的方差 σ_1^2, σ_2^2 未知但相等，(1)中的检验统计量不适用，根据第 5 章定理 5.4.6知，$T=\frac{(\bar{X}-\bar{Y})-(\mu_1-\mu_2)}{S_w\sqrt{1/n_1+1/n_2}} \sim t(n_1+n_2-2)$，其中 $S_w^2=\frac{(n_1-1)S_1^2+(n_2-1)S_2^2}{n_1+n_2-2}$.

在原假设 H_0 为真时，取检验统计量为

$$T = \frac{(\bar{X}-\bar{Y})}{S_w\sqrt{1/n_1+1/n_2}} \sim t(n_1+n_2-2), \tag{7.2.13}$$

如(1)中类似分析，可得拒绝域为

$$|t| = \frac{|\bar{x}-\bar{y}|}{s_w\sqrt{1/n_1+1/n_2}} \geqslant t_{\frac{\alpha}{2}}(n_1+n_2-2). \tag{7.2.14}$$

根据一次抽样后所得的两组样本观测值，计算出统计量 T 的观测值 t，若 $|t| \geqslant t_{\alpha/2}(n_1+n_2-2)$，则拒绝原假设 H_0，否则接受原假设 H_0.

例 7.2.5 使用两种方法测量某铁矿石的含铁量(%)，使用甲方法测了 8 个样品，使用乙方法测了 7 个样品，数据如下：

甲：20.5，19.8，19.7，20.4，20.1，20.0，19.0，19.9；

乙：19.7，20.8，20.5，19.8，19.4，20.6，19.2.

假定两种方法测得的含铁量都服从正态分布，并且它们的方差相等，在 $\alpha=0.05$ 下，检验两总体均值是否相等.

解 本题是在方差未知但相等的条件下，检验假设

$$H_0: \mu_1 = \mu_2, \quad H_1: \mu_1 \neq \mu_2$$

由式(7.2.14)可得检验的拒绝域为

$$|t| = \frac{|\bar{x}-\bar{y}|}{s_w\sqrt{1/n_1+1/n_2}} \geqslant t_{\frac{\alpha}{2}}(n_1+n_2-2).$$

由观测数据，计算得 $n_1=8, \bar{x}=19.925, s_1^2=0.216, n_2=7, \bar{y}=20.000, s_2^2=0.397$，因而

$s_w=\sqrt{\dfrac{7\times0.216+6\times0.397}{13}}=0.547$，$t=\dfrac{19.925-20.000}{0.547\times\sqrt{1/8+1/7}}=-0.265$，查表得 $t_{0.025}(13)=2.160$，由于 $|t|=0.265<2.160$，所以接受 H_0，即认为两总体均值相等.

思考题　方差 σ_1^2,σ_2^2 未知且 $\sigma_1^2\neq\sigma_2^2$ 时，总体均值的差 $\mu_1-\mu_2$ 应该如何检验？

2. 两总体方差比的检验——F 检验法

在实际应用中，有时需要考察两总体的方差是否相等的问题. 在 μ_1,μ_2 未知时，在显著性水平 α 下，检验假设

$$H_0: \sigma_1^2=\sigma_2^2,\quad H_1: \sigma_1^2\neq\sigma_2^2.$$

由于两总体的均值 μ_1,μ_2 未知，在 H_0 为真时，根据第 5 章定理 5.4.7 知，$F=\dfrac{S_1^2}{S_2^2}\sim F(n_1-1,n_2-1)$. 因此取检验统计量为

$$F=\frac{S_1^2}{S_2^2}\sim F(n_1-1,n_2-1). \tag{7.2.15}$$

由于 S_1^2,S_2^2 分别是 σ_1^2,σ_2^2 的无偏估计，当原假设 H_0 为真时，F 的取值 f 应在 1 附近，当备择假设 H_1 为真时，F 的取值 f 偏大或者偏小，因此拒绝域的形式应为

$$f=\frac{s_1^2}{s_2^2}\leqslant k_1 \text{ 或 } f=\frac{s_1^2}{s_2^2}\geqslant k_2.\text{（}k_1\text{ 和 }k_2\text{ 为待定常数）}$$

犯第Ⅰ类错误的概率为

$$\alpha(\sigma_1^2,\sigma_2^2)=P\{\text{拒绝 }H_0\mid H_0\text{ 为真}\}=P\left\{\left\{\frac{S_1^2}{S_2^2}\leqslant k_1\right\}\cup\left\{\frac{S_1^2}{S_2^2}\geqslant k_2\right\}\mid\sigma_1^2=\sigma_2^2\right\}.$$

对给定的显著性水平 α，使 $\alpha(\sigma_1^2,\sigma_2^2)=\sigma$. 为了方便计算，习惯上取 k_1,k_2 满足

$$P\left\{\frac{S_1^2}{S_2^2}\leqslant k_1\mid\sigma_1^2=\sigma_2^2\right\}=P\left\{\frac{S_1^2}{S_2^2}\geqslant k_2\mid\sigma_1^2=\sigma_2^2\right\}=\frac{\alpha}{2},$$

于是查 F 分布表得 $k_1=F_{1-\frac{\alpha}{2}}(n_1-1,n_2-1)$，$k_2=F_{\frac{\alpha}{2}}(n_1-1,n_2-1)$. 从而拒绝域为

$$f=\frac{s_1^2}{s_2^2}\leqslant F_{1-\frac{\alpha}{2}}(n_1-1,n_2-1)\text{ 或 }f=\frac{s_1^2}{s_2^2}\geqslant F_{\frac{\alpha}{2}}(n_1-1,n_2-1). \tag{7.2.16}$$

根据一次抽样后所得的样本观测值，计算出统计量 F 的观测值 f，若 $f\leqslant F_{1-\frac{\alpha}{2}}(n_1-1,n_2-1)$ 或 $f\geqslant F_{\frac{\alpha}{2}}(n_1-1,n_2-1)$，则拒绝原假设 H_0，即认为两总体方差有显著差异；否则接受原假设 H_0，即认为两总体方差无显著差异.

例 7.2.6　甲、乙两厂生产同一种电阻，现从两厂的产品中分别抽取 12 个和 10 个样品，测得它们的电阻值后，计算出样本方差分别为 $s_1^2=1.40$，$s_2^2=4.38$. 假设电阻值服从正态分布，在显著性水平 α 下，能否认为两厂生产的电阻值的方差相等？

解　该问题是在两总体均值未知时，检验假设

$$H_0: \sigma_1^2=\sigma_2^2,\quad H_1: \sigma_1^2\neq\sigma_2^2.$$

当原假设 H_0 为真时，取检验统计量为

$$F=\frac{S_1^2}{S_2^2}\sim F(n_1-1,n_2-1),$$

由式(7.2.16)，得检验的拒绝域为

$$f=\frac{s_1^2}{s_2^2}\leqslant F_{1-\frac{\alpha}{2}}(n_1-1,n_2-1)\text{ 或 }f=\frac{s_1^2}{s_2^2}\geqslant F_{\frac{\alpha}{2}}(n_1-1,n_2-1).$$

根据已知数据，$f=\frac{1.40}{4.38}=0.32$，查表得 $F_{0.975}(11,9)=\frac{1}{F_{0.025}(9,11)}=\frac{1}{3.59}=0.28$，$F_{0.025}(11,9)=3.91$，由于 $f=0.32>0.28$，故接受 H_0，即认为两厂生产的电阻值的方差相等.

思考题　两总体的均值 μ_1,μ_2 已知时，两总体方差之比 σ_1^2/σ_2^2 应该如何检验?

两个正态总体的单边假设检验的问题完全可以仿照单个正态总体的情形进行，这里不再赘述.

为方便起见，将有关正态总体参数的假设检验的结论归纳总结为表 7.1.

表 7.1　正态分布参数的检验法

H_0	H_1	条件	检验统计量及分布	拒绝域
$\mu=\mu_0$	$\mu\neq\mu_0$	方差 σ_0^2 已知	$U=\frac{\sqrt{n}(\overline{X}-\mu_0)}{\sigma_0}\sim N(0,1)$	$\left\lvert\frac{\sqrt{n}(\overline{x}-\mu_0)}{\sigma_0}\right\rvert\geqslant u_{\alpha/2}$
$\mu\leqslant\mu_0$（或 $\mu=\mu_0$）	$\mu>\mu_0$			$\frac{\sqrt{n}(\overline{x}-\mu_0)}{\sigma_0}\geqslant u_\alpha$
$\mu\geqslant\mu_0$（或 $\mu=\mu_0$）	$\mu<\mu_0$			$\frac{\sqrt{n}(\overline{x}-\mu_0)}{\sigma_0}\leqslant -u_\alpha$
$\mu=\mu_0$	$\mu\neq\mu_0$	方差 σ^2 未知	$T=\frac{\sqrt{n}(\overline{X}-\mu_0)}{S}\sim t(n-1)$	$\left\lvert\frac{\sqrt{n}(\overline{x}-\mu_0)}{s}\right\rvert\geqslant t_{\alpha/2}(n-1)$
$\mu\leqslant\mu_0$（或 $\mu=\mu_0$）	$\mu>\mu_0$			$\frac{\sqrt{n}(\overline{x}-\mu_0)}{s}\geqslant t_\alpha(n-1)$
$\mu\geqslant\mu_0$（或 $\mu=\mu_0$）	$\mu<\mu_0$			$\frac{\sqrt{n}(\overline{x}-\mu_0)}{s}\leqslant -t_\alpha(n-1)$
$\sigma^2=\sigma_0^2$	$\sigma^2\neq\sigma_0^2$	均值 μ 未知	$\chi^2=\frac{(n-1)S^2}{\sigma_0^2}\sim\chi^2(n-1)$	$\frac{(n-1)s^2}{\sigma_0^2}\leqslant\chi_{1-\alpha/2}^2(n-1)$ 或 $\frac{(n-1)s^2}{\sigma_0^2}\geqslant\chi_{\alpha/2}^2(n-1)$
$\sigma^2\leqslant\sigma_0^2$（或 $\sigma^2=\sigma_0^2$）	$\sigma^2>\sigma_0^2$			$\frac{(n-1)s^2}{\sigma_0^2}\geqslant\chi_\alpha^2(n-1)$
$\sigma^2\geqslant\sigma_0^2$（或 $\sigma^2=\sigma_0^2$）	$\sigma^2<\sigma_0^2$			$\frac{(n-1)s^2}{\sigma_0^2}\leqslant\chi_{1-\alpha}^2(n-1)$
$\mu_1-\mu_2=c$	$\mu_1-\mu_2\neq c$	方差 σ_1^2、σ_2^2 未知，但 $\sigma_1^2=\sigma_2^2$	$T=\frac{(\overline{X}-\overline{Y})-c}{S_w\sqrt{\frac{1}{n_1}+\frac{1}{n_2}}}\sim t(n_1+n_2-2)$ 其中 $S_w^2=[(n_1-1)S_{1n_1}^2+(n_2-1)S_{2n_2}^2]/(n_1+n_2-2)$	$\left\lvert\frac{(\overline{x}-\overline{y})-c}{s_w\sqrt{\frac{1}{n_1}+\frac{1}{n_2}}}\right\rvert\geqslant t_{\alpha/2}(n_1+n_2-2)$
$\mu_1-\mu_2\leqslant c$（或 $\mu_1-\mu_2=c$）	$\mu_1-\mu_2>c$			$\frac{(\overline{x}-\overline{y})-c}{s_w\sqrt{\frac{1}{n_1}+\frac{1}{n_2}}}\geqslant t_\alpha(n_1+n_2-2)$
$\mu_1-\mu_2\geqslant c$（或 $\mu_1-\mu_2=c$）	$\mu_1-\mu_2<c$			$\frac{(\overline{x}-\overline{y})-c}{s_w\sqrt{\frac{1}{n_1}+\frac{1}{n_2}}}\leqslant -t_\alpha(n_1+n_2-2)$
$\frac{\sigma_1^2}{\sigma_2^2}=c$	$\frac{\sigma_1^2}{\sigma_2^2}\neq c$	均值 μ_1、μ_2 均未知	$F=\frac{S_{1n_1}^2}{cS_{2n_2}^2}\sim F(n_1-1,n_2-1)$	$\frac{s_{1n_1}^2}{cs_{2n_2}^2}\leqslant F_{1-\alpha/2}(n_1-1,n_2-1)$ 或 $\frac{s_{1n_1}^2}{cs_{2n_2}^2}\geqslant F_{\alpha/2}(n_1-1,n_2-1)$
$\sigma_1^2/\sigma_2^2\leqslant c$（或 $\sigma_1^2/\sigma_2^2=c$）	$\frac{\sigma_1^2}{\sigma_2^2}>c$			$\frac{s_{1n_1}^2}{cs_{2n_2}^2}\geqslant F_\alpha(n_1-1,n_2-1)$
$\sigma_1^2/\sigma_2^2\geqslant c$（或 $\sigma_1^2/\sigma_2^2=c$）	$\frac{\sigma_1^2}{\sigma_2^2}<c$			$\frac{s_{1n_1}^2}{cs_{2n_2}^2}\leqslant F_{1-\alpha}(n_1-1,n_2-1)$

*7.3 假设检验应用实例

例 7.2.7 国家规定某种药品所含杂质的含量不得超过 0.19 mg/g，某药厂对其生产的该种药品的杂质含量进行了两次抽样检验，各测得 10 个数据（单位：mg/g）如下表：

第一次	0.183	0.186	0.188	0.191	0.189	0.196	0.196	0.197	0.209	0.215
第二次	0.182	0.183	0.187	0.187	0.193	0.198	0.198	0.199	0.211	0.212

该厂两次自检的结果均为合格，厂家很有信心，认为一定能通过药监局的质量检验. 但药监局用其报送的 20 个数据进行一次检验，结果却是不合格，这是为什么（显著水平为 $\alpha=0.05$）？最终应该采纳谁的结果呢？

解 设 X 表示该药品杂质的含量，一般认为 $X\sim N(\mu,\sigma^2)$，μ,σ^2 未知，该问题要检验的假设为

$$H_0: \mu\leqslant 0.19,\quad H_1: \mu>0.19.$$

由于 μ,σ^2 未知，取检验统计量为 $T=\dfrac{\sqrt{n}(\overline{X}-0.19)}{S}$，由式(7.2.5)得检验的拒绝域为 $t=\dfrac{\sqrt{n}(\bar{x}-0.19)}{s}\geqslant t_\alpha(n-1)$.

厂家第一次检验时，$n=10$，$\bar{x}=0.195$，$s=0.01015$，$t=\dfrac{\sqrt{10}(0.195-0.19)}{0.01015}=1.557$，而查表得 $t_{0.05}(9)=1.833$，$t=1.557<1.833$，故接受原假设 H_0，即认为该批次药品合格.

厂家第二次检验时，$n=10$，$\bar{x}=0.195$，$s=0.01067$，$t=\dfrac{\sqrt{10}(0.195-0.19)}{0.01067}=1.482$，而查表得 $t_{0.05}(9)=1.833$，$t=1.482<1.833$，故接受原假设 H_0，即认为该批次药品合格.

药监局检验时，$n=20$，$\bar{x}=0.195$，$s=0.01014$，$t=\dfrac{\sqrt{20}(0.195-0.19)}{0.01014}=2.206$，而查表得 $t_{0.05}(19)=1.729$，$t=2.206>1.729$，故拒绝原假设 H_0，即认为该批次药品不合格.

药监局拒绝原假设的结论可能会犯第Ⅰ类错误，但其犯第Ⅰ类错误的概率不会超过 0.05，而厂家不拒绝原假设犯第Ⅱ类错误的概率是不容易控制的. 因此应该采纳药监局的结论，即认为该药品不合格.

例 7.2.8 某中学校长在报纸上看到这样的报道："该城市的初中生平均每周看 8 小时电视"，他认为他所在的学校学生看电视的时间明显小于该数字. 为此他向 100 名学生作了调查，得知平均每周看电视的时间 $\bar{x}=6.5$ h，标准差为 $s=2$ h. 问是否可以认为这位校长的看法是对的（$\alpha=0.05$）？

分析：这是大样本检验问题. 由中心极限定理可知，不管总体服从什么分布，只要方差存在，当 n 充分大时 $\dfrac{\sqrt{n}(\overline{X}-\mu)}{S}$ 近似地服从标准正态分布.

解 本题欲检验的假设为 $H_0: \mu=8$，$H_1: \mu<8$.

根据上述分析，取$U=\frac{\sqrt{n}(\overline{X}-\mu)}{S}\overset{近似}{\sim}N(0,1)$为检验统计量，由7.1.4节中的(Ⅱ)可知，该检验的拒绝域为$u=\frac{\sqrt{n}(\bar{x}-\mu)}{s}<-u_{0.05}$. 根据样本观测值，$\bar{x}=6.5$，$s=2$，检验统计量的观测值为$u=\frac{\sqrt{100}(6.5-8)}{2}=-7.5$，而查标准正态分布表$u_{0.05}=1.65$，$-7.5<-1.65$，故拒绝原假设$H_0$，即可以认为这位校长的看法是对的.

例 7.2.9 某厂商声称，有75%以上的用户对其产品的质量感到满意. 为了解该厂产品质量的实际情况，管理部门组织跟踪调查，在对其60名用户的调查中，有50名用户对该厂产品质量表示满意. 在显著性水平0.05下，问跟踪调查的结果是否充分支持该厂商的说法？

分析：这也是大样本检验问题. 由德莫佛-拉普拉斯中心极限定理可知，样本比例$\hat{p}$近似服从正态分布，即

$$\hat{p}\overset{近似}{\sim}N\left(p,\frac{p(1-p)}{n}\right),$$

其中$\hat{p}$表示样本中满意用户的比例，p表示总体中的满意率.

解 欲检验假设 $H_0: p\leqslant 0.75, H_1: p>0.75$.

由上述分析知，$\frac{\hat{p}-p}{\sqrt{\frac{p(1-p)}{n}}}\overset{近似}{\sim}N(0,1)$. 于是取检验统计量为$U=\frac{\hat{p}-p}{\sqrt{\frac{p(1-p)}{n}}}\overset{近似}{\sim}N(0,1)$，由7.1.4节中的(Ⅲ)可知，该检验的拒绝域为$u=\frac{\hat{p}-p}{\sqrt{\frac{p(1-p)}{n}}}>u_{0.05}$. 将观测数据代入得检验统计量的观测值为$u=\frac{\hat{p}-p}{\sqrt{\frac{p(1-p)}{n}}}=\frac{50/60-0.75}{\sqrt{\frac{0.75(1-0.75)}{60}}}=1.43$，查表得$u_{0.05}=1.65$，$1.43<1.65$，故接受原假设$H_0$，即调查得到的数据没有提供充分的证据支持该厂商的说法，对该厂产品质量满意的用户比例小于或等于75%.

*7.4 成对数据的假设检验

有时为了比较两种产品或两种仪器、两种方法等的差异，常常在相同条件下作对比试验，得到一批成对的观测数据，进而分析观测数据，对两种仪器、两种方法的差异作出推断. 这种问题，不同于两个正态总体均值与方差的比较，经常转化为单个总体均值与方差的检验问题.

设有n对相互独立的观测结果：$(X_1,Y_1),(X_2,Y_2),\cdots,(X_n,Y_n)$. 记$Z_i=X_i-Y_i$，$i=1,2,\cdots,n$，则$Z_1,Z_2,\cdots,Z_n$相互独立. 若$Z_i\sim N(\mu,\sigma^2)$，$i=1,2,\cdots,n$，即$Z_1,Z_2,\cdots,Z_n$是来自正态总体$N(\mu,\sigma^2)$的样本. 我们可以进行下面的检验：

(1) $H_0: \mu=0, H_1: \mu\neq 0$;

(2) $H_0: \mu\leqslant 0, H_1: \mu>0$;

(3) $H_0: \mu\geqslant 0, H_1: \mu<0$.

由于方差 σ^2 未知，我们完全可以按照 7.2.1 节中方差未知时，对均值检验的方法进行. 下面举例对该问题进行说明.

例 7.2.8 为了比较两种安眠药甲与乙的疗效，以 10 个失眠患者为实验对象，以 x,y 分别表示使用安眠药甲与乙后延长的睡眠时间. 每个患者各服用甲、乙两种药一次，其延长的睡眠时间(单位：h)如下表：

患者	1	2	3	4	5	6	7	8	9	10
x	1.9	0.8	1.1	0.1	−0.1	4.4	5.5	1.6	1.6	4.6
y	0.7	−1.6	0.2	−1.2	−0.1	3.4	3.7	0.8	0.8	0
$z=x-y$	1.2	2.4	1.3	1.3	0	1.0	1.8	0.8	0.8	4.6

能否认为安眠药甲比乙的疗效有显著差异($\alpha=0.05$)?

解 本例中的数据是成对的，即同一患者先后服用安眠药甲与乙之后，得到一对延长睡眠时间的数据. 表中数据之间的差异既是由患者服用不同的药引起的，又是由患者失眠轻重的差异引起的. 于是我们考虑成对数据的差，记 $z_i=x_i-y_i, i=1,2,\cdots,n$，则 $z_1,z_2,\cdots,z_n$ 是由患者服用不同的安眠药引起的差异. 若两种药的疗效有显著差异，则 $z_1,z_2,\cdots,z_n$ 应是来自正态总体 $N(\mu,\sigma^2)$ 的样本且 $\mu>0$. 我们可以进行下面的检验：

$$H_0: \mu \leqslant 0, \quad H_1: \mu > 0.$$

由于 σ^2 未知，应使用 t 检验法，取检验统计量为 $T=\dfrac{\bar{Z}}{S/\sqrt{n}}$. 由 7.1.4 节中(Ⅲ)可知，该检验的拒绝域为 $t=\dfrac{\bar{z}}{s/\sqrt{n}} \geqslant t_{0.05}(n-1)$.

根据样本观测值，计算得 $\bar{z}=1.52$，$s_z=1.254$，$t=\dfrac{\bar{z}}{s_z/\sqrt{n}}=\dfrac{1.52}{1.254/\sqrt{10}}=3.83$，查表得 $t_{0.05}(10-1)=t_{0.05}(9)=1.8331$，$t=3.83>1.8331$，从而拒绝 H_0，即认为安眠药甲比乙的疗效有显著差异.

*7.5 分布的假设检验

前面讨论假设检验问题时，常常假定总体的分布类型是已知的，但在实际工作中，往往事先并不知道总体的分布类型，或者知道的很少，甚至只知道是离散型或是连续型，这时需要根据样本对总体的分布提出假设并进行检验.

分布假设检验的一般提法是：设 $X_1,X_2,\cdots,X_n$ 是来自总体 X 的一个样本，在显著性水平 α 下，检验假设

$$H_0: F(x)=F_0(x), \quad H_1: F(x) \neq F_0(x),$$

其中 $F_0(x)$ 为某一个已知或仅含有几个未知参数的分布函数. 对 H_0 的显著性检验，称为对分布函数的**拟合优度检验**(注意也可用分布律或概率密度来代替分布函数，有时备择假设可以省略不写出来).

下面分两种情况分别讨论.

当 $F_0(x)$是完全已知的分布函数时(如果 X 是离散型随机变量,分布律已知时,分布函数就完全确定.此时要检验假设可设为 $H_0: P\{X=x_i\}=p_i, i=1,2,\cdots,m$,其中 x_i, p_i 已知,且 $\sum_{i=1}^{m} p_i = 1$),对上述假设进行检验的步骤如下:

设 $X_1, X_2, \cdots, X_n$ 是来自总体 X 的一个样本,$x_1, x_2, \cdots, x_n$ 是样本观测值.将 X 取值范围划分为 k 个互不相交的集合 $A_1, A_2, \cdots, A_k$.样本观测值 $x_1, x_2, \cdots, x_n$ 落入集合 A_i 的频数记为 f_i,则 $x_1, x_2, \cdots, x_n$ 落入集合 A_i 的频率为$\frac{f_i}{n}, i=1,2,\cdots,k$.

计算 H_0 为真时 X 落入集合 A_i 的概率 $p_i=P\{X\in A_i\}$.按照大数定律,在 H_0 为真且 n 充分大时,频率$\frac{f_i}{n}$与概率 p_i 的差异不应太大,根据这一思想,英国统计学家皮尔逊构造了检验统计量

$$\chi^2 = \sum_{i=1}^{k} \frac{(f_i - np_i)^2}{np_i}, \tag{7.3.1}$$

并证明了若 $n\geqslant 50$,在 H_0 为真时,χ^2 的渐近分布是自由度为 $k-1$ 的χ^2 分布.

根据式(7.3.1)知,在 H_0 为真时,χ^2 不应该太大,若χ^2 过分大则应拒绝 H_0,因此拒绝域的形式为$\chi^2\geqslant k$.

由于犯第Ⅰ类错误的概率为

$$\tilde{\alpha} = P\{拒绝\ H_0 \mid H_0\ 为真\} = P\{\chi^2 \geqslant k \mid F(x) = F_0(x)\},$$

对给定的显著性水平 α,使 $\tilde{\alpha}=\alpha$,得 $k=\chi_\alpha^2(k-1)$,从而拒绝域为

$$\chi^2 = \sum_{i=1}^{k} \frac{(f_i - np_i)^2}{np_i} \geqslant \chi_\alpha^2(k-1). \tag{7.3.2}$$

由样本观测值计算出统计量χ^2 的观测值,若$\chi^2\geqslant\chi_\alpha^2(k-1)$,则拒绝原假设 H_0,否则接受 H_0.

注意:分组时每个区间所含的样本观测值的个数应不少于 5 个,如果少于 5 个,相邻区间合并,以达到此项要求.

当 $F_0(x)$是已知函数形式,但其中含有 m 个未知参数 $\theta_1, \theta_2, \cdots, \theta_m$ 时,一般先用极大似然估计法得到 $\theta_1, \theta_2, \cdots, \theta_m$ 的估计值 $\hat{\theta}_1, \hat{\theta}_2, \cdots, \hat{\theta}_m$,然后用 $F_0(x;\hat{\theta}_1, \hat{\theta}_2, \cdots, \hat{\theta}_m)$代替 $F_0(x)$进行检验即可.重复前述过程,取检验统计量为

$$\chi^2 = \sum_{i=1}^{k} \frac{(f_i - n\hat{p}_i)^2}{n\hat{p}_i}, \tag{7.3.3}$$

其中 $\hat{p}_i=P\{X\in A_i\}, i=1,2,\cdots,k$.费舍尔(Fisher)于 1929 年证明了此统计量渐近分布是自由度为 $k-m-1$ 的χ^2 分布,其中 m 是分布函数中被估计参数的个数.

例 7.3.1　将一枚骰子掷了 100 次,各面出现的次数如下:

点数 i	1	2	3	4	5	6
频数	13	14	20	17	15	21

在 $\alpha=0.05$ 下,检验这枚骰子是否均匀?

解 用 X 表示所掷骰子出现的点数，$P\{X=i\}=p_i,i=1,2,\cdots,6$. 如果骰子是均匀的，则 $p_i=1/6,i=1,2,\cdots,6$. 现检验假设

$$H_0: p_i=\frac{1}{6}, i=1,2,\cdots,6.$$

计算检验统计量 χ^2 的观测值，得

$$\chi^2=\sum_{i=1}^{6}\frac{(f_i-np_i)^2}{np_i}=\frac{(13-100\times 1/6)^2+\cdots+(21-100\times 1/6)^2}{100\times 1/6}=3.2,$$

查表得 $\chi^2_{0.05}(5)=11.071$，$\chi^2=3.2<11.071$，故接受原假设 H_0，即认为这枚骰子是均匀.

例 7.3.2 现从某校大一本科生中随机抽取 60 名学生，其数学成绩如下表，试问该年级的数学成绩是否服从正态分布($\alpha=0.05$)？

93	75	83	93	91	85	84	82	77	76	77	95	94	89	91
88	86	83	96	81	79	97	78	75	67	69	68	83	84	81
75	66	85	70	94	84	83	82	80	78	74	73	76	70	86
76	90	89	71	66	86	73	80	94	79	78	77	63	53	55

解 设 X 表示某本科生的数学成绩. 要检验的假设为

$$H_0: X\sim N(\mu,\sigma^2),\quad H_1: X \text{ 不服从正态分布}$$

其中 μ,σ^2 未知，可采用分布拟合 χ^2 检验，选取的检验统计量为 $\chi^2=\sum_{i=1}^{k}\frac{(f_i-n\hat{p}_i)^2}{n\hat{p}_i}$.

将 X 的取值划分为 k 个小区间，由于 X 表示的是成绩，通常按不及格(60 分以下)、及格(60～70)、中(70～80)、良(80～90)及优(90 分以上)这几个等级来划分. 每个子区间所含的样本观测值的个数应不少于 5 个，而不及格人数为 2，故需要将不及格与及格人数合并，这样取 $k=4$. X 的取值区间划分的 4 个互不相交的事件：$A_1=\{X<70\}$，$A_2=\{70\leqslant X<80\}$，$A_3\{80\leqslant X<90\}$，$A_4\{X\geqslant 90\}$.

在 H_0 为真时，计算参数 μ,σ^2 的极大似然估计 $\hat{\mu},\hat{\sigma}^2$，通过计算得 $\hat{\mu}=\bar{x}=80$，$\hat{\sigma}^2=B_2=9.6^2$.

在 H_0 为真时，$A_i(i=1,2,3,4)$ 的概率理论估计值为

$$\hat{p}_1=P\{X<70\}=\Phi(\frac{70-80}{9.6})=\Phi(-1.04)=1-\Phi(1.04)=0.1492,$$

$$\hat{p}_2=P\{70\leqslant X<80\}=\Phi(\frac{80-80}{9.6})-\Phi(\frac{70-80}{9.6})=\Phi(0)-\Phi(1.04)=0.3508,$$

$$\hat{p}_3=P\{80\leqslant X<90\}=\Phi(\frac{90-80}{9.6})-\Phi(\frac{80-80}{9.6})=\Phi(1.04)-\Phi(0)=0.3508,$$

$$\hat{p}_4=P\{X\geqslant 90\}=1-\Phi(\frac{90-80}{9.6})=1-\Phi(1.04)=0.1492.$$

由样本观测值，样本值落在每个 $A_i(i=1,2,3,4)$ 的次数分别为 8，20，21，11，再结合以上结果，计算检验统计量的观测值

$$\chi^2=\frac{(8-60\times 0.1492)^2}{60\times 0.1492}+\frac{(20-60\times 0.3508)^2}{60\times 0.3508}+\frac{(21-60\times 0.3508)^2}{60\times 0.3508}+\frac{(11-60\times 0.1492)^2}{60\times 0.1492}$$
$$=0.6220.$$

查表得$\chi^2_{0.05}(k-m-1)=\chi^2_{0.05}(4-2-1)=\chi^2_{0.05}(1)=2.71$. 而$\chi^2=0.6220<2.71$，故接受原假设 H_0，即认为该年级的数学成绩服从正态分布.

习题 7

1. 某种零件的长度服从正态分布，方差 $\sigma^2=1.21$，随机抽取 6 件，记录其长度(单位:mm)分别为

32.46，31.54，30.10，29.76，31.67，31.23，

在显著性水平 $\alpha=0.05$ 下，能否认为这批零件的平均长度为 32.50 mm？

2. 某厂计划投资 1 万元的广告费以提高某种食品的销售量，厂方认为此项计划可以使每周销售量达到 225 kg. 实行此计划一个月后，调查了 16 家商店，计算得平均每周的销售量为 209 kg，标准差为 42 kg，问在 $\alpha=0.05$ 下，可否认为此项计划达到了该厂的预期效果(设每周销售量服从正态分布)？

3. 正常人的脉搏平均每分钟 72 次，某医生测得 10 例四乙基铅中毒患者的脉搏数如下

54，67，68，78，70，66，67，65，69，70，

已知人的脉搏次数服从正态分布，问在显著性水平 $\alpha=0.05$ 下，四乙基铅中毒患者的脉搏数和正常人的脉搏有无显著差异？

4. 某纯净水生产厂用自动灌装机灌装纯净水，该自动灌装机正常灌装量 $X\sim N(18,0.4^2)$，现测量某厂 9 个灌装样品的灌装量(单位:L)如下：

18.0　17.6　17.3　18.2　18.1　18.5　17.9　18.1　18.3，

在显著性水平 $\alpha=0.05$ 下，试问

(1) 该天灌装是否正常？

(2) 灌装量精度是否在标准范围内？

5. 某地区 100 个登记死亡人的样本中，其平均值寿命为 71.8 年，标准差为 8.9，假设人的寿命 X 服从正态分布 $N(\mu,\sigma^2)$，μ,σ^2 均未知. 问是否有理由认为该地区的平均寿命不低于 70 岁($\alpha=0.05$)？

6. 某厂的生产管理员认为该厂第一道工序加工完的产品送到第二道工序进行加工之前的平均等待时间超过 90 min. 现对 100 件产品进行随机抽样结果显示平均等待时间为 96 min，样本标准差为 30 min，设平均等待时间服从正态分布. 问抽样的结果是否支持该管理员的看法？($\alpha=0.05$)

7. 某汽车配件厂在新工艺下对加工好的 25 个活塞直径进行测量，得样本方差 $s^2=0.00066$. 已知旧工艺生产的活塞直径的方差为 0.00040，假设活塞直径服从正态分布. 问革新后活塞直径的方差是否大于旧工艺的方差($\alpha=0.05$)？

8. 某种导线的电阻服从正态分布 $N(\mu,0.005^2)$，从一批导线中抽取 9 根，测得这 9 根导线的电阻的样本标准差为 0.008，能否认为这批导线电阻的标准差仍为 0.005($\alpha=0.05$)？

9. 无线电厂生产某种高频管，其中一项指标服从正态分布 $N(\mu,\sigma^2)$. 从该厂生产的一批高频管中随机抽取 8 个，测得该项指标的数据为 68,43,70,65,55,56,60,72.

(1) 若已知 $\mu=60$，检验假设 $H_0:\sigma^2=49$，$H_1:\sigma^2\neq49$($\alpha=0.05$)；

(2) 若 μ 未知，检验假设 $H_0: \sigma^2 \leqslant 49, H_1: \sigma^2 > 49(\alpha=0.05)$.

10. 设有两个来自不同正态总体 $N(\mu,\sigma^2)$ 的样本，$m=4, n=5, \bar{x}=0.60, \bar{y}=2.25, s_1^2=15.07, s_2^2=10.81$，在显著性水平 $\alpha=0.05$ 下，试检验两个样本是否来自相同方差的正态总体.

11. 为了提高振动板的硬度，热处理车间选择两种淬火温度 T_1 及 T_2 进行试验，测得振动板的硬度数据如下：

T_1： 85.6, 85.9, 85.7, 85.8, 85.7, 86.0, 85.5, 85.4;

T_2： 86.2, 85.7, 85.5, 85.7, 85.8, 86.3, 86.0, 85.8.

假设两种淬火温度下振动板的硬度服从正态分布，检验：

(1) 两种淬火温度下振动板硬度的方差是否有显著差异($\alpha=0.05$)?

(2) 淬火温度对振动板的硬度是否有显著影响($\alpha=0.05$)?

12. 对某地 7 岁儿童作身高调查，结果如下：

性别	人数	平均身高	样本标准差
男	384	118.64	4.53
女	377	117.86	4.86

假设身高服从正态分布，由以上数据能否说明性别对 7 岁儿童的身高有显著影响.($\alpha=0.05$)

13. 某药厂为比较新旧两种方法提取某有效成分的效率，用新旧方法各做了 10 次试验，提取有效成分的比率如下表所示：

新方法	79.1	81.0	77.3	79.1	80.0	79.1	79.1	77.3	80.2	82.1
旧方法	78.1	72.4	76.2	74.3	77.4	78.4	76.0	75.5	76.7	77.3

假设这两种样本分别取自正态分布总体，且两样本相互独立，试问新方法的提取率比旧方法的提取率是否有所提高($\alpha=0.01$)?

14. 在某校大一学生中随机抽取 10 人，让他们分别采用 A 和 B 两套数学试卷进行测试，成绩如下：

试卷 A	78	63	72	89	91	49	68	76	85	55
试卷 B	71	44	61	84	74	51	55	60	77	39

假设学生成绩服从正态分布，试检验两套数学试卷是否有显著差异($\alpha=0.01$).

*15. 某汽车修理厂为考察每天所修车辆数服从的分布，统计了 250 天的记录，得到下列数据：

修车数	0	1	2	3	4	5	6	7	8	9	10
天数	2	8	21	31	44	48	39	2	17	13	5

问在显著性水平 $\alpha=0.05$ 下，能否认为每天的修理车辆数服从泊松分布?

*16. 下表是随机选取的某大学一年级学生(300 名)一次高等数学考试的成绩：

分数区间	0～59	60～69	70～79	80～89	90～100
学生数	18	32	74	98	78

问在显著性水平 $\alpha=0.05$ 下，该年级学生的高等数学成绩是否服从正态分布？

第 8 章　回归分析

回归分析是应用极其广泛的数理统计方法之一，它提供了一套描述和分析变量间相互关系，揭示变量间的内在规律，并可用于预报、控制等问题的行之有效的方法. 由于在实际问题中，许多变量(或通过适当变换的变量)之间都具有或近似具有线性相关关系，且线性回归分析方法简单、理论完整，因此线性回归模型在数据分析中常常作为首选模型.

本章主要介绍一元线性回归模型的基本内容，包括参数估计及其统计推断以及预报等.

8.1　一元线性回归

在现实世界中，常常会遇到这样的情况，两个或多个变量之间有一些联系，但没有确切到可以严格决定的程度. 例如，人的身高 X 与体重 Y 有关系，一般来说，X 大时 Y 也倾向于偏大，但由 X 的值并不能完全决定 Y 的值. 一个人得心脏病 Y 与抽烟 X_1 及喝酒 X_2 有关，但 X_1 与 X_2 并不能完全决定 Y. 影响一个人得心脏病 Y 的因素很多，不仅仅是抽烟 X_1 与喝酒 X_2 这两个因素. Y 通常称为因变量，X,X_1,X_2 通常称为自变量. 在回归分析中，因变量总是看做随机变量，而自变量的情况比较复杂，有随机的情况，也有非随机的情况. 本书一律将自变量规定为非随机的变量，即普通变量.

自变量的个数为一的回归分析称为**一元回归分析**；自变量个数为两个或两个以上的回归分析称为**多元回归分析**. 如果变量之间具有线性关系，则相应的回归分析称为线性回归分析，否则称为非线性回归分析. 在线性回归分析中，一元回归分析在数学上的处理足够简单，便于对回归分析的一些概念做进一步的说明，因此，我们在此只讨论一元回归分析.

8.1.1　一元线性回归模型及其矩阵表示

设 Y 是一个可观测的随机变量，它受到 X 这个非随机因素与随机因素 ε 的影响，具有如下线性关系：

$$Y = a + bX + \varepsilon, \tag{8.1.1}$$

其中 a,b 为未知常数，称为**回归系数**，$a+bX$ 称为**回归函数**. ε 是均值为 0，方差为 $\sigma^2>0$ 的不可观测的随机变量，称为**误差项**，并通常假定 $\varepsilon \sim N(0,\sigma^2)$ (σ^2 未知)，该模型称为**一元线性回归模型**.

为了建立一元线性回归模型，需要对回归系数 a,b 进行估计，为此我们对 X,Y 进行 n 次独立观测，得样本为

$$(X_1,Y_1),(X_2,Y_2),\cdots,(X_n,Y_n), \tag{8.1.2}$$

它们应满足式(8.1.1)，即有

$$Y_i = a + bX_i + \varepsilon_i,\quad i = 1,2,\cdots,n. \tag{8.1.3}$$

其中 ε_i 是第 i 次观测的误差，$\varepsilon_1,\varepsilon_2,\cdots,\varepsilon_n$ 相互独立且均服从 $N(0,\sigma^2)$分布.

令

$$\boldsymbol{Y}=\begin{pmatrix}Y_1\\Y_2\\\vdots\\Y_n\end{pmatrix},\boldsymbol{X}=\begin{pmatrix}1&X_1\\1&X_2\\\vdots&\vdots\\1&X_n\end{pmatrix},\boldsymbol{\beta}=\begin{pmatrix}a\\b\end{pmatrix},\boldsymbol{\varepsilon}=\begin{pmatrix}\varepsilon_1\\\varepsilon_2\\\vdots\\\varepsilon_n\end{pmatrix}$$

则式(8.1.3)可以表示为如下矩阵形式

$$\boldsymbol{Y}=\boldsymbol{X\beta}+\boldsymbol{\varepsilon} \tag{8.1.4}$$

这里 $\boldsymbol{Y}$ 称为**观测向量**，$\boldsymbol{X}$ 称为**设计矩阵**，它们是由观测数据得到的，是已知的，并假定 $\boldsymbol{X}$ 为列满秩的，即 $\mathrm{rank}(\boldsymbol{X})=2$；$\boldsymbol{\beta}$ 是待估计的未知参数向量；$\boldsymbol{\varepsilon}$ 是不可观测的随机误差向量. 称式(8.1.4)为**一元线性回归模型的矩阵形式**.

8.1.2　参数 a,b 及方差 σ^2 的估计

1. 参数 a,b 的估计

现在我们要在模型(式(8.1.1))之下，利用数据(式(8.1.2))对未知参数 a,b 及方差 σ^2 进行估计. 如果假定 $\hat{a},\hat{b}$ 是 a,b 的一个估计，从预测的角度看，将回归函数 $a+bX$ 中的参数用它们的估计 $\hat{a},\hat{b}$ 代替，就是在 X_i 处做预测，其结果为

$$\hat{Y}_i=\hat{a}+\hat{b}X_i,\quad i=1,2,\cdots,n.$$

但我们已经知道在 $X=X_i$ 处，Y 的观测值为 Y_i，这样就有偏差 $Y_i-\hat{Y}_i,i=1,2,\cdots,n$. 我们当然希望这些偏差越小越好. 衡量这些偏差大小的一个合理指标是它们的平方和(通过平方消去负号的影响，如果简单求和，则正负偏差会抵消)：

$$S(\hat{a},\hat{b})=\sum_{i=1}^{n}(Y_i-\hat{Y}_i)^2=\sum_{i=1}^{n}(Y_i-\hat{a}-\hat{b}X_i)^2. \tag{8.1.5}$$

由此得出以下的估计法则：找 $\hat{a},\hat{b}$ 的值使式(8.1.5)达到最小，以其作为 a,b 的估计. 即

$$S(\hat{a},\hat{b})=\min_{a,b}S(a,b)=\min_{a,b}\sum_{i=1}^{n}(Y_i-a-bX_i)^2. \tag{8.1.6}$$

利用多元函数求极值的方法，解方程组

$$\begin{cases}\dfrac{\partial S}{\partial a}=-2\sum\limits_{i=1}^{n}(Y_i-a-bX_i)=0,\\ \dfrac{\partial S}{\partial b}=-2\sum\limits_{i=1}^{n}(Y_i-a-bX_i)X_i=0.\end{cases} \tag{8.1.7}$$

进一步可将式(8.1.7)改写为矩阵形式

$$\boldsymbol{X}^{\mathrm{T}}\boldsymbol{X\beta}=\boldsymbol{X}^{\mathrm{T}}\boldsymbol{Y}, \tag{8.1.8}$$

称此方程为**正规方程**.

因为 $\mathrm{rank}(\boldsymbol{X}^{\mathrm{T}}\boldsymbol{X})=\mathrm{rank}(\boldsymbol{X})=2$，故 $(\boldsymbol{X}^{\mathrm{T}}\boldsymbol{X})^{-1}$ 存在，解正规方程得 $\boldsymbol{\beta}$ 的估计 $\hat{\boldsymbol{\beta}}$ 为

$$\hat{\boldsymbol{\beta}}=(\boldsymbol{X}^{\mathrm{T}}\boldsymbol{X})^{-1}\boldsymbol{X}^{\mathrm{T}}\boldsymbol{Y}. \tag{8.1.9}$$

使式(8.1.6)达到最小的估计方法称为**最小二乘法**.

也可以直接求解方程组式(8.1.7)，得 b,a 的最小二乘估计为

$$\hat{b}=\frac{\sum_{i=1}^{n}(X_i-\overline{X})(Y_i-\overline{Y})}{\sum_{i=1}^{n}(X_i-\overline{X})^2},\hat{a}=\overline{Y}-\hat{b}\overline{X}. \tag{8.1.10}$$

当给出 a,b 的估计值 $\hat{a},\hat{b}$ 后，将其代入式(8.1.1)并略去误差项，则称 $\hat{Y}=\hat{a}+\hat{b}X$ 为**回归方程**. 利用回归方程可由自变量的观测值 $X_1,X_2,\cdots,X_n$ 求出因变量 Y 的估计值.

2. 参数 a,b 的最小二乘估计的性质

$\hat{a},\hat{b}$ 分别是 a,b 的无偏估计. 事实上，

$$E(\hat{b})=\frac{\sum_{i=1}^{n}(X_i-\overline{X})E(Y_i-\overline{Y})}{\sum_{i=1}^{n}(X_i-\overline{X})^2}=\frac{\sum_{i=1}^{n}(X_i-\overline{X})(a+bX_i-a-b\overline{X})}{\sum_{i=1}^{n}(X_i-\overline{X})^2}=b,$$

$$E(\hat{a})=E(\overline{Y}-\hat{b}\overline{X})=a+b\overline{X}-b\overline{X}=a.$$

故 $\hat{a},\hat{b}$ 分别是 a,b 的无偏估计.

由于

$$\hat{b}=\frac{\sum_{i=1}^{n}(X_i-\overline{X})(Y_i-\overline{Y})}{\sum_{i=1}^{n}(X_i-\overline{X})^2}=\frac{\sum_{i=1}^{n}(X_i-\overline{X})Y_i}{\sum_{i=1}^{n}(X_i-\overline{X})^2},$$

是 $Y_1,Y_2,\cdots,Y_n$ 的线性组合，$Y_1,Y_2,\cdots,Y_n$ 相互独立均服从正态分布，故 $\hat{b}$ 也服从正态分布，且

$$D(\hat{b})=D\left(\frac{\sum_{i=1}^{n}(X_i-\overline{X})(Y_i-\overline{Y})}{\sum_{i=1}^{n}(X_i-\overline{X})^2}\right)=\frac{\sum_{i=1}^{n}(X_i-\overline{X})^2D(Y_i)}{\left(\sum_{i=1}^{n}(X_i-\overline{X})^2\right)^2}=\frac{\sigma^2}{\sum_{i=1}^{n}(X_i-\overline{X})^2}.$$

同理，$\hat{a}$ 也服从正态分布，且 $D(\hat{a})=\left(\frac{1}{n}+\frac{\overline{X}^2}{\sum_{i=1}^{n}(X_i-\overline{X})^2}\right)\sigma^2$. 于是有如下的结论.

定理 8.1.1　在模型(8.1.1)的假定之下有

(1) $\hat{a}\sim N\left(a,\left(\frac{1}{n}+\frac{\overline{X}^2}{\sum_{i=1}^{n}(X_i-\overline{X})^2}\right)\sigma^2\right)$.

(2) $\hat{b}\sim N\left(b,\frac{\sigma^2}{\sum_{i=1}^{n}(X_i-\overline{X})^2}\right)$.

8.1.3　方差 σ^2 的估计

将自变量的观测值 $x_1,x_2,\cdots,x_n$ 代入回归方程，可得因变量的估计值 $\hat{y}_i=\hat{a}+\hat{b}x_i,i=1,2,\cdots,n$，此估计值也称为**拟合值**. 而 Y 的实际观测值为 $y_i,i=1,2,\cdots,n$，二者之差

$$\delta_i=y_i-\hat{y}_i,\quad i=1,2,\cdots,n,$$

称为**残差**. 利用残差可以构造方差 σ^2 的一个无偏估计. 下面证明

$$\hat{\sigma}^2 = \frac{1}{n-2}\sum_{i=1}^{n}\delta_i^2 \tag{8.1.11}$$

是 σ^2 的一个无偏估计.

为了证明这个结论,我们利用矩阵的有关知识先给出拟合值向量的矩阵形式

$$\hat{\boldsymbol{Y}} = (\hat{Y}_1, \hat{Y}_2, \cdots, \hat{Y}_n)^{\mathrm{T}} = \boldsymbol{X}\hat{\boldsymbol{\beta}} = \boldsymbol{X}(\boldsymbol{X}^{\mathrm{T}}\boldsymbol{X})^{-1}\boldsymbol{X}^{\mathrm{T}}\boldsymbol{Y}.$$

将残差平方和改写成矩阵形式

$$\sum_{i=1}^{n}\delta_i^2 = (\boldsymbol{Y}-\hat{\boldsymbol{Y}})^{\mathrm{T}}(\boldsymbol{Y}-\hat{\boldsymbol{Y}}) = \boldsymbol{Y}^{\mathrm{T}}(\boldsymbol{I}-\boldsymbol{X}(\boldsymbol{X}^{\mathrm{T}}\boldsymbol{X})^{-1}\boldsymbol{X}^{\mathrm{T}})\boldsymbol{Y}. \tag{8.1.12}$$

由于 $E(\boldsymbol{Y})=\boldsymbol{X\beta}$,而 $((\boldsymbol{I}-\boldsymbol{X}(\boldsymbol{X}^{\mathrm{T}}\boldsymbol{X})^{-1}\boldsymbol{X}^{\mathrm{T}})\boldsymbol{X}=0$,从而式(8.1.12)可变为

$$\begin{aligned}\sum_{i=1}^{n}\delta_i^2 &= (\boldsymbol{Y}-\hat{\boldsymbol{Y}})^{\mathrm{T}}(\boldsymbol{Y}-\hat{\boldsymbol{Y}}) = \boldsymbol{Y}^{\mathrm{T}}(\boldsymbol{I}-\boldsymbol{X}(\boldsymbol{X}^{\mathrm{T}}\boldsymbol{X})^{-1}\boldsymbol{X}^{\mathrm{T}})\boldsymbol{Y}\\ &= (\boldsymbol{Y}-\boldsymbol{X\beta})^{\mathrm{T}}(\boldsymbol{I}-\boldsymbol{X}(\boldsymbol{X}^{\mathrm{T}}\boldsymbol{X})^{-1}\boldsymbol{X}^{\mathrm{T}})(\boldsymbol{Y}-\boldsymbol{X\beta}) = \boldsymbol{\varepsilon}^{\mathrm{T}}(\boldsymbol{I}-\boldsymbol{X}(\boldsymbol{X}^{\mathrm{T}}\boldsymbol{X})^{-1}\boldsymbol{X}^{\mathrm{T}})\boldsymbol{\varepsilon},\end{aligned}$$

$$\begin{aligned}E(\sum_{i=1}^{n}\delta_i^2) &= E(\boldsymbol{\varepsilon}^{\mathrm{T}}(\boldsymbol{I}-\boldsymbol{X}(\boldsymbol{X}^{\mathrm{T}}\boldsymbol{X})^{-1}\boldsymbol{X}^{\mathrm{T}})\boldsymbol{\varepsilon}) = E(\mathrm{tr}(\boldsymbol{\varepsilon}^{\mathrm{T}}(\boldsymbol{I}-\boldsymbol{X}(\boldsymbol{X}^{\mathrm{T}}\boldsymbol{X})^{-1}\boldsymbol{X}^{\mathrm{T}})\boldsymbol{\varepsilon}))\\ &= \mathrm{tr}((\boldsymbol{I}-\boldsymbol{X}(\boldsymbol{X}^{\mathrm{T}}\boldsymbol{X})^{-1}\boldsymbol{X}^{\mathrm{T}})E(\boldsymbol{\varepsilon}^{\mathrm{T}}\boldsymbol{\varepsilon})) = \sigma^2(\mathrm{tr}(\boldsymbol{I}-\boldsymbol{X}(\boldsymbol{X}^{\mathrm{T}}\boldsymbol{X})\boldsymbol{X}^{\mathrm{T}})\\ &= \sigma^2(n-\mathrm{tr}((\boldsymbol{X}^{\mathrm{T}}\boldsymbol{X})^{-1}\boldsymbol{X}^{\mathrm{T}}\boldsymbol{X})) = \sigma^2(n-2),\end{aligned}$$

其中 tr(·)表示矩阵的迹. 从而就证明了 $\hat{\sigma}^2=\frac{1}{n-2}\sum\limits_{i=1}^{n}\delta_i^2$ 是 σ^2 的一个无偏估计. 进一步有如下结论.

定理 8.1.2　在模型(8.1.1)的假定之下有

(1) $\overline{Y},\hat{b},\hat{\sigma}^2$ 相互独立;

(2) $\hat{\sigma}^2 = \frac{1}{n-2}\sum\limits_{i=1}^{n}\delta_i^2$ 是 σ^2 的一个无偏估计;

(3) $\frac{1}{\sigma^2}\sum\limits_{i=1}^{n}\delta_i^2 \sim \chi^2(n-2)$.

证明可参见陈希孺编著的《概率论与数理统计》.

进一步由定理 8.1.1 与定理 8.1.2 可以得到下面的定理:

定理 8.1.3　在模型(8.1.1)的假定之下,则有

(1) $$\frac{\hat{a}-a}{\hat{\sigma}\sqrt{\frac{1}{n}+\frac{\overline{X}^2}{\sum\limits_{i=1}^{n}(X_i-\overline{X})^2}}} \sim t(n-2);$$

(2) $$\frac{\hat{b}-b}{\hat{\sigma}\sqrt{\frac{1}{\sum\limits_{i=1}^{n}(X_i-\overline{X})^2}}} \sim t(n-2).$$

8.1.3　回归方程的显著性检验

在实际问题中,对任意得到的 n 对观测值 $(X_1,Y_1),(X_2,Y_2),\cdots,(X_n,Y_n)$,不管 Y 与 X

是否具有线性关系，都可以按照最小二乘法求出 Y 对 X 的回归方程，但这样给出的回归方程不一定具有实际意义(当然可以通过画出散点图，大致判断 Y 与 X 之间是否存在线性关系). 要判断回归方程是否有意义，就需要在求 Y 对 X 的线性回归之前，先判断 Y 与 X 之间是否具有线性关系，即是否具有

$$Y = a + bX + \varepsilon, \quad \varepsilon \sim N(0,\sigma^2).$$

显然，当 $b=0$ 时，表示回归函数为一常数 a，与 X 无关. 这样问题变为，在显著性水平 α 下，检验假设

$$H_0: b = 0, \quad H_1: b \neq 0.$$

根据定理 8.1.3 可知，在原假设 H_0 为真时，取检验统计量为

$$T = \frac{\hat{b}}{\hat{\sigma}\sqrt{\dfrac{1}{\sum\limits_{i=1}^{n}(X_i - \overline{X})^2}}} \sim t(n-2), \tag{8.1.13}$$

由备择假设 H_1 得检验的拒绝域为

$$|t| = \frac{|\hat{b}|}{\hat{\sigma}\sqrt{\dfrac{1}{\sum\limits_{i=1}^{n}(x_i - \overline{x})^2}}} \geqslant t_{\frac{\alpha}{2}}(n-2). \tag{8.1.14}$$

根据已知数据，计算出检验统计量的观测值 t，若 $|t| \geqslant t_{\frac{\alpha}{2}}(n-2)$，拒绝原假设 H_0，即认为 Y 与 X 之间存在线性关系；否则接受 H_0，即认为 Y 与 X 之间不存在线性关系.

8.1.4　利用回归方程进行预测

若检验时，回归效果显著，则表明一元回归模型

$$Y = a + bX + \varepsilon, \quad \varepsilon \sim N(0,\sigma^2)$$

与实际观测结果拟合较好，就可以利用已经建立起来的回归方程 $\hat{Y}=\hat{a}+\hat{b}X$ 进行预测了.

对因变量的预测分为点预测与区间预测. 点预测就是当 $X=x_0$ 时，代入回归方程得 Y 的预测值 $\hat{y}_0=\hat{a}+\hat{b}x_0$；区间预测就是求当 $X=x_0$ 时，$Y=\hat{a}+\hat{b}x_0+\varepsilon$ 的区间估计，其中 $\varepsilon \sim N(0,\sigma^2)$. 由于 Y 服从正态分布且 $E(Y)=\hat{y}_0$，结合定理 8.1.1、定理 8.1.2 可以证明

$$\frac{Y - \hat{y}_0}{\hat{\sigma}\sqrt{1 + \dfrac{1}{n} + \dfrac{(x_0 - \overline{X})^2}{\sum\limits_{i=1}^{n}(X_i - \overline{X})^2}}} \sim t(n-2). \tag{8.1.15}$$

因此，对给定的 x_0，Y 置信度为 $1-\alpha$ 的置信区间为

$$\left(\hat{y}_0 - t_{\frac{\alpha}{2}}(n-2)\hat{\sigma}\sqrt{1 + \frac{1}{n} + \frac{(x_0 - \overline{X})^2}{\sum\limits_{i=1}^{n}(X_i - \overline{X})^2}},\ \hat{y}_0 + t_{\frac{\alpha}{2}}(n-2)\hat{\sigma}\sqrt{1 + \frac{1}{n} + \frac{(x_0 - \overline{X})^2}{\sum\limits_{i=1}^{n}(X_i - \overline{X})^2}}\right). \tag{8.1.16}$$

由式(8.1.16)可以看出，对于给定的 n 和 α，$\sum\limits_{i=1}^{n}(X_i - \overline{X})^2$ 越大或 x_0 越靠近 $\overline{X}$，区间长度就

越短,预测精度就越高. 而 $\sum_{i=1}^{n}(X_i-\overline{X})^2$ 刻画了自变量观测值 $X_1,X_2,\cdots,X_n$ 的分散程度,故要想提高预测精度,就要使 $X_1,X_2,\cdots,X_n$ 尽量分散.

例 8.1.1　某保险公司希望确定居民住宅区因大火造成的损失数额 Y(单位:千元)与该住宅到最近的消防站的距离 X(单位:km)之间的关系,以便准确地定出保险金额,为解决该问题,保险公司收集了 15 起火灾事故的损失及火灾发生地与最近的消防站的距离,数据如下表:

X	3.4	1.8	4.6	2.3	3.1	5.5	0.7	3.0	2.6	4.3	2.1	1.1	6.1	4.8	3.8
Y	26.2	17.8	31.3	23.1	27.5	36.0	14.1	22.3	19.6	31.3	24.0	17.3	43.2	36.4	26.1

(1) 画出散点图;

(2) 求出回归方程;

(3) 检验回归方程是否显著($\alpha=0.05$);

(4) 求 $x_0=3.5$ km 时,一旦发生火灾居民遭受的损失额的点预测值与区间预测($\alpha=0.05$).

解　(1) 散点图如图 8.1 所示.

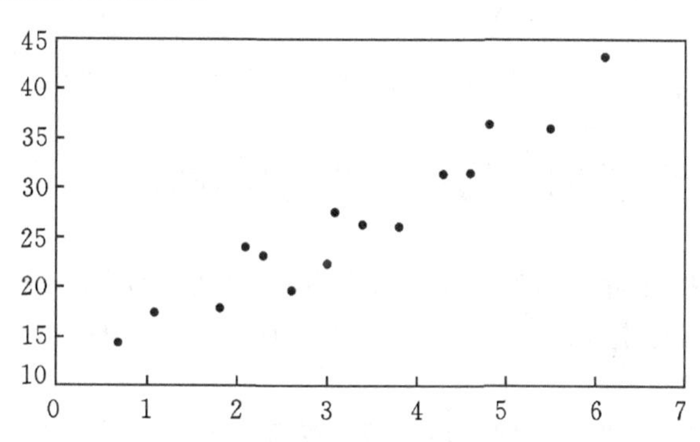

图 8.1　居民区距消防站距离与火灾损失散点图

(2) 由散点图可知,这 15 个散点接近于一条直线. 由观测值,计算得 $\overline{X}=3.28$,$\overline{Y}=26.413$,$\sum_{i=1}^{15}X_iY_i=1470.7$,$\sum_{i=1}^{15}X_i^2=196.16$,根据式(8.1.10),得

$$\hat{b}=\frac{1470.7-3.28\times15\times26.413}{196.16-15\times3.28^2}=4.9212,\hat{a}=26.413-4.912\times3.28=10.2715.$$

从而得回归方程为

$$\hat{Y}=10.2715+4.9212X.$$

(3) 欲检验回归方程是否显著,就是要检验假设

$$H_0:b=0\leftrightarrow H_1:b\neq0.$$

在原假设 H_0 为真时,由式(8.1.13),取检验统计量为

$$T=\frac{\hat{b}}{\hat{\sigma}\sqrt{\dfrac{1}{\sum_{i=1}^{n}(X_i-\overline{X})^2}}}\sim t(n-2),$$

由备择假设 H_1 得检验的拒绝域为

$$|t|=\frac{|\hat{b}|}{\hat{\sigma}\sqrt{\frac{1}{\sum_{i=1}^{n}(x_i-\bar{x})^2}}}\geqslant t_{\frac{\alpha}{2}}(n-2).$$

根据样本观测值,先计算总体方差及均方差的估计值分别为 $\hat{\sigma}^2=\frac{11376-15\times 26.413^2}{13}=70.1001$,$\hat{\sigma}=8.3726$,再计算检验统计量的观测值,$t=\frac{4.9212\times\sqrt{196.16-15\times 3.28^2}}{8.3726}=3.4666$,查表得 $t_{0.025}(13)=2.1604$,由于$|t|=3.4666>2.1604$,故拒绝 H_0,即认为回归方程是高度显著的.

(4) 将 $x_0=3.5$ 代入回归方程 $\hat{Y}=10.2715+4.9212X$,得 Y 的点预测值 $\hat{y}_0=10.2715+4.9212\times 35=27.50$.

对给定的 x_0,Y 置信度为 $1-\alpha$ 的置信区间为

$$\left(\hat{y}_0-t_{\frac{\alpha}{2}}(n-2)\hat{\sigma}\sqrt{1+\frac{1}{n}+\frac{(x_0-\bar{X})^2}{\sum_{i=1}^{n}(X_i-\bar{X})^2}},\ \hat{y}_0+t_{\frac{\alpha}{2}}(n-2)\hat{\sigma}\sqrt{1+\frac{1}{n}+\frac{(x_0-\bar{X})^2}{\sum_{i=1}^{n}(X_i-\bar{X})^2}}\right).$$

由样本观测值可具体算出当 $x_0=3.5$ 时,Y 置信度为 95%的置信区间为(8.8021,46.1893).

8.2 可化为一元线性回归的一元非线性回归

在许多实际问题中,变量之间存在的关系并不是线性的,而是非线性相关关系.因此非线性回归与线性回归同样重要.本节重点介绍可化为线性回归的一元非线性回归分析方面的问题.

在对数据进行分析时,常常通过一些常用软件画出数据的散点图,或通过对问题背景分析,判断两个变量之间可能存在的函数关系.如果两个变量之间存在线性关系,就可以利用前述方法建立一元线性回归方程来描述;如果它们之间存在着某种非线性关系,这时常用的方法是通过变量变换,使新变量之间具有线性关系,然后利用一元线性回归方法对其进行分析.下面通过我国人口统计数据,说明建立一元非线性回归模型的方法.

例 8.2.1 1971 年到 1990 年各年我国人口的统计数据如下表:

年份	1971	1972	1973	1974	1975	1976	1977	1978	1979	1980
总人口/亿人	8.523	8.718	8.921	9.086	9.242	9.372	9.497	9.626	9.754	9.871
年份	1981	1982	1983	1984	1985	1986	1987	1988	1989	1990
总人口/亿人	10.007	10.165	10.301	10.436	10.585	10.751	10.930	11.103	11.270	11.433

试根据表中所给的数据,建立我国人口增长的近似曲线,并预测 2000 年、2005 年、2010 年我国的人口数量.

解 设种群个体数量为 x_0 时刻开始计时,t 时刻种群个体数量为 $x(t)$,根据 Verhulst 提出的种群生长的 Logistic 模型:

$$\frac{1}{x}\frac{\mathrm{d}x}{\mathrm{d}t}=r(1-\frac{x}{k}),$$

其中常数 r 是一个“制约因子”，是出生率与死亡率之差；k 为环境的容纳量. 求解此微分方程得：

$$x(t)=\frac{kx_0}{(k-x_0)\mathrm{e}^{-rt}+x_0},\tag{8.2.1}$$

显然总人口数与年份之间是非线性关系.

假设我国人口总数不超过 $k=18$ 亿人，将式(8.2.1)变形，有

$$\frac{1}{x}-\frac{1}{k}=(\frac{1}{x_0}-\frac{1}{k})\mathrm{e}^{-rt}\overset{令}{\Rightarrow}\frac{1}{x(t)}-\frac{1}{k}=\mathrm{e}^{a+bt},$$

则有

$$x(t)=\frac{1}{k^{-1}+\mathrm{e}^{a+bt}}.\tag{8.2.2}$$

再令

$$M(t)=x^{-1}(t)-k^{-1},$$

于是有

$$M(t)=\mathrm{e}^{a+bt},$$

取对数有

$$\ln M(t)=a+bt.\tag{8.2.3}$$

式(8.2.3)就是一个一元线性回归模型. 根据已给的数据，先计算 $\ln M(t)$ 的值，再利用最小二乘法，算出 a,b 的估计值，最后代入式(8.2.1)，得到我国人口增长的近似曲线：

$$x(t)=\frac{1}{18^{-1}+\mathrm{e}^{62.3378-0.0330t}}.\tag{8.2.4}$$

当 $t=2000,2005,2010$ 时，$x=12.766,13.429,14.059$，与实际值基本相符合.

习题 8

1. 对于过原点的简单线性回归模型

$$Y_i=\beta X_i+\varepsilon_i,\ i=1,2,\cdots,n,$$

设 $\varepsilon_i(i=1,2,\cdots,n)$ 相互独立且均服从 $N(0,\sigma^2)$ 的分布.

(1) 求 β 的最小二乘估计，它是否是 β 的无偏估计？

(2) 写出回归关系显著性检验的统计量及其分布；

(3) 对于自变量的新的观测值 x_0，给出相应的因变量取值 y_0 的预测值及其置信度为 $1-\alpha$ 的置信区间.

2. 今随机抽取某地 10 对母女，测得她们的身高(单位：cm)如下表：

母亲身高 X	159	160	160	163	159	154	159	158	159	157
女儿身高 Y	158	159	160	161	161	155	162	157	162	156

试求女儿身高对母亲身高的线性回归方程，并在作出显著性检验后，预测当母亲身高 X

为163 cm时，未来女儿的身高($\alpha=0.05$).

3.某医院用光电比色计检验尿汞时，得尿汞含量与消光系数读数的结果如下表：

尿汞含量 X	2	4	6	8	10
消光系数 Y	64	138	205	285	360

(1) 画出散点图；

(2) 试求回归系数及方差的估计值；

(3) 对回归方程作显著性检验($\alpha=0.05$)；

(4) 求当 $x_0=12$ 时，因变量 Y 的观测值 y_0 的预测值及置信度为 0.95 的置信区间.

4.为调查某地商品零售额 X 与营业税税收额 Y 之间的关系，现收集了 1997—2005 年的数据如下表(单位:亿元)：

商品零售额 X	142.08	177.30	204.68	242.68	316.24	341.99	332.69	389.29	453.40
营业税税收额 Y	3.93	5.96	7.85	9.82	12.50	15.55	15.79	16.39	18.45

(1) 建立两者之间的线性回归方程，并作显著性检验($\alpha=0.05$)；

(2) 若已知某年的商品零售额为 300 亿元，试确定营业税税收额的置信度为 0.95 的预测区间.

第9章　方差分析

在前一章的线性回归分析中，所涉及的自变量多是连续变量，研究的主要目的是建立因变量与自变量之间的相关关系. 当自变量均为定性变量(只能用语言或代码标明它的属性的量)时，我们通常称这种变量为**因素**，而方差分析的目的主要在于了解这些因素在不同状态下对因变量取值是否有显著影响. 这类数据分析方法我们称为**方差分析**.

本章主要介绍单因素和两因素的方差分析方法，内容包括各因素对因变量影响的显著性检验.

9.1　单因素方差分析

在方差分析中，因变量是人们关心的某个数量指标，是计量变量. 而对因变量的取值可能会产生影响的定性变量称为**因素**，常常用 A,B,C 等表示，各因素所处的不同状态称为相应因素的**水平**. 通常用 $A_1,A_2,\cdots,A_k$ 表示因素 A 的 k 个水平，以 $B_1,B_2,\cdots,B_l$ 表示因素 B 的 l 个水平等. 例如，要研究几种不同的配方对某种化工产品产量的影响，这里，产量就是我们所关心的数量指标，称为因变量 Y，而配方为因素，记为 A，如有 k 个配方参与试验，因素 A 就有 k 个水平，分别表示为 $A_1,A_2,\cdots,A_k$. 如果要研究某农作物品种和化肥种类对该农作物产量的影响，这里，产量就是我们所关心的数量指标，称为因变量，而农作物品种和化肥种类是两个因素，记为 A 和 B. 如有 3 个不同品种和 4 种不同化肥参与试验，因素 A 就有 3 个水平，分别表示为 A_1,A_2,A_3，因素 B 就有 4 个水平，分别表示为 B_1,B_2,B_3,B_4. 仅考虑一个因素情况下的方差分析称为单因素方差分析.

先看两个实例.

例 9.1.1　某饮料企业研制出一种新型饮料. 饮料的颜色共有四种，分别为无色透明、粉色、橘黄色及绿色. 这四种颜色饮料的营养成分、味道、价格、包装等可能影响销售量的因素全部相同. 现从地理位置相似、经营规模相仿的五家超市收集了前一时期该饮料的销售情况，如表 9.1 所示.

表 9.1　五家超市该饮料的销售情况(单位:万元)

饮料颜色	销售量				
无色	26.5	28.7	25.1	29.1	27.2
粉色	31.2	28.3	30.8	27.9	29.6
橘色	27.9	25.1	28.5	24.2	26.5
绿色	30.8	29.6	32.4	31.7	32.8

试分析饮料的颜色是否对销售量产生显著影响.

例 9.1.2 某灯泡厂用四种不同配料成分制成的灯丝生产了四批灯泡，在每一批中取出若干作寿命试验，测得数据(单位：h)如表 9.2 所示.

表 9.2　四种不同灯泡的寿命

灯泡品种	灯泡寿命							
A_1	1600	1610	1650	1680	1700	1720	1800	
A_2	1580	1640	1640	1700	1750			
A_3	1460	1550	1600	1620	1640	1660	1740	1820
A_4	1510	1520	1530	1570	1600	1680		

试问灯丝的不同配料成分对灯泡寿命有无显著影响.

例 9.1.1 中的饮料和例 9.1.2 中的灯丝均称为因素，饮料的不同颜色及灯丝的不同配料成分均为水平，两个问题中各有 4 个水平，即记为 A_1,A_2,A_3,A_4.

在例 9.1.1 中，每种颜色的饮料的销售量构成一个总体，共有 4 个总体. 在各总体中分别抽取一容量为 4 的样本，要检验不同颜色饮料的销售量是否有显著差异，即检验四个总体的平均值是否相等. 在例 9.1.2 中，每一种灯丝配料成分所生产出灯泡的寿命构成一个总体，共有 4 个总体. 从各总体中分别抽取一个样本，容量不等，检验灯丝的不同配料成分对灯泡的平均寿命是否有显著影响，即检验四个总体的平均值是否相等. 理论上，要检验几个总体的均值是否相等需要有总体服从正态分布的条件. 下面给出解决这些问题的一般方法.

设我们所感兴趣的指标变量为 Y，影响 Y 的因素为 A，它有 k 个水平 $A_1,A_2,\cdots,A_k$，在 A 的各个水平上分别对指标变量 Y 进行 $n_1,n_2,\cdots,n_k$ 次独立观测，所得观测数据如表 9.3 所示.

表 9.3　观测数据

水平	试验数据			
A_1	X_{11}	X_{12}	$\cdots$	$X_{1}n_1$
A_2	X_{21}	X_{22}	$\cdots$	$X_{2}n_2$
$\vdots$	$\vdots$	$\vdots$		$\vdots$
A_2	X_{k1}	X_{k2}	$\cdots$	$X_{k}n_k$

设在第 i 个水平 A_i 下的试验结果服从正态分布 $X_i \sim N(\mu_i,\sigma^2)$，$i=1,2,\cdots,k$，这里假定 k 个总体的方差相等. 研究因素水平的变化对指标变量有无显著影响，就是要看 μ_i 之间是否有显著差异. 即检验假设

$$H_0: \mu_1=\mu_2=\cdots=\mu_k,\ H_1: \mu_1,\mu_2,\cdots,\mu_k \text{ 不全相等}. \tag{9.1.1}$$

显然，检验假设 H_0 可以用 t 检验法，只要检验任何两个相邻总体均值相等就可以了. 但是这样做要检验 $k-1$ 次，非常繁琐. 为了解决此类问题，我们采用离差分解法.

记组内平均为

$$\overline{X}_i=\frac{1}{n_i}\sum_{j=1}^{n_i}X_{ij},i=1,2,\cdots,k,$$

总平均为

$$\overline{X}=\frac{1}{n}\sum_{i=1}^{k}\sum_{j=1}^{n_i}X_{ij}=\frac{1}{n}\sum_{i=1}^{k}n_i\overline{X}_i\text{，其中 }n=\sum_{i=1}^{k}n_i.$$

总离差平方和为

$$\begin{aligned}Q_{\mathrm{T}}&=\sum_{i=1}^{k}\sum_{j=1}^{n_i}(X_{ij}-\overline{X})^2\\&=\sum_{i=1}^{k}\sum_{j=1}^{n_i}[(X_{ij}-\overline{X}_i)+(\overline{X}_i-\overline{X})]^2\\&=\sum_{i=1}^{k}\sum_{j=1}^{n_i}(X_{ij}-\overline{X}_i)^2+\sum_{i=1}^{k}n_i(\overline{X}_i-\overline{X})^2,\end{aligned}\qquad(9.1.2)$$

它表示所有样本与样本总平均的偏差的平方和，反映了试验结果的整体差异.

令

$$Q_{\mathrm{E}}=\sum_{i=1}^{k}\sum_{j=1}^{n_i}(X_{ij}-\overline{X}_i)^2,Q_{\mathrm{A}}=\sum_{i=1}^{k}n_i(\overline{X}_i-\overline{X})^2,\qquad(9.1.3)$$

分别称 Q_{E} 与 Q_{A} 为**组内离差平方和**与**组间离差平方和**. Q_{E} 表示各水平观测值与该水平的平均值的偏差平方和(内部差异)，反映了试验中随机因素影响的大小，也称**误差平方和**. Q_{A} 表示各水平观测值的平均值与样本总平均值的偏差的平方和，反映了各水平之间的差异程度，也称因素 A 的**效应平方和**.

由式(9.1.2)与(9.1.3)可得**平方和分解公式**

$$Q_{\mathrm{T}}=Q_{\mathrm{E}}+Q_{\mathrm{A}},\qquad(9.1.4)$$

它表示总离差(平方和)等于组内离差(平方和)加上组间离差(平方和). 于是，若 $Q_{\mathrm{A}}>Q_{\mathrm{E}}$，说明各水平之间的差异对结果影响较大，应拒绝 H_0；反之若 $Q_{\mathrm{A}}<Q_{\mathrm{E}}$ 说明各水平内部所产生的随机误差对结果的影响比不同水平的影响更大，也说明 Q_{A} 相对较小，即 μ_i 的估计值 $\overline{X}_i$ 都与样本总平均 $\overline{X}$ 较为接近，所以可以接受 H_0.

从上面的分析可得假设(9.1.1)的一个检验法：当比值 $Q_{\mathrm{A}}/Q_{\mathrm{E}}$ 大于某一给定界限时，就拒绝 H_0；否则就接受 H_0. 为了根据所给的检验水平 α 确定这一界限，我们把 X_{ij} 表示为

$$X_{ij}=\mu+\varepsilon_{ij},\varepsilon_{ij}\sim N(0,\sigma^2),\ j=1,2,\cdots,n_i,\ i=1,2,\cdots,k.\qquad(9.1.5)$$

记

$$\overline{Q}_{\mathrm{A}}=\frac{Q_{\mathrm{A}}}{k-1},\ \overline{Q}_{\mathrm{E}}=\frac{Q_{\mathrm{E}}}{n-k},\qquad(9.1.6)$$

分别称为**因素 A 引起的均方离差及均方误差**.

可以证明，在上述服从正态分布的假定之下且当 H_0 为真时，有

$$F=\frac{\overline{Q}_{\mathrm{A}}}{\overline{Q}_{\mathrm{E}}}\sim F(k-1,n-k).\qquad(9.1.7)$$

根据式(9.1.7)，可得假设式(9.1.1)的检验法为：

$$\text{当}\frac{\overline{Q}_{\mathrm{A}}}{\overline{Q}_{\mathrm{E}}}\leqslant F_\alpha(k-1,n-k)\text{，接受原假设 }H_0\text{，否则拒绝 }H_0.$$

计算 F 的观测值可用下列方差分析表(表 9.4).

表 9.4　单因素方差分析表

来源	离差平方和	自由度	均方离差	F 值
组间	$Q_A=\sum_{i=1}^{k}n_i(\overline{X}_i-\overline{X})^2$	$k-1$	$\overline{Q}_A=\dfrac{Q_A}{k-1}$	$F=\dfrac{\overline{Q}_A}{\overline{Q}_E}$
组内	$Q_E=\sum_{i=1}^{k}\sum_{j=1}^{n_i}(X_{ij}-\overline{X}_i)^2$	$n-k$	$\overline{Q}_E=\dfrac{Q_E}{n-k}$	
总和	$Q_T=\sum_{i=1}^{k}\sum_{j=1}^{n_i}(X_{ij}-\overline{X})^2$	$n-1$		

例 9.1.3　在例 9.1.1 中,若取 $\alpha=0.05$,试分析饮料的颜色是否对销售量产生显著影响.

解　由题意,$k=4,n_1=n_2=n_3=n_4=5$,经计算可得如表 9.5 所示的方差分析表.

表 9.5　方差分析结果

来源	离差平方和	自由度	均方离差	F 值
组间	76.85	3	25.62	$F=10.49$
组内	39.08	21	2.44	
总和	115.93	24		

查表得 $F_{0.05}(3,21)=3.07$,因为 $F=10.49>3.07$,故拒绝 H_0,即认为饮料的颜色对销售量产生显著影响.

例 9.1.4　在例 9.1.2 中,若取 $\alpha=0.05$,问灯丝的不同配料成分对灯泡寿命有无显著影响.

解　由题意,$k=4,n_1=7,n_2=5,n_3=8,n_4=6,n=26$,经计算可得如表 9.6 所示的方差分析表.

表 9.6　方差分析结果

来源	离差平方和	自由度	均方离差	F 值
组间	44360.7	3	14786.9	$F=2.15$
组内	151350.8	22	6879.6	
总和	195711.5	25		

查表得 $F_{0.05}(3,22)=3.05$,因为 $F=2.15<3.05$,故接受 H_0,即认为灯丝的不同配料成分对灯泡寿命没有显著影响.

9.2　两因素方差分析

两因素方差分析讨论两个因素对试验结果的影响是否显著,分非重复试验和重复试验两种情形进行讨论.

9.2.1　非重复试验的两因素方差分析

例 9.2.1　某厂对生产的高速钢铣刀进行等温淬火工艺试验,考虑了三种不同的等温槽温度(单位:℃),三种不同的淬火温度(单位:℃),安排了各种温度组合各试验一次,测得平均硬度(HRC)值如表 9.7 所示.

表 9.7　试验数据

等温槽温度/℃ \ 淬火温度/℃	1210	1235	1250
280	63	65	67
300	65	67	66
320	64	66	67

试问不同等温槽温度、不同淬火温度分别对平均硬度有无显著影响.

解　此例中有等温槽温度与淬火温度两个因素,分别记为 A 与 B,各有三个因素水平,分别记为 A_1,A_2,A_3 及 B_1,B_2,B_3. 在每种组合水平 $A_i\times B_j$ 上做一次试验,得到了试验数据. 问因素 A 与 B 分别对试验结果有无显著影响. 下面给出解决这种问题的一般方法.

设我们所感兴趣的指标变量为 Y,影响 Y 的因素分别为 A 与 B,它们各有 k 及 l 个水平,分别为 $A_1,A_2,\cdots,A_k$ 及 $B_1,B_2,\cdots,B_l$,在 A 与 B 的每种组合水平 $A_i\times B_j$ 上做一次试验,所得试验结果为 X_{ij}, $i=1,2,\cdots,k$, $j=1,2,\cdots,l$,所有试验数据相互独立,如表 9.8 所示.

表 9.8　两因素无重复试验的试验数据

因素 A \ 因素 B	B_1	B_2	$\cdots$	B_l
A_1	X_{11}	X_{12}	$\cdots$	X_{1l}
A_2	X_{21}	X_{22}	$\cdots$	X_{21}
$\vdots$	$\vdots$	$\vdots$		$\vdots$
A_k	X_{k1}	X_{k2}	$\cdots$	X_{kl}

假设总体 $X_{ij}\sim N(\mu_{ij},\sigma^2)$, $i=1,2,\cdots,k$, $l=1,2,\cdots,l$,其中

$$\mu_{ij}=\mu+\alpha_i+\beta_j(i=1,2,\cdots k,j=1,2,\cdots,l.),\tag{9.2.1}$$

而

$$\sum_{i=1}^{k}\alpha_i=0,\quad \sum_{i=1}^{l}\beta_j=0.\tag{9.2.2}$$

在式(9.2.2)中,α_i 称为因素 A 在水平 A_i 的效应,它表示水平 A_i 在总体平均值上引起的偏差;β_j 称为因素 B 在水平 B_j 的效应,它表示水平 B_j 在总体平均值上引起的偏差. 在两因素方差分析中,涉及如下两个假设检验问题

$$H_{A0}: \alpha_1 = \alpha_2 = \cdots = \alpha_k = 0 \leftrightarrow H_{A1}: \text{至少有某个 } \alpha_i \neq 0, \tag{9.2.3}$$

$$H_{B0}: \beta_1 = \beta_2 = \cdots = \beta_l = 0 \leftrightarrow H_{B1}: \text{至少有某个 } \beta_j \neq 0, \tag{9.2.4}$$

如果假设 H_{A0} 成立，则 μ_{ij} 与 i 无关，这表明因素 A 对试验结果没有显著影响. 同样，如果假设 H_{B0} 成立，则 μ_{ij} 与 j 无关，这表明因素 B 对试验结果没有显著影响.

我们仍然可以采用离差分解的方法来推导出检验假设 H_{A0} 与 H_{B0} 的方法. 为此，令

$$\overline{X}_{i\cdot} = \frac{1}{l}\sum_{j=1}^{l} X_{ij}, i = 1,2,\cdots,k,\ \overline{X}_{\cdot j} = \frac{1}{k}\sum_{i=1}^{k} X_{ij}, j = 1,2,\cdots,l, \overline{X} = \frac{1}{kl}\sum_{i=1}^{k}\sum_{j=1}^{l} X_{ij},$$

于是，总离差平方和为

$$\begin{aligned} Q_T &= \sum_{i=1}^{k}\sum_{j=1}^{l}(X_{ij} - \overline{X})^2 \\ &= \sum_{i=1}^{k}\sum_{j=1}^{l}[(X_{ij} - \overline{X}_{i\cdot} - \overline{X}_{\cdot j} + \overline{X}) + (\overline{X}_{i\cdot} - \overline{X}) + (\overline{X}_{\cdot j} - \overline{X})]^2 \\ &= \sum_{i=1}^{k}\sum_{j=1}^{l}(X_{ij} - \overline{X}_{i\cdot} - \overline{X}_{\cdot j} + \overline{X})^2 + l\sum_{i=1}^{k}(\overline{X}_{i\cdot} - \overline{X})^2 + k\sum_{j=1}^{l}(\overline{X}_{\cdot j} - \overline{X})^2, \end{aligned}$$

记因素 A 引起的离差平方和为

$$Q_A = l\sum_{i=1}^{k}(\overline{X}_{i\cdot} - \overline{X})^2, \tag{9.2.5}$$

它度量了因素 A 的各水平效应的差异.

记因素 B 引起的离差平方和为

$$Q_B = k\sum_{j=1}^{l}(\overline{X}_{\cdot j} - \overline{X})^2, \tag{9.2.6}$$

它度量了因素 B 的各水平效应的差异.

记误差为

$$Q_E = \sum_{i=1}^{k}\sum_{j=1}^{l}(X_{ij} - \overline{X}_{i\cdot} - \overline{X}_{\cdot j} + \overline{X})^2, \tag{9.2.7}$$

它度量了来自总体的观测值与其样本均值的差异.

于是可得

$$Q_T = Q_A + Q_B + Q_E. \tag{9.2.8}$$

经过分析知，可用 Q_A 和 Q_E 的比值来检验假设 H_{A0}，用 Q_B 和 Q_E 的比值来检验假设 H_{B0}. 为了得到检验法，我们进一步把 X_{ij} 表示为

$$X_{ij} = \mu_{ij} + \varepsilon_{ij} = \mu + \alpha_i + \beta_j + \varepsilon_{ij}, \varepsilon_{ij} \sim N(0,\sigma^2)(j = 1,2,\cdots,l; i = 1,2,\cdots,k.). \tag{9.2.9}$$

若记

$$\overline{Q}_A = \frac{Q_A}{k-1}, \overline{Q}_B = \frac{Q_B}{l-1}, \overline{Q}_E = \frac{Q_E}{(k-1)(l-1)},$$

分别称为**因素 A 引起的均方离差**、**因素 B 引起的均方离差**及**均方误差**.

可以证明，在上述服从正态分布的假定之下当 H_{A0} 为真时，有

$$F_A = \frac{\overline{Q}_A}{\overline{Q}_E} \sim F(k-1,(k-1)(l-1)). \tag{9.2.10}$$

根据式(9.2.10)，可得假设式(9.2.3)的检验法为：

$$当\frac{\bar{Q}_A}{\bar{Q}_E}\leqslant F_\alpha(k-1,(k-1)(l-1))，接受原假设 H_{A0}，否则拒绝 H_{A0}.$$

同理，在上述服从正态分布的假定之下当 H_{B0} 为真时，有

$$F_B=\frac{\bar{Q}_B}{\bar{Q}_E}\sim F(l-1,(k-1)(l-1)). \tag{9.2.11}$$

根据式(9.2.11)，可得假设式(9.2.4)的检验法为：

$$当\frac{\bar{Q}_B}{\bar{Q}_E}\leqslant F_\alpha(l-1,(k-1)(l-1))，接受原假设 H_{B0}，否则拒绝 H_{B0}.$$

计算 F_A、F_B 与 F_E 的观测值可用下列两因素无重复方差分析表(表 9.9).

表 9.9　两因素无重复试验下的方差分析表

来源	离差平方和	自由度	均方离差	F 值
因素 A	$Q_A=l\sum_{i=1}^{k}(\bar{X}_{i\cdot}-\bar{X})^2$	$k-1$	$\bar{Q}_A=\frac{Q_A}{k-1}$	$F_A=\frac{\bar{Q}_A}{\bar{Q}_E}$
因素 B	$Q_B=k\sum_{j=1}^{l}(\bar{X}_{\cdot j}-\bar{X})^2$	$l-1$	$\bar{Q}_B=\frac{Q_B}{l-1}$	$F_B=\frac{\bar{Q}_B}{\bar{Q}_E}$
误差	$Q_E=\sum_{i=1}^{k}\sum_{j=1}^{l}(X_{ij}-\bar{X}_{i\cdot}-\bar{X}_{\cdot j}+\bar{X})^2$	$(k-1)(l-1)$	$\bar{Q}_E=\frac{Q_E}{(k-1)(l-1)}$	
总和	$Q_T=\sum_{i=1}^{k}\sum_{j=1}^{l}(X_{ij}-\bar{X})^2$	$kl-1$		

例 9.2.2　在例 9.2.1 中，$k=l=3$，F_A，F_B 的计算可利用方差分析表算得，如表 9.10 所示.

表 9.10　两因素无重复试验下的方差分析结果

来源	离差平方和	自由度	均方离差	F 值
因素 A	1.556	2	0.778	$F_A=1.00$
因素 B	11.556	2	5.778	$F_B=7.43$
误差	3.11	4	0.778	
总和	16.222	8		

取 $\alpha=0.05$，查 F 分布表得 $F_{0.005}(2,4)=6.94$，$F_A=1.00<6.94$，接受 H_{A0}，即认为等温槽温度对洛氏硬度无显著影响. 而 $F_B=7.43>6.94$，拒绝 H_{B0}，即认为淬火温度对洛氏硬度有显著影响.

9.2.2　重复试验的两因素方差分析

前面所介绍的两因素方差分析中在每一种组合水平上仅试验一次，现在讨论在每一种组合水平上重复试验多次，且重复试验次数相同的情形.

设我们所感兴趣的指标变量为 Y，影响 Y 的因素分别为 A 与 B，它们各有 k 及 l 个水平，分别为 $A_1, A_2, \cdots, A_k$ 及 $B_1, B_2, \cdots, B_l$，在 A 与 B 的每种组合水平 $A_i \times B_j$ 上重复试验 c $(c>1)$ 次，所得试验结果为

$$X_{ijs}, (i=1,2,\cdots,k; j=1,2,\cdots,l; s=1,2,\cdots,c.)$$

所有试验数据相互独立，如表 9.11 所示.

表 9.11 两因素重复试验下的方差分析表

因素 B / 因素 A	B_1	B_2	$\cdots$	B_l
A_1	$X_{111}, X_{112}, \cdots, X_{11c}$	$X_{121}, X_{122}, \cdots, X_{12c}$	$\cdots$	$X_{1l1}, X_{1l2}, \cdots, X_{1lc}$
A_2	$X_{211}, X_{212}, \cdots, X_{21c}$	$X_{221}, X_{222}, \cdots, X_{22c}$	$\cdots$	$X_{2l1}, X_{2l2}, \cdots, X_{2lc}$
$\vdots$	$\vdots$	$\vdots$		$\vdots$
A_k	$X_{k11}, X_{k12}, \cdots, X_{k1c}$	$X_{k21}, X_{k22}, \cdots, X_{k2c}$	$\cdots$	$X_{kl1}, X_{kl2}, \cdots, X_{klc}$

假定总体 $X_{ijs} \sim N(\mu_{ij}, \sigma^2), i=1,2,\cdots,k; j=1,2,\cdots,l; s=1,2,\cdots,c$，其中 μ_{ij} 可以表示为

$$\mu_{ij} = \mu + \alpha_i + \beta_j + \gamma_{ij}, \tag{9.2.12}$$

而 $\alpha_i, \beta_j, \gamma_{ij}$ 满足

$$\sum_{i=1}^{k} \alpha_i = 0, \sum_{j=1}^{l} \beta_j = 0, \sum_{i=1}^{k} \gamma_{ij} = 0, \sum_{j=1}^{l} \gamma_{ij} = 0. \tag{9.2.13}$$

事实上，令 $\mu = \dfrac{1}{kl} \sum\limits_{i=1}^{k} \sum\limits_{j=1}^{l} \mu_{ij}$，于是 $\mu_{ij} = \mu + (\mu_{ij} - \mu)$. 再令

$$\alpha_i = \frac{1}{l} \sum_{j=1}^{l} (\mu_{ij} - \mu), \beta_j = \frac{1}{k} \sum_{i=1}^{k} (\mu_{ij} - \mu), \gamma_{ij} = (\mu_{ij} - \mu) - \alpha_i - \beta_j.$$

从而可得式(9.2.12)，且容易验证式(9.2.13)的四个等式成立.

α_i 称为**因素 A 在水平 A_i 的效应**，它表示水平 A_i 在总体平均值上引起的偏差；β_j 称为**因素 B 在水平 B_j 的效应**，它表示水平 B_j 在总体平均值上引起的偏差. γ_{ij} 称为**因素 A 与 B 在组合水平 $A_i \times B_j$ 上的交互作用**，即因素 A 与 B 组合起来在此水平上的作用.

下面对交互作用做一些直观解释. 在非重复试验的情形，仅考虑两个因素中各因素的单独作用，即仅有因素 A 的效应与因素 B 的效应. 一般情形下，不仅各个因素在起作用，而且因素之间的组合有时会影响试验结果，这种作用就是交互作用.

在两因素重复试验的方差分析中，涉及如下三个假设检验问题

$$H_{A0}: \alpha_1 = \alpha_2 = \cdots = \alpha_k = 0, \; H_{A1} \text{ 至少有某个 } \alpha_i \neq 0, \tag{9.2.14}$$

$$H_{B0}: \beta_1 = \beta_2 = \cdots = \beta_l = 0, \; H_{B1} \text{ 至少有某个 } \beta_j \neq 0, \tag{9.2.15}$$

$$H_{AB0}: \gamma_{ij} = 0, i=1,2,\cdots,k, \; j=1,2,\cdots,l, \; H_{AB1} \text{ 至少有某个 } \gamma_{ij} \neq 0, \tag{9.2.16}$$

如果假设 H_{A0} 成立，则 μ_{ij} 与 i 无关，这表明因素 A 对试验结果没有显著影响. 同样，如果假设 H_{B0} 成立，则 μ_{ij} 与 j 无关，这表明因素 B 对试验结果没有显著影响. 如果 H_{AB0} 成立，则表明因素 A 与 B 的交互作用对试验结果没有显著影响.

我们仍然可以采用离差分解的方法来推导出检验假设 H_{A0}、H_{B0} 及 H_{AB0} 的方法. 为此，令

$$\overline{X}=\frac{1}{klc}\sum_{i=1}^{k}\sum_{j=1}^{l}\sum_{s=1}^{c}X_{ijs},\quad \overline{X}_{ij\cdot}=\frac{1}{c}\sum_{s=1}^{c}X_{ijs}\ (s=1,2,\cdots,c),$$

$$\overline{X}_{i\cdot\cdot}=\frac{1}{l}\sum_{j=1}^{l}X_{ij\cdot}\ (i=1,2,\cdots,k),\quad \overline{X}_{\cdot j\cdot}=\frac{1}{k}\sum_{i=1}^{k}X_{ij\cdot}\ (j=1,2,\cdots,l).$$

于是，总离差平方和为

$$Q_T=\sum_{i=1}^{k}\sum_{j=1}^{l}\sum_{s=1}^{c}(X_{ijs}-\overline{X})^2=Q_A+Q_B+Q_I+Q_E,\tag{9.2.17}$$

其中

$$Q_A=lc\sum_{i=1}^{k}(\overline{X}_{i\cdot\cdot}-\overline{X})^2,\quad Q_B=kc\sum_{j=1}^{l}(\overline{X}_{\cdot j\cdot}-\overline{X})^2,$$

$$Q_I=c\sum_{i=1}^{k}\sum_{j=1}^{l}(\overline{X}_{ij\cdot}-\overline{X}_{i\cdot\cdot}-\overline{X}_{\cdot j\cdot}+\overline{X})^2,\quad Q_E=\sum_{i=1}^{k}\sum_{j=1}^{l}\sum_{s=1}^{c}(X_{ijs}-\overline{X}_{ij\cdot})^2,$$

称 Q_A 为因素 A 引起的离差，Q_B 为因素 B 引起的离差，Q_I 为因素 A 与因素 B 的交互作用引起的离差，Q_E 为误差. 且

$$Q_T=Q_A+Q_B+Q_I+Q_E.\tag{9.2.18}$$

经过分析知，可用 Q_A 和 Q_E 的比值来检验假设 H_{A0}；用 Q_B 和 Q_E 的比值来检验假设 H_{B0}；用 Q_I 和 Q_E 的比值来检验假设 H_{AB0}. 为了得到检验法，进一步，我们把 X_{ijs} 表示为

$$X_{ijs}=\mu_{ij}+\varepsilon_{ijs}=\mu+\alpha_i+\beta_j+\gamma_{ij}+\varepsilon_{ijs},\ \varepsilon_{ijs}\sim N(0,\sigma^2)$$
$$(j=1,\cdots,l,\ i=1,\cdots,k,\ s=1,\cdots,c),\tag{9.2.19}$$

其中所有的 ε_{ijs} 相互独立.

若记

$$\overline{Q}_A=\frac{\overline{Q}_A}{k-1},\ \overline{Q}_B=\frac{\overline{Q}_B}{l-1},\ \overline{Q}_I=\frac{\overline{Q}_I}{(k-1)(l-1)},\ \overline{Q}_E=\frac{\overline{Q}_E}{kl(c-1)},$$

可以证明，在上述服从正态分布的假定之下当 H_{A0} 为真时，有

$$F_A=\frac{\overline{Q}_A}{\overline{Q}_E}\sim F(k-1,kl(c-1)).\tag{9.2.20}$$

根据式(9.2.20)，可得假设式(9.2.14)的检验法为：

当 $\frac{\overline{Q}_A}{\overline{Q}_E}\leqslant F_\alpha(k-1,kl(c-1))$，接受原假设 H_{A0}，否则拒绝 H_{A0}.

同理，在上述服从正态分布的假设之下当 H_{B0} 为真时，有

$$F_B=\frac{\overline{Q}_B}{\overline{Q}_E}\sim F(l-1,kl(c-1)).\tag{9.2.21}$$

根据式(9.2.21)，可得假设式(9.2.15)的检验法为：

当 $\frac{\overline{Q}_B}{\overline{Q}_E}\leqslant F_\alpha(l-1,kl(c-1))$，接受原假设 H_{B0}，否则拒绝 H_{B0}.

进一步，在上述服从正态分布的假设之下当 H_{AB0} 为真时，有

$$F_I=\frac{\overline{Q}_I}{\overline{Q}_E}\sim F((k-1)(l-1),kl(c-1)).\tag{9.2.22}$$

根据式(9.2.22),可得假设式(9.2.16)的检验法为:

$$当\frac{\bar{Q}_I}{\bar{Q}_E}\leqslant F_\alpha((k-1)(l-1),kl(c-1)),接受原假设 H_{AB0},否则拒绝 H_{AB0}.$$

计算 F_A,F_B,F_I 与 F_E 的观测值可用表 9.12 所示的两因素方差分析表.

表 9.12 两因素可重复试验下的方差分析表

来源	离差平方和	自由度	均方离差	F 值
因素 A	$Q_A=lc\sum_{i=1}^{k}(\bar{X}_{i\cdot\cdot}-\bar{X})^2$	$k-1$	$\bar{Q}_A=\frac{Q_A}{k-1}$	$F_A=\frac{\bar{Q}_A}{\bar{Q}_E}$
因素 B	$Q_B=kc\sum_{j=1}^{l}(\bar{X}_{\cdot j\cdot}-\bar{X})^2$	$l-1$	$\bar{Q}_B=\frac{Q_B}{l-1}$	$F_B=\frac{\bar{Q}_B}{\bar{Q}_E}$
交互作用 I	$Q_I=c\sum_{i=1}^{k}\sum_{j=1}^{l}(\bar{X}_{ij\cdot}-\bar{X}_{i\cdot\cdot}-\bar{X}_{\cdot j\cdot}+\bar{X})^2$	$(k-1)(l-1)$	$\bar{Q}_I=\frac{Q_I}{(k-1)(l-1)}$	$F_I=\frac{\bar{Q}_I}{\bar{Q}_E}$
误差 E	$Q_E=\sum_{i=1}^{k}\sum_{j=1}^{l}(X_{ij}-\bar{X}_{i\cdot}-\bar{X}_{\cdot j}+\bar{X})^2$	$kl(c-1)$	$\bar{Q}_E=\frac{Q_E}{kl(c-1)}$	
总和	$Q_T=\sum_{i=1}^{k}\sum_{j=1}^{l}\sum_{s=1}^{c}(\bar{X}_{ijs}-\bar{X}_{ij\cdot})^2$	$klc-1$		

例 9.2.3 某高校为了了解数学专业和计算机专业的低年级学生、高年级学生及研究生在人文社科知识方面的差异,从不同专业和不同级别的学生中各任选四名学生参加有关考试,其成绩如表 9.13 所示,假设考试成绩服从两因素可重复试验的方差分析模型,试在显著水平$\alpha=0.05$下,检验不同专业、不同级别的学生的成绩是否有显著差异、交互作用是否显著.

表 9.13 两因素可重复试验的试验数据

专业 \ 级别	低年级	高年级	研究生
数学	81 78 79 78	75 80 78 73	82 80 85 88
计算机	89 82 77 90	79 80 75 78	93 93 86 95

解 记专业为因素 A,它有两个水平 A_1(数学),A_2(计算机);学生级别为因素 B,它有三个水平 B_1(低年级),B_2(高年级)及 B_3(研究生).而 $k=2,l=3,c=4,F_A,F_B$ 及 F_I 可利用方差分析表算得,如表 9.14 所示.

对于 $\alpha=0.05$,查 F 分布表得 $F_{0.05}(1,18)=4.41,F_{0.05}(2,18)=3.55,F_A=11.00>4.41$,拒绝原假设 H_{A0},即认为专业对学生成绩有显著影响;$F_B=16.28>3.55$,拒绝原假设 H_{B0},即认为学生级别对成绩有显著影响;$F_I=1.58<3.55$,接受原假设 H_{AB0},即认为专业与学生级别的交互效应是不显著的.

表 9.14　两因素可重复试验的方差分析表

来源	离差平方和	自由度	均方离差	F 值
因素 A	150.00	1	150.00	$F_A=11.00$
因素 B	444.00	2	222.00	$F_B=16.28$
交互作用	43.00	2	21.50	$F_I=1.58$
误差	245.50	18	13.64	
总和	882.50	23		

习题 9

1. 考察四种不同催化剂对某一化工产品得率的影响，在四种不同催化剂下分别做了 6 次试验，得数据如下：

催化剂	产品得率					
A_1	0.88	0.85	0.79	0.86	0.85	0.83
A_2	0.87	0.92	0.85	0.83	0.90	0.80
A_3	0.84	0.78	0.81	0.80	0.85	0.83
A_4	0.81	0.86	0.90	0.87	0.78	0.79

假定各种催化剂下产品的得率服从同方差的正态分布，试在 $\alpha=0.05$ 下，检验四种不同催化剂对该产品的得率有无显著影响.

2. 下表给出了小白鼠在接种三种不同菌型伤寒杆菌后的存活天数，设存活天数服从有相同方差的正态分布.

菌型 \ 鼠	1	2	3	4	5	6	7	8	9	10	11
Ⅰ型	2	4	3	2	4	7	7	2	5	4	
Ⅱ型	5	6	8	5	10	7	12	6	6		
Ⅲ型	7	11	6	6	7	9	5	10	6	3	10

试在 $\alpha=0.05$ 下，检验小鼠接种三种菌型的平均存活天数有无显著差异.

3. 四名工人 $W_i, i=1,2,3,4$，分别操作机床 A_1, A_2, A_3 各一天，生产同样的产品，日产量(单位:件)如下所示：

机床 \ 工人	W_1	W_2	W_3	W_4
A_1	50	47	47	53
A_2	63	54	57	58
A_3	52	42	41	48

假设此数据服从两因素非重复试验的方差分析模型，试在 $\alpha=0.05$ 下，检验四名工人的日产量有无显著差异，各台机床对日产量有无显著影响.

4.用 3 种教学法分别在 5 所学校进行试验，其得分情况如下：

教学法＼学校	甲	乙	丙	丁	戊
方法 1	75	62	71	58	73
方法 2	81	85	68	92	90
方法 3	73	79	60	73	81

假设在不同教学法及不同学校下试验结果服从正态分布且方差相等，试问 $\alpha=0.05$ 下，三种教学法之间是否存在显著差异？学校之间是否存在显著差异？

5.为了研制一种治疗枯草热病的新药，将两种成分(A 和 B)各按三种不同剂量(低、中、高)混合，将 36 位自愿受试患者随机分为 9 组，每组 4 人，服用各种剂量混合下的药物，记录其病情缓解的时间(单位:h)如下表所示：

成分 A＼成分 B	低剂量				中剂量				高剂量			
低剂量	2.4	2.7	2.3	2.5	4.6	4.2	4.9	4.7	4.8	4.5	4.4	4.6
中剂量	5.8	5.2	5.5	5.3	8.9	9.1	8.7	9.0	9.1	9.3	8.7	9.4
高剂量	6.1	5.7	5.9	6.2	9.9	10.5	10.6	10.1	13.5	13.0	13.3	13.2

假设所给的数据服从方差分析模型，试在 $\alpha=0.05$ 下，检验成分 A 的三种剂量有无显著差异？成分 B 的三种剂量有无显著差异？成分 A 与成分 B 的交互作用的效应是否显著？

第10章　随机过程的基本概念

尽管我们在大数定律及中心极限定理中研究了无穷多个随机变量,但这只局限于离散型随机变量之间相互独立的情形.随着科学技术的发展,人们需要观察和研究随机变量随时间演变的随机现象,这就涉及到研究无穷多个(一族)、相互有关的随机变量,这就是随机过程.本章介绍随机过程的概念、概率分布和数字特征等.

10.1　随机过程的概念

随机过程是研究随机现象变化发展过程的理论.它产生于20世纪初期,因物理学、生物学、通信与控制理论、管理科学等方面的需要发展起来的.为了说明随机过程的定义,先来看几个例子.

例10.1.1　某个生物种群由能产生同类后代的个体构成.初始种群的个数用X_0表示,称为第0代的总数.第0代的全体后代构成第1代,其总数用X_1表示.一般地,以X_n表示第n代的总数.要分析该种群生长的变化规律,就要研究随机变量族$\{X_n, n=0,1,2,\cdots\}$.

例10.1.2　当$t(t\geqslant 0)$固定时,某银行窗口在$[0,t)$时间内来到的顾客数是随机变量,记为$X(t)$.如果t从0变到∞,t时刻前来到的顾客数就需要用一族随机变量$\{X(t), t\in[0,\infty)\}$表示.

例10.1.3　为研究极地气候随时间的变化规律,以$X(t)$表示我国南极科考站建立后的第t天的当地气温值,可以认为$X(t)$是取负数值的随机变量,对每一天做记录,就得到随机变量族$\{X(t), t=1,2,\cdots\}$.

例10.1.4　英国植物学家R. Brown(布朗)发现,一个完全浸没在液体中或在气体里的花粉微粒做不规则运动(称这种运动为**布朗运动**).这种运动的起因是花粉不断地受到周围介质分子的碰撞,这些微小碰撞力的总和使花粉做随机运动.以$X(t)$,$Y(t)$,$Z(t)$表示t时刻花粉微粒的空间位置,要研究花粉微粒的随机运动规律,就要考虑三维随机变量族$\{X(t), Y(t), Z(t), t\in[0,+\infty)\}$.我们也可以只研究其横坐标随时间的变化规律,即研究随机变量族$\{X(t), t\in[0,+\infty)\}$.

上述例子都涉及依赖于参数而变化的随机变量或者说一族随机变量.在这种随机变量族中,随机变量之间往往不独立.因此,仅对每一个随机变量进行研究是不够的,需要从整体上研究随机变量族.这就引出了随机过程的概念.

定义10.1.1　设Ω是某试验的样本空间,T为一给定的集合,若对每个t,$X(t,\omega)$是定义在Ω的随机变量,则称随机变量族$\{X(t,\omega), t\in T\}$为**随机过程**,其中$T\subset\mathbf{R}$是实数集,称为**指标集**或**参数集**.

随机过程从本质上讲是关于$t\in T$,$\omega\in\Omega$的二元映射:

$$X(t,\omega): T\times\Omega\rightarrow\mathbf{R}$$

即 $X(\cdot,\cdot)$ 是一定义在 $T\times\Omega$ 上的二元单值函数. 固定 $t\in T$, $X(t,\cdot)$ 是一定义在样本空间 Ω 上的函数,即为一随机变量;对于固定的 $\omega\in\Omega$, $X(\cdot,\omega)$ 是一个关于参数 $t\in T$ 的函数,通常称为**样本函数(样本曲线,路径,轨道)**,或称随机过程的一次**实现**,所有样本函数的集合确定一个随机过程. 记号 $X(t,\omega)$ 有时记为 $X_t(\omega)$,简记为 $X(t)$. 随机过程常常表示为 $\{X(t),t\in T\}$.

参数集 T 一般表示时间或空间. 常用的参数集一般有:① $T=\{0,1,2,\cdots\}$;② $T=\{0,\pm1,\pm2,\cdots\}$;③ $T=[a,b]$,其中 a 可以取 0 或 $-\infty$,b 可以取 $+\infty$.

当参数集为可列集时,一般称随机过程为**随机序列**.

随机过程 $\{X(t),t\in T\}$ 可能取值的全体所构成的集合称为此随机过程的**状态空间(值域,相空间)**,记作 S. S 中的元素称为**状态**. 状态空间可以由复数、实数或更一般的抽象空间构成.

例 10.1.5 随机过程 $X(t)=a\cos(bt+\Theta)$, $t\in(-\infty,+\infty)$,其中 a 和 b 是常数,Θ 是服从 $U(0,2\pi)$ 分布的随机变量. 求

(1) Θ 分别取 $0,\pi/2,\pi$ 时的三个样本函数;

(2) t 分别为 0.5,2 时的两个随机变量.

解 (1) Θ 分别取 $0,\pi/2,\pi$ 时的三样本函数分别是

$$x_1(t)=\cos(bt),\ x_2(t)=\cos\left(bt+\frac{\pi}{2}\right),\ x_3(t)=\cos(bt+\pi).$$

当 $a=1$ 时,样本曲线如图 10.1 所示.

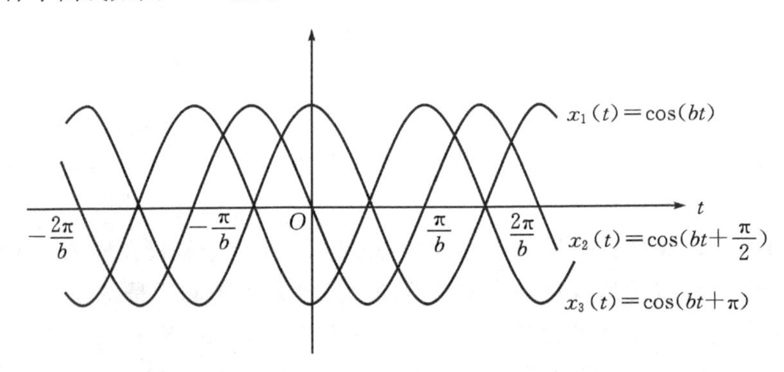

图 10.1

(2) t 分别为 0.5,2 时的两个随机变量分别是

$$X(0.5)=a\cos(0.5b+\Theta),\ X(2)=a\cos(2b+\Theta).$$

10.2 随机过程的概率特性

10.2.1 有限维分布族

随机过程 $\{X(t),t\in T\}$ 在每一时刻的状态是一维随机变量;在任意两个时刻的状态是二维随机变量;……. 其统计特性可以用当 t 取任意一个固定值时 $X(t)$ 的一维分布,当 t 取

任意两个固定值时 $X(t)$ 的二维分布，……来描述.所有这些一维分布、二维分布，……的全体可以用来表示随机过程的概率分布.

设 $\{X(t),t\in T\}$ 是一随机过程，对任一固定 $t\in T$，随机变量 $X(t)$ 的分布函数

$$F_X(x;t)=P\{X(t)\leqslant x\}$$

称为随机过程 $\{X(t),t\in T\}$ 的一维分布函数.

一般地，对于任意的 $n\in\mathbf{N}$，任意的 $t_i\in T(1<i\leqslant n)$，记

$$F_X(x_1,x_2,\cdots,x_n;t_1,t_2,\cdots,t_n)=P\{X(t_1)\leqslant x_1,X(t_2)\leqslant x_2,\cdots,X(t_n)\leqslant x_n\},$$

其全体

$$\{F_X(x_1,x_2,\cdots,x_n;t_1,t_2,\cdots,t_n),n\geqslant 1\}$$

称为随机过程 $\{X(t),t\in T\}$ 的有限维分布族.它具有以下的性质：

(1)对称性：对 $1,2,\cdots,n$ 的任意排列 $(j_1,j_2,\cdots,j_n)$，有：

$$F_X(x_1,x_2,\cdots,x_n;t_1,t_2,\cdots,t_n)=F_X(x_{j_1},x_{j_2},\cdots,x_{j_n};t_{j_1},t_{j_2},\cdots,t_{j_n}).$$

(2)相容性：对于 $m<n$ 有：

$$\begin{aligned}&F_X(x_1,x_2,\cdots,x_m,+\infty,\cdots,+\infty;t_1,t_2,\cdots,t_m,t_{m+1},\cdots,t_n)\\&=F_X(x_1,x_2,\cdots,x_m;t_1,t_2,\cdots,t_m).\end{aligned}$$

随机过程的统计特性完全由它的有限维分布族决定.也就是说随机过程 $\{X(t),t\in T\}$ 的有限维分布族包含了该随机过程的所有概率信息.因此，研究随机过程的统计特征可以通过研究其有限维分布函数族的特性来达到.

例 10.2.1 设随机过程 $X(t)=t\mathrm{e}^Y,t>0$ 其中 Y 服从参数为 λ 的指数分布，求 $X(t)$ 的一维分布函数.

解 由已知条件 $Y\sim\exp(\lambda)$，可得 Y 的分布函数为

$$F_Y(y)=\begin{cases}1-\mathrm{e}^{-\lambda y}, & y>0,\\0, & y\leqslant 0.\end{cases}$$

当 $x\leqslant t$ 时，显然 $F_X(x;t)=0$；当 $x>t$ 时，$X(t)$ 的分布函数为

$$\begin{aligned}F_X(x;t)&=P\{X(t)\leqslant x\}=P\{t\mathrm{e}^Y\leqslant x\}\\&=P\left\{Y\leqslant\ln\frac{x}{t}\right\}=F_Y\left(\ln\frac{x}{t}\right)=1-\left(\frac{t}{x}\right)^{\lambda}.\end{aligned}$$

故当 $t>0$ 时，$X(t)$ 的一维分布函数为

$$F_X(x;t)=\begin{cases}1-\left(\dfrac{t}{x}\right)^{\lambda}, & x>t,\\0, & x\leqslant t.\end{cases}$$

10.2.2 随机过程的数字特征

虽然有限维分布函数族完整地刻画了随机过程的概率特性，但实际上要想获得随机过程的分布函数族往往是非常困难甚至是不可能的.另外，有时也并不需要了解随机过程的全部概率特性，因而，我们来研究由随机变量的概率分布所决定的一些数字特征，也就是随机过程的数字特征.

1. 单个随机过程的情形

设 $\{X(t),t\in T\}$ 是一随机过程，通常用随机过程的均值函数、方差函数、协方差函数和

相关函数等数字特征来刻画它的统计特征. 下面我们分别给出它们的定义.

(1)均值函数:如果 $E(X(t))$存在,则称

$$m_X(t) = E(X(t)) \tag{10.2.1}$$

为随机过程$\{X(t), t\in T\}$的**均值函数**. $m_X(t)$表示随机过程的样本函数在 t 时刻的状态的理论均值(又称"统计平均"),几何上,它表示 $X(t)$在各个时刻的摆动中心.

(2)方差函数:如果 $E(X^2(t))$存在,则称

$$D_X(t) = E((X(t) - m_X(t))^2). \tag{10.2.2}$$

为随机过程$\{X(t), t\in T\}$的**方差函数**. $\sigma_X(t) = \sqrt{D_X(t)}$称为随机过程的**标准差函数**. $D_X(t)$和 $\sigma_X(t)$都表示随机过程的样本函数在 t 时刻对 $m_X(t)$的偏离程度.

(3)自协方差函数:对 $t_1, t_2 \in T$,称

$$C_X(t_1, t_2) = \mathrm{Cov}(X(t_1), X(t_2)) \tag{10.2.3}$$

为随机过程$\{X(t), t\in T\}$的**自协方差函数**,简称**协方差函数**. 协方差函数 $C_X(t_1, t_2)$的绝对值的大小刻画了随机过程在两个不同时刻所对应的随机变量 $X(t_1)$与 $X(t_2)$之间的线性相关强弱程度. $C_X(t_1, t_2)$的绝对值越大,$X(t_1)$与 $X(t_2)$之间的线性相关越强;绝对值越小,两者的线性相关程度越弱. 当 $C_X(t_1, t_2)=0$ 时,称 $X(t_1)$与 $X(t_2)$**不相关**.

(4)自相关函数:对 $t_1, t_2 \in T$,称

$$R_X(t_1, t_2) = E(X(t_1)X(t_2)) \tag{10.2.4}$$

为随机过程$\{X(t), t\in T\}$的**自相关函数**,简称**相关函数**.

因为

$$C_X(t_1, t_2) = R_X(t_1, t_2) - m_X(t_1)m_X(t_2),$$
$$D_X(t) = C_X(t, t) = R_X(t, t) - m_X^2(t),$$

所以,均值函数和相关函数是随机过程的两个最基本的数字特征.

例 10.2.2　设随机过程 $X(t) = A\cos t, -\infty < t < +\infty$,其中 A 是随机变量,其分布律为:$P\{A=1\} = P\{A=2\} = P\{A=3\} = 1/3$,求 $X(t)$的均值函数、相关函数及协方差函数.

解　均值函数

$$m_X(t) = E(X(t)) = E(A\cos t) = \cos t E(A),$$

而 $E(A) = 1\times1/3 + 2\times1/3 + 3\times1/3 = 2$,故

$$m_X(t) = 2\cos t.$$

自相关函数

$$\begin{aligned} R_X(t_1, t_2) &= E(X(t_1)X(t_2)) = E(A^2\cos t_1 \cos t_2) \\ &= \frac{14}{3}\cos t_1 \cos t_2. \end{aligned}$$

协方差函数

$$\begin{aligned} C_X(t_1, t_2) &= \mathrm{Cov}(X(t_1), X(t_2)) \\ &= E(X(t_1)X(t_2)) - E(X(t_1))E(X(t_2)) \\ &= R_X(t_1, t_2) - m_X(t_1)m_X(t_2) = \frac{2}{3}\cos t_1 \cos t_2. \end{aligned}$$

例 10.2.3　设随机过程$\{X(t) = a\cos(\omega_0 t + \Theta), t\in(-\infty, +\infty)\}$,其中 a 和 ω_0 是大于

零的常数,Θ 是服从 $U(0,2\pi)$分布的随机变量. 求 $X(t)$的均值函数及自相关函数.

解 均值函数为

$$m_X(t) = E(a\cos(\omega_0 t + \Theta)) = \int_0^{2\pi} a\cos(\omega_0 t + \theta) \frac{1}{2\pi}\mathrm{d}\theta = 0.$$

自相关函数为

$$\begin{aligned} R_X(t_1,t_2) &= E(X(t_1)X(t_2)) = E((a\cos(\omega_0 t_1 + \Theta))(a\cos(\omega_0 t_2 + \Theta))) \\ &= \int_0^{2\pi} a^2\cos(\omega_0 t_1 + \theta)\cos(\omega_0 t_2 + \theta) \frac{1}{2\pi}\mathrm{d}\theta \\ &= \frac{a^2}{2\pi}\int_0^{2\pi} \frac{1}{2}(\cos(\omega_0(t_1+t_2)+2\theta) + \cos(\omega_0(t_1-t_2)))\mathrm{d}\theta \\ &= \frac{a^2}{2}\cos(\omega_0(t_1-t_2)). \end{aligned}$$

2. 两个随机过程的情形

设$\{X(t),t\in T\}$和$\{Y(t),t\in T\}$是两个随机过程,它们具有相同的参数集,除了有自己的数字特征外,它们之间还有如下的数字特征.

(1)互协方差函数:随机过程$\{X(t),t\in T\}$和$\{Y(t),t\in T\}$的**互协方差函数**定义为:

$$C_{XY}(t_1,t_2) = \mathrm{Cov}(X(t_1),Y(t_2)),t_1,t_2 \in T.$$

(2)互相关函数:随机过程$\{X(t),t\in T\}$和$\{Y(t),t\in T\}$的**互相关函数**定义为:

$$R_{XY}(t_1,t_2) = E(X(t_1)Y(t_2)),t_1,t_2 \in T.$$

互协方差函数和互相关函数有以下的关系:

$$C_{XY}(t_1,t_2) = R_{XY}(t_1,t_2) - m_X(t_1)m_Y(t_2),$$

其中 $m_X(t_1)$与 $m_Y(t_2)$分别是这两个过程的均值函数.

如果两个随机过程$\{X(t),t\in T\}$和$\{Y(t),t\in T\}$,对于任意的两个参数 $t_1,t_2\in T$,有 $C_{XY}(t_1,t_2)=0$ 或

$$R_{XY}(t_1,t_2) = E(X(t_1))E(Y(t_2)), \tag{10.2.5}$$

则称随机过程$\{X(t),t\in T\}$和$\{Y(t),t\in T\}$**不相关**.

若对任意给定的正整数 n,m 以及任意给定的 $t_1,\cdots,t_n\in T,t'_1,\cdots,t'_m\in T$,$(X(t_1),\cdots,X(t_n))$与$(Y(t'_1),\cdots,Y(t'_m))$相互独立,则称随机过程$\{X(t),t\in T\}$和$\{Y(t),t\in T\}$相互独立.

10.3 随机过程的基本类型

随机过程的分类一般有两种方法:一是以参数集和状态空间组成的特征来分类;二是以统计特征或概率特征来分类. 我们分别叙述如下.

10.3.1 按参数集和状态空间的特性分类

参数集 T 取值的特性可分为两大类:①T 可列;②T 不可列. 状态空间 S 取值的特性,即 $X(t)$所取值的特征,也可以分为两大类:①离散状态,即 $X(t)$所取的值是离散的;②连续状态,即 $X(t)$所取的值是连续的.

由此可将随机过程分为以下四类：

(1)可列参数、离散状态的随机过程；

(2)不可列参数、离散状态的随机过程；

(3)不可列参数、连续状态的随机过程；

(4)可列参数、连续状态的随机过程.

本章的例 10.1.1—例 10.1.4 即分属上述 4 类随机过程.

10.3.3 按随机过程的统计特征或概率特征分类

对于按随机过程的统计特征或概率特征来进行分类(如分布族，数字特征)，或者按 $X(t)$之间的概率法则对过程进行分类，主要介绍以下一些类型.

1. 二阶矩过程

设有随机过程$\{X(t),t\in T\}$，若对任意的 $t\in T$，$X(t)$的均值和方差都存在，则称随机过程$\{X(t),t\in T\}$为**二阶矩过程**.

由第 3 章的柯西-施瓦茨不等式可推知，二阶矩过程的自协方差函数和自相关函数都是存在的.

在二阶矩过程类中比较重要的子类有：正态过程、正交增量过程和(宽)平稳过程.

若 $X_T=\{X(t),t\in T\}$的任一有限维分布都是多维正态分布，即对任意 $n\geqslant 1$ 和任意 n 个不同的 $t_1,\cdots,t_n\in T$，n 维随机变量$(X(t_1),\cdots,X(t_n))$的联合概率密度为

$$f_X(x_1,x_2,\cdots,x_n;t_1,t_2,\cdots,t_n)=(2\pi)^{-\frac{n}{2}}\mid \boldsymbol{C}\mid^{-\frac{1}{2}}\exp\left(-\frac{1}{2}(\boldsymbol{x}-\boldsymbol{m})^{\mathrm{T}}\boldsymbol{C}^{-1}(\boldsymbol{x}-\boldsymbol{m})\right)$$

其中

$$\boldsymbol{x}=(x_1,x_2,\cdots,x_n)^{\mathrm{T}},\boldsymbol{m}=(m_X(t_1),m_X(t_2),\cdots,m_X(t_n))^{\mathrm{T}},$$

$$\boldsymbol{C}=\begin{bmatrix}C_X(t_1,t_1) & \cdots & C_X(t_1,t_n)\\ C_X(t_2,t_1) & \cdots & C_X(t_2,t_n)\\ \vdots & & \vdots\\ C_X(t_n,t_1) & \cdots & C_X(t_n,t_n)\end{bmatrix}\text{为对称正定矩阵}$$

则称 X_T 为**正态过程**(或**高斯过程**).

对于正态过程 X_T 而言，它的均值函数 $m_X(t)$和相关函数 $R_X(t_1,t_2)$可以完全确定过程的有限维分布，从而不仅在二阶矩的范围内，还可以在分布的范围内来研究与过程有关的各种问题，得到一些更强的结果.

设 $X_T=\{X(t),t\geqslant 0\}$为二阶矩过程，若对任意的 $0\leqslant t_1<t_2\leqslant t_3<t_4$，恒有

$$E((X(t_2)-X(t_1))(X(t_4)-X(t_3)))=0,$$

则称 X_T 为**正交增量过程**.

对于正交增量过程 $X_T=\{X(t),t\geqslant 0\}$，如果规定 $X(0)=0$，则当 $s<t$ 时，

$$\begin{aligned}R_X(s,t)&=E(X(s)X(t))=E((X(s)-X(0))(X(t)-X(s)+X(s)))\\&=E(X^2(s)),\end{aligned}$$

即正交增量过程的相关函数只与 s 和 t 时刻中较小的值有关.

2. 独立增量过程

设 $X_T=\{X(t),t\geqslant 0\}$为随机过程，若对任意有限个 $0\leqslant t_1<t_2<\cdots<t_n$，增量 $X(t_2)-X(t_1),X(t_3)-X(t_2),\cdots,X(t_n)-X(t_{n-1})$相互独立，则称 X_T 为**独立增量过程**. 进一步，若独立增量过程 X_T 的任一增量 $X(s+t)-X(s)(s\geqslant 0,t\geqslant 0)$的概率分布与 s 无关，则称 X_T 为**平稳独立增量过程**.

一般来说，独立增量过程并没有要求二阶矩必存在，因此，它未必是二阶矩过程，反之亦然. 不过，二阶矩存在的独立增量过程却是独立增量过程中的重要子类. 后面要学习的泊松过程和布朗运动就是其中的典型代表.

3. 马尔可夫过程

过程或系统在时刻 t_0 所处的状态为已知的条件下，过程在时刻 $t(t>t_0)$所处的状态与过程在 t_0 之前所处的状态无关的特性称为**马尔可夫性**或**无后效性**. 即，过程“将来”的情况与“过去”的情况是无关的. 具有马尔可夫性的随机过程称为**马尔可夫过程**. 即有如下定义.

设 $X_T=\{X(t),t\in T\}$为随机过程，其中 $T\subset[0,+\infty)$. 若对任意 $n\geqslant 1$，任意的 n 个时刻 $0\leqslant t_1<t_2<\cdots<t_n$ 以及任意 $s>0(t_n+s\in T)$，恒有

$$\begin{aligned}&P\{X(t_n+s)\leqslant x \mid X(t_1)=x_1,\cdots,X(t_n)=x_n\}\\&=P\{X(t_n+s)\leqslant x \mid X(t_n)=x_n\},x_1,\cdots,x_n\in\mathbf{R}\end{aligned}$$

成立，则称 X_T 是**马尔可夫过程**，简称为**马氏过程**.

如果马尔可夫过程 X_T 的参数集 $T=\{0,1,2,\cdots\}$且状态空间 S 为可列集，则称 X_T 为**马尔可夫链**，简称**马氏链**.

如果马尔可夫过程 X_T 的参数集 $T=[0,+\infty)$且状态空间 S 为可列集，则称 X_T 为**连续参数马氏链**.

当马尔可夫过程 X_T 的参数集 T、状态空间 S 均为不可列集时，称其为**一般状态空间上的马氏过程**.

除了前面介绍的三类随机过程外，其他重要的类型还有平稳过程、随机点过程、更新过程和鞅等，下一章我们将介绍平稳过程.

10.4　泊松过程与布朗运动

10.4.1　泊松过程的定义与性质

泊松(Poisson)过程是计数过程，而且是一类最重要、应用非常广泛的计数过程，它最早于 1837 年由法国数学家泊松引入，至今仍为应用最为广泛的随机过程之一.

设 $N(t)$表示在时间$[0,t)$内某随机事件 A 出现的次数，则称随机过程$\{N(t),t\geqslant 0\}$为**计数过程**. 计数过程满足：

(1)$N(t)$取非负整数；

(2)对于任意的 $s,t>0,s<t$，有 $N(s)\leqslant N(t)$；

(3)对于任意的 $s,t>0,s<t$，过程增量 $N(t)-N(s)$表示在时间间隔$[s,t)$内事件 A 出

现的次数.

泊松过程是计数过程中最重要的子类,其定义如下.

定义 10.4.1 设$\{N(t),t\geqslant 0\}$为计数过程,若它满足如下条件:

(1)$N(0)=0$;

(2)是独立增量过程,即对任意有限个$0=t_0<t_1<t_2<\cdots<t_n,n\in\mathbf{N}_+$,增量$N(t_1)-N(0),N(t_2)-N(t_1),N(t_3)-N(t_2),\cdots,N(t_n)-N(t_{n-1})$相互独立;

(3)增量平稳性,即对任意的$s,t>0,k\geqslant 0$,有

$$P\{N(t+s)-N(s)=k\}=P\{N(t)=k\};$$

(4)对任意$t>0$和充分小的$\Delta t>0$,有

$$\begin{cases}P\{N(t+\Delta t)-N(t)=1\}=\lambda\Delta t+o(\Delta t),\\ P\{N(t+\Delta t)-N(t)\geqslant 2\}=o(\Delta t),\end{cases}$$

则称计数过程$\{N(t),t\geqslant 0\}$是**强度为 λ 的泊松过程**.

由泊松过程的定义,可以推出如下结论.

定理 10.4.1 若计数过程$\{N(t),t\geqslant 0\}$是强度为λ的泊松过程,则对于任意的$s,t>0$,有

$$P\{N(t+s)-N(s)=k\}=P\{N(t)=k\}=\frac{(\lambda t)^k e^{-\lambda t}}{k!},k=0,1,2,\cdots.$$

即过程增量$N(s+t)-N(s)$是参数为λt的泊松分布.

证 由增量平稳性,记

$$P_n(t)=P\{N(t+s)-N(s)=n\}=P\{N(t)=n\}.$$

(1)$n=0$时,因为

$$\{N(t+\Delta t)=0\}=\{N(t)=0,N(t+\Delta t)-N(t)=0\},\Delta t>0,$$

我们有

$$\begin{aligned}P_0(t+\Delta t)&=P\{N(t)=0,N(t+\Delta t)-N(t)=0\}\\&=P\{N(t)=0\}P\{N(t+\Delta t)-N(t)=0\}\\&=P_0(t)P_0(\Delta t)\end{aligned}$$

另一方面

$$P_0(\Delta t)=P\{N(t+\Delta t)-N(t)=0\}=1-(\lambda\Delta t+o(\Delta t))$$

代入上式,我们有

$$\frac{P_0(t+\Delta t)-P_0(t)}{\Delta t}=-\left(\lambda P_0(t)+\frac{o(\Delta t)}{\Delta t}\right).$$

令$\Delta t\to 0$,我们有

$$\begin{cases}P'_0(t)=-\lambda P_0(t),\\ P_0(0)=P\{N(0)=0\}=1.\end{cases}$$

这是初值问题的一阶微分方程,解得$P_0(t)=e^{-\lambda t}$.

(2)$n>0$时,因为

$$\begin{aligned}\{N(t+\Delta t)=n\}=&\{N(t)=n,N(t+\Delta t)-N(t)=0\}\\&\cup\{N(t)=n-1,N(t+\Delta t)-N(t)=1\}\end{aligned}$$

$$\cup \left(\bigcup_{l=2}^{n}\{N(t)=n-l,N((t+\Delta t)-N(t)=l\}\right)$$

故有

$$P_n(t+\Delta t)=P_n(t)(1-\lambda\Delta t-o(\Delta t))+P_{n-1}(t)(\lambda\Delta t+o(\Delta t))+o(\Delta t),$$

化简并令 $\Delta t\to 0$ 得

$$P'_n(t)=-\lambda P_n(t)+\lambda P_{n-1}(t).$$

两边同乘以 $e^{\lambda t}$ 移项后有

$$\begin{cases}\dfrac{d}{dt}(e^{\lambda t}P_n(t))=\lambda e^{\lambda t}P_{n-1}(t),\\ P_n(0)=P\{N(0)=n\}=0,\end{cases}$$

当 $n=1$ 时,有

$$\frac{d}{dt}(e^{\lambda t}P_1(t))=\lambda,P_1(0)=0,$$

由此可得 $P_1(t)=(\lambda t)e^{-\lambda t}$.

由归纳法可得

$$P_n(t)=\frac{(\lambda t)^n e^{-\lambda t}}{n!},n=0,1,2,\cdots$$

因为 $N(t)=N(t)-N(0)\sim P(\lambda t)$,所以,

$$E(N(t))=\lambda t,D(N(t))=\lambda t.$$

亦即,对任意的 $t>0$,

$$m(t)=E(N(t))=\lambda t,$$
$$D(t)=D(N(t))=\lambda t.$$

由此可见,泊松过程是二阶矩过程. 由于泊松过程是独立增量过程,因此,当 $0<s<t$ 时,

$$\begin{aligned}C(s,t)&=\mathrm{Cov}(N(s),N(t))=\mathrm{Cov}(N(s),N(t)-N(s)+N(s))\\&=\mathrm{Cov}(N(s),N(s))=D(N(s))=\lambda s.\end{aligned}$$

从而可得,泊松过程的自协方差函数和自相关函数为

$$C(s,t)=\lambda\min(s,t),$$
$$R(s,t)=\lambda\min(s,t)+\lambda^2 st.$$

注意:$E(N(t))=\lambda t,\lambda=\dfrac{E(N(t))}{t}$,因此 λ 代表单位时间内事件 A 出现的平均次数,这便是称其为“强度”的由来.

10.4.2　泊松过程与指数分布的关系

设 $\{N(t),t\geqslant 0\}$ 是强度为 λ 的泊松过程,泊松过程是一个计数过程,$N(t)$ 表示在时间 $[0,t)$ 内某事件 A 出现的次数. 记 $S_0=0$,设 $S_n(n\geqslant 1)$ 表示事件 A 在第 n 次发生的时刻. 显然,S_n 是随机变量,直观上,S_n 是从时刻 $t=0$ 开始直到事件 A 第 n 次出现所需要的等待时间. 现在来求 S_n 的概率分布. 显然对任意的 $t\geqslant 0,n\geqslant 0$,有 $\{N(t)\geqslant n\}=\{S_n\leqslant t\}$,故

$$F_{S_n}(t)=P\{S_n\leqslant t\}=P\{N(t)\geqslant n\}=\sum_{k=n}^{\infty}\frac{(\lambda t)^k e^{-\lambda t}}{k!},t\geqslant 0.$$

在上式两端关于 t 求导,得 S_n 的概率密度

$$f_{S_n}(t)=\begin{cases}\dfrac{\lambda(\lambda t)^{n-1}\mathrm{e}^{-\lambda t}}{(n-1)!}, & t>0,\\ 0, & t\leqslant 0.\end{cases}$$

特别的,事件首次出现的等待时间 S_1 服从指数分布

$$f_{S_1}(t)=\begin{cases}\lambda\mathrm{e}^{-\lambda t}, & t>0,\\ 0, & t\leqslant 0.\end{cases}$$

又令 $T_n=S_n-S_{n-1}(n=1,2,\cdots)$为事件 A 第 $n-1$ 次出现与第 n 次出现的时间间隔.现在来求 T_n 的概率分布.

首先,$T_1=S_1$,所以 $T_1\sim\exp(\lambda)$.

其次,对 T_2,考虑如下的条件分布

$$\begin{aligned}P\{T_2\leqslant t\mid T_1=s\}&=1-P\{T_2>t\mid T_1=s\}\\&=1-P\{\text{在}[s,s+t)\text{内事件}A\text{不出现}\mid T_1=s\}\\&=1-P\{N(s+t)-N(s)=0\}\\&=1-P\{N(t)=0\}\\&=1-\mathrm{e}^{-\lambda t}(t\geqslant 0).\end{aligned}$$

这表明 T_1 与 T_2 相互独立,且 T_2 也服从参数为 λ 的指数分布.对 $T_3,T_4,\cdots\cdots$依次重复上述步骤,可知

$$f_{T_n}(t)=\begin{cases}\lambda\mathrm{e}^{-\lambda t}, & t>0,\\ 0, & t\leqslant 0.\end{cases}$$

这说明时间间隔序列$\{T_n\}$服从相同的指数分布.还可以证明:$T_1,T_2,\cdots,T_n,\cdots$是相互独立的随机变量序列.其实,还可以证明,如果计数过程$\{N(t),t\geqslant 0\}$的时间间隔 $T_n(n=1,2,\cdots)$是相互独立且服从参数为 λ 的指数分布,则随机过程$\{N(t),t\geqslant 0\}$是强度为 λ 的泊松过程.因此,有如下结论.

定理 10.4.2 计数过程$\{N(t),t\geqslant 0\}$是强度为 λ 的泊松过程的充要条件是其时间间隔序列$\{T_n,n\geqslant 1\}$是相互独立且参数同为 λ 的指数分布.

此定理刻画了泊松过程的本质特征,即,一个计数过程是泊松过程当且仅当其时间间隔序列相互独立且具有相同的指数分布.

10.4.3 布朗运动

布朗运动现象最先是由布朗观察到的,1905 年爱因斯坦首先给出了这一现象的物理学解释,1918 年维纳构造了布朗运动的数学模型,故布朗运动又称**维纳过程**.

定义 10.4.2 设$\{W(t),t\geqslant 0\}$为随机过程,若它满足

(1)$W(0)=0$;

(2)是独立增量过程;

(3)增量 $W(t)-W(s)\sim N(0,\sigma^2|t-s|),\sigma>0$.

则称$\{W(t),t\geqslant 0\}$为**布朗运动**或**维纳过程**.

我们不加证明地给出布朗运动的如下性质:

设$\{W(t),t\geqslant 0\}$是布朗运动,则有

(1)$\{W(t),t\geqslant 0\}$是平稳独立增量过程;

(2)$\{W(t),t\geqslant 0\}$是正态过程;

(3)$m_W(t)=0(t\geqslant 0)$,$C_W(s,t)=R_W(s,t)=\sigma^2\min\{s,t\}(s,t>0)$.

*10.5　随机过程的微分与积分

在以后的研究中,经常涉及随机过程的微分和积分问题,如同普通函数的情况一样,这些运算都是极限运算.虽然我们已经给出了随机变量序列的几种收敛定义,但是在这里,我们将在均方收敛的意义下给出连续、微分和积分的定义.本节假设随机变量的二阶矩均存在.

10.5.1　随机过程的连续

定义 10.5.1　设$\{X(t),t\in T\}$为二阶矩过程,$t_0\in T$,若有

$$\lim_{\Delta t\to 0}E((X(t_0+\Delta t)-X(t_0))^2)=0, \tag{10.5.1}$$

则称随机过程$\{X(t),t\in T\}$在$t=t_0$时刻**在均方意义下连续**,简称$\{X(t),t\in T\}$在$t=t_0$**均方连续**,记为

$$\underset{\Delta t\to 0}{\text{l.i.m}}X(t+\Delta t)=X(t).$$

若$\{X(t)\}$在T上的每一点处都均方连续,则称$\{X(t)\}$在T上均方连续,简称$\{X(t)\}$均方连续.

定理 10.5.1　设有二阶矩过程$\{X(t),t\in T\}$,$R(s,t)$为其自相关函数,则$\{X(t),t\in T\}$在$t=t_0\in T$上均方连续的充分必要条件是:自相关函数$R(s,t)$在点$(t_0,t_0)\in T\times T$处连续.

定理 10.5.2　若二阶矩过程$\{X(t),t\in T\}$在均方意义下连续,则对于任意的$t\in T$,有

$$\lim_{\Delta t\to 0}E(X(t+\Delta t))=E(X(t)). \tag{10.5.2}$$

即

$$\lim_{\Delta t\to 0}m_X(t+\Delta t)=m_X(t).$$

这就是说,从随机过程的均方连续,可以得出它的均值函数也是连续的.

证　因为由柯西-施瓦茨不等式

$$(E(X(t+\Delta t)-X(t)))^2\leqslant E((X(t+\Delta t)-X(t))^2),$$

由过程均方连续,得上式右端在$\Delta t\to 0$时趋于0,则其左端也趋于0,于是有

$$\lim_{\Delta t\to 0}(m_X(t+\Delta t)-m_X(t))=\lim_{\Delta t\to 0}E(X(t+\Delta t)-X(t))=0.$$

定理 10.5.3　设$\{X(t),t\in(-\infty,+\infty)\}$是平稳过程(平稳过程的定义见第 11 章),则以下各条件等价:

(1)$\{X(t)\}$均方连续;

(2)$\{X(t)\}$在点$t=0$处均方连续;

(3)自相关函数$R_X(\tau)$在$-\infty<\tau<+\infty$上连续;

(4)自相关函数 $R_X(\tau)$ 在点 $\tau=0$ 处连续.
即平稳过程 $\{X(t),t\in(-\infty,+\infty)\}$ 均方连续的充分必要条件为自相关函数 $R_X(\tau)$ 在点 $\tau=0$ 处连续.

10.5.2 随机过程的导数

定义 10.5.2 设 $\{X(t),t\in T\}$ 为随机过程,若存在另一个随机变量 $Y(t)$ 满足

$$\lim_{\Delta t\to 0}E\left(\left(\frac{X(t+\Delta t)-X(t)}{\Delta t}-Y(t)\right)^2\right)=0, \tag{10.5.3}$$

即

$$\underset{\Delta t\to 0}{\mathrm{l.i.m}}\frac{X(t+\Delta t)-X(t)}{\Delta t}=Y(t),$$

则称随机过程 $\{X(t),t\in T\}$ 在 t 时刻有均方导数,且均方导数为 $Y(t)$. 记为 $X'(t)$ 或 $\frac{\mathrm{d}(X(t))}{\mathrm{d}t}$.

即

$$X'(t)=\underset{\Delta t\to 0}{\mathrm{l.i.m}}\frac{X(t+\Delta t)-X(t)}{\Delta t}=Y(t).$$

若对任意的 $t\in T$, $\{X(t)\}$ 在 t 时刻有均方导数,则称 $\{X(t)\}$ 均方可导.

均方可导有如下的判定准则.

定理 10.5.4 设 $\{X(t),t\in T\}$ 为二阶矩过程,它的自相关函数为 $R_X(s,t)$,则 $X(t)$ 在点 $t=t_0\in T$ 处具有均方导数的充分必要条件为 $\frac{\partial^2 R_X(s,t)}{\partial s\partial t}$ 在点 $(t_0,t_0)\in T\times T$ 附近存在,且在点 (t_0,t_0) 处连续. 若二阶矩过程 $\{X(t),t\in T\}$ 在 T 内均方可导,则其均方导数的相关函数为

$$R_{X'}(s,t)=E(X'(s)X'(t))=\frac{\partial^2 R_X(s,t)}{\partial s\partial t}.$$

10.5.3 随机过程的积分

定义 10.5.3 设 $\{X(t),t\in T\}$ 为随机过程, $T\in[a,b]$, $f(t)$ 是区间 $[a,b]$ 上的普通函数.
把区间 $[a,b]$ 分成 n 个子区间:

$$a=t_0<t_1<\cdots<t_{n-1}<t_n=b,$$

记 $\Delta t_k=t_k-t_{k-1}(k=1,2,\cdots,n)$, $\lambda=\max\limits_{1\leqslant k\leqslant n}\{\Delta t_k\}$,作和式

$$\sum_{k=1}^{n}f(\xi_k)X(\xi_k)\Delta t_k,$$

其中 $\xi_k\in[t_k,t_{k-1}]$ 为任取的一点 $(k=1,2,\cdots,n)$. 如果存在随机变量 Y,对于任意的划分,任意的 $\xi_k\in[t_k,t_{k-1}]$ $(k=1,2,\cdots,n)$,都有

$$\lim_{\lambda\to 0}E\left(Y-\sum_{k=1}^{n}f(\xi_k)X(\xi_k)\Delta t_k\right)^2=0, \tag{10.5.4}$$

则称 $f(t)X(t)$ 在区间 $[a,b]$ 上**均方可积**. 并称此极限 Y 为 $f(t)X(t)$ 在区间 $[a,b]$ 上的**均方积分**,记为 $Y=\int_a^b f(t)X(t)\mathrm{d}t$,即

$$\int_a^b f(t)X(t)\mathrm{d}t = \underset{\lambda\to 0}{\mathrm{l.i.m}}\sum_{k=1}^{n} f(\xi_k)X(\xi_k)\Delta t_k.$$

定理 10.5.5　设$\{X(t),t\in T\}$为随机过程，$T\in[a,b]$，$f(t)$，$g(t)$是区间$[a,b]$上的实值连续函数，则

(1) $E\left(\int_a^b f(t)X(t)\mathrm{d}t\right)=\int_a^b f(t)m_X(t)\mathrm{d}t$；

(2) $E\left(\int_a^b f(s)X(s)\mathrm{d}s\int_a^b g(t)X(t)\mathrm{d}t\right)=\int_a^b\int_a^b f(s)g(t)R_X(s,t)\mathrm{d}s\mathrm{d}t$.

习题 10

1. 设随机过程 $X(t)=a\sin(\omega_0 t+\Theta)$，$t\in(-\infty,+\infty)$，其中 a 和 ω_0 是大于零的常数 Θ 是服从 $U(0,2\pi)$分布的随机变量.

(1)当 Θ 取值$\frac{\pi}{4}$，$\frac{\pi}{2}$，π 时，相应的样本函数是什么？作出它们的图形.

(2)求 $X(t)$在 $t=10,0,8$ 时的随机变量.

2. 设 ξ 是一个随机变量，$\xi\sim B(1,p)$，$0<p<1$，试求随机过程 $X(t)=t\xi$，$-\infty<t<+\infty$ 在 $t=-1$，$t=1$ 时的一维分布函数.

3. 设 ξ 是一个随机变量，$\xi\sim U[0,1]$，试求随机过程 $X(t)=t\xi$，$-\infty<t<+\infty$的一维分布函数.

4. 设 $X_1,X_2,\cdots$是一列独立同分布的正态($N(0,\sigma^2)$)随机变量，试求随机序列 $Y(n)=\sum_{i=1}^{n}X_i$，$n=1,2,\cdots$ 的一维概率密度.

5. 设 $X_1,X_2,\cdots$是一列独立同分布的随机变量，服从参数为 λ 的指数分布，试求随机序列 $Y(n)=\sum_{i=1}^{n}X_i$，$n=1,2,\cdots$ 的一维分布律.

6. 求随机过程$\{X(t),-\infty<t<+\infty\}$的均值函数、自相关函数、自协方差函数、方差函数：

(1)$X(t)=t\xi$，$-\infty<t<+\infty$，$\xi\sim B(1,p)$，$0<p<1$；

(2)$X(t)=t\xi$，$-\infty<t<+\infty$，$\xi\sim U[0,1]$；

(3)$X(t)=At+B$，$-\infty<t<+\infty$，A,B 是相互独立、均服从标准正态分布的随机变量.

7. 设随机过程$\{X(t),-\infty<t<+\infty\}$只有 4 条样本曲线 $X(t,\omega_1)=1$，$X(t,\omega_2)=-1$，$X(t,\omega_3)=\sin t$，$X(t,\omega_4)=\cos t$，求此随机过程的均值函数与自相关函数.

8. 求第 4 题、第 5 题中随机序列的均值函数和自协方差函数.

9. 设 X 和 Y 是随机变量，$E(X)=\mu_1$，$D(X)=\sigma_1^2$，$E(Y)=\mu_2$，$D(Y)=\sigma_2^2$，$\rho_{XY}=\rho$，试求随机过程 $Z(t)=X(t)+Y(t)$，$-\infty<t<+\infty$的均值函数和自协方差函数.

10. 设随机变量 A 服从参数为 λ 的指数分布，试求随机过程 $X(t)=\mathrm{e}^{-At}$，$t>0$ 的一维概率密度、均值函数和自相关函数.

11. 设随机变量 $\xi\sim U[-\pi,\pi]$，$X(t)=\sin t\xi$，$Y(t)=\cos t\xi$，$T=\{0,\pm1,\pm2,\cdots\}$，证明：随

机过程$\{X(t),t\in T\}$与$\{Y(t),t\in T\}$互不相关.

12. 设$\{X(t),t\in T\}$与$\{Y(t),t\in T\}$是两个相互独立的强度分别为λ和μ的泊松分布，试证明$\{Z(t)=X(t)+Y(t),t\geqslant 0\}$是具有强度$\lambda+\mu$的泊松过程.

13. 设通过某路口的汽车流可看作泊松过程，若在1分钟内没有车通过的概率为0.2，求在2分钟内有多于1辆车通过的概率.

14. 设在时间区间$[0,t)$来到某超市门口的顾客数$N(t)$是强度为λ的泊松过程，每个来到超市门口的顾客进入超市的概率为p，不进入超市就离去的概率为$1-p$，每个顾客进入超市与否相互独立，令$X(t)$为$[0,t)$内进入超市的顾客数，证明：$\{X(t),t\geqslant 0\}$是强度为λp的泊松过程.

15. 设$\{W(t),t\geqslant 0\}$是布朗运动，$a>0$是常数，试证明下列过程也为布朗运动.

(1)$X(t)=W(t+a)-W(a),t\geqslant 0$；

(2)$Y(t)=aW\left(\frac{t}{a^2}\right),t\geqslant 0$.

16. 设$\{W(t),t\geqslant 0\}$是参数为σ^2的布朗运动，求下列过程的自协方差函数.

(1)$X(t)=W(t+a)-W(a),t\geqslant 0$，其中$a>0$是常数；

(2)$X(t)=aW\left(\frac{t}{a^2}\right),t\geqslant 0$，其中$a>0$是常数；

(3)$X(t)=W(t)+At,t\geqslant 0$，其中$A$为与$\{W(t),t\geqslant 0\}$相互独立的正态随机变量.

第 11 章　平稳过程

平稳过程是应用极其广泛的一类随机过程.它的统计特性不随时间的推移而变化.本章主要介绍平稳过程的概念、相关函数的性质、平稳过程的谱密度及其性质,以及各态历经性等方面的内容.

11.1　平稳过程的概念

11.1.1　严平稳过程

定义 11.1.1　若随机过程$\{X(t),t\in T\}$满足:对任意$n\in N$,任选$t_1<t_2<\cdots<t_n,t_i\in T,i=1,2,\cdots,n$,以及任意$\tau,t_i+\tau\in T,i=1,2,\cdots,n$,任意的$x_1,x_2,\cdots,x_n\in\mathbf{R}$有

$$F_X(x_1,x_2,\cdots,x_n;t_1,t_2,\cdots,t_n)=F_X(x_1,x_2,\cdots,x_n;t_1+\tau,t_2+\tau,\cdots,t_n+\tau),\tag{11.1.1}$$

则称此随机过程为**严平稳随机过程**.其中$F_X(\cdot)$是n维分布函数.

式(11.1.1)称为**严平稳性**条件.严平稳的含义是:过程的任何有限维概率分布都与参数t的原点选取无关.如果参数t代表时间,那么可以说,过程的任何有限维概率分布都不随时间的推移而改变.

特别地,如果取$\tau=-t_1,t_2-t_1=\tau$,过程的一维、二维分布函数分别化为

$$F_X(x_1;t_1)=F_X(x_1;t_1+\tau)=F_X(x_1;0)\triangleq F_X(x_1),$$

$$F_X(x_1,x_2;t_1,t_2)=F_X(x_1,x_2;t_1+\tau,t_2+\tau)=F_X(x_1,x_2;0,\tau)=F_X(x_1,x_2;\tau).$$

上式表明,严平稳过程的一维分布函数$F_X(x_1)$不依赖于参数t;二维分布函数$F_X(x_1,x_2;\tau)$仅依赖于参数间距$\tau=t_2-t_1$,而与t_1,t_2本身无关.因此,有如下结论:

(1)严平稳随机过程的一维分布函数与时间t无关.因此,如果严平稳随机过程的均值函数存在,则必为一常数.

(2)严平稳随机过程的任意二维分布函数只与时间差有关.因此,如果严平稳随机过程的二阶矩存在,则自相关函数只与时间差有关.

这就是说,严平稳过程的一、二阶矩不随时间推移而改变.

例 11.1.1　设X,Y是相互独立的标准正态随机变量,$Z(t)=(X^2+Y^2)t,t>0$.试验证随机过程$Z(t)$不是严平稳过程.

证　$Z(t)$的一维分布函数为

$$\begin{aligned}F_Z(z;t)&=P\{Z(t)\leqslant z\}=P\{(X^2+Y^2)t\leqslant z\}\\&=\begin{cases}\displaystyle\iint\limits_{x^2+y^2\leqslant\frac{z}{t}}\frac{1}{2\pi}\mathrm{e}^{-\left(\frac{x^2+y^2}{2}\right)}\mathrm{d}x\mathrm{d}y, & z>0,\\0, & z\leqslant 0.\end{cases}\end{aligned}$$

$$=\begin{cases}1-e^{-\frac{z}{2t}}, & z>0,\\ 0, & z\leqslant 0.\end{cases}$$

显然,一维分布函数依赖于参数 t,故对任意的实数 τ,有

$$F_X(x;t)\neq F_X(x;t+\tau),$$

从而 $Z(t)$不是严平稳过程.

11.1.2　宽平稳过程

我们知道,随机变量的分布函数往往难以确定,因此用定义判断随机过程的严平稳性,几乎难以实现.通常研究或应用一类广义平稳过程,其定义如下.

定义 11.1.2　设随机过程$\{X(t),t\in T\}$是二阶矩过程,如果它的均值函数是常数,自相关函数只是时间差 $\tau=t_2-t_1$ 的函数,则称此随机过程为**宽平稳过程**,简称**平稳过程**.

对平稳过程$\{X(t),t\in T\}$,用 $R_X(\tau)$表示它的相关函数.

一般来讲,严平稳过程不一定是宽平稳过程.因为严平稳过程不一定是二阶矩过程.若严平稳过程存在二阶矩,则它一定是宽平稳过程.反之,宽平稳过程也不一定是严平稳过程.因为宽平稳过程只保证一阶矩和二阶矩不随时间推移而改变,当然就不能保证其有穷维分布不随时间而推移.

对于正态随机过程而言,**严平稳过程等价于宽平稳过程**.因为正态过程是二阶矩过程,如果正态过程是严平稳过程,必是宽平稳过程.反之,则是因为正态过程的有限维分布是完全由它的均值函数和相关函数所决定.现在,既然正态过程的均值函数和相关函数不随时间的推移而改变,那么它的有限维分布也不随时间的推移而改变,因此,宽平稳的正态过程是严平稳过程.

参数集为离散的平稳过程称为**平稳序列**.

以下讨论的平稳过程均指宽平稳随机过程.

例 11.1.1　设$\{X(n),n=0,\pm1,\pm2,\cdots\}$是相互独立同分布的随机变量序列,其均值和方差存在且均为 $E(X(n))=0,D(X(n))=\sigma^2$,试讨论随机变量序列 $X(n)$的平稳性.

解　因为 $E(X(n))=0$,

$$R_X(\tau)=E(X(n+\tau)X(n))=\begin{cases}\sigma^2, & \text{当 }\tau=0,\\ 0, & \text{当 }\tau\neq 0.\end{cases}$$

故 $X(n)$是平稳序列.

在科学和工程中,例 11.1.1 中的过程称为纯随机序列或“白噪声”序列.若 $X(n)\sim N(0,\sigma^2),(n=0,\pm1,\pm2,\cdots)$,则称随机序列$\{X(n),n=0,\pm1,\pm2,\cdots\}$为正态白噪声.

例 11.1.2　设随机过程$\{X(t)=\sin2\pi t\xi,t\in T\}$,其中 $T=\{1,2,\cdots\},\xi\sim U(0,1)$,试讨论随机变量过程 $X(t)$的平稳性.

解　ξ 的概率密度为 $f(x)=\begin{cases}1, & 0<x<1\\ 0, & \text{其他}\end{cases}$,于是有

$$E(X(t))=\int_0^1\sin2\pi tx\,\mathrm{d}x=0,$$

$$R_X(\tau)=E(X(t+\tau)(X(t))=\int_0^1 \sin 2\pi(t+\tau)x\sin 2\pi tx\,\mathrm{d}x$$
$$=\begin{cases}\dfrac{1}{2}, & \tau=0,\\ 0, & \tau\neq 0.\end{cases}$$

故 $X(t)$是平稳序列.

例 11.1.3　设随机过程$\{Y(t)=(-1)^{\mu_t}X,t\in[0,+\infty)\}$,其中

(1)X 是随机变量,$P\{X=-1\}=P\{X=1\}=\dfrac{1}{2}$;

(2)$\{\mu_t,t\geqslant 0\}$是强度为 λ 的泊松分布;

(3)X 与$\{\mu_t,t\geqslant 0\}$相互独立.

证明$\{Y(t),t\in[0,+\infty)\}$是平稳过程.

证　首先,$E(Y(t))=E((-1)^{\mu_t}X)=E((-1)^{\mu_t})\cdot E(X)=0$(因为 $E(X)=0$).

其次,$R_Y(\tau)=E(Y(t+\tau)Y(t))=E((-1)^{\mu_{t+\tau}+\mu_t}X^2)=E((-1)^{\mu_{t+\tau}+\mu_t})E(X^2)$,这里,$E(X^2)=(-1)^2\times 1/2+1^2\times 1/2=1$.

当 $\tau>0$ 时,$\mu_{t+\tau}-\mu_t\sim P(\lambda\tau)$,故

$$E((-1)^{\mu_{t+\tau}+\mu_t})E(X^2)=E((-1)^{2\mu_t+\mu_{t+\tau}-\mu_t})=E((-1)^{\mu_{t+\tau}-\mu_t})$$
$$=\sum_{k=0}^{\infty}(-1)^k\frac{(\lambda\tau)^k\mathrm{e}^{-\lambda\tau}}{k!}=\mathrm{e}^{-2\lambda\tau}.$$

类似地,当 $\tau<0$ 时,$E((-1)^{\mu_{t+\tau}+\mu_t})=\mathrm{e}^{2\lambda\tau}$.所以

$$R_Y(\tau)=E(Y(t+\tau)Y(t))=E((-1)^{\mu_{t+\tau}+\mu_t}X^2)=\mathrm{e}^{-2\lambda|\tau|}.$$

它不依赖于 t,因此$\{Y(t),t\in[0,+\infty)\}$是平稳过程.

本例中的过程$\{Y(t)=(-1)^{\mu_t}X,t\in[0,+\infty)\}$称为**随机电报信号过程**.

例 11.1.4　设随机过程 $X(t)=tY,-\infty<t<+\infty$,其中 Y 为非零随机变量,$E(Y^2)<+\infty$,讨论$\{X(t)\}$的平稳性.

解　$X(t)$的均值函数与相关函数分别为

$$m_X(t)=E(X(t))=E(tY)=tE(Y),$$
$$R_X(t,t+\tau)=E(X(t)X(t+\tau))=t(t+\tau)E(Y^2).$$

当 $E(Y)\neq 0$ 时,$m_X(t)$与 t 有关;当 $E(Y)=0$ 时,$m_X(t)$为常数.而 $R_X(t,t+\tau)$总与 t 有关,故$\{X(t)\}$不是平稳过程.

11.2　平稳过程的相关函数

11.2.1　相关函数的性质

平稳过程$\{X(t),t\in T\}$的自相关函数 $R_X(\tau)$是仅依赖于参数间距 τ 的函数.它有如下性质.

性质 1　$R_X(\tau)$是偶函数,即 $R_X(-\tau)=R_X(\tau)$.

证 因为相关函数 $R_X(\tau)=E(X(t)X(t+\tau))$ 不依赖于 t，仅是两时刻之差 $(t+\tau)-t=\tau$ 的函数，而 $t-(t+\tau)=-\tau$，所以

$$R_X(-\tau)=E(X(t+\tau)X(t))=E(X(t)X(t+\tau))=R_X(\tau).$$

性质 2 $|R_X(\tau)|\leqslant R_X(0)$；

$|C_X(\tau)|\leqslant C_X(0)$.

即自相关函数 $R_X(\tau)$ 与自协方差函数 $C_X(\tau)$ 都在 $\tau=0$ 处达到最大值.

证 由柯西-施瓦茨不等式得，

$$\begin{aligned}|R_X(\tau)| &= |E(X(t+\tau)X(t))| \leqslant \sqrt{E(X^2(t))}\sqrt{E(X^2(t+\tau))}\\ &= \sqrt{R_X(0)}\sqrt{R_X(0)}=R_X(0).\end{aligned}$$

类似可证明 $|C_X(\tau)|\leqslant C_X(0)$.

性质 3 $R_X(\tau)$ 非负定，即对任意自然数 n，任意 n 个实数 $t_1,t_2,\cdots,t_n$ 和任意复数 $z_1,z_2,\cdots,z_n$，都有

$$\sum_{k=1}^{n}\sum_{l=1}^{n}R_X(t_k-t_l)z_k\bar{z}_l\geqslant 0.$$

证 根据平稳过程自相关函数的定义以及期望运算的性质，有

$$\begin{aligned}\sum_{k=1}^{n}\sum_{l=1}^{n}R_X(t_k-t_l)z_k\bar{z}_l &= \sum_{k=1}^{n}\sum_{l=1}^{n}E(X(t_k)X(t_l))z_k\bar{z}_l\\ &= E\Big(\sum_{k=1}^{n}X(t_k)z_k\sum_{l=1}^{n}X(t_l)\bar{z}_l\Big)\\ &= E\Big(\Big|\sum_{k=1}^{n}X(t_k)z_k\Big|^2\Big)\geqslant 0.\end{aligned}$$

11.2.2 互相关函数的性质

设随机过程 $\{X(t),t\in T\}$ 和 $\{Y(t),t\in T\}$ 是两个平稳过程，如果 $E(X(t)Y(t+\tau))$ 不依赖参数 t，则称 $\{X(t),t\in T\}$ 和 $\{Y(t),t\in T\}$ 是平稳相关的. 记它们的互相关函数为 $R_{XY}(\tau)$，即

$$R_{XY}(\tau)=E(X(t)Y(t+\tau)).$$

因为

$$\begin{aligned}\mathrm{Cov}(X(t),Y(t+\tau)) &= E(X(t)Y(t+\tau))-m_X(t)m_Y(t+\tau)\\ &= R_{XY}(\tau)-m_Xm_Y,\end{aligned}$$

其中 m_X,m_Y 分别是 $\{X(t),t\in T\}$ 和 $\{Y(t),t\in T\}$ 的均值函数（二者都是常数）. 因此它们的互协方差函数也是不依赖于 t 的函数，记它们的互协方差函数为 $C_{XY}(\tau)$，即

$$C_{XY}(\tau)=\mathrm{Cov}(X(t),Y(t+\tau)).$$

两个随机过程的互相关函数具有以下性质：

(1) $R_{XY}(-\tau)=R_{YX}(\tau)$；

(2) $|R_{XY}(\tau)|\leqslant\sqrt{R_X(0)}\sqrt{R_Y(0)}$.

因为这两条性质的证明与自相关函数完全相同，故略去. 互协方差函数也有类似的性质.

11.3　平稳过程的谱分析

在线性电路分析中，广泛应用傅里叶变换这一有效工具来确定时域和频域之间的关系．过去，在应用傅里叶变换对时，其对象是确定性函数．现在，很自然地会提出这样的问题：对于随机信号来说，是否可以利用频域分析的方法？傅里叶变换能否用于研究随机信号？等等．答案是：在研究随机信号时，仍然可以应用傅里叶变换，但必须根据随机信号的特点对它做某些限制．

11.3.1　随机过程的功率谱密度

1. 简单回顾

在讨论随机过程的谱分析之前，我们先对确定性信号的傅里叶变换做一简单回顾．设 $\{x(t), -\infty<t<+\infty\}$ 为非周期实函数，若 $x(t)$ 满足下列条件：

(1) $x(t)$ 在任意有限区间上满足 Dirichlet 条件（即函数连续或只有有限个第一类间断点，且只有有限个极值点）；

(2) $x(t)$ 在 $(-\infty,+\infty)$ 上绝对可积；

则 $x(t)$ 的傅里叶变换为

$$F(\omega)=\int_{-\infty}^{+\infty}x(t)\mathrm{e}^{-\mathrm{i}\omega t}\,\mathrm{d}t, \tag{11.3.1}$$

也称 $F(\omega)$ 为 $x(t)$ 的频谱函数，当 $x(t)$ 代表电压时，$F(\omega)$ 表示电压的频率分布．

$x(t)$ 称为 $F(\omega)$ 的傅里叶逆变换，即

$$x(t)=\frac{1}{2\pi}\int_{-\infty}^{+\infty}F(\omega)\mathrm{e}^{\mathrm{i}\omega t}\,\mathrm{d}\omega, \tag{11.3.2}$$

这里 $x(t)$ 和 $F(\omega)$ 互为唯一确定的，称其为**傅里叶变换对**，简记为 $x(t)\leftrightarrow F(\omega)$．

由式(11.3.1)和式(11.3.2)，可以得到

$$\begin{aligned}\int_{-\infty}^{+\infty}(x(t))^2\,\mathrm{d}t&=\int_{-\infty}^{+\infty}x(t)\,\frac{1}{2\pi}\int_{-\infty}^{+\infty}F(\omega)\mathrm{e}^{\mathrm{i}\omega t}\,\mathrm{d}\omega\mathrm{d}t\\&=\frac{1}{2\pi}\int_{-\infty}^{+\infty}F(\omega)\int_{-\infty}^{+\infty}x(t)\mathrm{e}^{\mathrm{i}\omega t}\,\mathrm{d}t\mathrm{d}\omega\\&=\frac{1}{2\pi}\int_{-\infty}^{+\infty}F(\omega)\,\overline{F(\omega)}\mathrm{d}\omega\\&=\frac{1}{2\pi}\int_{-\infty}^{+\infty}|F(\omega)|^2\mathrm{d}\omega\end{aligned}$$

即

$$\int_{-\infty}^{+\infty}(x(t))^2\,\mathrm{d}t=\frac{1}{2\pi}\int_{-\infty}^{+\infty}|F(\omega)|^2\mathrm{d}\omega, \tag{11.3.3}$$

上式就是非周期时间函数的帕塞瓦等式．若 $x(t)$ 表示的是电压，则上式左边代表 $x(t)$ 在时间 $(-\infty,+\infty)$ 上的总能量．因此等式右边的被积函数 $|F(\omega)|^2$ 表示了信号 $x(t)$ 的能量按频率分布的情况，故称 $|F(\omega)|^2$ 为 $x(t)$ 的能量谱密度．

2. 随机过程的功率谱密度

对一个随机过程而言，其样本函数是时间的函数，但由于随机过程的持续时间是无限的，所以对它的任何一个非零的样本函数，都不满足绝对可积. 因此，它们的傅里叶变换不存在. 那么对随机过程如何运用傅里叶变换呢？

尽管一个随机过程的样本函数 $x(t)$ 的总能量是无限的，但它的平均功率却是有限的，即

$$Q=\frac{1}{2T}\int_{-T}^{T}|x(t)|^2\mathrm{d}t<\infty.$$

这样，对随机过程的样本函数来说，研究其频谱没有意义，研究其平均功率谱密度才有意义.

设$\{X(t),-\infty<t<+\infty\}$为一随机过程，样本空间为 Ω，固定 $\xi\in\Omega$，$X(t,\xi)$，$-\infty<t<+\infty$ 即为随机过程 $X(t)$ 的一个样本函数，令

$$X_T(t,\xi)=\begin{cases}X(t,\xi), & |t|\leqslant T,\\0, & |t|>T,\end{cases}$$

称 $X_T(t,\xi)$ 为 $X(t,\xi)$ 的截尾函数. 显然，$X_T(t,\xi)$ 的傅里叶变换是存在的. 记

$$F_T(\omega,\xi)=\int_{-\infty}^{+\infty}X_T(t,\xi)\mathrm{e}^{-\mathrm{i}\omega t}\mathrm{d}t=\int_{-T}^{T}X(t,\xi)\mathrm{e}^{-\mathrm{i}\omega t}\mathrm{d}t,$$

$$X_T(t,\xi)=\frac{1}{2\pi}\int_{-\infty}^{+\infty}F_T(\omega,\xi)\mathrm{e}^{\mathrm{i}\omega t}\mathrm{d}\omega,$$

且有帕塞瓦等式，即

$$\int_{-T}^{T}|X(t,\xi)|^2\mathrm{d}t=\frac{1}{2\pi}\int_{-\infty}^{+\infty}|F_T(\omega,\xi)|^2\mathrm{d}\omega,$$

则

$$Q_\xi=\lim_{T\to+\infty}\frac{1}{2T}\int_{-T}^{T}|X(t,\xi)|^2\mathrm{d}t=\frac{1}{2\pi}\int_{-\infty}^{+\infty}\lim_{T\to+\infty}\frac{1}{2T}|F_T(\omega,\xi)|^2\mathrm{d}\omega,$$

Q_ξ 为样本函数的**平均功率**.

记

$$Q_X(\omega,\xi)=\lim_{T\to+\infty}\frac{1}{2T}|F_T(\omega,\xi)|^2,\tag{11.3.4}$$

它描述了在各个不同频率上功率分布的情况，因而称之为样本函数的功率谱密度. 对式(11.3.4)两端取数学期望，得

$$\begin{aligned}S_X(\omega)&=E(Q_X(\omega,\xi))=E\left(\lim_{T\to+\infty}\frac{1}{2T}|F_T(\omega,\xi)|^2\right)\\&=\lim_{T\to+\infty}\frac{1}{2T}E(|F_T(\omega,\xi)|^2).\end{aligned}\tag{11.3.5}$$

这里 $S_X(\omega)$ 是 ω 的确定函数，不再具有随机性. 称 $S_X(\omega)$ 为随机过程$\{X(t)\}$的**功率谱密度**，简称**谱密度**.

我们还可以定义随机过程的平均功率

$$\begin{aligned}Q&=E(Q_\xi)=E\left(\underset{T\to+\infty}{\mathrm{l.\,i.\,m}}\frac{1}{2T}\int_{-T}^{+T}|X_T(t,\xi)|^2\mathrm{d}t\right)\\&=\lim_{T\to+\infty}\frac{1}{2T}\int_{-T}^{T}E(|X(t,\xi)|^2)\mathrm{d}t\end{aligned}$$

$$= \lim_{T\to+\infty}\frac{1}{2T}\int_{-T}^{T}E(X^2(t))\mathrm{d}t$$
$$= \lim_{T\to+\infty}\frac{1}{2T}\int_{-T}^{T}R_X(t,t)\mathrm{d}t.$$

另一方面，

$$Q=\frac{1}{2\pi}\int_{-\infty}^{+\infty}\lim_{T\to+\infty}\frac{1}{2T}E(|F_T(\omega,\xi)|^2)\mathrm{d}\omega.$$

可见，随机过程的平均功率可以由它的均方值的时间平均得到，也可以由它的功率谱密度在整个频域上的积分得到.

若 $X(t)$ 为平稳过程，则它的均方值为常数，于是有

$$Q=R_X(0)=\frac{1}{2\pi}\int_{-\infty}^{+\infty}S_X(\omega)\mathrm{d}\omega.$$

功率谱密度 $S_X(\omega)$ 是从频率角度描述随机过程统计规律的最主要的数字特征.

11.3.2　谱密度的性质

(1)谱密度是非负的，即 $S_X(\omega)\geqslant 0$.

由定义易得.

(2)谱密度是 ω 的实偶函数，即

$$\overline{S}_X(\omega)=S_X(\omega),S_X(\omega)=S_X(-\omega).$$

前一式由定义可得. 对后一式，由傅里叶变换的性质，$\overline{F_T(\omega,\xi)}=F_T(-\omega,\xi)$，于是

$$|F_T(\omega,\xi)|^2=F_T(\omega,\xi)\overline{F_T(\omega,\xi)}=\overline{F_T(-\omega,\xi)}F_T(-\omega,\xi)=|F_T(-\omega,\xi)|^2,$$

再由定义可得.

(3)平稳过程的谱密度可积，即 $\int_{-\infty}^{+\infty}S_X(\omega)\mathrm{d}\omega<+\infty$.

因为 $\frac{1}{2\pi}\int_{-\infty}^{+\infty}S_X(\omega)\mathrm{d}\omega=E(X^2(t))$，而平稳过程为二阶矩过程，故有 $\int_{-\infty}^{+\infty}S_X(\omega)\mathrm{d}\omega<+\infty$.

例 11.3.1　随机过程 $X(t)=a\cos(\omega_0 t+\Theta)$，其中 a,ω_0 是常数，随机变量 $\Theta\sim U\left(0,\frac{\pi}{2}\right)$，求 $\{X(t)\}$ 的平均功率 Q.

解

$$\begin{aligned}E(X^2(t))&=E(a^2\cos^2(\omega_0 t+\Theta))\\&=E\left(\frac{a^2}{2}+\frac{a^2}{2}\cos(2\omega_0 t+2\Theta)\right)\\&=\frac{a^2}{2}+\frac{a^2}{2}\int_0^{\pi/2}\frac{2}{\pi}\cos(2\omega_0 t+2\theta)\mathrm{d}\theta\\&=\frac{a^2}{2}-\frac{a^2}{\pi}\sin 2\omega_0 t.\end{aligned}$$

显然这个过程不是平稳过程. 平均功率为

$$Q=\lim_{T\to+\infty}\frac{1}{2T}\int_{-T}^{T}E(X^2(t))\mathrm{d}t$$

$$= \lim_{T\to+\infty}\frac{1}{2T}\int_{-T}^{T}\left(\frac{a^2}{2}-\frac{a^2}{\pi}\sin 2\omega_0 t\right)dt$$
$$= \frac{a^2}{2}.$$

11.3.3 谱密度与自相关函数之间的关系

我们已经了解到，对于确定性信号 $x(t)$来说，它与它的频谱密度函数 $F(\omega)$之间构成傅里叶变换对. 对于随机信号而言，其自相关函数和谱密度分别是它在时域和频域的最重要的统计数字特征. 可以证明，平稳过程的自相关函数与它的谱密度之间也构成傅里叶变换对. 下面我们来推导这一关系.

定理 11.3.1 设 $R_X(\tau)$是平稳过程$\{X(t),t\in\mathbf{R}\}$的自相关函数，$S_X(\omega)$为$\{X(t),t\in\mathbf{R}\}$的功率谱密度，若 $R_X(\tau)$绝对可积，即

$$\int_{-\infty}^{+\infty} | R_X(\tau) | d\tau < +\infty$$

则

$$S_X(\omega) = \int_{-\infty}^{+\infty} R_X(\tau) e^{-i\omega\tau} d\tau. \tag{11.3.6}$$

证 由式(11.3.5)得

$$S_X(\omega) = \lim_{T\to+\infty}\frac{1}{2T}E(| F_T(\omega,\xi) |^2),$$

其中 $F_T(\omega,\xi)=\int_{-T}^{T}X(t,\xi)e^{-i\omega t}dt$，而$|F_T(\omega,\xi)|^2=\overline{F_T(\omega,\xi)}F_T(\omega,\xi)$，则

$$S_X(\omega) = \lim_{T\to+\infty}E\left(\frac{1}{2T}\int_{-T}^{T}X(t_1)e^{i\omega t_1}dt_1\int_{-T}^{T}X(t_2)e^{-i\omega t_2}dt_2\right)$$
$$= \lim_{T\to+\infty}\frac{1}{2T}\int_{-T}^{T}\int_{-T}^{T}E(X(t_1)X(t_2))e^{-i\omega(t_2-t_1)}dt_1 dt_2$$
$$= \lim_{T\to+\infty}\frac{1}{2T}\int_{-T}^{T}dt_1\int_{-T}^{T}R_X(t_2-t_1)e^{-i\omega(t_2-t_1)}dt_2,$$

在上式内层积分中作变量代换 $\tau=t_2-t_1$，再交换积分次序，可得

$$S_X(\omega) = \lim_{T\to+\infty}\frac{1}{2T}\int_{-2T}^{2T}(2T-| \tau |)R_X(\tau)e^{-i\omega\tau}d\tau$$
$$= \lim_{T\to+\infty}\int_{-2T}^{2T}\left(1-\frac{| \tau |}{2T}\right)R_X(\tau)e^{-i\omega\tau}d\tau,$$

令

$$R_X^T(\tau) = \begin{cases}\left(1-\dfrac{| \tau |}{2T}\right)R_X(\tau), & | \tau | \leqslant 2T, \\ 0, & | \tau | > 2T,\end{cases}$$

显然，$\lim\limits_{T\to+\infty}R_X^T(\tau)=R_X(\tau)$，并因为 $\int_{-\infty}^{+\infty} | R_X(\tau) | d\tau < +\infty$，则

$$S_X(\omega) = \lim_{T\to\infty+}\int_{-\infty}^{+\infty}R_X^T(\tau)e^{-i\omega\tau}d\tau$$

$$= \int_{-\infty}^{+\infty} \lim_{T \to \infty +} R_X^T(\tau) e^{-i\omega\tau} d\tau$$

$$= \int_{-\infty}^{+\infty} R_X(\tau) e^{-i\omega\tau} d\tau.$$

这样就证明了平稳过程的自相关函数与它的谱密度之间关系式.

由傅里叶变换理论知,$R_X(\tau)$是$S_X(\omega)$的傅里叶变换,从而$R_X(\tau)$与$S_X(\omega)$在$\int_{-\infty}^{+\infty} |R_X(\tau)| d\tau < +\infty$的条件下为傅里叶变换对,于是有

$$R_X(\tau) = \frac{1}{2\pi}\int_{-\infty}^{+\infty} S_X(\omega) e^{i\omega\tau} d\omega \tag{11.3.7}$$

由于$R_X(\tau)$与$S_X(\omega)$均为偶函数,则有如下结论:

(1) $R_X(0) = \frac{1}{2\pi}\int_{-\infty}^{+\infty} S_X(\omega) d\omega$;

(2) $$S_X(\omega) = 2\int_0^{+\infty} R_X(\tau) \cos\omega\tau d\tau; \tag{11.3.8}$$

$$R_X(\tau) = \frac{1}{\pi}\int_0^{+\infty} S_X(\omega) \cos\omega\tau d\omega. \tag{11.3.9}$$

例 11.3.2　设平稳随机过程$\{X(t), -\infty < t < +\infty\}$的自相关函数为$R_X(\tau) = Ae^{-\beta|\tau|}$,其中$A > 0, \beta > 0$,求该过程的谱密度.

解　显然$R_X(\tau) = Ae^{-\beta|\tau|}$在$\tau \in (-\infty, +\infty)$上是绝对可积的,故谱密度存在,且有

$$\begin{aligned} S_X(\omega) &= \int_{-\infty}^{+\infty} R_X(\tau) e^{-i\omega\tau} d\tau = \int_{-\infty}^{+\infty} Ae^{-\beta|\tau|} e^{-i\omega\tau} d\tau \\ &= \int_{-\infty}^{0} Ae^{(\beta - i\omega)\tau} d\tau + \int_0^{+\infty} Ae^{(-\beta - i\omega)\tau} d\tau \\ &= A \frac{e^{(\beta - i\omega)\tau}}{\beta - i\omega}\Bigg|_{-\infty}^{0} + A \frac{e^{(-\beta - i\omega)\tau}}{-\beta - i\omega}\Bigg|_0^{+\infty} \\ &= \frac{A}{\beta - i\omega} + \frac{A}{\beta + i\omega} \\ &= \frac{2A\beta}{\beta^2 + \omega^2}. \end{aligned}$$

由此例可知,$Ae^{-\beta|\tau|} \leftrightarrow \frac{2A\beta}{\beta^2 + \omega^2}$.

例 11.3.3　已知平稳过程$\{X(t), t \in T\}$的功率谱密度为

$$S_X(\omega) = \frac{5}{\omega^4 + 13\omega^2 + 36},$$

求该过程的自相关函数和均方值.

解　因为

$$S_X(\omega) = \frac{5}{\omega^4 + 13\omega^2 + 36} = \frac{1}{\omega^2 + 4} - \frac{1}{\omega^2 + 9},$$

利用例 11.3.3 的结论及傅里叶变换的线性性质,于是$R_X(\tau)$应有如下形式

$$R_X(\tau) = A_1 e^{-\beta_1|\tau|} - A_2 e^{-\beta_2|\tau|},$$

又

$$\frac{1}{\omega^2+4}=\frac{2\times\frac{1}{4}\times 2}{\omega^2+4},\quad \frac{1}{\omega^2+9}=\frac{2\times\frac{1}{6}\times 3}{\omega^2+9},$$

故 $A_1=\frac{1}{4},\beta_1=2,A_2=\frac{1}{6},\beta_2=3$，于是

$$R_X(\tau)=\frac{1}{4}e^{-2|\tau|}-\frac{1}{6}e^{-3|\tau|},$$

$$R_X(0)=\frac{1}{4}-\frac{1}{6}=\frac{1}{12}.$$

例 11.3.4　设平稳随机过程 $\{X(t)\}$ 的自相关函数为

$$R_X(\tau)=\begin{cases}1-|\tau|, & |\tau|\leqslant 1\\ 0, & |\tau|>1\end{cases},$$

求该过程的谱密度.

解　显然 $R_X(\tau)$ 在 $\tau\in(-\infty,+\infty)$ 上是绝对可积的，故谱密度存在，且有

$$\begin{aligned}S_X(\omega)&=\int_{-\infty}^{+\infty}R_X(\tau)e^{-i\omega\tau}d\tau=\int_{-1}^{1}(1-|\tau|)e^{-i\omega\tau}d\tau\\&=2\int_0^1(1-\tau)\cos\omega\tau d\tau\\&=\frac{\sin^2\left(\frac{\omega}{2}\right)}{\left(\frac{\omega}{2}\right)^2}.\end{aligned}$$

例 11.3.5　设随机相位 $X(t)=a\cos(\omega_0 t+\Theta)$，其中 a,ω_0 是大于零的常数，随机变量 Θ 服从 $[0,2\pi]$ 上的均匀分布，求 $X(t)$ 的谱密度.

解　$X(t)$ 的自相关函数为

$$\begin{aligned}R_X(\tau)&=E[X(t)X(t+\tau)]\\&=E[(a\cos(\omega_0 t+\Theta))a\cos(\omega_0(t+\tau)+\Theta)]\\&=\int_0^{2\pi}a^2\cos(\omega_0 t+\theta)\cos(\omega_0(t+\tau)+\theta)\frac{1}{2\pi}d\theta\\&=\frac{a^2}{2\pi}\int_0^{2\pi}\frac{1}{2}(\cos(\omega_0(2t+\tau)+2\theta)+\cos\omega_0\tau)d\theta\\&=\frac{a^2}{2}\cos\omega_0\tau.\end{aligned}$$

因为 $\int_{-\infty}^{+\infty}|R_X(\tau)|d\tau=\int_{-\infty}^{+\infty}\left|\frac{a^2}{2}\cos\omega_0\tau\right|d\tau$ 不可积，因此 $R_X(\tau)$ 的傅里叶变换不存在，需要引入 δ 函数.

上面所说的 δ 函数是单位脉冲函数 $\delta(t)$ 的简称，它是一种广义函数，由物理学家狄拉克(Dirac)引入. δ 函数定义如下.

若函数 $\delta(x-x_0)$ 满足：

(1) $\delta(x-x_0)=\begin{cases}\infty, & x=x_0,\\ 0, & x\neq x_0.\end{cases}$

(2) $\int_{-\infty}^{+\infty}\delta(x-x_0)\mathrm{d}x=1$；

则称 $\delta(x-x_0)$ 是在 $x=x_0$ 的 δ 函数.

δ 函数的基本性质：

若 $f(x)$ 为无穷次可微函数，则有

$$\int_{-\infty}^{+\infty}\delta(x-x_0)f(x)\mathrm{d}x=f(x_0).\tag{11.3.10}$$

上述性质也称为 δ 函数的**筛选性**. 显然有

$$\int_{-\infty}^{+\infty}\delta(x)f(x)\mathrm{d}x=f(0).$$

据此可以写出以下傅里叶变换对：

$$\int_{-\infty}^{+\infty}\delta(\tau)\mathrm{e}^{-\mathrm{i}\omega\tau}\mathrm{d}\tau=\mathrm{e}^{-\mathrm{i}\omega\tau}\Big|_{\tau=0}=1.$$

$$\delta(\tau)=\frac{1}{2\pi}\int_{-\infty}^{+\infty}1\cdot\mathrm{e}^{\mathrm{i}\omega\tau}\mathrm{d}\omega\text{，即}\int_{-\infty}^{+\infty}\mathrm{e}^{\mathrm{i}\omega\tau}\mathrm{d}\omega=2\pi\delta(\tau).$$

因此例 11.3.5 中随机过程 $X(t)$ 的谱密度为

$$\begin{aligned}S_X(\omega)&=\int_{-\infty}^{+\infty}R_X(\tau)\mathrm{e}^{-\mathrm{i}\omega\tau}\mathrm{d}\tau=\int_{-\infty}^{+\infty}\frac{a^2}{2}\cos\omega_0\tau\mathrm{e}^{-\mathrm{i}\omega\tau}\mathrm{d}\tau\\&=\frac{a^2}{2}\int_{-\infty}^{+\infty}\cos\omega_0\tau\cos\omega\tau\mathrm{d}\tau\\&=\frac{a^2}{4}\int_{-\infty}^{+\infty}(\cos(\omega-\omega_0)\tau+\cos(\omega+\omega_0)\tau)\mathrm{d}\tau\\&=\frac{a^2}{4}\int_{-\infty}^{+\infty}(\mathrm{e}^{\mathrm{i}(\omega-\omega_0)\tau}+\mathrm{e}^{\mathrm{i}(\omega+\omega_0)\tau})\mathrm{d}\tau\\&=\frac{a^2}{4}(2\pi\delta(\omega-\omega_0)+2\pi\delta(\omega+\omega_0))\\&=\frac{\pi a^2}{2}(\delta(\omega-\omega_0)+\delta(\omega+\omega_0)).\end{aligned}$$

例 11.3.6　设平稳过程 $X(t)$ 的谱密度为 $S_X(\omega)=\sigma^2$，求 $X(t)$ 的相关函数 $R_X(\tau)$.

解

$$\begin{aligned}R_X(\tau)&=\frac{1}{2\pi}\int_{-\infty}^{+\infty}S_X(\omega)\mathrm{e}^{\mathrm{i}\omega\tau}\mathrm{d}\omega\\&=\frac{1}{2\pi}\int_{-\infty}^{+\infty}\sigma^2\mathrm{e}^{\mathrm{i}\omega\tau}\mathrm{d}\omega\\&=\frac{\sigma^2}{2\pi}\int_{-\infty}^{+\infty}\mathrm{e}^{\mathrm{i}\omega\tau}\mathrm{d}\omega\\&=\sigma^2\delta(\tau).\end{aligned}$$

通常把均值为零而谱密度为常数的平稳过程称为**白噪声过程**(简称白噪声). 这个名称源于白光可分解成各种频率的光谱，而且其功率谱是均匀分布的.

例 11.3.7　设平稳随机过程 $\{X(t),-\infty<t<+\infty\}$ 的谱密度为

$$S_X(\omega)=\begin{cases}\sigma^2, & |\omega|\leqslant\omega_0,\\0, & |\omega|>\omega_0,\end{cases}$$

其中 ω_0 为常数，求该过程的自相关函数 $R_X(\tau)$.

解 因为 $S_X(\omega)$在$(-\infty,+\infty)$上绝对可积,所以

$$
\begin{aligned}
R_X(\tau) &= \frac{1}{2\pi}\int_{-\infty}^{+\infty} S_X(\omega)\mathrm{e}^{\mathrm{i}\omega\tau}\mathrm{d}\omega \\
&= \frac{1}{2\pi}\int_{-\omega_0}^{+\omega_0} \sigma^2 \mathrm{e}^{\mathrm{i}\omega\tau}\mathrm{d}\omega \\
&= \begin{cases} \dfrac{\sigma^2\omega_0}{\pi}\left(\dfrac{\sin(\omega_0\tau)}{\omega_0\tau}\right), & \tau \neq 0, \\ \dfrac{\sigma^2\omega_0}{\pi}, & \tau = 0. \end{cases}
\end{aligned}
$$

本例中的平稳过程称为**低通白噪声**.

11.3.4 互相关函数与互谱密度

设随机过程 $X(t)$和 $Y(t)$平稳相关,则互相关函数 $R_{XY}(\tau)$与互协方差函数 $C_{XY}(\tau)$仅是 τ 的函数.互相关函数与两个随机过程的自相关函数之间有不等式

$$| R_{XY}(\tau) |^2 \leqslant R_X(0)R_Y(0).$$

相应地,互协方差函数与两个过程的自协方差函数之间有不等式

$$C_{XY}^2(\tau) \leqslant C_X(0)C_Y(0).$$

在 $R_{XY}(\tau)$绝对可积的条件下,存在

$$S_{XY}(\omega) = \int_{-\infty}^{+\infty} R_{XY}(\tau)\mathrm{e}^{-\mathrm{i}\omega\tau}\mathrm{d}\tau. \tag{11.3.11}$$

称为平稳过程 $X(t)$和 $Y(t)$的**互谱密度**.反之,

$$R_{XY}(\tau) = \frac{1}{2\pi}\int_{-\infty}^{+\infty} S_{XY}(\omega)\mathrm{e}^{\mathrm{i}\omega\tau}\mathrm{d}\omega. \tag{11.3.12}$$

式(11.3.11)和式(11.3.12)表明,互相关函数 $R_{XY}(\tau)$与互谱密度 $S_{XY}(\omega)$也构成傅里叶变换对.

互谱密度 $S_{XY}(\omega)$与两个过程的自谱密度之间有不等式

$$| S_{XY}(\omega) |^2 \leqslant S_X(\omega)S_Y(\omega).$$

11.4 平稳过程各态历经性

本节主要讨论根据试验记录(样本函数)确定平稳过程的均值和相关函数的理论依据和方法.

一般地,计算平稳过程的均值和相关函数有各种不同的方法,例如:

$$m_X(t_1) \approx \frac{1}{N}\sum_{k=1}^{N} x_k(t_k),$$

$$R_X(\tau) = E(X(t_0)X(t_0+\tau)) \approx \frac{1}{N}\sum_{k=1}^{N} x_k(t_0)\, x_k(t_0+\tau).$$

这样的计算需要对一个平稳过程重复进行大量地观察,以便获取大量的样本函数 $x_k(t)$,而这在实际当中是非常困难的,有时甚至是不可能的.但是由于平稳过程的统计

特性不随时间的推移而变化,于是自然希望在很长时间内观察到的一个样本函数,可以作为得到这个过程的数字特征的充分依据.本节给出的各态历经性定理指出:对平稳过程而言,只要满足一些较宽的条件,那么均值函数和相关函数实际上可以用一个样本函数在整个时间轴上的时间平均值来代替.

11.4.1　时间均值和时间相关函数

随机过程$\{X(t),-\infty<t<+\infty\}$的任一样本函数$x(t)$在区间$[-T,T]$$(T>0)$上的函数均值为

$$\overline{x(t)}=\frac{1}{2T}\int_{-T}^{T}x(t)\mathrm{d}t,$$

在$-\infty<t<+\infty$上的任一样本函数$x(t)$的平均值为

$$\overline{x(t)}=\lim_{T\to+\infty}\frac{1}{2T}\int_{-T}^{T}x(t)\mathrm{d}t.$$

对于过程$X(t)$的所有样本函数,得到一族在$-\infty<t<+\infty$上的函数平均,记为

$$\overline{X(t)}=\lim_{T\to+\infty}\frac{1}{2T}\int_{-T}^{T}X(t)\mathrm{d}t.\qquad(11.4.1)$$

定义 11.4.1　由式(11.4.1)确定的$\overline{X(t)}$称为随机过程$X(t)$对于参数t的平均值,通常称为随机过程$X(t)$的**时间平均**.

由于随机过程$X(t)=X(t,\omega)$是定义在样本空间$\Omega=\{\omega\}$和参数集$-\infty<t<+\infty$上的二元函数,因此$X(t)$在$[-T,T]$上的积分

$$\int_{-T}^{T}X(t)\mathrm{d}t=\int_{-T}^{T}X(t,\omega)\mathrm{d}t$$

是定义在$\Omega=\{\omega\}$上的一个随机变量,因此由式(11.4.1)确定的时间均值$\overline{X(t)}$也是一个随机变量.

类似地,对任意的t,任意给定的实数τ,过程在t和$t+\tau$的两个状态的乘积$X(t)X(t+\tau)$在$-\infty<t<+\infty$上的平均值记为

$$\overline{X(t)X(t+\tau)}=\lim_{T\to+\infty}\frac{1}{2T}\int_{-T}^{T}X(t)X(t+\tau)\mathrm{d}t.\qquad(11.4.2)$$

定义 11.4.2　由式(11.4.2)确定的$\overline{X(t)X(t+\tau)}$称为随机过程$X(t)$的**时间相关函数**.

式(11.4.2)中,积分

$$\int_{-T}^{T}X(t)X(t+\tau)\mathrm{d}t=\int_{-T}^{T}X(t,\omega)X(t+\tau,\omega)\mathrm{d}t$$

不仅依赖于样本空间$\Omega=\{\omega\}$,而且依赖于实数τ,是一族随机变量,因此这个积分确定了一个随机过程,从而由式(11.4.2)确定的时间相关函数$\overline{X(t)X(t+\tau)}$是一个随机过程.

如果随机过程$X(t)$的参数$t\geqslant0$,那么过程的时间均值和时间相关函数的表达式应改为

$$\overline{X(t)}=\lim_{T\to+\infty}\frac{1}{T}\int_{0}^{T}X(t)\mathrm{d}t,$$

$$\overline{X(t)X(t+\tau)}=\lim_{T\to+\infty}\frac{1}{T}\int_{0}^{T}X(t)X(t+\tau)\mathrm{d}t.$$

例 11.4.1　设随机过程$X(t)=a\cos(\omega_0t+\Theta)$,$-\infty<t<+\infty$,其中$a,\omega_0$是常数,随机

变量 $\Theta \sim U(0,2\pi)$，求时间均值和时间相关函数.

解 时间均值和时间相关函数分别为

$$\overline{X(t)} = \lim_{T\to+\infty} \frac{1}{2T}\int_{-T}^{T} a\cos(\omega_0 t+\Theta)\mathrm{d}t = \lim_{T\to+\infty} \frac{a\sin\omega_0 T\cos\Theta}{\omega_0 T} = 0.$$

$$\begin{aligned}\overline{X(t)X(t+\tau)} &= \lim_{T\to+\infty} \frac{1}{2T}\int_{-T}^{T} a^2\cos(\omega_0 t+\Theta)\cos(\omega_0(t+\tau)+\Theta)\mathrm{d}t \\ &= \frac{a^2}{2}\cos\omega_0\tau.\end{aligned}$$

11.4.2 各态遍历性

虽然过程的时间均值$\overline{X(t)}$不同于过程的均值 $E(X(t))$（后者是一种**集平均**），过程的时间相关函数$\overline{X(t)X(t+\tau)}$也不同于过程的自相关函数 $E(X(t)X(t+\tau))$，如果随机过程$X(t)$是平稳过程，则一般地有

$$\overline{X(t)} \neq E(X(t)),\quad \overline{X(t)X(t+\tau)} \neq E(X(t)X(t+\tau)).$$

但也有一些特殊的平稳过程，其时间均值恰好等于过程的均值. 如果将例 11.4.1 与第 10 章例 10.2.3 的结果相比较，恰有

$$\overline{X(t)} = E(X(t)) = 0,$$

$$\overline{X(t)X(t+\tau)} = E(X(t)X(t+\tau)) = \frac{a^2}{2}\cos\omega_0\tau.$$

这表明，例 11.4.1 中的随机过程的每一个样本函数在$-\infty<t<+\infty$上的函数平均值都相等，并且等于过程的均值. 因此，只要一个样本函数便能确定过程的均值. 类似地，只要一个样本函数便能确定过程的自相关函数. 过程的数字特征可以由一个样本函数确定的这一性质称为**各态历经性**，或称**遍历性**.

定义 11.4.3 设$\{X(t),-\infty<t<+\infty\}$是一平稳随机过程，

(1)如果

$$P\{\overline{X(t)} = E(X(t)) = m_X\} = 1,$$

则称该随机过程的**均值具有各态历经性**.

(2)如果

$$P\{\overline{X(t)X(t+\tau)} = E(X(t)X(t+\tau)) = R_X(\tau)\} = 1,$$

则称该过程的**自相关函数具有各态历经性**.

(3)均值和相关函数均具有各态历经性的平稳过程称为**遍历过程**，或者说，该平稳过程具有遍历性.

例 11.4.2 设随机过程 $X(t)=a\cos(\omega_0 t+\Theta)$，$-\infty<t<+\infty$，其中 a,ω_0 是常数，随机变量 $\Theta\sim U(0,2\pi)$，试讨论 $X(t)$的各态历经性.

解 易知

$$E(X(t)) = E(a\cos(\omega_0 t+\Theta)) = a\int_0^{2\pi}\cos(\omega_0 t+\theta)\mathrm{d}\theta = 0,$$

$$E(X(t)X(t+\tau)) = a^2\int_0^{2\pi}\cos(\omega_0 t+\theta)\cos(\omega_0(t+\tau+\theta))\mathrm{d}\theta$$

$$= \frac{a^2}{2}\cos(\omega_0\tau).$$

因此，$X(t)$是平稳过程，且 $m_X(t)=0, R_X(\tau)=\frac{a^2}{2}\cos(\omega_0\tau)$.

$$\overline{X(t)} = \lim_{T\to+\infty}\frac{1}{2T}\int_{-T}^{T} a\cos(\omega_0 t+\Theta)\mathrm{d}t$$

$$= \lim_{T\to+\infty}\frac{a\sin\omega_0 T\cos\Theta}{\omega_0 T} = 0 = E(X(t)).$$

可见，$X(t)$关于均值具有各态历经性.

$$\overline{X(t)X(t+\tau)} = \lim_{T\to+\infty}\frac{1}{2T}\int_{-T}^{T} a^2\cos(\omega_0 t+\Theta)\cos(\omega_0(t+\tau+\Theta))\mathrm{d}t$$

$$= \frac{a^2}{2}\cos(\omega_0\tau) = R_X(\tau).$$

即 $X(t)$关于自相关函数具有各态历经性，从而 $X(t)$为遍历过程.

一个平稳过程满足什么条件才具有遍历性呢？

引理　设$\{X(t), -\infty<t<+\infty\}$是一平稳随机过程，则它的时间均值$\overline{X(t)}$的数学期望和方差分别为

$$E(\overline{X(t)}) = m_X = E(X(t)), \tag{11.4.3}$$

$$D(\overline{X(t)}) = \lim_{T\to+\infty}\frac{1}{T}\int_0^{2T}\left(1-\frac{\tau}{2T}\right)(R_X(\tau)-m_X^2)\mathrm{d}\tau \tag{11.4.4}$$

证　$\overline{X(t)}$本身是随机变量，现计算它的数学期望和方差.

$$E(\overline{X(t)}) = E\left(\underset{T\to+\infty}{\text{l.i.m}}\frac{1}{2T}\int_{-T}^{T}X(t)\mathrm{d}t\right)$$

$$= \lim_{T\to+\infty}\frac{1}{2T}\int_{-T}^{T}E(X(t))\mathrm{d}t（根据均方积分的性质）$$

$$= m_X.$$

$$D(\overline{X(t)}) = E((\overline{X(t)})^2) - (E(\overline{X(t)}))^2$$

$$= E\left(\underset{T\to+\infty}{\text{l.i.m}}\frac{1}{2T}\int_{-T}^{T}X(t)\mathrm{d}t\right)^2 - m_X^2$$

$$= \lim_{T\to+\infty}\frac{1}{4T^2}\int_{-T}^{T}\int_{-T}^{T}R_X(t-s)\mathrm{d}s\mathrm{d}t - m_X^2$$

对内层积分做变量代换以及由相关函数的偶函数性质，可得

$$\int_{-T}^{T}\int_{-T}^{T}R_X(t-s)\mathrm{d}s\mathrm{d}t = 2\int_0^{2T}(2T-\tau)R_X(\tau)\mathrm{d}\tau,$$

故

$$D(\overline{X(t)}) = \lim_{T\to+\infty}\frac{1}{T}\int_0^{2T}\left(1-\frac{\tau}{2T}\right)(R_X(\tau)-m_X^2)\mathrm{d}\tau.$$

定理 11.4.1（均值的各态历经性定理）　平稳过程$\{X(t), -\infty<t<+\infty\}$的均值具有各态历经性的充要条件是

$$\lim_{T\to+\infty}\frac{1}{T}\int_0^{2T}\left(1-\frac{\tau}{2T}\right)(R_X(\tau)-m_X^2)\mathrm{d}\tau = 0. \tag{11.4.5}$$

证 由引理及方差等于零的充要条件可证,即 $P\{\overline{X(t)}=E(X(t))=m_X\}=1\Leftrightarrow D(\overline{X(t)})=0\Leftrightarrow$式(11.4.5)成立.

我们不加证明地给出如下判断均值具有各态遍历性的充分条件.

推论 若平稳过程$\{X(t),-\infty<t<+\infty\}$满足$\lim\limits_{\tau\to\infty}R_X(\tau)=m_X^2$,即$\lim\limits_{\tau\to\infty}C_X(\tau)=0$,则$\{X(t),-\infty<t<+\infty\}$的均值具有各态历经性.

定理 11.4.2(相关函数的各态历经性定理) 设$\{X(t),-\infty<t<+\infty\}$是平稳过程,则它的相关函数具有各态历经性的充要条件是

$$\lim_{T\to+\infty}\frac{1}{T}\int_0^{2T}\left(1-\frac{\tau_1}{2T}\right)(R_\tau(\tau_1)-R_X^2(\tau))\mathrm{d}\tau_1=0, \tag{11.4.6}$$

其中 $R_\tau(\tau_1)=E(X(t)X(t+\tau)X(t+\tau_1)X(t+\tau_1+\tau))$.

证 对固定的 τ,令 $Y_\tau(t)=X(t)X(t+\tau),-\infty<t<+\infty$,则$\{Y_\tau(t),-\infty<t<+\infty\}$是平稳过程且有 $E(Y_\tau(t))=R_X(\tau)$,$\overline{Y_\tau(t)}=\overline{X(t)X(t+\tau)}$,故 $X(t)$相关函数的各态历经性等价于 $Y_\tau(t)$的均值的各态历经性.又因为 $Y_\tau(t)$的相关函数为

$$\begin{aligned}R_{Y_\tau}(\tau_1)&=E(Y_\tau(t)Y_\tau(t+\tau_1))\\&=E(X(t)X(t+\tau)X(t+\tau_1)X(t+\tau_1+\tau))=R_\tau(\tau_1)\end{aligned}$$

于是,由定理 11.4.1 可得结论.

在实际应用中通常只考虑时间 $t\geqslant0$ 的平稳过程,这时定理 11.4.1 的充要条件改为

$$\lim_{T\to+\infty}\frac{1}{T}\int_0^{T}\left(1-\frac{\tau}{T}\right)(R_X(\tau)-m_X^2)\mathrm{d}\tau=0.$$

定理 11.4.2 的结论也可以作类似修改.此外,对离散参数的平稳序列$\{X(n),n=0,1,2,\cdots\}$也有类似的各态历经性定理.

11.4.3 各态历经性的应用

随机过程的遍历性具有重要的实际意义.由随机过程积分的概念可知,对一般随机过程而言随机过程的时间平均是一个随机变量.可是,对遍历过程来说,由上述定义求时间平均,得到的结果趋于一个非随机的确定量.这表明:遍历过程诸样本函数的时间平均,实际上可以认为是相同的,因此,遍历过程的时间平均就可以由它的任一样本函数的时间平均来表示.这样,对于遍历过程,可以直接用它的任一样本函数的时间平均来代替对整个过程统计平均的研究,故在 $t\geqslant0$ 时有

$$m_X=\lim_{T\to+\infty}\frac{1}{T}\int_0^T x(t)\mathrm{d}t,$$

$$R_X(\tau)=\lim_{T\to+\infty}\frac{1}{T}\int_0^T x(t)x(t+\tau)\mathrm{d}t,$$

其中 $x(t),-\infty<t<+\infty$为$\{X(t),-\infty<t<+\infty\}$的一个样本函数.

由极限理论,当 T 充分大时,均值函数与自相关函数的估计式为

$$\hat{m}_X=\frac{1}{T}\int_0^T x(t)\mathrm{d}t, \tag{11.4.7}$$

$$\hat{R}_X(\tau)=\frac{1}{T-\tau}\int_0^{T-\tau}x(t)x(t+\tau)\mathrm{d}t,0\leqslant\tau<T \tag{11.4.8}$$

如果试验只在时间区间$[0,T]$内获得一条样本曲线(如图 11.1 所示),而难以确定它的函数表达式,那么可对式(11.4.7)与式(11.4.8)作近似数值计算,方法如下:

将区间$[0,T]$分成 N 等分,取 $\Delta t=\frac{T}{N}$,$t_k=k\Delta t,k=0,1,2,\cdots,N$,则

$$\hat{m}_X=\frac{1}{T}\sum_{k=1}^{N}x(t_k)\Delta t=\frac{1}{N}\sum_{k=1}^{N}x(t_k).$$

取 $\tau_r=r\Delta t$,r 是非负整数,且 $r<N$,则

$$\begin{aligned}\hat{R}_X(\tau_r)&=\frac{1}{T-\tau_r}\sum_{k=1}^{N-r}x(t_k)x(t_{k+r})\Delta t\\&=\frac{1}{N-r}\sum_{k=1}^{N-r}x(t_k)x(t_{k+r}).\end{aligned}$$

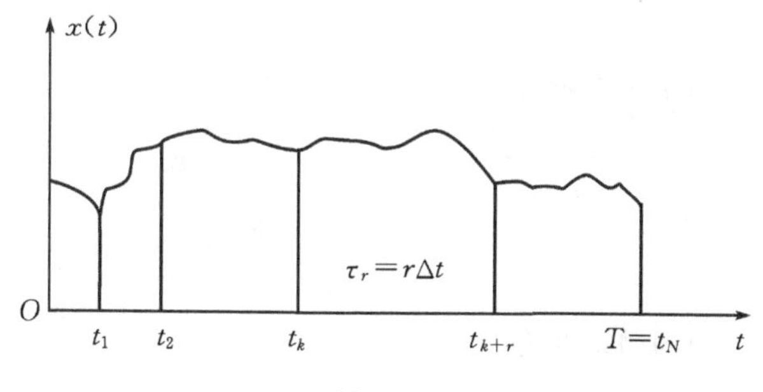

图 11.1

实际上这也是引出遍历性概念的重要目的,从而给解决许多工程问题带来极大方便.例如,测量接收机的噪声,用一般方法就需要用数量相当多的、相同的接收机在同一条件下同时进行测量和记录,再用统计方法算出所需数字特征,而利用噪声过程的遍历性,则可以只用一部接收机,在不变的条件下,对其输出噪声作长时间的记录,然后用求时间平均的方法即可求一些重要的数字特征.

习题 11

1. 设 $Y(t)=\sin(Xt)$,其中 X 是在区间$[0,2\pi]$上服从均匀分布的随机变量,试证:

(1) $\{Y(n),n=0,\pm1,\pm2,\cdots\}$是平稳序列;

(2) $\{Y(t),t\in(-\infty,+\infty)\}$不是平稳过程.

2. 验证随机过程 $Z(t)=X\cos2\pi t+Y\sin2\pi t$ 是平稳过程,其中 X 和 Y 都是随机变量,且 $E(X)=E(Y)=0,D(X)=D(Y)=1,E(XY)=0,t\in(-\infty,+\infty)$.

3. 设随机过程$\{X(t),t\in(-\infty,+\infty)\}$的均值函数 $m_X(t)=at+b$,自协方差函数 $C_X(t_1,t_2)=\mathrm{e}^{-\lambda|t_1-t_2|}$,其中 λ 是常数.对给定的 h,令 $Y(t)=X(t+h)-X(t)$,证明 $Y(t)$是平稳过程.

4. 设随机过程 $Y(t)=X\sin(\omega t+\Theta)$,其中 ω 是常数,X 是标准正态随机变量,Θ 是在区间$[0,2\pi]$上服从均匀分布的随机变量,X 与 Θ 相互独立.

(1) 求 $Y(t)$的均值函数和自相关函数;

(2) 问 $Y(t)$是不是平稳过程?

5. 设正态过程$\{X(t),t\in(-\infty,+\infty)\}$的均值函数 $m_X(t)\equiv 0$,自相关函数 $R_X(t_1,t_2)=R_X(t_1-t_2)$,试写出该过程的一维、二维概率密度函数.

6. 设$\{X(t),t\in(-\infty,+\infty)\}$是正态平稳过程,$E(X(t))=0$,令

$$Y(t)=\begin{cases}1, & X(t)<0\\ 0, & X(t)\geqslant 0.\end{cases}$$

证明 $Y(t)$是平稳过程.

7. 设平稳过程 $X(t)$的功率谱密度为

$$S_X(\omega)=\frac{32}{\omega^2+16},$$

求该过程的平均功率.

8. 设平稳过程 $X(t)$的功率谱密度为

$$S_X(\omega)=\begin{cases}1-\dfrac{|\omega|}{8\pi}, & |\omega|\leqslant 8\pi,\\ 0, & \text{其他},\end{cases}$$

求该过程的均方值.

9. 已知平稳过程 $X(t)$的谱密度为

$$S_X(\omega)=\frac{\omega^2+1}{\omega^4+5\omega^2+6},$$

求 $X(t)$的自相关函数.

10. 设 ξ 和 Θ 是相互独立的随机变量,$\Theta\sim[-\pi,\pi]$,ξ 的概率密度为 $f_\xi(x)=\dfrac{1}{\pi(1+x^2)}$,$X(t)=\cos(\xi t+\Theta)$.

(1) 证明随机过程$\{X(t),t\in(-\infty,+\infty)\}$是平稳过程;

(2) 求随机过程$\{X(t),t\in(-\infty,+\infty)\}$的自相关函数及谱密度.

11. 已知平稳过程 $X(t)$的自相关函数为

$$R_X(\tau)=4e^{-|\tau|}\cos\pi\tau+\cos 3\pi\tau,$$

求 $X(t)$的谱密度.

12. 已知平稳过程 $X(t)$的自相关函数,求它们的谱密度.

(1) $R_X(\tau)=e^{-a|\tau|}$;

(2) $R_X(\tau)=e^{-a|\tau|}\cos\omega_0\tau$;

(3) $R_X(\tau)=be^{-\frac{\tau^2}{2a^2}}$;

(4) $R_X(\tau)=\begin{cases}1-\dfrac{|\tau|}{T}, & |\tau|\leqslant T,\\ 0, & \text{其他},\end{cases}$,以上各式中 a,b,ω_0,T 均为常数.

13. 已知平稳过程 $X(t)$的谱密度为

(1) $S_X(\omega)=\begin{cases}1, & |\omega|\leqslant\omega_0,\\ 0, & \text{其他},\end{cases}$ $\omega_0>0$ 为常数;

(2) $S_X(\omega)=\begin{cases}8\delta(\omega)+20\left(1-\dfrac{|\omega|}{10}\right), & |\omega|\leqslant 10,\\ 0, & 其他,\end{cases}$

求平稳过程 $X(t)$的自相关函数.

14. 设 $X(t)$是平稳过程,而 $Y(t)=X(t)+X(t-T)$,T 是给定的常数,试证明:

(1) $Y(t)$是平稳过程;

(2) $Y(t)$的谱密度为 $S_Y(\omega)=2S_X(\omega)(1+\cos\omega T)$.

15. 设 $X(t)$和 $Y(t)$是两个互不相关的平稳过程,它们的均值 $m_X(t)$,$m_Y(t)$均不为零,令 $Z(t)=X(t)+Y(t)$,求互谱密度 $S_{XY}(\omega)$和 $S_{XZ}(\omega)$.

16. 在第 2 题中,求平稳过程 $Z(t)$的时间均值;$Z(t)$的均值是否具有各态历经性?

17. 设随机过程 $Z(t)=X(t)+Y$,其中 $X(t)$关于均值具有各态历经性,Y 与 $X(t)$是独立的非常数随机变量,试说明 $Z(t)$不是遍历的.

18. 均值为 0 的平稳过程 $X(t)$的自相关函数为 $R_X(\tau)=Ae^{-a|\tau|}(1+a|\tau|)$,$A$,$a$ 为常数,试问 $X(t)$关于均值是否具有各态历经性?

19. 设随机过程 $X(t)=A\sin t+B\cos t$,其中 A,B 皆为零均值、方差为 σ^2 且互不相关的随机变量,试证 $X(t)$关于均值具有历经性.

20. 设$\{X(t),t\in(-\infty,+\infty)\}$是平稳过程,$a$,$b$ 是常数,且 $a\neq 0$,$Y(t)=aX(t)+b$,$-\infty<t<+\infty$,

(1) 证明 $Y(t)$具有数学期望的各态历经性的充要条件是 $X(t)$具有数学期望的各态历经性;

(2) 证明 $Y(t)$各态历经的充要条件是 $X(t)$各态历经.

第 12 章　Matlab 软件在概率统计中的应用

我们在高等数学课程中已经介绍了 Matlab 软件的基本用途，本章主要通过实例介绍它在概率统计中的有关应用.

为了便于研究概率统计中的计算问题，Matlab 提供了专门的统计工具箱（stastoolbox），其概率计算的主要功能有：计算相应分布的概率、分布函数、逆分布函数和产生相应分布的随机数. 工具箱统计计算的主要功能有：统计量的数字特征、统计图形的绘制、参数估计、假设检验、回归分析、方差分析等. 下面介绍 Matlab 中概率统计部分的常见命令与应用.

12.1　概率中常见分布在 Matlab 中的名称

Matlab 中的几种常见分布的命令见表 12.1.

表 12.1　几种常见分布的 Matlab 命令

字符	分布名	字符	分布名
bino	二项分布	norm	正态分布
geo	几何分布	chi2	χ^2 分布
poiss	泊松分布	logn	对数正态分布
unif	均匀分布	f	F 分布
exp	指数分布	t	T 分布

在统计工具箱中，Matlab 为每一种分布提供了 5 类命令函数，其命令字符分别为：pdf 表示概率密度；cdf 表示概率分布函数（累积概率）；inv 表示逆概率分布函数；stat 表示均值与方差；rnd 表示生成相应分布的随机数. 这样，当需要一种分布的某一类命令函数时，只要将表 12.1 中的分布名字符后缀命令函数字符并输入命令参数即可. 如，binopdf(x,n,p)表示计算服从参数为 n,p 的二项分布的随机变量在 x 的概率；normcdf(x,μ,σ)表示计算服从参数为 μ,σ^2 的正态分布的随机变量在 x 的分布函数；expstas(λ)表示计算服从参数为 λ 的指数分布的随机变量的期望与方差，等等.

例 12.1.1　掷均匀硬币 100 次，其中正面出现的概率为 0.5，记正面出现的次数为 X.

(1) 试计算 $X=45$ 的概率和 $X\leqslant 45$ 的概率；

(2) 绘制分布函数图形和概率分布律图形.

分析　这是 100 重的伯努利试验，$X\sim B(100,0.5)$，计算二项分布的分布函数的命令为 binocdf(x,n,p)，计算概率分布律的命令为 binopdf(x,n,p).

解　(1) p1=binopdf(45,100,0.5)

```
    p2=binocdf(45,100,0.5)
(2) x=1:100;
    p=binocdf(x,100,0.5);
    px=binopdf(x,100,0.5);
    subplot(1,2,1)
    plot(x,p,'r*')
    subplot(1,2,2)
    plot(x,px)
```

程序运行结果:p1=0.0485,p2=0.1841.输出图形如图 12.1 和图 12.2 所示.

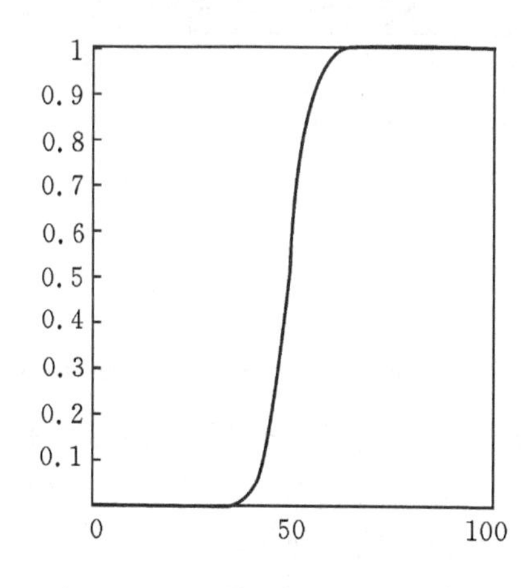

图 12.1　分布函数

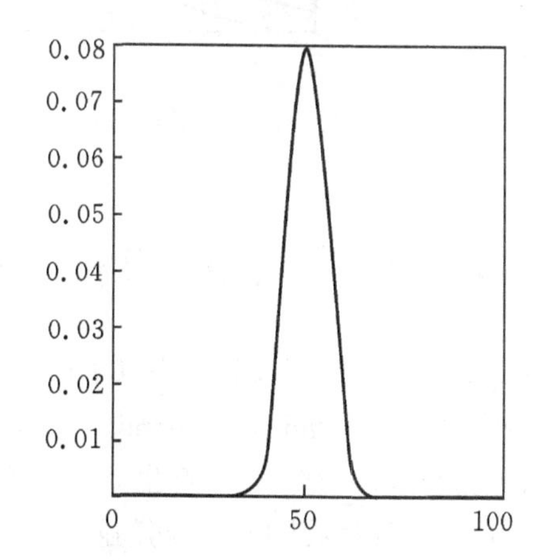

图 12.2　分布律

例 12.1.2　设 $X\sim N(2,\sigma^2)$,

(1) 当 $\sigma=0.5$ 时,求 $P\{1.8<X<2.9\}$,$P\{-3<X\}$,$P\{|X-2|>1.5\}$;

(2) 当 $\sigma=0.5$ 时,若 $P\{X<x\}=0.95$,求 x;

(3) 分别绘制 $\sigma=0.2,0.5,0.9$ 时的概率密度函数图形.

分析　本题是关于正态分布的有关概率计算问题,只要调用正态分布(norm)的有关命令就能实现其计算.这些命令分别是分布函数命令 normcdf(x,μ,σ);逆分布函数命令 norminv(x,μ,σ),这实际上就是求下侧分位数的命令;概率密度命令 normpdf(x,μ,σ).

解　用 Matlab 求解的过程为:

```
(1) p1=normcdf(2.9,2,0.5)-normcdf(1.8,2,0.5)
    p2=1-normcdf(-3,2,0.5)
    p3=1+normcdf(0.5,2,0.5)-normcdf(3.5,2,0.5)
(2) px=0.95;
    x0=norminv(px,2,0.5)
(3) x=-2:0.05:4;
    y1=normpdf(x,2,0.2);
    y2=normpdf(x,2,0.5);
    y3=normpdf(x,2,0.9);
```

```
plot(x,y1,x,y2,x,y3)
```

程序运行结果为 p1＝0.6195，p2＝1，p3＝0.0027；x0＝2.8224；输出图形如图 12.3 所示.

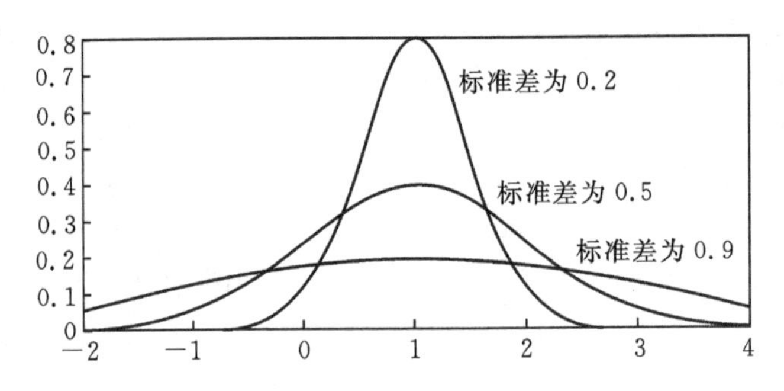

图 12.3　均值相同方差不同时正态分布的概率密度曲线

12.2　随机数的产生与计算机模拟

在 Matlab 的统计工具箱中，提供了产生满足常用分布的随机数命令，这些命令的名字构成为：分布名字符＋rnd. 如 unifrnd(a,b)，表示产生在$[a,b]$上均匀分布的随机数. [0,1]上的随机数还可以用命令 rand 产生，如 rand(m,n)，表示产生[0,1]区间上的 $m\times n$ 维的随机数，还可以通过变换将[0,1]区间的随机数转化为任意区间的随机数.

例 12.2.1　进行投掷均匀硬币的计算机模拟. 投掷硬币 1000 次，试模拟掷硬币的结果.

分析　设硬币是质地均匀的，掷硬币一次的结果为正面与反面. 用命令 unifrnd(0,1)或 rand(1,n)产生[0,1]区间上均匀分布的随机数 x. 将区间二等分，若 $0\leqslant x\leqslant 0.5$，则对应于硬币的正面，否则，对应于硬币的反面. 掷硬币的结果可以是统计正面与反面出现的频数与频率.

解　解决该问题的程序为

```
n=100;m=0;k=0;
for i=1:n
x(i)=unifrnd(0,1);
if x(i)<=0.5
  m=m+1;
else
  k=k+1;
end
end
m,p1=m/n,p2=k/n
```

例 12.2.2　n 个人中至少有两人生日相同的概率是多少？通过计算机模拟此结果.

假设每个人在一年(按 365 天计算)内每一天出生的可能性都相同,现在随机的选取 n 个人,则他们中至少有两人生日相同的概率为

$$P=1-\frac{\mathrm{P}_{365}^{n}}{365^{n}},$$

经计算,得到表 12.2.

表 12.2

n	20	25	30	35	40	45	50
P	0.41	0.57	0.71	0.81	0.89	0.94	0.97

由上表可以看出,在 40 人左右的人群里,两人或两人以上生日相同这一事件十有八九会发生.

下面通过 Matlab 软件模拟这个结果.

实验过程　先在(0,1)区间上产生 k 个随机数,用 365 乘以这 k 个随机数,这相当于是在区间(0,365)上产生 k 个随机数,再给这 k 个随机数取整,这相当于是在区间(0,365)上随机抽取的 k 个人的生日,通过对这 k 个数的比较,来决定是否有人生日相同.下面的 Matlab 程序,模拟了这个结果.

```
n=10000;                          % 实验的次数
for k=20:5:50                     % 分别抽取的人数
s=0;w=0;
for i=1:n
   x=sort(fix(365*rand(1,k))); % 产生 k 个不同人的生日
   for j=1:(k-1)
       y=x(j+1)-x(j);            % 比较两人的生日
       if y==0
         w=1;                    % 作出两人生日相同的判断
         break;
       else
         w=0;
       end
   end
   s=w+s;                        % 统计 n 次实验中生日相同的次数
end
p=s/n;                            % 计算生日相同的频率
fprintf('k= %.0f,p= %.5f\n',k,p)
end
```

运行程序的结果如表 12.3 所示.

表 12.3

k	20	25	30	35	40	45	50
p	0.4104	0.5692	0.7084	0.8160	0.8910	0.9411	0.9701

将表 12.3 与表 12.2 相比,结果吻合度相当好.我们还画出了随着人数的变化,频率的变化曲线图,如图 12.4 所示.

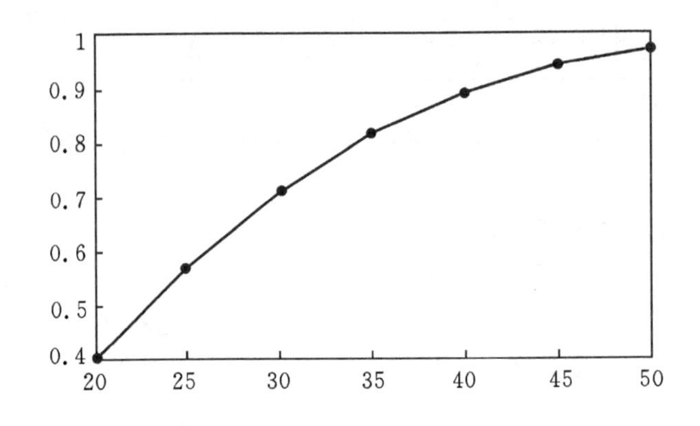

图 12.4　k 个人的生日相同的频率图

例 12.2.3　用蒙特卡洛(Monte-Carlo)模拟求圆周率 π 的近似值.

先来介绍数值模拟方法——蒙特卡洛法,它是利用随机数的统计规律来进行计算和模拟的方法,可用于数值计算也可用于数字仿真.

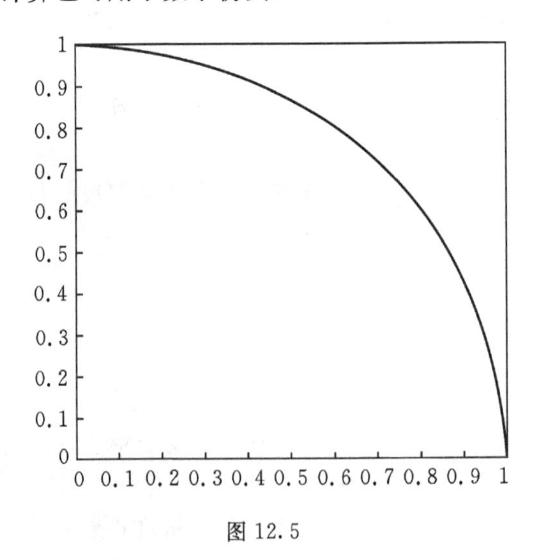

图 12.5

如图 12.5 所示,考虑边长为 1 的正方形,以坐标原点为圆心,1 为半径作圆,在正方形内画出一条 1/4 的圆弧.设二维随机变量 (X,Y) 在正方形内服从均匀分布,则 (X,Y) 落在 $\frac{1}{4}$ 圆内的概率为

$$P\{X^2+Y^2\leqslant 1\}=\frac{\pi}{4}.$$

现产生 n 对二维随机点 (x_i,y_i)，$i=1,2,\cdots,n$，x_i 和 y_i 分别是(0,1)上均匀分布的随机数，若其中有 m 对满足

$$x_i^2+y_i^2\leqslant 1$$

即相当于做了 n 次投点试验，其中有 m 个点落在 1/4 圆内，计算得落入 1/4 圆内的频率为 m/n，因此可得圆周率 π 的近似值为

$$\pi\approx 4m/n,$$

且当试验的次数足够大时，所得 π 的精度也随之提高. Matlab 程序如下：

```
for n=100000:100000:1000000
    a=rand(1,n);
    b=rand(1,n);
    m=0;
    for i=1:n
        if a(i)^2+b(i)^2<=1
            m=m+1;
        end
    end
    p=4*m/n;
    fprintf('n=%.0f,p=%.6f\n',n,p)
end
```

模拟的部分结果为

n=100000,p=3.144560

n=500000,p=3.145088

n=1000000,p=3.142060

模拟结果还是比较好的.

例 12.2.5 利用随机变量的平均值(数学期望)计算定积分 $\int_a^b f(x)\mathrm{d}x$.

设 $\xi_1,\xi_2,\cdots,\xi_n$ 是 (a,b) 上服从均匀分布的独立随机变量，则 $\{f(\xi_i)\}$，$i=1,2,\cdots,n$ 也是相互独立同分布的随机变量，有

$$E[f(\xi_i)]=\frac{1}{b-a}\int_a^b f(x)\mathrm{d}x=\frac{I}{b-a},$$

其中 $I=\int_a^b f(x)\mathrm{d}x$. 因此，当 n 足够大时，可得近似公式

$$I=\int_a^b f(x)\mathrm{d}x\approx(b-a)\frac{1}{n}\sum_{i=1}^{n}f(\xi_i)$$

由此得到计算 I 的平均值方法：

(1)产生区间(0,1)上的均匀分布随机数 $r_1,r_2,\cdots,r_n$；

(2)令 $u_i=a+(b-a)r_i$，$i=1,2,\cdots,n$；

(3)计算 $\frac{b-a}{n}\sum_{i=1}^{n}f(u_i)$ 作为 I 的近似值.

例如,计算定积分 $\int_0^1 \sqrt{1-x^2}\mathrm{d}x$ 的近似值.Matlab 程序如下:

```
for n=1000:1000:10000;
    r=rand(1,n);
    f=sqrt(1-r.^2);
    I=(1/n)*sum(f);
    fprintf('n=%.0f,I=%.6f\n',n,I)
end
```

模拟的部分结果如下:

n=1000,I=0.789205

n=5000,I=0.788085

n=10000,I=0.786930

我们知道,此积分的值是 $\pi/4=0.7854$,模拟结果还是非常理想的.

12.3 统计中 Matlab 的常见命令

Matlab 命令在统计中的对应名称如表 12.4 所示.

表 12.4 统计中 Matlab 的常见命令

Matlab 命令	名称	Matlab 命令	名称
mean(x)	样本均值	min(x)	最小值
std(x)	样本标准差	max(x)	最大值
var(x)	样本方差	median(x)	中位数
cov(x,y)	样本协方差	sort(x)	升序排列
corrcoef(x,y)	样本相关系数	sum(x)	元素求和
hist(x)	直方图	fix(x)	取整部

12.4 用 Matlab 计算置信区间

对来自正态总体 $N(\mu,\sigma^2)$的样本 $X_1,X_2,\cdots,X_n$,调用 Matlab 命令 normfit(x,1$-\alpha$)分别计算参数未知 μ,σ 的点估计值:样本均值 $\overline{X}$ 与样本标准差 S 及参数未知 μ,σ 的置信水平为 $1-\alpha$ 的置信区间.具体格式为

[muhat,sigmahat,muci,sigmaci]= normfit(X,α)

此命令在显著性水平 α 下由数据 X 估计有关参数,返回值 muhat 是 X 的均值 μ 的点估计值,sigmahat 是均方差 σ 的点估计值,muci 是均值的区间估计,sigmaci 是均方差的区间估计.

例 12.4.1　以相同的仰角发射了 8 颗同型号的炮弹,射程分别是(单位:km)

21.84, 21.46, 22.31, 21.75, 20.95, 21.51, 21.43, 21.74

假设射程服从正态分布,在置信水平 0.95 下,求这批炮弹的平均射程 μ 与射程标准差 σ 的置信区间.

解　当置信水平 0.95 时,$\alpha=0.05$. 用 Matlab 求解区间估计的过程如下:

```
x=[21.84,21.46,22.31,21.75,20.95,21.51,21.43,21.74];
[muhat,sigmahat,muci,sigmaci]= normfit(x,0.05)
```

计算结果为

```
muhat =21.6238,sigmahat =0.3925,muci = 21.2956,21.9519,
sigmaci= 0.2595,0.7988.
```

故这批炮弹的平均射程 μ 的置信度为 0.95 的置信区间为(21.2956,21.9519),射程标准差 σ 的置信度为 0.95 的置信区间为(0.2595,0.7988).

12.5　用 Matlab 进行假设检验

假设检验是数理统计中的重要内容,在实际计算与应用中经常遇到一些大数据,而借助于 Matlab 命令进行假设检验非常快捷、方便. 下面具体介绍对正态总体参数进行假设检验的有关 Matlab 命令.

1. 单个正态总体参数的假设检验

(1) 总体方差 σ^2 已知时,关于总体均值 μ 的检验的命令

[h,sig,ci]=ztest(X,μ_0,*sigma*,α,tail)

这是检验数据 X 关于均值 μ_0 的某一假设是否成立,其中 α 为显著性水平,究竟检验什么假设取决于 tail 的取值,tail=0,检验假设 $\mu=\mu_0$;tail=1,检验假设 $\mu>\mu_0$;tail=−1,检验假设 $\mu<\mu_0$. 返回值 h 取 0 或 1 两个值,当 h=1 时,表示可以拒绝假设;h=0 表示不可以拒绝假设. tail 的缺省值为 0,α 的缺省值为 0.05. sig 为假设成立的概率,ci 为均值 μ 的置信度为 $1-\alpha$ 的置信区间.

(2) 总体方差 σ^2 未知时,总体均值的检验的命令

[h,sig,ci]= ttest(X,μ_0,α,*tail*)

这是检验数据 X 关于均值 μ_0 的某一假设是否成立,其中 α 为显著性水平,究竟检验什么假设取决于 tail 的取值,tail=0,检验假设 $\mu=\mu_0$;tail=1,检验假设 $\mu>\mu_0$;tail=−1,检验假设 $\mu<\mu_0$. 返回值 h 取 0 或 1 两个值,当 h=1 时,表示可以拒绝假设;h=0 表示不可以拒绝假设. sig 为假设成立的概率,ci 为均值为 $1-\alpha$ 的置信区间.

(3) 总体均值未知时,正态总体方差检验的命令

[h,p,varci,stats]=vartest(x,σ_0,alpha,tail)

这是检验数据 X 关于方差 σ_0 的某一假设是否成立,其中 α 为显著性水平,究竟检验什么假设取决于 tail 的取值,tail=0,检验假设 $\sigma=\sigma_0$;tail=1,检验假设 $\mu>m$;tail=−1,检验假设 $\mu<m$. 返回值 h 取 0 或 1 两个值,当 h=1 时,表示可以拒绝假设;h=0 表示不可以拒绝

假设. p 为假设成立的概率；varci 为方差 σ_0 的置信度为 $1-\alpha$ 的置信区间；stats 为检验统计量的观测值.

例 12.5.1 某种橡胶的伸长率 $X\sim N(0.53,\ \sigma^2)$（σ^2 未知），现改进橡胶配方，对改进配方后的橡胶取样，测得伸长率为 0.56，0.53，0.55，0.55，0.58，0.56，0.57，0.57，0.54，问改进配方后橡胶的伸长率有无显著变化（$\alpha=0.05$）？

解 依题意，在方差未知的情况下，检验假设 H_0：$\mu=0.53$，H_1：$\mu\neq0.53$. 用 Matlab 进行假设检验的过程如下：

```
x=[0.56,0.53,0.55,0.55,0.58,0.56,0.57,0.57,0.54];
[h,sig,ci]= ttest(x,0.53,0.05)
```

计算结果为：

```
h =1,sig = 9.7748e-004,ci =0.5445,0.5688.
```

由计算结果可知，拒绝 H_0，即认为改进配方后橡胶的伸长率有显著变化.

例 12.5.2 化肥厂用自动包装机包装化肥，某日测得 9 包化肥的质量（单位：kg）如下：

49.4， 50.5， 50.7， 51.7， 49.8， 47.9， 49.2， 51.4， 48.9.

设每包化肥的质量服从正态分布，是否可以认为每包化肥的方差为 1.5（$\alpha=0.05$）？

解 依题意，在均值未知的情况下，检验假设 H_0：$\sigma^2=1.5$，H_1：$\sigma^2\neq1.5$. 用 Matlab 进行假设检验的过程如下：

```
x=[49.4,50.5,50.7,51.7,49.8,47.9,49.2,51.4,48.9];
[h,p,varci,stats]=vartest(x,1.5,0.05,0)
```

运行结果为：

```
h=0,p=0.8383,varci=0.6970,5.6072,stats=8.1481.
```

由计算结果可知，h=0 表明接受原假设 H_0，即可以认为每包化肥的方差为 1.5.

2. 两个正态总体参数的假设检验

(1) 两个正态总体方差 σ_1^2，σ_2^2 未知且相等时，两正态总体均值差的检验命令为

[h,sig,ci]= ttest2(X,Y,m,α,tail)

这是检验数据 X，Y 的关于均值差的某一假设是否成立，其中 α 为显著性水平，究竟检验什么假设取决于 tail 的取值，tail=0，检验假设 $\mu=m$；tail=1，检验假设 $\mu>m$；tail=－1，检验假设 $\mu<m$；m 的缺省值为 0. 返回值 h 取 0 或 1 两个值，当 h=1 时，表示可以拒绝假设；h=0 表示不可以拒绝假设. sig 为假设成立的概率，ci 为均值为 $1-\alpha$ 的置信区间.

(2) 总体均值未知时的两个正态总体方差比的检验的命令为

```
[h,p,varci,stats]=vartest2(X,Y,alpha,tail)
```

这是检验数据 X，Y 的关于方差比的某一假设是否成立，其中 α 为显著性水平，究竟检验什么假设取决于 tail 的取值，tail=0，检验假设 $\sigma_1^2=\sigma_2^2$；tail=1，检验假设 $\sigma_1^2>\sigma_2^2$；tail=－1，检验假设 $\sigma_1^2<\sigma_2^2$. 返回值 h 取 0 或 1 两个值，当 h=1 时，表示可以拒绝假设；h=0 表示不可以拒绝假设. p 为假设成立的概率；varci 为方差比的置信度为 $1-\alpha$ 的置信区间；stats 为检验统计量的观测值.

例 12.5.3 在平炉上进行一项试验以确定改变操作方法的建议是否会增加钢的得率，

试验是在同一平炉上进行的.每炼一炉钢时除操作方法外,其它条件都尽可能相同.先用标准方法炼一炉,然后用新方法炼一炉,以后交替进行,各炼了 10 炉,其得率分别为:

标准方法	78.1	72.4	76.2	74.3	77.4	78.4	76.0	75.5	76.7	77.3
新方法	79.1	81.1	77.3	79.1	80.0	79.1	79.1	77.3	80.2	80.1

设两样本独立,问新方法是否提高钢的得率($\alpha=0.05$)?

解 先检验两总体的方差是否相等.检验假设 $H_0:\sigma_1^2=\sigma_2^2$,$H_1:\sigma_1^2\neq\sigma_2^2$.用 Matlab 进行假设检验的过程如下:

```
X=[78.1,72.4,76.2,74.3,77.4,78.4,76.0,75.5,76.7,77.3];
Y=[79.1,81.0,77.3,79.1,80.0,79.1,79.1,77.3,80.2,82.1];
[h,p,varci,stats]=vartest2(X,Y,0.05,0)
```

运行结果为:

```
h=0,p=0.5590,varci=0.3712,6.0168,stats=1.4945.
```

由此可知,在该检验水平下应该接受原假设,即可以认为两个总体的方差相等.

再检验两总体均值是否相等.检验假设 $H_0:\mu_1\geqslant\mu_2$,$H_1:\mu_1<\mu_2$.用 Matlab 进行假设检验的过程如下:

```
X=[78.1,72.4,76.2,74.3,77.4,78.4,76.0,75.5,76.7,77.3];
Y=[79.1,81.0,77.3,79.1,80.0,79.1,79.1,77.3,80.2,82.1];
[h,p,sig,ci]=ttest2(X,Y,0.05,-1)
```

运行结果为:

```
h=1,sig=2.1759e-004,ci=-inf,-1.9083.
```

由此可知,在该检验水平下应该拒绝原假设,即认为新方法可以提高钢的得率.

习题 12

1.考察通过某交叉路口的汽车流,假设在 1 min 之内通过路口的汽车数服从泊松分布,且在 1 min 之内没有汽车通过的概率为 0.2,求在 1 min 至少有 3 辆汽车通过的概率.

2.设 $X\sim N(\mu,\sigma^2)$;

(1) 当 $\mu=1.5$,$\sigma=0.5$ 时,求 $P\{1.8<X<2.9\}$,$P\{-2.5<X\}$,$P\{|X-1.7|>1.6\}$;

(2) 当 $\mu=1.5$,$\sigma=0.5$ 时,若 $P\{X<x\}=0.95$,求 x;

(3) 分别绘制 $\mu=1,2,3$,$\sigma=0.5$ 时的概率密度函数图形.

3.已知每百份报纸全部卖出可获利 14 元,卖不出去将赔 8 元,设报纸的需求量 X 的分布律为

X	0	1	2	3	4	5
P	0.05	0.10	0.25	0.35	0.15	0.10

试确定报纸的最佳购进量 n.(要求使用计算机模拟)

4. 请编程产生区间[−10,30]上的 2000 个随机数,赋给行向量 $\boldsymbol{x}$.

5. 编写程序在区域 $D=\{(x,y)\mid 0<x<3,-2<y<5\}$ 内随机投点,并绘出投点效果图.要求投点个数不低于 10000 个.

6. 请用蒙特卡洛法估算定积分 $\int_0^1 \sqrt{x}e^{x^2}dx$.

7. 请用蒙特卡洛法计算曲线 $y=x^2$ 与曲线 $y=x+6$ 所围区域面积.

8. 向直线 $x=0,x=5,y=0,y=3$ 所围平面区域内随机投 10000 个点,绘出投点位置,并统计在直线 $xy=1$ 上方的点有多少.

9. 已知某物体由圆锥面 $z=\sqrt{x^2+y^2}$ 和半球面 $z=1+\sqrt{1-x^2-y^2}$ 所围.该三维立体含于区域 $\Omega=\{(x,y,z)\mid -1\leqslant x\leqslant 1,-1\leqslant y\leqslant 1,0\leqslant z\leqslant 2\}$ 内,请用蒙特卡洛方法计算其体积.

10. 就不同的自由度画出 χ^2 分布或 t 分布的概率密度曲线.

11. 就某一个参数,构造置信区间,以检验置信度.

12. 对于正态总体,当均值已知时,用两种方法构造方差的置信度为 95%的置信区间,比较两种方法的优劣.

13. 假定新生男婴的体重服从正态分布,随机抽取 12 名男婴,测得体重(单位:g)分别是:

3100,2520,3000,3600,3160,3320,2880,2660,3400,2540,

试求新生男婴平均体重与体重方差的置信度为 0.95 的置信区间.

14. 甲、乙两个工厂均生产蓄电池,现在分别独立地从它们生产的产品中抽取一些样品,测得蓄电池的电容量如下:

甲厂:144,141,138,142,141,143,138,137;

乙厂:142,143,139,140,138,141,140,138,142,136.

设两个工厂生产的蓄电池电容量分别服从正态分布.

(1) 如果假定两个正态总体的方差相同,求两个工厂生产的蓄电池的平均电容量之差的置信度为 95%的置信区间.

(2) 如果两个正态总体的方差不相同,求两总体方差之比的置信度为 95%的置信区间.

15. 设某产品的装配时间服从正态分布 $N(\mu,\sigma^2)$,现随机抽查 20 件该产品,测得它们的装配时间(单位:min)为:

9.8, 10.4, 10.6, 9.6, 9.7, 9.9, 10.9, 11.1, 9.6, 10.2,

10.3, 9.6, 9.9, 11.2, 10.6, 9.8, 10.5, 10.1, 10.5, 9.7.

(1) 是否可以认为该产品的装配时间的平均值为 10($\alpha=0.05$)?

(2) 是否可以认为该产品的装配时间的平均值小于 10($\alpha=0.05$)?

16. 现测得某高校 100 名男生的身高(单位:cm)为:

182,183,168,176,166,174,172,174,167,169,168,171,171,181,175 170,172,178,181,164,173,184,171,180,170,183,168,181,178,171,176,178,178,175,171,184,169,171,174,178,173,175,182,168,169,172,179,172,171,187,173,177,168,176,185,172,182,175,185,191,169,175,174,175,182,183,169,182,170,180,178,172,169,185,171,176,169,172,184,183,174,178,179,172,172,172,166,175,165,182,173,174,159,176,

182,179,183,167,180,166.

假设成年男子的身高服从正态分布 $N(\mu,\sigma^2)$,在 $\alpha=0.05$ 时,检验如下假设:

(1) 是否可以认为该校男生的身高为 175 cm?

(2) 是否可以认为该校男生的身高大于 175 cm?

(3) 是否可以认为该校男生的身高小于 175 cm?

就上述检验结果进行讨论.进一步,如果检验的假设改为

(1) 是否可以认为该校男生的身高为 173 cm?

(2) 是否可以认为该校男生的身高大于 173 cm?

(3) 是否可以认为该校男生的身高小于 173 cm?

检验的结果又如何呢?

附　录

附表 1　标准正态分布表

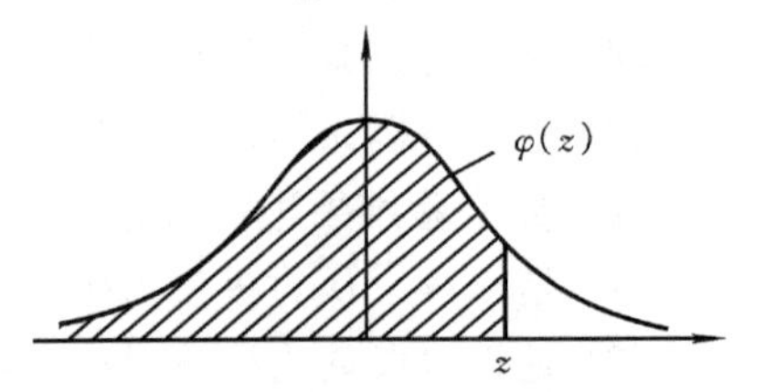

$$\Phi(z)=\int_{-\infty}^{z}\frac{1}{\sqrt{2\pi}}e^{-u^2/2}\mathrm{d}u=P(Z\leqslant z)$$

z	0	1	2	3	4	5	6	7	8	9
0.0	0.500 0	0.504 0	0.508 0	0.512 0	0.516 0	0.519 9	0.523 9	0.527 9	0.531 9	0.535 9
0.1	0.539 8	0.543 8	0.547 8	0.551 7	0.555 7	0.559 6	0.563 6	0.567 5	0.571 4	0.575 3
0.2	0.579 3	0.583 2	0.587 1	0.591 0	0.594 8	0.598 7	0.602 6	0.606 4	0.610 3	0.614 1
0.3	0.617 9	0.621 7	0.625 5	0.629 3	0.633 1	0.636 8	0.640 6	0.644 3	0.648 0	0.651 7
0.4	0.655 4	0.659 1	0.662 8	0.666 4	0.670 0	0.673 6	0.677 2	0.680 8	0.684 4	0.687 9
0.5	0.691 5	0.695 0	0.698 5	0.701 9	0.705 4	0.708 8	0.712 3	0.715 7	0.719 0	0.722 4
0.6	0.725 7	0.729 1	0.732 4	0.735 7	0.738 9	0.742 2	0.745 4	0.748 6	0.751 7	0.754 9
0.7	0.758 0	0.761 1	0.764 2	0.767 3	0.770 3	0.773 4	0.776 4	0.779 4	0.782 3	0.785 2
0.8	0.788 1	0.791 0	0.793 9	0.796 7	0.799 5	0.802 3	0.805 1	0.807 8	0.810 6	0.813 3
0.9	0.815 9	0.818 6	0.821 2	0.823 8	0.826 4	0.828 9	0.831 5	0.834 0	0.836 5	0.838 9
1.0	0.841 3	0.843 8	0.846 1	0.848 5	0.850 8	0.853 1	0.855 4	0.857 7	0.859 9	0.862 1
1.1	0.864 3	0.866 5	0.868 6	0.870 8	0.872 9	0.874 9	0.877 0	0.879 0	0.881 0	0.883 0
1.2	0.884 9	0.886 9	0.888 8	0.890 7	0.892 5	0.894 4	0.896 2	0.898 0	0.899 7	0.901 5
1.3	0.903 2	0.904 9	0.906 6	0.908 2	0.909 9	0.911 5	0.913 1	0.914 7	0.916 2	0.917 7
1.4	0.919 2	0.920 7	0.922 2	0.923 6	0.925 1	0.926 5	0.927 8	0.929 2	0.930 6	0.931 9
1.5	0.933 2	0.934 5	0.935 7	0.937 0	0.938 2	0.939 4	0.940 6	0.941 8	0.943 0	0.944 1
1.6	0.945 2	0.946 3	0.947 4	0.948 4	0.949 5	0.950 5	0.951 5	0.952 5	0.953 5	0.954 5
1.7	0.955 4	0.956 4	0.957 3	0.958 2	0.959 1	0.959 9	0.960 8	0.961 6	0.962 5	0.963 3
1.8	0.964 1	0.964 8	0.965 6	0.966 4	0.967 1	0.967 8	0.968 6	0.969 3	0.970 0	0.970 6
1.9	0.971 3	0.971 9	0.972 6	0.973 2	0.973 8	0.974 4	0.975 0	0.975 6	0.976 2	0.976 7
2.0	0.977 2	0.977 8	0.978 3	0.978 8	0.979 3	0.979 8	0.980 3	0.980 8	0.981 2	0.981 7
2.1	0.982 1	0.982 6	0.983 0	0.983 4	0.983 8	0.984 2	0.984 6	0.985 0	0.985 4	0.985 7
2.2	0.986 1	0.986 4	0.986 8	0.987 1	0.987 4	0.987 8	0.988 1	0.988 4	0.988 7	0.989 0
2.3	0.989 3	0.989 6	0.989 8	0.990 1	0.990 4	0.990 6	0.990 9	0.991 1	0.991 3	0.991 6
2.4	0.991 8	0.992 0	0.992 2	0.992 5	0.992 7	0.992 9	0.993 1	0.993 2	0.993 4	0.993 6
2.5	0.993 8	0.994 0	0.994 1	0.994 3	0.994 5	0.994 6	0.994 8	0.994 9	0.995 1	0.995 2
2.6	0.995 3	0.995 5	0.995 6	0.995 7	0.995 9	0.996 0	0.996 1	0.996 2	0.996 3	0.996 4
2.7	0.996 5	0.996 6	0.996 7	0.996 8	0.996 9	0.997 0	0.997 1	0.997 2	0.997 3	0.997 4
2.8	0.997 4	0.997 5	0.997 6	0.997 7	0.997 7	0.997 8	0.997 9	0.997 9	0.998 0	0.998 1
2.9	0.998 1	0.998 2	0.998 2	0.998 3	0.998 4	0.998 4	0.998 5	0.998 5	0.998 6	0.998 6
3.0	0.998 7	0.999 0	0.999 3	0.999 5	0.999 7	0.999 8	0.999 8	0.999 9	0.999 9	1.000 0

注：表中末行系函数值 $\Phi(3.0),\Phi(3.1),\cdots,\Phi(3.9)$

附表 2　泊松分布表

$$P\{X \geqslant x\} = 1 - F(x-1) = \sum_{r=x}^{+\infty} \frac{e^{-\lambda}\lambda^r}{r!}$$

x	$\lambda=0.2$	$\lambda=0.3$	$\lambda=0.4$	$\lambda=0.5$	$\lambda=0.6$
0	1.000 000 0	1.000 000 0	1.000 000 0	1.000 000 0	1.000 000 0
1	0.181 269 2	0.259 181 8	0.329 680 0	0.323 469	0.451 188
2	0.017 523 1	0.036 936 3	0.061 551 9	0.090 204	0.121 901
3	0.001 148 5	0.003 599 5	0.007 926 3	0.014 388	0.023 115
4	0.000 056 8	0.000 265 8	0.000 776 3	0.001 752	0.003 358
5	0.000 002 3	0.000 015 8	0.000 061 2	0.000 172	0.000 394
6	0.000 000 1	0.000 000 8	0.000 004 0	0.000 014	0.000 039
7			0.000 000 2	0.000 000 1	0.000 003

x	$\lambda=0.7$	$\lambda=0.8$	$\lambda=0.9$	$\lambda=1.0$	$\lambda=1.2$
0	1.000 000	1.000 000	1.000 000	1.000 000	1.000 000
1	0.503 415	0.550 671	0.593 430	0.632 121	0.698 806
2	0.155 805	0.191 208	0.227 518	0.264 241	0.337 373
3	0.034 142	0.047 423	0.062 857	0.080 301	0.120 513
4	0.005 753	0.009 080	0.013 459	0.018 988	0.033 769
5	0.000 786	0.001 411	0.002 344	0.003 660	0.007 746
6	0.000 090	0.000 184	0.000 343	0.000 594	0.001 500
7	0.000 009	0.000 021	0.000 043	0.000 083	0.000 251
8	0.000 001	0.000 002	0.000 005	0.000 010	0.000 037
9				0.000 001	0.000 005
10					0.000 001

x	$\lambda=1.4$	$\lambda=1.6$	$\lambda=1.8$	$\lambda=2.0$	$\lambda=2.2$
0	1.000 000	1.000 000	1.000 000	1.000 000	1.000 000
1	0.753 403	0.798 103	0.834 701	0.864 665	0.889 197
2	0.408 167	0.475 069	0.537 163	0.593 994	0.645 430
3	0.166 502	0.216 642	0.269 379	0.323 324	0.377 286
4	0.053 725	0.078 813	0.108 708	0.142 877	0.180 648
5	0.014 253	0.023 682	0.036 407	0.052 653	0.072 496
6	0.003 201	0.006 040	0.010 378	0.016 564	0.024 910
7	0.000 622	0.001 336	0.002 569	0.004 534	0.007 461
8	0.000 107	0.000 260	0.000 562	0.001 097	0.001 978
9	0.000 016	0.000 045	0.000 110	0.000 237	0.000 470
10	0.000 002	0.000 007	0.000 019	0.000 046	0.000 101
11		0.000 001	0.000 003	0.000 008	0.000 020

$$P\{X \geqslant x\} = 1 - F(x-1) = \sum_{r=x}^{+\infty} \frac{e^{-\lambda}\lambda^r}{r!}$$

附表 2 (续)

x	$\lambda=2.5$	$\lambda=3.0$	$\lambda=3.5$	$\lambda=4.0$	$\lambda=4.5$	$\lambda=5.0$
0	1.000 000	1.000 000	1.000 000	1.000 000	1.000 000	1.000 000
1	0.917 915	0.950 213	0.969 803	0.981 684	0.988 891	0.993 262
2	0.712 703	0.800 852	0.864 112	0.908 422	0.938 901	0.959 572
3	0.456 187	0.576 810	0.679 153	0.761 897	0.826 422	0.875 348
4	0.242 424	0.352 768	0.463 367	0.566 530	0.657 704	0.734 974
5	0.108 822	0.184 737	0.274 555	0.371 163	0.467 896	0.559 507
6	0.042 021	0.083 918	0.142 386	0.214 870	0.297 070	0.384 039
7	0.014 187	0.033 509	0.065 288	0.110 674	0.168 949	0.237 817
8	0.004 247	0.011 905	0.026 739	0.051 134	0.086 586	0.133 372
9	0.001 140	0.003 803	0.009 874	0.021 363	0.040 257	0.068 094
10	0.000 277	0.001 102	0.003 315	0.008 132	0.017 093	0.031 828
11	0.000 062	0.000 292	0.001 019	0.002 840	0.006 669	0.013 695
12	0.000 013	0.000 071	0.000 289	0.000 915	0.002 404	0.005 453
13	0.000 002	0.000 016	0.000 076	0.000 274	0.000 805	0.002 019
14		0.000 003	0.000 019	0.000 076	0.000 252	0.000 698
15		0.000 001	0.000 004	0.000 020	0.000 074	0.000 226
16			0.000 001	0.000 005	0.000 020	0.000 069
17				0.000 001	0.000 005	0.000 020
18					0.000 001	0.000 005
19						0.000 001

附表 3　t 分布表

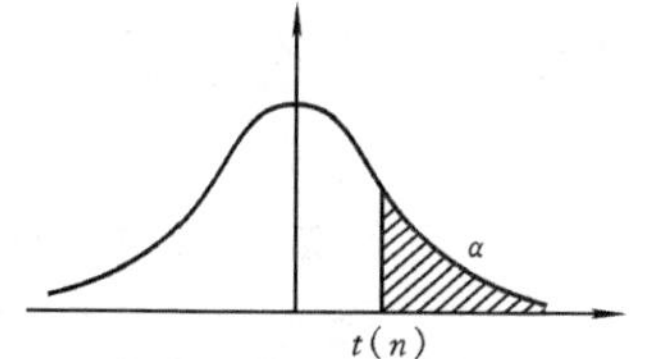

$$P\{t(n)>t_\alpha(n)\}=\alpha$$

n	α=0.25	0.10	0.05	0.025	0.01	0.005
1	1.000 0	3.077 7	6.313 8	12.706 2	31.820 7	63.657 4
2	0.816 5	1.885 6	2.920 0	4.302 7	6.964 6	9.924 8
3	0.764 9	1.637 7	2.353 4	3.182 4	4.540 7	5.840 9
4	0.740 7	1.533 2	2.131 8	2.776 4	3.746 9	4.604 1
5	0.726 7	1.475 9	2.015 0	2.570 6	3.364 9	4.032 2
6	0.717 6	1.439 8	1.943 2	2.446 9	3.142 7	3.707 4
7	0.711 1	1.414 9	1.894 6	2.364 6	2.998 0	3.499 5
8	0.706 4	1.396 8	1.859 5	2.306 0	2.896 5	3.355 4
9	0.702 7	1.383 0	1.833 1	2.262 2	2.821 4	3.249 8
10	0.699 8	1.372 2	1.812 5	2.228 1	2.763 8	3.169 3
11	0.697 4	1.363 4	1.795 9	2.201 0	2.718 1	3.105 8
12	0.695 5	1.356 2	1.782 3	2.178 8	2.681 0	3.054 5
13	0.693 8	1.350 2	1.770 9	2.160 4	2.650 3	3.012 3
14	0.692 4	1.345 0	1.761 3	2.144 8	2.624 5	2.976 8
15	0.691 2	1.340 6	1.753 1	2.131 5	2.602 5	2.946 7
16	0.690 1	1.336 8	1.745 9	2.119 9	2.583 5	2.920 8
17	0.689 2	1.333 4	1.739 6	2.109 8	2.566 9	2.898 2
18	0.688 4	1.330 4	1.734 1	2.100 9	2.552 4	2.878 4
19	0.687 6	1.327 7	1.729 1	2.093 0	2.539 5	2.860 9
20	0.687 0	1.325 3	1.724 7	2.086 0	2.528 0	2.845 3
21	0.686 4	1.323 2	1.720 7	2.079 6	2.517 7	2.831 4
22	0.685 8	1.321 2	1.717 1	2.073 9	2.508 3	2.818 8
23	0.685 3	1.319 5	1.713 9	2.068 7	2.499 9	2.807 3
24	0.684 8	1.317 8	1.710 9	2.063 9	2.492 2	2.796 9
25	0.684 4	1.316 3	1.708 1	2.059 5	2.485 1	2.787 4
26	0.684 0	1.315 0	1.705 6	2.055 5	2.478 6	2.778 7
27	0.683 7	1.313 7	1.703 3	2.051 8	2.472 7	2.770 7
28	0.683 4	1.312 5	1.701 1	2.048 4	2.467 1	2.763 3
29	0.683 0	1.311 4	1.699 1	2.045 2	2.462 0	2.756 4
30	0.682 8	1.310 4	1.697 3	2.042 3	2.457 3	2.750 0
31	0.682 5	1.309 5	1.695 5	2.039 5	2.452 8	2.744 0
32	0.682 2	1.308 6	1.693 9	2.036 9	2.448 7	2.738 5
33	0.682 0	1.307 7	1.692 4	2.034 5	2.444 8	2.733 3
34	0.681 8	1.307 0	1.690 9	2.032 2	2.441 1	2.728 4
35	0.681 6	1.306 2	1.689 6	2.030 1	2.437 7	2.723 8
36	0.681 4	1.305 5	1.688 3	2.028 1	2.434 5	2.719 5
37	0.681 2	1.304 9	1.687 1	2.026 2	2.431 4	2.715 4
38	0.681 0	1.304 2	1.686 0	2.024 4	2.428 6	2.711 6
39	0.680 8	1.303 6	1.684 9	2.022 7	2.425 8	2.707 9
40	0.680 7	1.303 1	1.683 9	2.021 1	2.423 3	2.704 5
41	0.680 5	1.302 5	1.682 9	2.019 5	2.420 8	2.701 2
42	0.680 4	1.302 0	1.682 0	2.018 1	2.418 5	2.698 1
43	0.680 2	1.301 6	1.681 1	2.016 7	2.416 3	2.695 1
44	0.680 1	1.301 1	1.680 2	2.015 4	2.414 1	2.692 3
45	0.680 0	1.300 6	1.679 4	2.014 1	2.412 1	3.689 6

附表 4　χ^2 分布表

$P\{\chi^2(n)>\chi_\alpha^2(n)\}=\alpha$

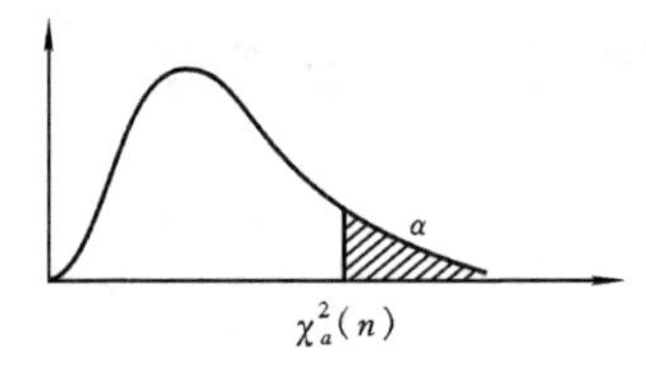

n	α=0.995	0.99	0.975	0.95	0.90	0.75
1	—	—	0.001	0.004	0.016	0.102
2	0.010	0.020	0.051	0.103	0.211	0.575
3	0.072	0.115	0.216	0.352	0.584	1.213
4	0.207	0.297	0.484	0.711	1.064	1.923
5	0.412	0.554	0.831	1.145	1.610	2.675
6	0.676	0.872	1.237	1.635	2.204	3.455
7	0.989	1.239	1.690	2.167	2.833	4.255
8	1.344	1.646	2.180	2.733	3.490	5.071
9	1.735	2.088	2.700	3.325	4.168	5.899
10	2.156	2.558	3.247	3.940	4.865	6.737
11	2.603	3.053	3.816	4.575	5.578	7.584
12	3.074	3.571	4.404	5.226	6.304	8.438
13	3.565	4.107	5.009	5.892	7.042	9.299
14	4.075	4.660	5.629	6.571	7.790	10.165
15	4.601	5.229	6.262	7.261	8.547	11.037
16	5.142	5.812	6.908	7.962	9.312	11.912
17	5.697	6.408	7.564	8.672	10.085	12.792
18	6.265	7.015	8.231	9.390	10.865	13.675
19	6.844	7.633	8.907	10.117	11.651	14.562
20	7.434	8.260	9.591	10.851	12.443	15.452
21	8.034	8.897	10.283	11.591	13.240	16.344
22	8.643	9.542	10.982	12.338	14.042	17.240
23	9.260	10.196	11.689	13.091	14.848	18.137
24	9.886	10.856	12.401	13.848	15.659	19.037
25	10.520	11.524	13.120	14.611	16.473	19.939
26	11.160	12.198	13.844	15.379	17.292	20.843
27	11.808	12.879	14.573	16.151	18.114	21.749
28	12.461	13.565	15.308	16.928	18.939	22.657
29	13.121	14.257	16.047	17.708	19.768	23.567
30	13.787	14.954	16.791	18.493	20.599	24.478
31	14.458	15.655	17.539	19.281	21.434	25.390
32	15.134	16.362	18.291	20.072	22.271	26.304
33	15.815	17.074	19.047	20.867	23.110	27.219
34	16.501	17.789	19.806	21.664	23.952	28.136
35	17.192	18.509	20.569	22.465	24.797	29.054
36	17.887	19.233	21.336	23.269	25.643	29.973
37	18.586	19.960	22.106	24.075	26.492	30.893
38	19.289	20.691	22.878	24.884	27.343	31.815
39	19.996	21.426	23.654	25.695	28.196	32.737
40	20.707	22.164	24.433	26.509	29.051	33.660
41	21.421	22.906	25.215	27.326	29.907	34.585
42	22.138	23.650	25.999	28.144	30.765	35.510
43	22.859	24.398	26.785	28.965	31.625	36.436
44	23.584	25.148	27.575	29.787	32.487	37.363
45	24.311	25.901	28.366	30.612	33.350	38.291

$$P\{\chi^2(n)>\chi_\alpha^2(n)\}=\alpha$$

附表 4　(续)

n	$\alpha=0.25$	0.10	0.05	0.025	0.01	0.005
1	1.323	2.706	3.841	5.024	6.635	7.879
2	2.773	4.605	5.991	7.378	9.210	10.597
3	4.108	6.251	7.815	9.348	11.345	12.838
4	5.385	7.779	9.488	11.143	13.277	14.860
5	6.626	9.236	11.071	12.833	15.086	16.750
6	7.841	10.645	12.592	14.449	16.812	18.548
7	9.037	12.017	14.067	16.013	18.475	20.278
8	10.219	13.362	15.507	17.535	20.090	21.955
9	11.389	14.684	16.919	19.023	21.666	23.589
10	12.549	15.987	18.307	20.483	23.209	25.188
11	13.701	17.275	19.675	21.920	24.725	26.757
12	14.845	18.549	21.026	23.337	26.217	28.299
13	15.984	19.812	22.362	24.736	27.688	29.819
14	17.117	21.064	23.685	26.119	29.141	31.319
15	18.245	22.307	24.996	27.488	30.578	32.801
16	19.369	23.542	26.296	28.845	32.000	34.267
17	20.489	24.769	27.587	30.191	33.409	35.718
18	21.605	25.989	28.869	31.526	34.805	37.156
19	22.718	27.204	30.144	32.852	36.191	38.582
20	23.828	28.412	31.410	34.170	37.566	39.997
21	24.935	29.615	32.671	35.479	38.932	41.401
22	26.039	30.813	33.924	36.781	40.289	42.796
23	27.141	32.007	35.172	38.076	41.638	44.181
24	28.241	33.196	36.415	39.364	42.980	45.559
25	29.339	34.382	37.652	40.646	44.314	46.928
26	30.435	35.563	38.885	41.923	45.642	48.290
27	31.528	36.741	40.113	43.194	46.963	49.645
28	32.620	37.916	41.337	44.461	48.278	50.993
29	33.711	39.987	42.557	45.722	49.588	52.336
30	34.800	40.256	43.773	46.979	50.892	53.672
31	35.887	41.422	44.985	48.232	52.191	55.003
32	36.973	42.585	46.194	49.480	53.486	56.328
33	38.058	43.745	47.400	50.725	54.776	57.648
34	39.141	44.903	48.602	51.966	56.061	58.964
35	40.223	46.059	49.802	53.203	57.342	60.275
36	41.304	47.212	50.998	54.437	58.619	61.581
37	42.383	48.363	52.192	55.668	59.892	62.883
38	43.462	49.513	53.384	56.896	61.162	64.181
39	44.539	50.660	54.572	58.120	62.428	65.476
40	45.616	51.805	55.758	59.342	63.691	66.766
41	46.692	52.949	56.942	60.561	64.950	68.053
42	47.766	54.090	58.124	61.777	66.206	69.336
43	48.840	55.230	59.304	62.990	67.459	70.616
44	49.913	56.369	60.481	64.201	68.710	71.893
45	50.985	57.505	61.656	65.410	69.957	73.166

附表 5　F 分布表

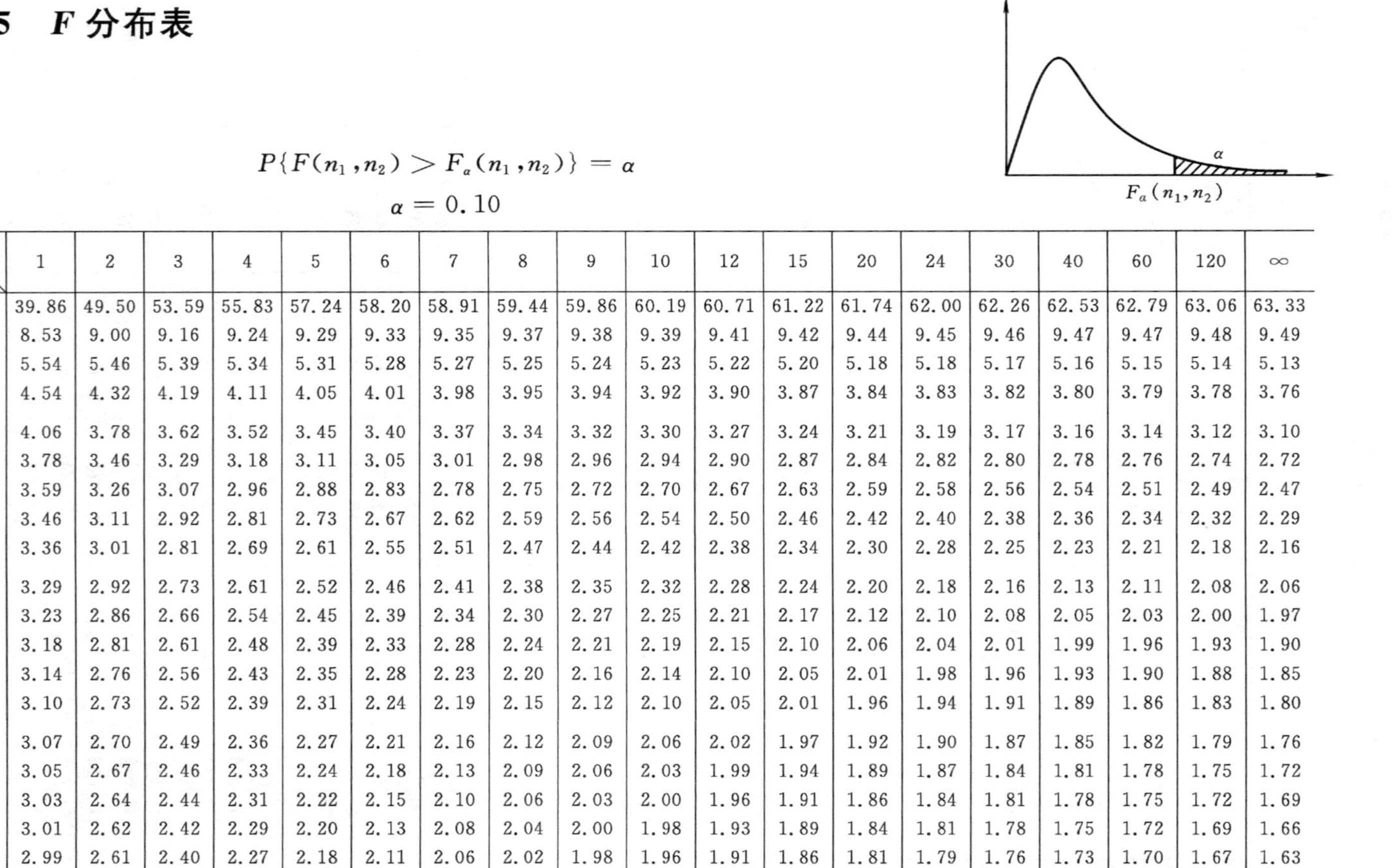

$$P\{F(n_1,n_2)>F_\alpha(n_1,n_2)\}=\alpha$$

$$\alpha=0.10$$

n_2 \ n_1	1	2	3	4	5	6	7	8	9	10	12	15	20	24	30	40	60	120	∞
1	39.86	49.50	53.59	55.83	57.24	58.20	58.91	59.44	59.86	60.19	60.71	61.22	61.74	62.00	62.26	62.53	62.79	63.06	63.33
2	8.53	9.00	9.16	9.24	9.29	9.33	9.35	9.37	9.38	9.39	9.41	9.42	9.44	9.45	9.46	9.47	9.47	9.48	9.49
3	5.54	5.46	5.39	5.34	5.31	5.28	5.27	5.25	5.24	5.23	5.22	5.20	5.18	5.18	5.17	5.16	5.15	5.14	5.13
4	4.54	4.32	4.19	4.11	4.05	4.01	3.98	3.95	3.94	3.92	3.90	3.87	3.84	3.83	3.82	3.80	3.79	3.78	3.76
5	4.06	3.78	3.62	3.52	3.45	3.40	3.37	3.34	3.32	3.30	3.27	3.24	3.21	3.19	3.17	3.16	3.14	3.12	3.10
6	3.78	3.46	3.29	3.18	3.11	3.05	3.01	2.98	2.96	2.94	2.90	2.87	2.84	2.82	2.80	2.78	2.76	2.74	2.72
7	3.59	3.26	3.07	2.96	2.88	2.83	2.78	2.75	2.72	2.70	2.67	2.63	2.59	2.58	2.56	2.54	2.51	2.49	2.47
8	3.46	3.11	2.92	2.81	2.73	2.67	2.62	2.59	2.56	2.54	2.50	2.46	2.42	2.40	2.38	2.36	2.34	2.32	2.29
9	3.36	3.01	2.81	2.69	2.61	2.55	2.51	2.47	2.44	2.42	2.38	2.34	2.30	2.28	2.25	2.23	2.21	2.18	2.16
10	3.29	2.92	2.73	2.61	2.52	2.46	2.41	2.38	2.35	2.32	2.28	2.24	2.20	2.18	2.16	2.13	2.11	2.08	2.06
11	3.23	2.86	2.66	2.54	2.45	2.39	2.34	2.30	2.27	2.25	2.21	2.17	2.12	2.10	2.08	2.05	2.03	2.00	1.97
12	3.18	2.81	2.61	2.48	2.39	2.33	2.28	2.24	2.21	2.19	2.15	2.10	2.06	2.04	2.01	1.99	1.96	1.93	1.90
13	3.14	2.76	2.56	2.43	2.35	2.28	2.23	2.20	2.16	2.14	2.10	2.05	2.01	1.98	1.96	1.93	1.90	1.88	1.85
14	3.10	2.73	2.52	2.39	2.31	2.24	2.19	2.15	2.12	2.10	2.05	2.01	1.96	1.94	1.91	1.89	1.86	1.83	1.80
15	3.07	2.70	2.49	2.36	2.27	2.21	2.16	2.12	2.09	2.06	2.02	1.97	1.92	1.90	1.87	1.85	1.82	1.79	1.76
16	3.05	2.67	2.46	2.33	2.24	2.18	2.13	2.09	2.06	2.03	1.99	1.94	1.89	1.87	1.84	1.81	1.78	1.75	1.72
17	3.03	2.64	2.44	2.31	2.22	2.15	2.10	2.06	2.03	2.00	1.96	1.91	1.86	1.84	1.81	1.78	1.75	1.72	1.69
18	3.01	2.62	2.42	2.29	2.20	2.13	2.08	2.04	2.00	1.98	1.93	1.89	1.84	1.81	1.78	1.75	1.72	1.69	1.66
19	2.99	2.61	2.40	2.27	2.18	2.11	2.06	2.02	1.98	1.96	1.91	1.86	1.81	1.79	1.76	1.73	1.70	1.67	1.63

附表 5 （续）

$\alpha = 0.10$

n_2 \ n_1	1	2	3	4	5	6	7	8	9	10	12	15	20	24	30	40	60	120	∞
20	2.97	2.59	2.38	2.25	2.16	2.09	2.04	2.00	1.96	1.94	1.89	1.84	1.79	1.77	1.74	1.71	1.68	1.64	1.61
21	2.96	2.57	2.36	2.23	2.14	2.08	2.02	1.98	1.95	1.92	1.87	1.83	1.78	1.75	1.72	1.69	1.66	1.62	1.59
22	2.95	2.56	2.35	2.22	2.13	2.06	2.01	1.97	1.93	1.90	1.86	1.81	1.76	1.73	1.70	1.67	1.64	1.60	1.57
23	2.94	2.55	2.34	2.21	2.11	2.05	1.99	1.95	1.92	1.89	1.84	1.80	1.74	1.72	1.69	1.66	1.62	1.59	1.55
24	2.93	2.54	2.33	2.19	2.10	2.04	1.98	1.94	1.91	1.88	1.83	1.78	1.73	1.70	1.67	1.64	1.61	1.57	1.53
25	2.92	2.53	2.32	2.18	2.09	2.02	1.97	1.93	1.89	1.87	1.82	1.77	1.72	1.69	1.66	1.63	1.59	1.56	1.52
26	2.91	2.52	2.31	2.17	2.08	2.01	1.96	1.92	1.88	1.86	1.81	1.76	1.71	1.68	1.65	1.61	1.58	1.54	1.50
27	2.90	2.51	2.30	2.17	2.07	2.00	1.95	1.91	1.87	1.85	1.80	1.75	1.70	1.67	1.64	1.60	1.57	1.53	1.49
28	2.89	2.50	2.29	2.16	2.06	2.00	1.94	1.90	1.87	1.84	1.79	1.74	1.69	1.66	1.63	1.59	1.56	1.52	1.48
29	2.89	2.50	2.28	2.15	2.06	1.99	1.93	1.89	1.86	1.83	1.78	1.73	1.68	1.65	1.62	1.58	1.55	1.51	1.47
30	2.88	2.49	2.28	2.14	2.05	1.98	1.93	1.88	1.85	1.82	1.77	1.72	1.67	1.64	1.61	1.57	1.54	1.50	1.46
40	2.84	2.44	2.23	2.09	2.00	1.93	1.87	1.83	1.79	1.76	1.71	1.66	1.61	1.57	1.54	1.51	1.47	1.42	1.38
60	2.79	2.39	2.18	2.04	1.95	1.87	1.82	1.77	1.74	1.71	1.66	1.60	1.54	1.51	1.48	1.44	1.40	1.35	1.29
120	2.75	2.35	2.13	1.99	1.90	1.82	1.77	1.72	1.68	1.65	1.60	1.55	1.48	1.45	1.41	1.37	1.32	1.26	1.19
∞	2.71	2.30	2.08	1.94	1.85	1.77	1.72	1.67	1.63	1.60	1.55	1.49	1.42	1.38	1.34	1.30	1.24	1.17	1.00

$\alpha = 0.05$

n_2 \ n_1	1	2	3	4	5	6	7	8	9	10	12	15	20	24	30	40	60	120	∞
1	161.4	199.5	215.7	224.6	230.2	234.0	236.8	238.9	240.5	241.9	243.9	245.9	248.0	249.1	250.1	251.1	252.2	253.3	254.3
2	18.51	19.00	19.16	19.25	19.30	19.33	19.35	19.37	19.38	19.40	19.41	19.43	19.45	19.45	19.46	19.47	19.48	19.49	19.50
3	10.13	9.55	9.28	9.12	9.01	8.94	8.89	8.85	8.81	8.79	8.74	8.70	8.66	8.64	8.62	8.59	8.57	8.55	8.53
4	7.71	6.94	6.59	6.39	6.26	6.16	6.09	6.04	6.00	5.96	5.91	5.86	5.80	5.77	5.75	5.72	5.69	5.66	5.63
5	6.61	5.79	5.41	5.19	5.05	4.95	4.88	4.82	4.77	4.74	4.68	4.62	4.56	4.53	4.50	4.46	4.43	4.40	4.36
6	5.99	5.14	4.76	4.53	4.39	4.28	4.21	4.15	4.10	4.06	4.00	3.94	3.87	3.84	3.81	3.77	3.74	3.70	3.67
7	5.59	4.74	4.35	4.12	3.97	3.87	3.79	3.73	3.68	3.64	3.57	3.51	3.44	3.41	3.38	3.34	3.30	3.27	3.23
8	5.32	4.46	4.07	3.84	3.69	3.58	3.50	3.44	3.39	3.35	3.28	3.22	3.15	3.12	3.08	3.04	3.01	2.97	2.93
9	5.12	4.26	3.86	3.63	3.48	3.37	3.29	3.23	3.18	3.14	3.07	3.01	2.94	2.90	2.86	2.83	2.79	2.75	2.71

附表 5 （续）

$\alpha = 0.05$

n_2 \ n_1	1	2	3	4	5	6	7	8	9	10	12	15	20	24	30	40	60	120	∞
10	4.96	4.10	3.71	3.48	3.33	3.22	3.14	3.07	3.02	2.98	2.91	2.85	2.77	2.74	2.70	2.66	2.62	2.58	2.54
11	4.84	3.98	3.59	3.36	3.20	3.09	3.01	2.95	2.90	2.85	2.79	2.72	2.65	2.61	2.57	2.53	2.49	2.45	2.40
12	4.75	3.89	3.49	3.26	3.11	3.00	2.91	2.85	2.80	2.75	2.69	2.62	2.54	2.51	2.47	2.43	2.38	2.34	2.30
13	4.67	3.81	3.41	3.18	3.03	2.92	2.83	2.77	2.71	2.67	2.60	2.53	2.46	2.42	2.38	2.34	3.30	2.25	2.21
14	4.60	3.74	3.34	3.11	2.96	2.85	2.76	2.70	2.65	2.60	2.53	2.46	2.39	2.35	2.31	2.27	2.22	2.18	2.13
15	4.54	3.68	3.29	3.06	2.90	2.79	2.71	2.64	2.59	2.54	2.48	2.40	2.33	2.29	2.25	2.20	2.16	2.11	2.07
16	4.49	3.63	3.24	3.01	2.85	2.74	2.66	2.59	2.54	2.49	2.42	2.35	2.28	2.24	2.19	2.15	2.11	2.06	2.01
17	4.45	3.59	3.20	2.96	2.81	2.70	2.61	2.55	2.49	2.45	2.38	2.31	2.23	2.19	2.15	2.10	2.06	2.01	1.96
18	4.41	3.55	3.16	2.93	2.77	2.66	2.58	2.51	2.46	2.41	2.34	2.27	2.19	2.15	2.11	2.06	2.02	1.97	1.92
19	4.38	3.52	3.13	2.90	2.74	2.63	2.54	2.48	2.42	2.38	2.31	2.23	2.16	2.11	2.07	2.03	1.98	1.93	1.88
20	4.35	3.49	3.10	2.87	2.71	2.60	2.51	2.45	2.39	2.35	2.28	2.20	2.12	2.08	2.04	1.99	1.95	1.90	1.84
21	4.32	3.47	3.07	2.84	2.68	2.57	2.49	2.42	2.37	2.32	2.25	2.18	2.10	2.05	2.01	1.96	1.92	1.87	1.81
22	4.30	3.44	3.05	2.82	2.66	2.55	2.46	2.40	2.34	2.30	2.23	2.15	2.07	2.03	1.98	1.94	1.89	1.84	1.78
23	4.28	3.42	3.03	2.80	2.64	2.53	2.44	2.37	2.32	2.27	2.20	2.13	2.05	2.01	1.96	1.91	1.86	1.81	1.76
24	4.26	3.40	3.01	2.78	2.62	2.51	2.42	2.36	2.30	2.25	2.18	2.11	2.03	1.98	1.94	1.89	1.84	1.79	1.73
25	4.24	3.39	2.99	2.76	2.60	2.49	2.40	2.34	2.28	2.24	2.16	2.09	2.01	1.96	1.92	1.87	1.82	1.77	1.71
26	4.23	3.37	2.98	2.74	2.59	2.47	2.39	2.32	2.27	2.22	2.15	2.07	1.99	1.95	1.90	1.85	1.80	1.75	1.69
27	4.21	3.35	2.96	2.73	2.57	2.46	2.37	2.31	2.25	2.20	2.13	2.06	1.97	1.93	1.88	1.84	1.79	1.73	1.67
28	4.20	3.34	2.95	2.71	2.56	2.45	2.36	2.29	2.24	2.19	2.12	2.04	1.96	1.91	1.87	1.82	1.77	1.71	1.65
29	4.18	3.33	2.93	2.70	2.55	2.43	2.35	2.28	2.22	2.18	2.10	2.03	1.94	1.90	1.85	1.81	1.75	1.70	1.64
30	4.17	3.32	2.92	2.69	2.53	2.42	2.33	2.27	2.21	2.16	2.09	2.01	1.93	1.89	1.84	1.79	1.74	1.68	1.62
40	4.08	3.23	2.84	2.61	2.45	2.34	2.25	2.18	2.12	2.08	2.00	1.92	1.84	1.79	1.74	1.69	1.64	1.58	1.51
60	4.00	3.15	2.76	2.53	2.37	2.25	2.17	2.10	2.04	1.99	1.92	1.84	1.75	1.70	1.65	1.59	1.53	1.47	1.39
120	3.92	3.07	2.68	2.45	2.29	2.17	2.09	2.02	1.96	1.91	1.83	1.75	1.66	1.61	1.55	1.50	1.43	1.35	1.25
∞	3.84	3.00	2.60	2.37	2.21	2.10	2.01	1.94	1.88	1.83	1.75	1.67	1.57	1.52	1.46	1.39	1.32	1.22	1.00

附表 5 （续）

$\alpha = 0.025$

n_2 \ n_1	1	2	3	4	5	6	7	8	9	10	12	15	20	24	30	40	60	120	∞
1	647.8	799.5	664.2	899.6	921.8	937.1	948.2	956.7	963.3	368.6	976.7	984.9	993.1	997.2	1 001	1 006	1 010	1 014	1 018
2	38.51	39.00	39.17	39.25	39.30	39.33	39.36	39.37	39.39	39.40	39.41	39.43	39.45	39.46	39.46	39.47	39.48	39.49	39.50
3	17.44	16.04	15.44	15.10	14.88	14.73	14.62	14.54	14.47	14.42	14.34	14.25	14.17	14.12	14.08	14.04	13.99	13.95	13.90
4	12.22	10.65	9.98	9.60	9.36	9.20	9.07	8.98	8.90	8.84	8.75	8.66	8.56	8.51	8.46	8.41	8.36	8.31	8.26
5	10.01	8.43	7.76	7.39	7.15	6.98	6.85	6.76	6.68	6.62	6.52	6.43	6.33	6.28	6.23	6.18	6.12	6.07	6.02
6	8.81	7.26	6.60	6.23	5.99	5.82	5.70	5.60	5.52	5.46	5.37	5.27	5.17	5.12	5.07	5.01	4.96	4.90	4.85
7	8.07	6.54	5.89	5.52	5.29	5.12	4.99	4.90	4.82	4.76	4.67	4.57	4.47	4.42	4.36	4.31	4.25	4.20	4.14
8	7.58	6.06	5.42	5.05	4.82	4.65	4.53	4.43	4.36	4.30	4.20	4.10	4.00	3.95	3.89	3.84	3.78	3.73	3.67
9	7.21	5.71	5.08	4.72	4.48	4.23	4.20	4.10	4.03	3.96	3.87	3.77	3.67	3.61	3.56	3.51	3.45	3.39	3.33
10	6.94	5.46	4.83	4.47	4.24	4.07	3.95	3.85	3.78	3.72	3.62	3.52	3.42	3.37	3.31	3.26	3.20	3.14	3.08
11	6.72	5.26	4.63	4.28	4.04	3.88	3.76	3.66	3.59	3.53	3.43	3.33	3.23	3.17	3.12	3.06	3.00	2.94	2.88
12	6.55	5.10	4.47	4.12	3.89	3.73	3.61	3.51	3.44	3.37	3.28	3.18	3.07	3.02	2.96	2.91	2.85	2.79	2.72
13	6.41	4.97	4.35	4.00	3.77	3.60	3.48	3.39	3.31	3.25	3.15	3.05	2.95	2.89	2.84	2.78	2.72	2.66	2.60
14	6.30	4.86	4.24	3.89	3.66	3.50	3.38	3.29	3.21	3.15	3.05	2.95	2.84	2.79	2.73	2.67	2.61	2.55	2.49
15	6.20	4.77	4.15	3.80	3.58	3.41	3.29	3.20	3.12	3.06	2.96	2.86	2.76	2.70	2.64	2.59	2.52	2.46	2.40
16	6.12	4.69	4.08	3.73	3.50	3.34	3.22	3.12	3.05	2.99	2.89	2.79	2.68	2.63	2.57	2.51	2.45	2.38	2.32
17	3.04	4.62	4.01	3.66	3.44	3.28	3.16	3.06	2.98	2.92	2.82	2.72	2.62	2.56	2.50	2.44	2.38	3.32	3.25
18	5.98	4.56	3.95	3.61	3.38	3.22	3.10	3.01	2.93	2.87	2.77	2.67	2.56	2.50	2.44	2.38	2.32	2.26	2.19
19	5.92	4.51	3.90	3.56	3.33	3.17	3.05	2.96	2.88	2.82	2.72	2.62	2.51	2.45	2.39	2.33	2.27	2.20	2.13
20	5.87	4.46	3.86	3.51	3.29	3.13	3.01	2.91	2.84	2.77	2.68	2.57	2.46	2.41	2.35	2.29	2.22	2.16	2.09
21	5.83	4.42	3.82	3.48	3.25	3.09	2.97	2.87	2.80	2.73	2.64	2.53	2.42	2.37	2.31	2.25	2.18	2.11	2.04
22	5.79	4.38	3.78	3.44	3.22	3.05	2.93	2.84	2.76	2.70	2.60	2.50	2.39	2.32	2.27	2.21	2.14	2.08	2.00
23	5.75	4.35	3.75	3.41	3.18	3.02	2.90	2.81	2.73	2.67	2.57	2.47	2.36	2.31	2.24	2.18	2.11	2.04	1.97
24	5.72	4.32	3.72	3.38	3.15	2.99	2.87	2.78	2.70	2.64	2.54	2.44	2.33	2.27	2.21	2.15	2.08	2.01	1.94

附表 5(续)

$\alpha = 0.025$

n_2 \ n_1	1	2	3	4	5	6	7	8	9	10	12	15	20	24	30	40	60	120	∞
25	5.69	4.29	3.60	3.35	3.13	2.97	2.85	3.75	2.68	2.61	2.51	2.41	2.30	2.24	2.18	2.12	2.05	1.98	1.91
26	5.66	4.27	3.67	3.33	3.10	2.94	2.82	2.73	2.65	2.59	2.49	2.39	2.28	2.22	2.16	2.09	2.03	1.95	1.88
27	5.63	4.24	3.65	3.31	3.08	2.92	2.80	2.71	2.63	2.57	2.47	2.36	3.25	3.19	2.13	2.07	2.00	1.93	1.85
28	5.61	4.33	3.63	3.29	3.06	2.90	2.78	2.69	2.61	2.55	2.45	2.34	2.23	2.17	2.11	2.05	1.98	1.91	1.83
29	5.59	4.20	3.61	3.27	3.04	2.88	2.76	2.67	2.59	2.53	2.43	2.32	2.21	2.15	2.09	2.03	1.96	1.89	1.18
30	5.57	4.18	3.59	3.25	3.03	2.87	2.75	2.65	2.57	2.51	2.41	2.31	2.20	2.14	2.07	2.01	1.94	1.87	1.79
40	5.42	4.05	3.46	3.13	2.90	2.74	2.62	2.53	2.45	2.39	2.29	2.18	2.07	2.01	1.94	1.88	1.80	1.72	1.64
60	5.29	3.93	3.34	3.01	2.79	2.63	2.51	2.41	2.33	2.27	2.17	2.06	1.94	1.88	1.82	2.74	1.64	1.58	1.48
120	5.15	3.80	3.23	2.89	2.67	2.52	2.39	2.30	2.22	2.16	2.05	1.94	1.82	1.76	1.69	1.61	2.53	1.43	1.31
∞	5.02	3.69	3.12	2.79	2.57	2.41	2.29	2.19	2.11	2.05	1.94	1.83	1.71	1.64	1.57	1.48	1.39	1.27	1.00

$\alpha = 0.01$

n_2 \ n_1	1	2	3	4	5	6	7	8	9	10	12	15	20	24	30	40	60	120	∞
1	4 052	4 999.5	5 403	5 625	5 764	5 859	5 928	5 982	6 022	6 056	6 106	6 157	6 209	6 235	6 261	6 287	6 313	6 339	6 366
2	98.50	99.00	99.17	99.25	99.30	99.33	99.36	99.37	99.39	99.40	99.42	99.43	99.45	99.46	99.47	99.47	99.48	99.49	99.50
3	34.12	30.82	29.46	28.71	28.24	27.91	27.67	27.49	27.35	27.23	27.05	26.87	26.69	26.60	26.50	26.41	26.32	26.22	26.13
4	21.20	18.00	16.69	15.98	15.52	15.21	14.98	14.80	14.66	14.55	14.37	14.20	14.02	13.93	13.84	13.75	13.65	13.56	13.46
5	16.26	13.27	12.06	11.39	10.97	10.67	10.46	10.29	10.16	10.05	9.89	9.72	9.55	9.47	9.38	9.29	9.20	9.11	9.02
6	13.75	10.92	9.78	9.15	8.75	8.47	8.26	8.10	7.98	7.87	7.72	7.56	7.40	7.31	7.23	7.14	7.06	6.97	6.88
7	12.25	9.55	8.45	7.85	7.46	7.19	6.99	6.84	6.72	6.62	6.47	6.31	6.16	6.07	5.99	5.91	5.82	5.74	5.65
8	11.26	8.65	7.59	7.01	6.63	6.37	6.18	6.03	5.91	5.81	5.67	5.52	5.36	5.28	5.20	5.12	5.03	4.95	4.86
9	10.56	8.02	6.99	6.42	6.06	5.80	5.61	5.47	5.35	5.26	5.11	4.96	4.81	4.73	4.65	4.57	4.48	4.40	4.31

附表 5　（续）

$\alpha = 0.01$

n_2 \ n_1	1	2	3	4	5	6	7	8	9	10	12	15	20	24	30	40	60	120	∞
10	10.04	7.56	6.55	5.99	5.64	5.39	5.20	5.06	4.94	4.85	4.71	4.56	4.41	4.33	4.25	4.17	4.08	4.00	3.91
11	9.65	7.21	6.22	5.67	5.32	5.07	4.89	4.74	4.63	4.54	4.40	4.25	4.10	4.02	3.94	3.86	3.78	3.69	3.60
12	9.33	6.93	5.95	5.41	5.06	4.82	4.64	4.50	4.39	4.30	4.16	4.01	3.86	3.78	3.70	3.62	3.54	3.45	3.36
13	9.07	6.70	5.74	5.21	4.86	4.62	4.44	4.30	4.19	4.10	3.96	3.82	3.66	3.59	3.51	3.43	3.34	3.25	3.17
14	8.86	6.51	5.56	5.04	4.69	4.46	4.28	4.14	4.03	3.94	3.80	3.66	3.51	3.43	3.35	3.27	3.18	3.09	3.00
15	8.68	6.36	5.42	4.89	4.56	4.32	4.14	4.00	3.89	3.80	3.67	3.52	3.37	3.29	3.21	3.13	3.05	2.96	2.87
16	8.53	6.23	5.29	4.77	4.44	4.20	4.03	3.89	3.78	3.69	3.55	3.41	3.26	3.18	3.10	3.02	2.93	2.84	2.75
17	8.40	6.11	5.18	4.67	4.34	4.10	3.93	3.79	3.68	3.59	3.46	3.31	3.16	3.08	3.00	2.92	2.83	2.75	2.65
18	8.29	6.01	5.09	4.58	4.25	4.01	3.84	3.71	3.60	3.51	3.37	3.23	3.08	3.00	2.92	2.84	2.75	2.66	2.57
19	8.18	5.93	5.01	4.50	4.17	3.94	3.77	3.63	3.52	3.43	3.30	3.15	3.00	2.92	2.84	2.76	2.67	2.58	2.49
20	8.10	5.85	4.94	4.43	4.10	3.87	3.70	3.56	3.46	3.37	3.23	3.09	2.94	2.86	2.78	2.69	2.61	2.52	2.42
21	8.02	5.78	4.87	4.37	4.04	3.81	3.64	3.51	3.40	3.31	3.17	3.03	2.88	2.80	2.72	2.64	2.55	2.46	2.36
22	7.95	5.72	4.82	4.31	3.99	3.76	3.59	3.45	3.35	3.26	3.12	2.98	2.83	2.75	2.67	2.58	2.50	2.40	2.31
23	7.88	5.66	4.76	4.26	3.94	3.71	3.54	3.41	3.30	3.21	3.07	2.93	2.78	2.70	2.62	2.54	2.45	2.35	2.26
24	7.82	5.61	4.72	4.22	3.90	3.67	3.50	3.36	3.26	3.17	3.03	2.89	2.74	2.66	2.58	2.49	2.40	2.31	2.21
25	7.77	5.57	4.68	4.18	3.85	3.63	3.46	3.32	3.22	3.13	2.99	2.85	2.70	2.62	2.54	2.45	2.36	2.27	2.17
26	7.72	5.53	4.64	4.14	3.82	3.59	3.42	3.29	3.18	3.09	2.96	2.81	2.66	2.58	2.50	2.42	2.33	2.23	2.13
27	7.68	5.49	4.60	4.11	3.78	3.56	3.39	3.26	3.15	3.06	2.93	2.78	2.63	2.55	2.47	2.38	2.29	2.20	2.10
28	7.64	5.45	4.57	4.07	3.75	3.53	3.36	3.23	3.12	3.03	2.90	2.75	2.60	2.52	2.44	2.35	2.26	2.17	2.06
29	7.60	5.42	4.54	4.04	3.73	3.50	3.33	3.20	3.09	3.00	2.87	2.73	2.57	2.49	2.41	2.33	2.23	2.14	2.03
30	7.56	5.39	4.51	4.02	3.70	3.47	3.30	3.17	3.07	2.98	2.84	2.70	2.55	2.47	2.39	2.30	2.21	2.11	2.01
40	7.31	5.18	4.31	3.83	3.51	3.29	3.12	2.99	2.89	2.80	2.66	2.52	2.37	2.29	2.20	2.11	2.02	1.92	1.80
60	7.08	4.98	4.13	3.65	3.34	3.12	2.95	2.82	2.72	2.63	2.50	2.35	2.20	2.12	2.03	1.94	1.84	1.73	1.60
120	6.85	4.79	3.95	3.48	3.17	2.96	2.79	2.66	2.56	2.47	2.34	2.19	2.03	1.95	1.86	1.76	1.66	1.53	1.38
∞	6.63	4.61	3.78	3.32	3.02	2.80	2.64	2.51	2.41	2.32	2.18	2.04	1.88	1.79	1.70	1.59	1.47	1.32	1.00

附表 5(续)

$\alpha = 0.005$

n_2 \ n_1	1	2	3	4	5	6	7	8	9	10	12	15	20	24	30	40	60	120	∞
1	16 211	20 000	21 615	22 500	23 056	23 487	23 715	23 925	24 091	24 224	24 426	24 630	24 836	24 940	25 044	25 148	25 253	25 359	25 465
2	198.5	199.0	199.2	199.2	199.3	199.3	199.4	199.4	199.4	199.4	199.4	199.4	199.4	199.5	199.5	199.5	199.5	199.5	199.5
3	55.55	49.80	47.47	46.19	45.39	44.84	44.43	44.13	43.88	43.69	43.39	43.08	42.78	42.62	42.47	42.31	42.15	41.99	41.83
4	31.33	26.28	24.26	23.15	22.46	21.97	21.62	21.35	21.14	20.97	20.70	20.44	20.17	20.03	19.89	19.75	19.61	19.47	19.32
5	22.78	18.31	16.53	15.56	14.94	14.51	14.20	13.96	13.77	13.62	13.38	13.15	12.90	12.78	12.66	12.53	12.40	12.27	12.14
6	18.63	14.54	12.92	12.03	11.46	11.07	10.79	10.57	10.39	10.25	10.03	9.81	9.59	9.47	9.36	9.24	9.12	9.00	8.88
7	16.24	12.40	10.88	10.05	9.52	9.16	8.89	8.68	8.51	8.38	8.18	7.97	7.75	7.65	7.53	7.42	7.31	7.19	7.08
8	14.69	11.04	9.60	8.81	8.30	7.95	7.69	7.50	7.34	7.21	7.01	6.81	6.61	6.50	6.40	6.29	6.18	6.06	5.95
9	13.61	10.11	8.72	7.96	7.47	7.13	6.88	6.69	6.54	6.42	6.23	6.03	5.83	5.73	5.62	5.52	5.41	5.30	5.19
10	12.83	9.43	8.08	7.34	6.87	6.54	6.30	6.12	5.97	5.85	5.66	5.47	5.27	5.17	5.07	4.97	4.86	4.75	4.64
11	12.23	8.91	7.60	6.88	6.42	6.10	5.86	5.68	5.54	5.42	5.24	5.05	4.86	4.76	4.65	4.55	4.44	4.34	4.23
12	11.75	8.51	7.23	6.52	6.07	5.76	5.52	5.35	5.20	5.09	4.91	4.72	4.53	4.43	4.33	4.23	4.12	4.01	3.90
13	11.37	8.19	6.93	6.23	5.79	5.48	5.25	5.08	4.94	4.82	4.64	4.46	4.27	4.17	4.07	3.97	3.87	3.76	3.65
14	11.06	7.92	6.68	6.00	5.56	5.26	5.03	4.86	4.72	4.60	4.43	4.25	4.06	3.96	3.86	3.76	3.66	3.55	3.44
15	10.80	7.70	6.48	5.80	5.37	5.07	4.85	4.67	4.54	4.42	4.25	4.07	3.88	3.79	3.69	3.58	3.48	3.37	3.26
16	10.58	7.51	6.30	5.64	5.21	4.91	4.69	4.52	4.38	4.27	4.10	3.92	3.73	3.64	3.54	3.44	3.33	3.22	3.11
17	10.38	7.35	6.16	5.50	5.07	4.78	4.56	4.39	4.25	4.14	3.97	3.79	3.61	3.51	3.41	3.31	3.21	3.10	2.98
18	10.22	7.21	6.03	5.37	4.96	4.66	4.44	4.23	4.14	4.03	3.86	3.68	3.50	3.40	3.30	3.20	3.10	2.99	2.87
19	10.07	7.09	5.92	5.27	4.85	4.56	4.34	4.18	4.04	3.93	3.76	3.59	3.40	3.31	3.21	3.11	3.00	2.89	2.78
20	9.94	6.99	5.82	5.17	4.76	4.47	4.26	4.09	3.96	3.85	3.68	3.50	3.32	3.22	3.12	3.02	2.92	2.81	2.69
21	9.83	6.89	5.73	5.09	4.68	4.39	4.18	4.01	3.88	3.77	3.60	3.43	3.24	3.15	3.05	2.95	2.84	2.73	2.61
22	9.73	6.81	5.65	5.02	4.61	4.32	4.11	3.94	3.81	3.70	3.54	3.36	3.18	3.08	2.98	2.88	2.77	2.66	2.55
23	9.63	6.73	5.58	4.95	4.54	4.26	4.05	3.88	3.75	3.64	3.47	3.30	3.12	3.02	2.92	2.82	2.71	2.60	2.48
24	9.55	6.66	5.52	4.89	4.49	4.20	3.99	3.83	3.69	3.59	3.42	3.25	3.06	2.97	2.87	2.77	2.66	2.55	2.43

附表 5 （续）

$\alpha = 0.005$

n_2 \ n_1	1	2	3	4	5	6	7	8	9	10	12	15	20	24	30	40	60	120	∞
25	9.48	6.60	5.46	4.84	4.43	4.15	3.94	3.78	3.64	3.54	3.37	3.20	3.01	2.92	2.82	2.72	2.61	2.50	2.38
26	9.41	6.54	5.41	4.79	4.38	4.10	3.89	3.73	3.60	3.49	3.33	3.15	2.97	2.87	2.77	2.67	2.56	2.45	2.33
27	9.34	6.49	5.36	4.74	4.34	4.06	3.85	3.69	3.56	3.45	3.28	3.11	2.93	2.83	2.73	2.63	2.52	2.41	2.29
28	9.28	6.44	5.32	4.70	4.30	4.02	3.81	3.65	3.52	3.41	3.25	3.07	2.89	2.79	2.69	2.59	2.48	2.37	2.25
29	9.23	6.40	5.28	4.66	4.26	3.98	3.77	3.61	3.48	3.38	3.21	3.04	2.86	2.76	2.66	2.56	2.45	2.33	2.21
30	9.18	6.35	5.24	4.62	4.23	3.95	3.74	3.58	3.45	3.34	3.18	3.01	2.82	2.73	2.63	2.52	2.42	2.30	2.18
40	8.83	6.07	4.98	4.37	3.99	3.71	3.51	3.35	3.22	3.12	2.95	2.78	2.60	2.50	2.40	2.30	2.18	2.06	1.93
60	8.49	5.79	4.73	4.14	3.76	3.49	3.29	3.13	3.01	2.90	2.74	2.57	2.39	2.29	2.19	2.08	1.96	1.83	1.69
120	8.18	5.54	4.50	3.92	3.55	3.28	3.09	2.93	2.81	2.71	2.54	2.37	2.19	2.09	1.98	1.87	1.75	1.61	1.43
∞	7.88	5.30	4.28	3.72	3.35	3.09	2.90	2.74	2.62	2.52	2.36	2.19	2.00	1.90	1.79	1.67	1.53	1.36	1.00

$\alpha = 0.001$

n_2 \ n_1	1	2	3	4	5	6	7	8	9	10	12	15	20	24	30	40	60	120	∞
1	4 053†	5 000†	5 404†	5 625†	5 764†	5 859†	5 929†	5 981†	6 023†	6 056†	6 107†	6 158†	6 209†	6 235†	6 261†	6 287†	6 313†	6 340†	6 366†
2	998.5	999.0	999.2	999.2	999.3	999.3	999.4	999.4	999.4	999.4	999.4	999.4	999.4	999.5	999.5	999.5	999.5	999.5	999.5
3	167.0	148.5	141.1	137.1	134.6	132.8	131.6	130.6	129.9	129.2	128.3	127.4	126.4	125.9	125.4	125.0	124.5	124.0	123.5
4	74.14	61.25	56.18	53.44	51.71	50.53	49.66	49.00	48.47	48.05	47.41	46.76	46.10	45.77	45.43	45.09	44.75	44.40	44.05
5	47.18	37.12	33.20	31.09	29.75	28.84	28.16	27.64	27.24	26.92	26.42	25.91	25.39	25.14	24.87	24.60	24.33	24.06	23.79
6	35.51	27.00	23.70	21.92	20.81	20.03	19.46	19.03	18.69	18.41	17.99	17.56	17.12	16.89	16.67	16.44	16.21	15.99	15.75
7	29.25	21.69	18.77	17.19	16.21	15.52	15.02	14.63	14.33	14.08	13.71	13.32	12.93	12.73	12.53	12.33	12.12	11.91	11.70
8	25.42	18.49	15.83	14.39	13.49	12.86	12.40	12.04	11.77	11.54	11.19	10.84	10.48	10.30	10.11	9.92	9.73	9.53	9.33
9	22.86	16.39	13.90	12.56	11.71	11.13	10.70	10.37	10.11	9.89	9.57	9.24	8.90	8.72	8.55	8.37	8.19	8.00	7.81

† 表示要将所列数乘以 100

附表 5　（续）

$\alpha = 0.001$

n_2 \ n_1	1	2	3	4	5	6	7	8	9	10	12	15	20	24	30	40	60	120	∞
10	21.04	14.91	12.55	11.28	10.48	9.92	9.52	9.20	8.96	8.75	8.45	8.13	7.80	7.64	7.47	7.30	7.12	6.94	6.76
11	19.69	13.81	11.56	10.35	9.58	9.05	8.66	8.35	8.12	7.92	7.63	7.32	7.01	6.85	6.68	6.52	6.35	6.17	6.00
12	18.64	12.97	10.80	9.63	8.89	8.38	8.00	7.71	7.48	7.29	7.00	6.71	6.40	6.25	6.09	5.93	5.76	5.59	5.42
13	17.81	12.31	10.21	9.07	8.35	7.86	7.49	7.21	6.98	6.80	6.52	6.23	5.93	5.78	5.63	5.47	5.30	5.14	4.97
14	17.14	11.78	9.73	8.62	7.92	7.43	7.08	6.80	6.58	6.40	6.13	5.85	5.56	5.41	5.25	5.10	4.94	4.77	4.60
15	16.59	11.34	9.34	8.25	7.57	7.09	6.74	6.47	6.26	6.08	5.81	5.54	5.25	5.10	4.95	4.80	4.64	4.47	4.31
16	16.12	10.97	9.00	7.94	7.27	6.81	6.46	6.19	5.98	5.81	5.55	5.27	4.99	4.85	4.70	4.54	4.39	4.23	4.06
17	15.72	10.66	8.73	7.68	7.02	7.56	6.22	5.96	5.75	5.58	5.32	5.05	4.78	4.63	4.48	4.33	4.18	4.02	3.85
18	15.38	10.39	8.49	7.46	6.81	6.35	6.02	5.76	5.56	5.39	5.13	4.87	4.59	4.45	4.30	4.15	4.00	3.84	3.67
19	15.08	10.16	8.28	7.26	6.62	6.18	5.85	5.59	5.39	5.22	4.97	4.70	4.43	4.29	4.14	3.99	3.84	3.68	6.51
20	14.82	9.95	8.10	7.10	6.46	6.02	5.69	5.44	5.24	5.08	4.82	4.56	4.29	4.15	4.00	3.86	3.70	3.54	3.38
21	14.59	9.77	7.94	6.95	6.32	5.88	5.56	5.31	5.11	4.95	4.70	4.44	4.17	4.03	3.88	3.74	3.58	3.42	3.26
22	14.38	9.61	7.80	6.81	6.19	5.76	5.44	5.19	4.99	4.83	4.58	4.33	4.06	3.92	3.78	3.63	3.48	3.32	3.15
23	14.19	9.47	7.67	6.69	6.08	5.65	6.33	5.09	4.89	4.73	4.48	4.23	3.96	3.82	3.68	3.53	3.38	3.22	3.05
24	14.03	9.34	7.55	6.59	5.98	5.55	5.23	4.99	4.80	4.64	4.39	4.14	3.87	3.74	3.59	3.45	3.29	3.14	2.97
25	13.88	9.22	7.45	6.49	5.88	5.46	5.15	4.91	4.71	4.56	4.31	4.06	3.79	3.66	3.52	3.37	3.22	3.06	2.89
26	13.74	9.12	7.36	6.41	5.80	5.38	5.07	4.83	4.64	4.48	4.24	3.99	3.72	3.59	3.44	3.30	3.15	2.99	2.82
27	13.61	9.02	7.27	6.33	5.73	5.31	5.00	4.76	4.57	4.41	4.17	3.92	3.66	3.52	3.38	3.23	3.08	2.92	2.75
28	13.50	8.93	7.19	6.25	5.66	5.24	4.93	4.69	4.50	4.35	4.11	3.86	3.60	3.46	3.32	3.18	3.02	2.86	2.69
29	13.39	8.85	7.12	6.19	5.59	5.18	4.87	4.64	4.45	4.29	4.05	3.80	3.54	3.41	3.27	3.12	2.97	2.81	2.64
30	13.29	8.77	7.05	6.12	5.53	5.12	4.82	4.58	4.39	4.24	4.00	3.75	3.49	3.36	3.22	3.07	2.92	2.76	2.59
40	12.61	8.25	6.60	5.70	5.13	4.73	4.44	4.21	4.02	3.87	3.64	3.40	3.15	3.01	2.87	2.73	2.57	2.41	2.23
60	11.97	7.76	6.17	5.31	4.76	4.37	4.09	3.87	3.69	3.54	3.31	3.08	2.83	2.69	2.55	2.41	2.25	2.08	1.89
120	11.38	7.32	5.79	4.95	4.42	4.04	3.77	3.55	3.38	3.24	3.02	2.78	2.53	2.40	2.26	2.11	1.95	1.76	1.54
∞	10.83	6.91	5.42	4.62	4.10	3.74	3.47	3.27	3.10	2.96	2.74	2.51	2.27	2.13	1.99	1.84	1.66	1.45	1.00

习题答案

习题 1

1. (1) $\Omega_1=\{\omega_0,\omega_1\}$，其中 ω_0 表示取出的是白球，ω_1 表示取出的是黑球；

   (2) $\Omega_2=$；$\{1,2,3,4,5\}$；

   (3) $\Omega_3=\{10,11,\cdots\}$；

   (4) $\Omega_4=$；$\{00,100,0100,0101,0110,1100,1010,0111,1011,1101,1110,1111\}$；其中 0 为次品，1 为正品

   (5) $\Omega_5=\{(x,y)\mid x^2+y^2\leqslant R^2\}$.

2. (1) $A\overline{B}\overline{C}$；(2) $A\overline{B}\overline{C}\cup\overline{A}B\overline{C}\cup\overline{A}\overline{B}C$；(3) $A\cup B\cup C$；(4) $\overline{A}\overline{B}\cup\overline{A}\overline{C}\cup\overline{B}\overline{C}$；

   (5) $\overline{A}\overline{B}\overline{C}$；(6) $\overline{A}(B\cup C)$.

3. (1)选出的人是爱好数学的男生班干部；

   (2)选出的人是爱好数学的女生，但不是班干部；

   (3)选出的人为不是班干部的女生；

   (4)选出的人为不爱好数学也不是班干部的男生.

4. 5/36.

5. 0.096.

6. 1/3.

7. 139/1152.

8. (1)0.8　(2)0.3　(3)0.2　(4)0.1　(5)0.

9. (1)0　(2)0.5　(3)0.5.

10. (1) $A\cup B=\Omega$，$P(AB)=0.3$；　(2) $A\subset B$，$P(AB)=0.6$；

    (3) $A\subset B$，$P(A\cup B)=0.7$；$A\cup B=\Omega$，$P(A\cup B)=1$.

12. (1)2/15，4/15，8/15，2/5；　(2)4/25，6/25，12/25，2/5.

13. (1)1/20；　(2)1/12；　(3)1/30；　(4)11/12.

14. $C_5^3C_{95}^7/C_{100}^{10}$.

15. $C_{80}^7C_{15}^2C_5^1/C_{100}^{10}$.

16. (1)19/39　(2)34/39　(3)25/39.

17. (1)0.0106　(2)0.1055　(3)0.8945　(4)0.2813.

18. 41/96.

19. 3/8，9/16，1/16.

20. (1)0.504　(2)0.0671.

21. 41/90.

22. (1)0.3838　(2)0.5138.

23. 5/9.

24. 1/3.

26. 0.004.

27. $2/(n(n+1))$.

28. 0.18.

29. 0.645.

30. 0.892.

31. $(n(a+1)+ma)/((n+m)(a+b+1))$.

32. (1)$(3p-p^2)/2$　(2)$2p/(p+1)$.

33. 0.4058.

34. 20/21.

38. 59/60.

39. 1/2,1/2.

习题 2

1. (1)$F(x)=\begin{cases}0, & x<-1\\ 1/3, & -1\leqslant x<1\\ 5/6, & 1\leqslant x\leqslant 3\\ 1, & x\geqslant 3\end{cases}$　　(2)$\frac{1}{3},\frac{1}{2},\frac{5}{6}$.

2. $F(x)=\begin{cases}0, & x<0\\ x^2/R^2, & 0\leqslant x<R.\\ 1, & x\geqslant R\end{cases}$

3. (1)否　(2)是　(3)是　(4)否.

4. (1)$\frac{1}{2},\frac{1}{\pi}$　(2)$\frac{1}{2}$.

5.

X	-1	0	0.5	1
P	0.125	0.5	0.25	0.125

6.

X	0	1	2
P	4/5	8/45	1/45

$$F(x)=\begin{cases}0, & x<0\\ 4/5, & 0\leqslant x<1\\ 44/45, & 1\leqslant x<2\\ 1, & x\geqslant 2\end{cases}$$

7. (1) $P\{X=k\}=0.2^{k-1}\times 0.8$； (2) $P\{X=k\}=C_{k-1}^{r-1}0.2^{k-r}\times 0.8^{r}(k=r,r+1,\cdots)$

8. (1) 0.1042 (2) 0.3683.

9. 0.9580.

10. (1) $P\{X=k\}=\begin{cases}0.7\times 0.06^{\frac{k-1}{2}}, & k=1,3,\cdots\\ 0.24\times 0.06^{\frac{k}{2}-1}, & k=2,4,\cdots\end{cases}$;

(2) $P\{X=k\}=0.94\times 0.06^{k-1}, k=1,2,\cdots$;

(3) $P\{X=0\}=0.7, P\{X=k\}=0.282\times 0.06^{k-1}, k=1,2\cdots$.

11. (1) 1/2； (2) $F(x)=\begin{cases}e^{x}/2, & x<0\\ 1-e^{-x}/2, & x\geqslant 0\end{cases}$； (3) 0.7484.

12. (1) $1/\pi$； (2) $F(x)=\begin{cases}0, & x<-1\\ 1/2+1/\pi\arcsin x, & -1\leqslant x<1\\ 1, & x\geqslant 1\end{cases}$； (3) 1/3.

13. $f(x)=\begin{cases}1/x, & 1<x<e\\ 0, & \text{其他}\end{cases}$.

14. (1) 0.3707； (2) 0.7938； (3) 0.2415； (4) 0.7880； (5) 0.8164； (6) 0.05.

15. 0.0456.

16. $\sigma=31.25$.

17. 0.8179.

18. $P\{Y=k\}=C_5^k e^{-2k}(1-e^{-2})^{5-k}, k=0,1,\cdots,5$; 0.5167.

19. 0.3.

20. $e^{-3}-e^{-4.5}$.

21. 否.

22. (1) $F(a,+\infty)$； (2) $1-F(+\infty,b)$； (3) $1-F(a,+\infty)-F(+\infty,b)+F(a,b)$；

(4) $F(b,c)-F(a,c)$.

23. (1) $1/\pi^2,\pi/2,\pi/2$； (2) 1/16； (3) 1/16；

(4) $F_X(x)=\dfrac{1}{\pi}(\dfrac{\pi}{2}+\arctan\dfrac{x}{2}), F_Y(y)=\dfrac{1}{\pi}(\dfrac{\pi}{2}+\arctan\dfrac{y}{3})$

24.

Y \ X	0	1	2	3	$P_{\cdot j}$
1	0	3/8	3/8	0	3/4
3	1/8	0	0	1/8	1/4
$P_{i\cdot}$	1/8	3/8	3/8	1/8	1

25. (1) $f(x,y)=\begin{cases}1/2, & 1\leqslant x\leqslant y\leqslant 3\\ 0, & 其他\end{cases}$;

(2) $f_X(x)=\begin{cases}(3-x)/2, & 1\leqslant x\leqslant 3\\ 0, & 其他\end{cases}$, $f_Y(y)=\begin{cases}(y-1)/2, & 1\leqslant x\leqslant 3\\ 0, & 其他\end{cases}$; (3) 3/4.

26. (1) 1/2; (2) $e^{-\frac{1}{4}}-e^{-1}$.

27. (1) 21/4; (2) 7/10;

(3) $f_X(x)=\begin{cases}\dfrac{21}{8}x^2(1-x^4), & |x|\leqslant 1\\ 0, & 其他\end{cases}$, $f_Y(y)=\begin{cases}\dfrac{7}{2}y^{5/2}, & 0\leqslant y\leqslant 1\\ 0, & 其他\end{cases}$.

28. (1) $f_X(x)=\begin{cases}e^{-x}, & x>0\\ 0, & 其他\end{cases}$, $f_Y(y)=\begin{cases}ye^{-y}, & y>0\\ 0, & 其他\end{cases}$;

(2) $f_{X|Y}(x|y)=\begin{cases}1/y, & y>x>0\\ 0, & 其他\end{cases}$, $f_{Y|X}(y|x)=\begin{cases}e^{x-y}, & y>x>0\\ 0, & 其他\end{cases}$;

(3) $\dfrac{e^{-2}-3e^{-4}}{1-5e^{-4}}$.

29. $f_{Y|X}(y|x=\frac{1}{2})=\begin{cases}24y-48y^2, & 0>y>\dfrac{1}{2}\\ 0, & 其他\end{cases}$, $\dfrac{1}{2}$.

30. (1) $P\{X=n,Y=k\}=\dfrac{1}{k!\ (n-k)!}(\dfrac{\lambda}{2})^n e^{-\lambda}, k=0,1,\cdots,n; n=0,1,\cdots$

(2) $P\{Y=k\}=\dfrac{1}{k!}(\dfrac{\lambda}{2})^k e^{-\lambda/2}, k=0,1,\cdots$

(3) 当 $k=0,1,\cdots$ 时, $P\{X=n|Y=k\}=\dfrac{1}{(n-k)!}(\dfrac{\lambda}{2})^{n-k}e^{-\lambda}, n=k,k+1,\cdots$

31. (1) $f(x,y)=\begin{cases}xe^{-xy}, & 0\leqslant x\leqslant 1, y>0\\ 0, & 其他\end{cases}$; (2) $f_Y(y)=\begin{cases}\dfrac{1}{y^2}(1-(1+y)e^{-y}), & y>0\\ 0, & 其他\end{cases}$

(3) $y>0$ 时, $f_{X|Y}(x|y)=\begin{cases}\dfrac{xy^2e^{(1-x)y}}{e^y-(1+y)}, & 0<x\leqslant 1\\ 0, & 其他\end{cases}$

32. 2/9, 1/9.

33. (1)不独立; (2)独立; (3)不独立; (4)独立.

35. (1)

X	−3	−1	1	3	5	7
P	1/15	1/10	1/6	1/3	3/10	1/30

(2)

X	1	3	5
P	1/2	2/5	1/10

(3)

X	-8	-3	0	1
P	1/30	11/30	13/30	1/6

36.

X	0	4	6
P	1/16	5/16	5/8

37. (1) $f(y)=\begin{cases}\dfrac{\lambda}{3}y^{-\frac{2}{3}}e^{-\lambda\sqrt[3]{y}}, & y>0 \\ 0, & \text{其他}\end{cases}$;　(2) $f(y)=\begin{cases}1, & 0<y<1 \\ 0, & \text{其他}\end{cases}$.

38. $P\{X=2k-5\}=C_5^k\left(\dfrac{1}{2}\right)^5, k=0,1,2,3,4,5.$

39. $f(y)=\begin{cases}\dfrac{2}{\sqrt{2\pi}\sigma}e^{-\frac{y^2}{2\sigma^2}}, & y>0 \\ 0, & \text{其他}\end{cases}$

40. (1)

$X+Y$	0	1	2
P	1/4	1/2	1/4

(2)

$2X$	0	2
P	1/2	1/2

(3)

XY	0	1
P	3/4	1/4

(4)

X^2	0	1
P	1/2	1/2

41. $F_Z(z)=\begin{cases}0, & z\leqslant -1 \\ \dfrac{1}{2}+\dfrac{z}{2}(1-\ln|z|), & 0<|z|<| \\ \dfrac{1}{2}, & z=0, \\ 1, & z>1\end{cases}$.

42. $f_S(s)=\begin{cases}\dfrac{1}{2}(\ln 2-\ln s), & 0<s<2 \\ 0, & \text{其他}\end{cases}$.

43. 当 $\lambda_1=\lambda_2$ 时，$f_Z(z)=\begin{cases}\lambda_1^2 z\mathrm{e}^{-\lambda_1 z}, & z>0\\ 0, & 其他\end{cases}$

当 $\lambda_1\neq\lambda_2$ 时，$f_Z(z)=\begin{cases}\dfrac{\lambda_1\lambda_2}{\lambda_2-\lambda_1}(\mathrm{e}^{-\lambda_1 z}-\mathrm{e}^{-\lambda_2 z}), & z>0\\ 0, & 其他\end{cases}$.

44. (1) $f_U(u)=\begin{cases}\dfrac{1}{6}u^3\mathrm{e}^{-u}, & u>0\\ 0, & 其他\end{cases}$；(2) $f_V(z)=\begin{cases}\dfrac{1}{120}v^5\mathrm{e}^{-v}, & v>0\\ 0, & 其他\end{cases}$.

45. (1) $f(z)=\begin{cases}\dfrac{1}{a^2}(a-|z|), & |z|\leqslant a\\ 0, & 其他\end{cases}$；(2) $f(z)=\begin{cases}\dfrac{2}{a^2}(a-z), & 0<z<a\\ 0, & 其他\end{cases}$.

46. $f_Z(z)=\begin{cases}\dfrac{1}{24}(8-|z|^3), & |z|\leqslant 2\\ 0, & 其他\end{cases}$.

47. $f_Z(z)=\begin{cases}0, & z<0\\ \dfrac{b}{2a}, & 0\leqslant z\leqslant\dfrac{a}{b}\\ \dfrac{a}{2bz^2}, & z>\dfrac{a}{b}\end{cases}$.

48. $f_Z(z)=\begin{cases}1/2, & 0<z<1\\ 1/(2z^2), & z\geqslant 1\\ 0, & 其他\end{cases}$

49. $f(r)=\begin{cases}\dfrac{r}{\sigma^2}\mathrm{e}^{-r^2/2\sigma^2}, & r>0\\ 0, & 其他\end{cases}$.

50. (1) $f_{X+Y}(t)=\begin{cases}0, & t<0\\ \dfrac{1}{5}(1-\mathrm{e}^{-5t}), & 0\leqslant t\leqslant 5\\ \dfrac{1}{5}(\mathrm{e}^{25}-1)\mathrm{e}^{-5t}, & t>5\end{cases}$

(2)

Z	0	1
P	$\dfrac{24+\mathrm{e}^{-25}}{25}$	$\dfrac{1-\mathrm{e}^{-25}}{25}$

51. $n=299$.

52. (1)

Z	0	1	2	3	4	5
P	0	0.06	0.19	0.35	0.28	0.12

(2)

U	0	1	2	3
P	0	0.15	0.46	0.39

(3)

V	0	1	2
P	0.28	0.47	0.25

习题 3

1. 1.

2. 0.

3. $\sqrt{\frac{\pi}{2}}\sigma$.

4. $\frac{3}{2}a$.

6. 0.

7. (1)$\sqrt{\frac{2}{\pi}}\sigma$； (2)1.

8. $\frac{3}{4}ma^2$.

9. $300e^{-1/4}-200$.

10. (1)$a=0.2,b=0.3,c=0.1$； (2)5； (3)1.

11. 11/9,5/9,2/3,13/6.

12. $\frac{a}{3}$.

13. $\frac{2}{3}R$.

14. 1.

15. (1)3/2,4/3； (2)1/2.

17. (1)

X \ Y	−1	1
−1	1/4	0
1	1/2	1/4

(2)2

18. (1)572/1001； (2)2； (3)$(2-\frac{\pi}{2})\sigma^2$； (4)$\frac{3}{4}a^3$.

19. 1/2.

20. 1/18,1/6.

21. $2\sigma^2$

22. 0; 0.

23. −1/144,−1/11,59/144.

24. −1/36,−1/11,3.

27. (1)1,3(2)7/2.

29. 7.

31. (1)$\dfrac{\sigma_1\mu_2}{\sqrt{\sigma_1^2\sigma_2^2+\mu_1^2\sigma_2^2+\mu_2^2\sigma_1^2}}$

(2)当 $\mu_1=0$ 时,Z 和 Y 可以不相关;不能有严格的线性关系.

习题 4

1. 8/9.

2. 0.9487.

3. 0.975.

4. 24/25.

6. 3 分钟.

7. 0.5.

8. 0.1814.

9. 0.0002.

10. 0.9986.

11. 0.8647;0.7611.

12. 用切比雪夫不等式估计 $n\geqslant 250$,用中心极限定理估计 $n\geqslant 68$.

13. 0.90.

14. (1)1;(2)1.

15. 0.

16. 0.9616.

17. $n>12655$.

习题 5

1. (1)总体是该市所有的成年男子(的吸烟情况);样本是被调查的 1000 名成年男子(的吸烟情况),(2)总体的分布用 $B(1,p)$来描述,其中 p 表示该市成年男子的吸烟率.

2. (1)总体为该厂生产的每盒产品的不合格数,样本为任意抽取的 n 盒中每盒产品的不合格数;(2)设样本中每盒产品中不合格数为 $x_1,x_2,\cdots,x_n$,样本的联合分布律为

$$\prod_{i=1}^{n}(C_m^{x_i})p^{x_i}(1-p)^{m-x_i}\quad x_i=0,1,2,\cdots,m.$$

3. $f(x_1,x_2,\cdots,x_n)=\begin{cases}\dfrac{1}{(b-a)^n}, & a\leqslant x_1,x_2,\cdots,x_n\leqslant b\\ 0, & \text{其他}\end{cases}$

4. $P\{X_1=x_1,X_2=x_2,\cdots,X_n=x_n\}=\dfrac{\lambda^{\sum\limits_{i=1}^{n}x_i}}{\prod\limits_{i=1}^{n}(x_i!)}e^{-n\lambda}$，其中 $x_1,x_2,\cdots,x_n$ 在$\{0,1,2,\cdots\}$中取值.

5. $F_3(x)=\begin{cases}0, & x<-1\\ 1/3, & -1\leqslant x<0\\ 2/3, & 0\leqslant x<6\\ 1, & x\geqslant 6\end{cases}$.

6. 提示：利用样本的总体的定义指出 $\overline{X}$ 与 $E(X)$，S^2 与 $D(X)$的区别.

7. $E(\overline{X})=0,D(\overline{X})=\dfrac{1}{3n}$.

8. $n\geqslant 14$.

9. (2)$E(\overline{Y})=\dfrac{\mu-a}{c},E(S_Y^2)=\dfrac{\sigma^2}{c^2}$.

11. $P\{\overline{X}=\dfrac{k}{n}\}=\dfrac{(n\lambda)^k}{k!}e^{-n\lambda},k=0,1,2,\cdots$.

12. $\Gamma(na,n\lambda)$.

13. $a=0.05,b=0.01$.

14. (1)$p=0.99$.(2)$D(S^2)=2\sigma^4/15$.

15. $\chi^2(20)$.

16. $\chi^2(2)$.

19. $c=\sqrt{\dfrac{n}{n+1}}$时，T_c 服从 t 分布，自由度为 $n-1$.

20. (1)$t(m)$；(2)$F(n,m)$.

22. $F(1,1)$.

23. $Y\sim F(10,5)$.

习题 6

1. (1)矩估计量 $\hat{\lambda}=\dfrac{1}{\overline{X}}$，矩估计值 $\hat{\lambda}=\dfrac{1}{\overline{x}}$；极大似然估计量 $\hat{\lambda}=\dfrac{1}{\overline{X}}$，极大似然估计值 $\hat{\lambda}=\dfrac{1}{\overline{x}}$.

(2)矩估计量 $\hat{p}=\dfrac{\overline{X}}{m}$；矩估计值 $\hat{p}=\dfrac{\overline{x}}{m}$；极大似然估计量 $\hat{p}=\dfrac{\overline{X}}{m}$；极大似然估计值 $\hat{p}=\dfrac{\overline{x}}{m}$.

(3)矩估计量 $\hat{\theta}_1=\overline{X}-\sqrt{\dfrac{3(n-1)}{n}}S,\hat{\theta}_2=\overline{X}+\sqrt{\dfrac{3(n-1)}{n}}S$；

矩估计值 $\hat{\theta}_1=\overline{x}-\sqrt{\frac{3(n-1)}{n}}s$，$\hat{\theta}_2=\overline{x}+\sqrt{\frac{3(n-1)}{n}}s$；

极大似然估计量 $\hat{\theta}_1=X_{(1)}$，$\hat{\theta}_1=X_{(n)}$；

极大似然估计值 $\hat{\theta}_1=x_{(1)}$，$\hat{\theta}_1=x_{(n)}$.

(4)矩估计量 $(\frac{\overline{X}}{1-\overline{X}})^2$，矩估计值$(\frac{\overline{x}}{1-\overline{x}})^2$；极大似然估计量$\frac{n^2}{(\sum\limits_{i=1}^{n}\ln X_i)^2}$，极大似然估计值$\frac{n^2}{(\sum\limits_{i=1}^{n}\ln X_i)^2}$.

(5)矩估计量 $\hat{\theta}=\frac{\overline{X}}{\overline{X}-c}$，矩估计值 $\hat{\theta}=\frac{\overline{x}}{\overline{x}-c}$，极大似然估计量$\frac{n}{\sum\limits_{i=1}^{n}\ln x_i-n\ln c}$；极大似然估计值$\frac{n}{\sum\limits_{i=1}^{n}\ln x_i-n\ln c}$.

2. 矩估计量 $\hat{\beta}=\frac{1-2\overline{X}}{\overline{X}-1}$，极大似然估计量 $\hat{\beta}=-(1+\frac{n}{\sum\limits_{i=1}^{n}\ln X_i})$.

3. 矩估计值$\frac{5}{6}$，极大似然估计值为$\frac{5}{6}$.

4. (1)$\hat{\theta}_1=\overline{X}-\sqrt{B_2}$，$\hat{\theta}_2=\sqrt{B_2}$；　(2)$\hat{\theta}_1=X_{(1)}$，$\hat{\theta}_2=\overline{X}-X_{(1)}$.

5. $\hat{P}\{X=0\}=e^{-\overline{x}}$.

6. $\hat{T}=e^{\frac{\sum\limits_{i=1}^{n}\ln x_i}{n}}$.

7. (1)$c=\frac{1}{2(n-1)}$；　(2)$c=\frac{1}{n}$.

8. T_1 和 T_3 是无偏的，T_3 较 T_1 有效.

9. (1)$\frac{n}{n-1}(\overline{X}^2-\frac{\overline{X}}{n})$；　(2)$\frac{n}{n-1}\overline{X}(1-\overline{X})$.

15. (0.50,0.69).

16. (14.88,15.20).

17. (9.7868,10.2132).

18. $n\geqslant(\frac{3.92\sigma}{k})^2$.

19. (0.15,0.31).

20. (0.0013,0.0058).

21. (1)[996.3852,1003.321]；　(2)(11.1195,78.3433)；　(3)(3.3346,8.8512).

22. (−0.002,0.006).

23.(107.24,232.76).

24.(0.26,1.08).

25.(0.222,3.601).

26.0.902.

27.−0.0012.

28.2.84.

习题 7

1.不能认为这批零件的平均长度为 32.50mm.

2.可认为此项计划达到了该厂的预期效果.

3.有显著差异.

4.(1)接受 H_0,可以认为该天灌装正常(提示:既要检验均值,也要检验方差);(2)检验假设 $H_0:\sigma^2\leqslant 0.4^2$,接受 H_0,即灌装精度是在标准范围内.

5.可以认为这个地区人的平均寿命不低于 70 岁.

6.检验假设 $H_0:\mu\leqslant 90$,拒绝 H_0,即支持该管理员的看法.

7.认为革新后活塞直径的方差显著大于旧工艺的方差.

8.不认为这批导线电阻的标准差仍为 0.005.

9.(1)接受 H_0;(2)接受 H_0.

10.检验假设 $H_0:\sigma_1^2=\sigma_2^2$,接受 H_0,即这两个样本是来自相同方差的正态总体.

11.(1)方差无显著差异;(2)对硬度有显著影响.

12.先检验方差,可以认为男女身高方差相等;再检验均值,性别对男女身高有显著影响.

13.有所提高.

14.有显著差异.

15.服从泊松分布.

16.不服从正态分布.

习题 8

2.(1)$\hat{Y}=34.996+0.7815X$; (2)X 与 Y 之间线性关系不显著,$t=2.891$;
(3)162.38.

3.(2)$\hat{a}=-11.30$,$\hat{b}=36.95$,$\hat{\sigma}^2=12.37$; (3)显著; (4)432.1,(415.87,448.33).

4.(1)$\hat{Y}=-2.26+0.0487X$,显著; (2)(9.688,14.999).

习题 9

1.四种不同催化剂对该产品的得率无显著影响.

2.鼠接种三种菌型的平均存活天数有显著差异.

4. 五所学校之间不存在显著差异，$F_B=1.41$.

5. 成分 A 的三种剂量有显著差异；成分 B 的三种剂量有显著差异；成分 A 与成分 B 的交互作用的效应显著.

习题 10

1. (1) $x(t)=a\cos\left(t+\frac{\pi}{4}\right), x(t)=a\cos\left(t+\frac{\pi}{2}\right), x(t)=a\cos(t+\pi)$；

(2) $X(t)=a\sin(10\omega_0+\Theta), X(t)=a\sin(\omega_0+\Theta), X(t)=a\sin(8\omega_0+\Theta)$.

2. $F_X(x;-1)=\begin{cases}0, & x<-1\\ p, & -1\leqslant x<0\\ 1, & x\geqslant 0\end{cases}$ $F_X(x;1)=\begin{cases}0, & x<-1\\ 1-p, & -1\leqslant x<0\\ 1, & x\geqslant 0\end{cases}$

3. 当 $t<0$ 时，$F_X(x;t)=\begin{cases}0, & x<t\\ 1-\frac{x}{t}, & t\leqslant x<0\\ 1, & x\geqslant 0\end{cases}$；

当 $t>0$ 时，$F_X(x;t)=\begin{cases}0, & x<t\\ \frac{x}{t}, & t\leqslant x<0\\ 1, & x\geqslant 0\end{cases}$；

当 $t=0$ 时，$F_X(x;t)=\begin{cases}0, & x<0\\ 1, & x\geqslant 0\end{cases}$.

4. $f_Y(x;n)=\frac{1}{\sqrt{2\pi n\sigma^2}}\exp\left(-\frac{x^2}{2n\sigma^2}\right), -\infty<x<+\infty$.

5. $P\{Y(n)=k\}=\frac{(n\lambda)^k}{k!}e^{-n\lambda}, k=0,1,\cdots$.

6. (1) $m_X(t)=pt, R_X(t_1,t_2)=pt_1t_2, C_X(t_1,t_2)=p(1-p)t_1t_2, \sigma_X^2(t)=p(1-p)t^2$；

(2) $m_X(t)=\frac{1}{2}t, R_X(t_1,t_2)=\frac{1}{3}t_1t_2, C_X(t_1,t_2)=\frac{1}{12}t_1t_2, \sigma_X^2(t)=\frac{1}{12}t^2$；

(3) $m_X(t)=0, R_X(t_1,t_2)=1+t_1t_2, C_X(t_1,t_2)=1+t_1t_2, \sigma_X^2(t)=1+t^2$.

7. $m_X(t)=\frac{1}{4}(\sin t+\cos t), R_X(t_1,t_2)=\frac{1}{2}+\frac{1}{4}\cos(t_2-t_1)$.

8. (1) $m_Y(n)=0, C_Y(n_1,n_2)=\sigma^2\min(n_1,n_2)$；

(2) $m_Y(n)=n\lambda, C_Y(n_1,n_2)=\lambda\min(n_1,n_2)$.

9. $m_X(t)=\mu_1+\mu_2 t, C_X(t_1,t_2)=\sigma_1^2+\rho\sigma_1\sigma_2(t_1+t_2)+\sigma_1^2t_1t_2$.

10. $f_X(x;t)=\begin{cases}\frac{\lambda}{t}x^{\frac{\lambda}{t}-1}, & x<0\\ 0, & \text{其他}\end{cases}, m_X(t)=\frac{\lambda}{\lambda+t}, R_X(t_1,t_2)=\frac{\lambda}{\lambda+t_1+t_2}$.

13. 0.8312.

16. (1) $C_X(s,t)=\sigma^2\min(s,t)$；

(2)$C_X(s,t)=\sigma^2\min(s,t)$；

(3)$C_X(s,t)=st+\sigma^2\min(s,t)$.

习题 11

4. (1)$m_X(t)\equiv 0$；$R_X(t_1,t_2)=\frac{1}{2}\cos\omega(t_2-t_1)$；(2)是平稳过程.

5. $f_1(x;t)=\frac{1}{\sqrt{2\pi R_X(0)}}e^{-\frac{x^2}{2R_X(0)}}$；

$$f_2(x_1,x_2;t_1,t_2)=\frac{1}{2\pi R_X(0)\sqrt{1-\rho^2}}\exp\left(-\frac{x_1^2-2\rho x_1x_2+x_2^2}{2(1-\rho^2)R_X(0)}\right),\rho=\frac{R_X(t_1-t_2)}{R_X(0)}.$$

7. 4.

8. 4.

9. $\frac{1}{\sqrt{3}}e^{-\sqrt{3}|\tau|}-\frac{1}{\sqrt{2}}e^{-\sqrt{2}|\tau|}$.

10. (2)$R_X(\tau)=\frac{1}{4}e^{-|\tau|}$，$S_X(\omega)=\frac{1}{1+\omega^2}$.

11. $\pi(\delta(\omega-3\pi)+\delta(\omega+3\pi))+4\left(\frac{1}{(\omega-\pi)^2+1}+\frac{1}{(\omega+\pi)^2+1}\right)$.

12. (1)$\frac{2a}{\omega^2+a^2}$； (2)$a\left(\frac{1}{(\omega-\omega_0)^2+a^2}+\frac{1}{(\omega+\omega_0)^2+a^2}\right)$；

(3)$\sqrt{2\pi}ab\,e^{-\frac{a^2\omega^2}{2}}(a>0)$； (4)$\frac{2}{T\omega^2}(1-\cos\omega T)$.

13. (1)$\frac{\sin\omega_0\tau}{\pi\tau}$； (2)$\frac{4}{\pi}\left(1+\frac{\sin^2 5\tau}{\tau^2}\right)$.

15. $S_{XY}(\omega)=2\pi m_X(t)m_Y(t)\delta(\omega)$；$S_{XZ}(\omega)=S_X(\omega)+2\pi m_X(t)m_Y(t)\delta(\omega)$.

16. $\overline{Z(t)}=0$；均值具有历经性.

18. 具有历经性.

习题 12

3. 200.

13. 2818.2，3295.1；70687.2，406072.

14. (1)(−1.77，2.97)； (2)(0.331，6.563).

15. (1)拒绝， (2)接受.

参考文献

[1] 盛骤,谢式千,潘承毅.概率论与数理统计(第四版).北京:高等教育出版社,2015.

[2] 陈希孺.概率论与数理统计.北京:中国科学技术大学出版社,2013.

[3] 杨万才.概率论与数理统计.北京:科学出版社,2013.

[4] 茆诗松,濮晓龙,程依明.概率论与数理统计简明教程.北京:高等教育出版社,2012.

[5] 施雨,李耀武.概率论与数理统计应用(第二版).西安:西安交通大学出版社,2005.

[6] 孙荣恒.应用数理统计(第二版).北京:科学出版社,2002.

[7] 杨振明.概率论.北京:科学出版社,1999.

[8] 李贤平.概率论基础(第二版).北京:高等教育出版社,1997.

[9] 颜钰芬,徐明钧.数理统计.上海:上海交通大学出版社,1992.

[10] 汪荣鑫.数理统计.西安:西安交通大学出版社,1987.

[11] 张福渊,郭绍建,等.概率统计及随机过程(第2版).北京:北京航空航天大学出版社,2012.

[12] 胡细宝,孙洪祥,王丽霞.概率论·数理统计·随机过程.北京:北京邮电大学出版社,2004.